• 高等学校虚拟现实技术系列教材 •

U0645971

Unity3D
虚拟现实开发

王芳 李建 主编

程杰 徐鲁辉 副主编

赵会燕 王颖颖 于腾飞 参编

清华大学出版社

北京

内 容 简 介

本书紧密围绕虚拟现实开发关键技术,以案例形式介绍了 Unity 的相关知识及开发实战,包含虚拟现实项目开发的整个流程。全书共 13 章,第 1~12 章介绍 Unity 主要基础知识,包括对象创建编辑、脚本开发、资源应用、动画设计、UI 设计、AI 应用、数据库开发等。第 13 章是综合案例,通过两个综合案例,介绍了虚拟现实项目开发步骤及流程。本书以案例教学为导向,每章都有典型实战案例及视频教程、资源文件、源码等配套资源,方便读者学习。

本书内容翔实、案例丰富,既可作为高等院校虚拟现实技术、数字媒体技术、软件工程、计算机应用技术等相关专业的教材,也可作为虚拟现实、游戏开发爱好者的入门教程和参考书。

图书在版编目(CIP)数据

Unity3D 虚拟现实开发 / 王芳,李建主编. -- 北京:清华大学出版社,2025.6.
(高等学校虚拟现实技术系列教材). -- ISBN 978-7-302-69117-4

Ⅰ. TP391.98

中国国家版本馆 CIP 数据核字第 2025M5W580 号

责任编辑:郭 赛 薛 阳
封面设计:刘 键
责任校对:韩天竹
责任印制:宋 林

出版发行:清华大学出版社
      网 址:https://www.tup.com.cn,https://www.wqxuetang.com
      地 址:北京清华大学学研大厦 A 座   邮 编:100084
      社 总 机:010-83470000   邮 购:010-62786544
      投稿与读者服务:010-62776969,c-service@tup.tsinghua.edu.cn
      质量反馈:010-62772015,zhiliang@tup.tsinghua.edu.cn
      课件下载:https://www.tup.com.cn,010-83470236
印 装 者:三河市龙大印装有限公司
经 销:全国新华书店
开 本:185mm×260mm   印 张:23.5   字 数:590 千字
版 次:2025 年 7 月第 1 版   印 次:2025 年 7 月第 1 次印刷
定 价:69.90 元

产品编号:109520-01

前言

PREFACE

2016 年被称为"虚拟现实元年",开启虚拟现实软硬件技术大发展,近几年,虚拟现实技术不断推进演变,人们热切希望熟悉虚拟现实开发技术,掌握虚拟现实项目开发实战流程。Unity 是一个交互式多平台综合型开发工具,在虚拟现实、增强现实、游戏开发、人机交互、数字孪生等内容开发中应用越来越广泛。Unity 版本不断迭代,持续推出新功能。对于虚拟现实项目,Unity 是一个易学易用的开发工具。

本书内容

本书面向的读者是虚拟现实及游戏开发的初学者,通过本书的学习,读者可以快速掌握 Unity 基础知识及虚拟现实项目的开发技术及实战流程。

本书主要内容及章节安排如下。

第 1 章,介绍了虚拟现实概念及技术、Unity 的下载和安装,并通过一个小实例初步了解 Unity。

第 2 章,介绍了 Unity 编辑器的界面组成和操作方法、3D 虚拟场景及场景中对象的创建和编辑方法及技巧等。

第 3 章,介绍了 Unity 编程和脚本的基础知识,以及一些常用类。

第 4 章,介绍了 Terrain 地形系统的创建编辑、风区(Wind Zone)的使用方法,还介绍了外部资源导入及包资源管理器(Package Manager)。

第 5 章,介绍了通过脚本代码实现虚拟游戏对象从创建、编辑到销毁的生命周期全过程,还介绍了预制件、资源动态加载、外部模型导入等相关技术。

第 6 章,介绍了物理引擎、碰撞器、刚体、物理材质等相关概念、技术及使用方法。

第 7 章,介绍了碰撞检测的概念、碰撞器的分类、碰撞检测的 4 种实现方法。

第 8 章,介绍了 Legacy 旧版动画系统和 Mecanim 新版动画系统,Legacy 旧版动画系统包括动画导入、动画分割、Animation 组件、脚本控制等,Mecanim 新版动画系统包括动画剪辑、Animator 组件、动画控制器、动画状态机、混合树等。

第 9 章,介绍了音频、灯光、摄像机、贴图、材质等资源的概念、应用及程序控制。

第 10 章,介绍了 Unity 原生 UGUI 进行 UI 设计的方法,以及新推出的 UI Toolkit 的初步使用基础。

第 11 章,介绍了虚拟现实游戏开发中的 AI 应用技术,主要介绍了 AI 漫游和导航寻路技术。

第 12 章,介绍了项目连接数据库的方法,包括插件的安装、数据库的访问应用等。

第 13 章,通过单机版坦克大战游戏和 3D 版贪吃蛇游戏两个综合案例,介绍了虚拟现实项目开发的步骤流程。

本书配套资源

本书配套有视频教程、实例资源源码、课件 PPT、习题答案等,可作为教学资源,也可作为参考资料,如需课程资源,可登录学习通进行下载获取(班级邀请码 16011244)。网址:https://mooc1.chaoxing.com/course/244514882.html。

本书特色

本书是在多个学期教学实践中,不断积累丰富教学内容的基础上,进行整合汇编而成的。在原有教材基础上,减少了基本理论知识章节,强化了应用开发部分,满足不断提高学生动手能力和实践能力的需求。教材由基础篇(第 1~12 章)、综合案例篇(第 13 章)两部分组成,基础篇注重基础知识的学习和掌握,综合案例篇注重综合应用能力培养。纸质教材、丰富数字资源、更新完善超星学习通网络课程等并重。

本书兼具学术性、前沿性和引领性,内容翔实,案例丰富。针对目前出版的教材普遍没有 Unity 数据库应用内容,本书包含 Unity 数据库应用知识及典型应用案例。

本书开发应用平台版本较新,采用 Unity 最新长期支持版完成教材编写及视频录制。内容由浅入深,实用性强,采用案例教学,每章都有典型案例,教材最后有综合案例,所有案例均配有案例视频教程、所需资源、源码等。每章都有课后习题,题型多样,涵盖了基础知识点的复习巩固掌握和操作应用能力的锻炼提高。

本书课件、案例视频、案例素材源码、超星网络课程、习题等教学配套资源丰富全面、实用性强,适合教学中使用。

本书作者

本书由郑州升达经贸管理学院王芳、郑州经贸学院李建主编,郑州升达经贸管理学院程杰、西京学院徐鲁辉副主编,郑州升达经贸管理学院赵会燕、王颖颖、河南奇酷信息技术有限公司于腾飞参与编写。徐鲁辉编写第 1、12 章,王芳编写第 2、5、13 章,于腾飞编写第 3 章,赵会燕编写第 4、8 章,李建编写第 6、7 章,程杰编写第 9、11 章,王颖颖编写第 10 章。莫纳什大学焦骏飞、郑州升达经贸管理学院郭奕欣、赵旭阳、焦博扬,郑州经贸学院范钊对本书的编写提供了帮助和支持。

致谢及反馈

本书在编写过程中参考了部分国内外教材、官网资源、开源社区资源、视频网站资源等,在此向这些作者一并表示感谢。由于作者水平所限,加之技术发展迭代迅速,书中难免有疏漏及不足之处,请广大同行和读者批评指正,提出宝贵意见,以促进我国虚拟现实及游戏开发的不断发展和进步。

编　者

2025 年 5 月于郑州

目 录

CONTENTS

从虚拟现实到 Unity

人机交互技术主要研究人与计算机之间的信息交换。其与计算机软硬件的发展密切相关，新科技新硬件的研发促进了人机交互技术的发展，近几年人工智能的飞速发展，极大地推动了人机交互技术的发展。如今各种人机交互技术已经渗透到人们工作、生活、学习、娱乐等各个方面。

人机交互技术与虚拟现实技术密切相关，虚拟现实技术是人机交互技术的重要组成部分。虚拟现实技术为人们提供了一个虚拟空间，也可以将真实世界通过虚拟现实技术进行虚拟展示，让人们有身临其境的真实感受。近几年，虚拟现实技术持续发展，新技术、新应用不断涌现，元宇宙、数字孪生进入人们的视野及生活。未来，虚拟现实技术将不断地改变和革新人们的生产、生活思维及方式。

Unity 近几年发展迅速，在虚拟现实、增强现实、计算机仿真、游戏开发、工业制造、建筑展示、影视娱乐等领域应用广泛。Unity 相对来说门槛较低，上手容易，是学习实践人机交互技术和虚拟现实技术的有力工具。

本章学习要点：
- 人机交互技术的概念。
- 虚拟现实技术的概念。
- Unity 的发展历程及应用领域。
- Unity 的下载和安装。
- Unity 的初步应用。

1.1 虚拟现实概述

1. 人机交互

人机交互(Human-Computer Interaction，HCI)是关于设计、评价和实现供人们使用的交互式计算机系统，且围绕这些方面的主要现象进行研究的学科。从广义上讲，这里的系统可以是各种各样的机器设备，也可以是计算机化的系统和软件。人机交互界面通常是指用户可见的部分，用户通过人机交互界面与系统交流，并进行操作。小如收音机的播放按键，大至飞机上的仪表板，或是电厂的控制室。从狭义上讲，人机交互技术主要是研究人与计算机之间的信息交换，包括人到计算机和计算机到人的信息交换两部分。

人机交互是一门综合学科，它与认知心理学、人机工程学、多媒体技术、虚拟现实技术、人工智能等密切相关。其中，认知心理学与人机工程学是人机交互技术的理论基础，而多媒体技术、虚拟现实技术、人工智能与人机交互是相互交叉和渗透的。

人机交互技术包括传统的命令行界面、图形用户界面(GUI)等,随着智能手机等智能设备发展出现的多点触控技术,随着人工智能发展不断突破的语音识别控制技术、手势识别控制技术、眼动跟踪技术、表情识别控制技术等,利用人类指纹、虹膜、人脸等生物特征实现的生物识别控制技术等,以及虚拟现实技术、增强现实技术、混合现实技术等。人机交互技术的应用领域众多,广泛应用于智能家居、医疗健康、教育培训、娱乐游戏、工业制造、航空航天、交通出行、军事培训演练等领域。随着人工智能技术发展及各学科技术的日渐渗透融合,人机交互技术可为各行各业提供更为便捷、高效的解决方案。下面重点介绍虚拟现实技术及其应用。

2. 虚拟现实

虚拟现实(Virtual Reality,VR)技术产生于20世纪60年代。VR一词由美国VPL Research公司创始人Jaron Lanier在1989年提出。Lanier认为:虚拟现实指的是由计算机产生的三维交互环境,用户参与到这些环境中,获得角色,从而得到体验。1994年,美国科学家G Burdea和P Coiffet在《虚拟现实技术》一书中提出,虚拟现实具有以下三个重要特征:沉浸感(Immersion)、交互性(Interaction)和想象力(Imagination),常被称为虚拟现实的3I特征。

虚拟现实是采用以计算机技术为核心的现代高科技生成逼真的视、听、触觉一体化的特定范围的虚拟环境,用户借助必要的设备以自然的方式与虚拟环境中的对象进行交互作用,相互影响,从而产生身临其境的感受和体验。根据《国家中长期科学和技术发展规划纲要》(2006—2020)的内容,虚拟现实技术属于前沿技术中信息技术部分的三大技术之一,重点研究电子学、心理学、控制学、计算机图形学、数据库设计、实时分布系统和多媒体技术等多学科融合的技术,研究医学、娱乐、艺术与教育、军事及工业制造管理等多个相关领域的虚拟现实技术和系统。虚拟现实技术涉及计算机图形学、传感器技术学、动力学、光学、人工智能及社会心理学等研究领域,是多媒体和三维技术发展的更高境界。虚拟现实技术是一种基于可计算信息的沉浸式交互环境,是一种新的人机交互接口技术。随着技术的不断进步,未来虚拟现实的体验将变得更加丰富和真实,为用户提供更加深入的沉浸式体验。

2016年虚拟现实产业迎来小爆发,2016年也被称为VR元年。随后各种VR设备不断推出,有谷歌的Cardboard、微软的HoloLens、Facebook的Oculus、HTC的Vive、微软的Kinect、暴风影音的暴风魔镜、苹果的Vision Pro等。虚拟现实的应用开发离不开高效的工具,Unity就是其中的佼佼者。

1.2　Unity 概述

1.2.1　初识 Unity

1. Unity 简介

Unity是由丹麦Unity Technologies公司研发的跨平台2D/3D游戏引擎和应用广泛的实时2D/3D内容开发平台,它以可视化交互的图形化编辑器开发环境为开发方式。Unity开发的项目可跨平台发布至Windows、Wii、Android、iOS、PS3、Xbox360、WebGL等众多平台。Unity被广泛用于游戏、虚拟现实、汽车模拟、工业设计制造、教育娱乐、影视动画、建筑工程及可视化、军事医疗等领域,进行模拟仿真及互动内容的创作开发。Unity为开发者提供强大且易于上手的工具,来设计、创作、运营和维护自己的应用系统及产品。

Unity作为一款跨平台的交互式内容和游戏开发引擎,它的编辑器提供了丰富的功能,允许开发者在 Windows、macOS、Linux 等操作系统上创建和编辑项目内容。Unity 编辑器的界面和功能是通过 C++ 实现的,这是因为 C++ 提供了高效的性能和对底层系统资源的紧密控制。Unity 使用 C♯ 作为脚本语言来开发游戏逻辑,这是因为 C♯ 易于学习和使用,同时保持了良好的性能。Unity 引擎的这种设计使得它既能够提供高性能的运行环境,又能够为开发者提供便捷的开发体验。C++ 用于编辑器和引擎的核心部分,而 C♯ 则用于编写游戏逻辑和交互式内容,这样的组合使得 Unity 能够适应从简单的 2D 游戏到复杂的 3D 游戏的开发需求。

2. Unity 的诞生及发展

Unity 的诞生可以追溯到 2004 年,总部在丹麦的阿姆斯特丹。随后在 2005 年,Unity 将总部迁至美国的旧金山,并发布了 Unity 1.0 版本。起初,Unity 主要被应用于 Mac 平台,针对 Web 项目和 VR(虚拟现实)的开发。2007 年发布的 Unity 2.0 增加了地形引擎和实时动态阴影等功能。

但 Unity 真正开始引起人们关注,是在 2008 年推出了 Windows 版本,并开始支持 iOS 和 Wii。这标志着 Unity 逐步从众多游戏引擎中脱颖而出,尤其是随着移动游戏的兴起,Unity 凭借其跨平台能力变得越来越受欢迎。

2009 年的时候,Unity 的注册人数达到了 3.5 万,荣登 2009 年游戏引擎的前 5 名。

2010 年,Unity 3.0 推出,带来了可编程着色器、全面的动画系统改进和高级特效等重要新功能。并开始支持 Android,继续扩散影响力。

2011 年,开始支持 PS3 和 Xbox360,可看作全平台的构建完成。

2012 年,Unity 上海分公司成立,正式进军中国市场。Unity 4.0 发布,加入 Mecanim 动画系统及对 DirectX 11 的支持,引入了重要的图形改进,包括动态阴影和实时全局光照等。

2013 年,Unity 全球用户已经超过 150 万,全新版本的 Unity 4.0 引擎已经能够支持包括 macOS X、Android、iOS、Windows 等在内的 10 个平台发布。Unity 4.3 全球发布 2D 工具,原生支持 2D 开发,Unity 4.6 加入新的 UI 系统 UGUI。

2014 年,Unity 5.0 中放弃对 Boo 的技术支持(主要包括文档、教程等多个方面),取消"创建 Boo 脚本"菜单项。

2017 年,Unity 2017.2 取消了"创建 JavaScript 脚本"菜单项。

2018 年,Unity 2018.1 停止对 MonoDevelop-Unity 的支持,全面使用 Visual Studio 进行脚本编辑。

2019 年,Unity 2019.1 完全弃用传统的软件打开方式,转而使用 Unity Hub,所以用户需要逐渐习惯使用 Unity Hub。

2020 年,Unity 宣布收购加拿大技术服务公司 Finger Food,拓展工业应用版图。

2021 年,Unity 的内置渲染管道(Universal Render Pipeline,URP)已经可以在多数 XR 平台上使用,显示出 Unity 对 AR 和 VR 领域的重视和未来发展的方向。

2022 年,微软、Meta、Epic Games 以及其他 33 家公司和组织成立了一个元宇宙标准组织——元宇宙标准论坛(Metaverse Standards Forum)。

2023 年,Unity 推出了 Sentis 和 Muse 两款 AI 工具,帮助开发者创建游戏和 3D 内容。

Unity 不仅在游戏开发领域取得了成功,还在非游戏解决方案方面进行了扩展,并在全球范围内举办各种开发者大会和创意大赛。Unity 还与腾讯云合作推出了 Unity 游戏云,提供一站式联网游戏开发服务。如今,Unity 已经成为许多游戏及虚拟现实产品开发的首选引擎,它的功能强大,支持多种平台,使得交互式开发变得更加容易、便捷、高效,并且其仍在持续进化中。

从 2005 年 6 月发布 Unity 1.0 版本,历经了 Unity 4.x、Unity 5.x、Unity 2017、Unity 2018、

Unity 2019、Unity 2020、Unity 2021、Unity 2022、Unity 2023 等版本,现在最新版本是 Unity 6000.x。可以到网址 https://unity.cn/releases 查看 Unity 的各版本。

1.2.2　Unity 发布平台

Unity 可发布游戏至众多平台,包括 iOS、Android、Windows Phone 8、Tizen 等移动端操作系统,Windows、Windows Store 应用程序、Mac、Linux/Steam OS 等 PC 平台,网络播放器、WebGL(网页硬件 3D 加速渲染标准)等网络平台,PlayStation 3、PlayStation 4 和 Morpheus(索尼 PS4 配套头戴式显示器)、PlayStation Vita 版、Xbox one、Xbox 360、Wii U 等游戏机平台,Android TV、Samsung Smart TV 等 TV 平台,Oculus Rift(Oculus VR 头戴式显示器)、Gear VR(三星虚拟现实眼镜)、Windows HoloLens(全息头盔眼镜)等虚拟现实平台,如图 1-1 所示。

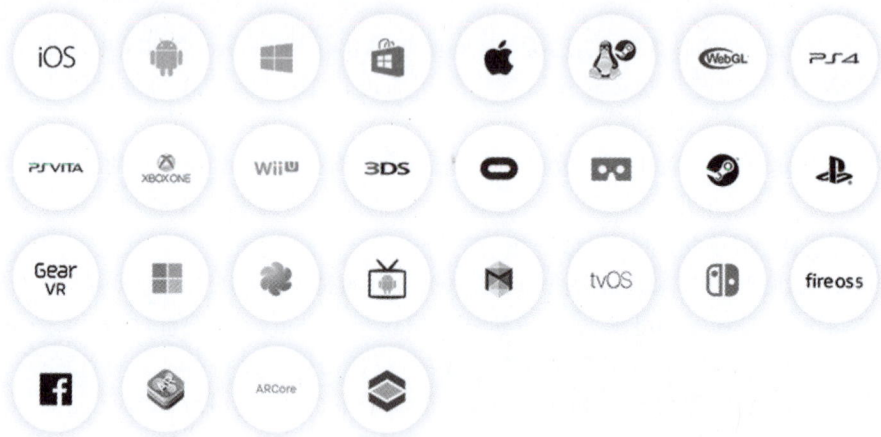

图 1-1　Unity 发布平台

Unity 项目发布到 PC 端时可以直接发布,如果要发布到其他平台,则需要选择安装对应的插件模块。例如,可以通过 iOS、Android 模块发布到 iOS 平台或 Android 平台;可以利用 WebGL 模块将项目部署到网页上,在浏览器中体验游戏或交互式内容。

1.2.3　Unity 开发产品

Unity 早期开发的知名游戏有《坎巴拉太空计划》(2011,如图 1-2 所示)、《捣蛋猪》(2012)、《神庙逃亡 2》(2012,如图 1-3 所示)、《炉石传说:魔兽英雄传》(2013,如图 1-4 所示)、《新仙剑奇侠传 Online》(2013)、《王者荣耀》(2015)、《轩辕剑之汉之云》(手游 2023)等。

图 1-2　《坎巴拉太空计划》截图

图 1-3 神庙逃亡 2

图 1-4 炉石传说：魔兽英雄传

Unity 虚拟现实应用，如图 1-5 和图 1-6 所示。

图 1-5 虚拟现实应用 1

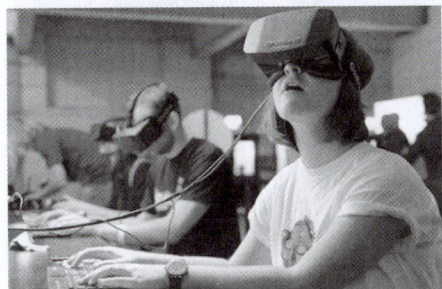

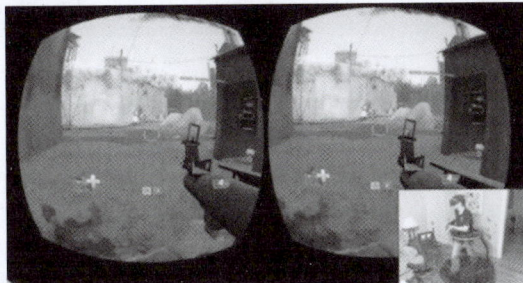

图 1-6 虚拟现实应用 2

1.2.4 按维度划分游戏类型

根据虚拟对象的维度和摄像机类型，可以将 Unity 游戏分为以下几种类型：3D 游戏（如图 1-7 所示），正交 3D 游戏（如图 1-8 所示），2D 游戏（如图 1-9 所示），3D 模型的 2D 游戏（如图 1-10 所示），带透视摄像机的 2D 游戏（如图 1-11 所示）。

图 1-7 3D 游戏

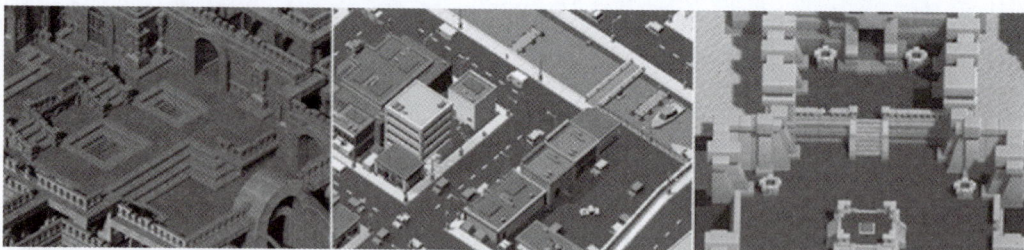

图 1-8　正交 3D 游戏

图 1-9　2D 游戏

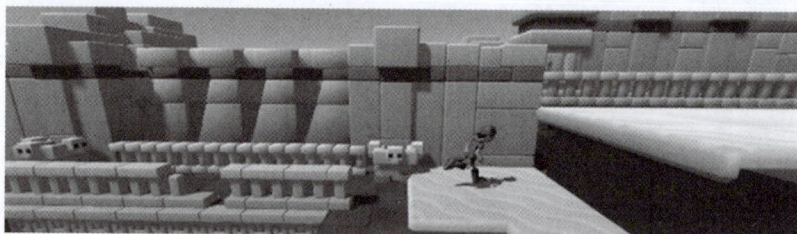

图 1-10　3D 模型的 2D 游戏

图 1-11　带透视摄像机的 2D 游戏

1.3　Unity 的下载和安装

1.3.1　Unity 版本

为方便不同类型的用户使用 Unity 引擎进行学习、开发和商用,Unity 提供了不同的版本类型。不同 Unity 的版本类型如表 1-1 所示。

表 1-1　Unity 版本类型

序　号	Unity 版本号	Unity 版本类型
1	Unity 4.3 版本	(1) Unity3D Standard(免费) (2) Unity3D Pro(付费)

续表

序　号	Unity 版本号	Unity 版本类型
2	Unity 5.0 版本	(1) Unity Personal Edition (2) Unity Professional Edition (3) Unity 企业解决方案
3	Unity 5.6 版本	(1) Unity Personal(个人版) (2) Unity Plus(加强版) (3) Unity Pro(专业版) (4) Unity Enterprise(企业版)
4	Unity 2020 版本	(1) Unity Student(学生版) (2) Unity Personal(个人版) (3) Unity Plus(加强版) (4) Unity Pro(专业版) (5) Unity Enterprise(企业版)
5	Unity 2022 版本	(1) Unity Student(学生版) (2) Unity Personal(个人版) (3) Unity Plus(加强版) (4) Unity Pro(专业版) (5) Unity Enterprise(企业版) (6) Unity Industry(工业版)

早期 Unity 版本类型如图 1-12 所示。Unity 将用户分为三大类: 学生及爱好者用户、个人及团队用户和企业用户。学生及爱好者用户可以使用的版本包括 Unity Student(学生版)和 Unity Personal(个人版),个人及团队用户可以使用的版本有 Unity Plus(加强版)和 Unity Pro (专业版),企业用户可以使用的版本有 Unity Enterprise(企业版)。个人版本免费使用,团队版本根据具体的版本分别按年或按月支付费用。作为初学者,一般选择 Unity Personal 版本。Unity 英文官网不同安装版本如图 1-13 所示,Unity 中文官网不同安装版本如图 1-14 所示。

图 1-12　Unity 5.x 不同安装版本

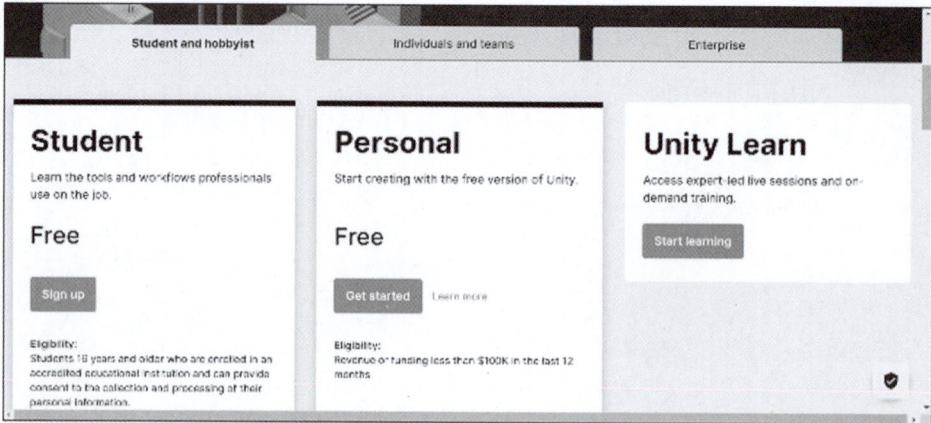

(a)

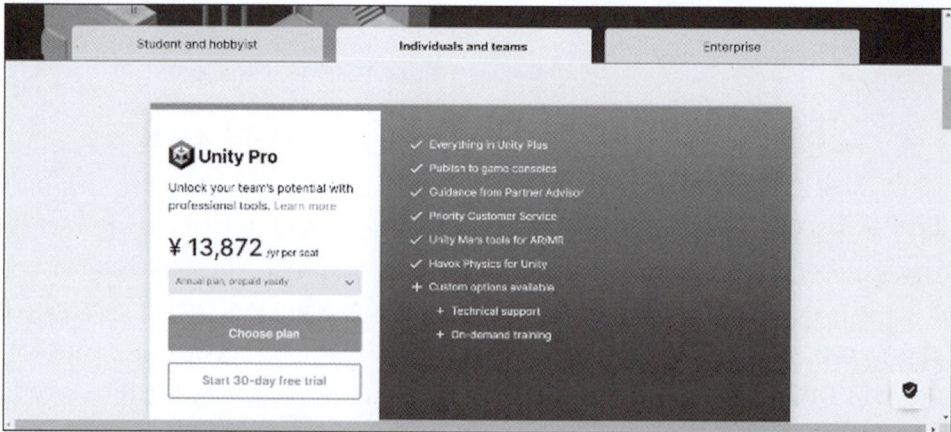

(b)

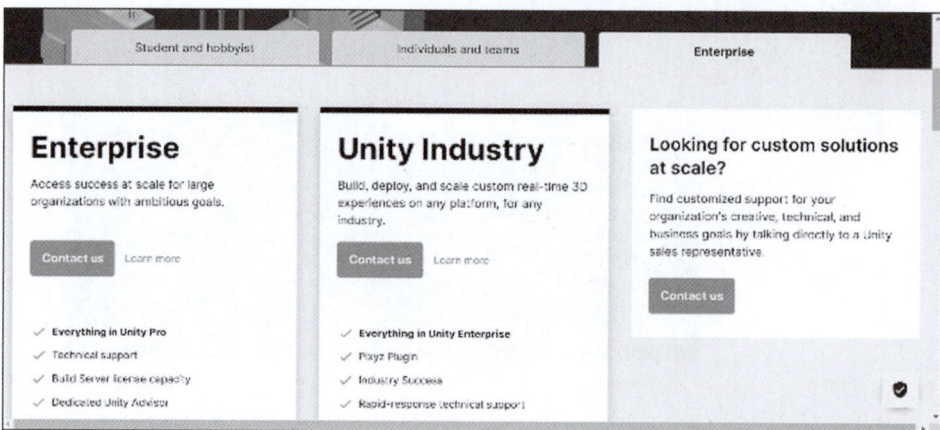

(c)

图 1-13　Unity 英文官网不同安装版本

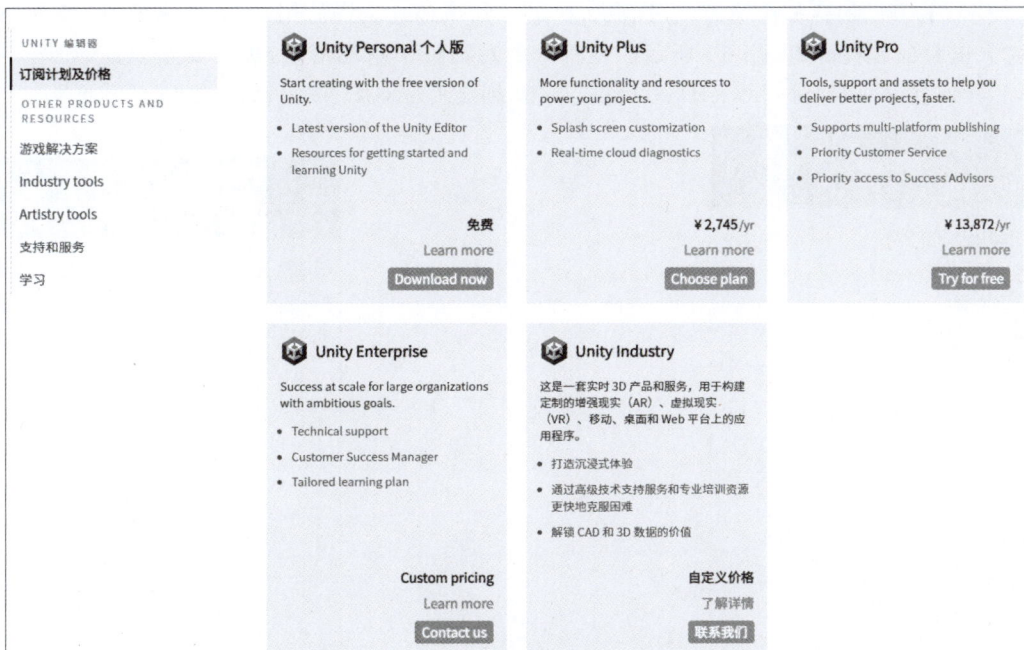

图 1-14 **Unity 中文官网不同安装版本**

1.3.2 在线安装 Unity

可 以 通 过 两 种 方 法 安 装 Unity：① 通 过 Unity Hub 在 线 安 装；② 下 载 安 装 软 件 UnitySetup64.exe，然后离线安装。Unity 5.6 以前的版本仅支持离线安装，Unity 2017 以后的版本可以通过 Unity Hub 实现 Unity 软件安装和 Unity 项目的管理。下面分别介绍两种方法的安装步骤。

通过 Unity Hub 在线安装 Unity 主要包括以下几步：①注册 Unity 账号；②下载安装 Unity Hub；③激活许可证；④下载安装 Unity；⑤下载安装 Visual Studio Installer；⑥下载安装 Visual Studio。最后完成一个在 Unity 控制台输出"Hello World!"的入门实例。注意在线安装 Unity 时，要确保网络连接正常且可用。

UnityHub 的 下载安装

Unity 的 下载安装

1. 注册 Unity 账号

（1）在浏览器中打开 Unity 中文官网 https://unity.cn/，单击如图 1-15 所示的圆形按钮，在打开的窗口中单击"创建 Unity ID"。

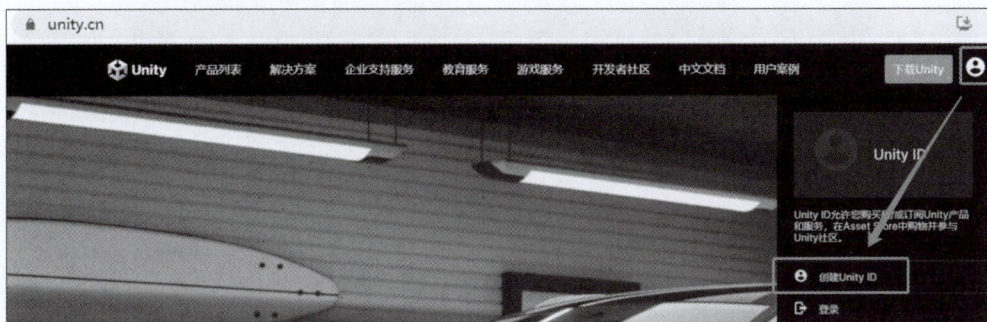

图 1-15 **Unity 官网首页创建 Unity ID**

（2）在打开的对话框中填写注册信息，如电子邮箱地址、密码、用户名、姓名等，然后单击蓝色的"人机验证"按钮，如图 1-16 所示。在打开的对话框中拖动滑块，进行安全验证，如图 1-17 所示。验证后返回"创建 Unity ID"对话框，单击"创建 Unity ID"按钮，如图 1-18 所示。

图 1-16　创建 Unity ID 窗口　　　　图 1-17　人机安全验证　　　　图 1-18　已通过人机验证

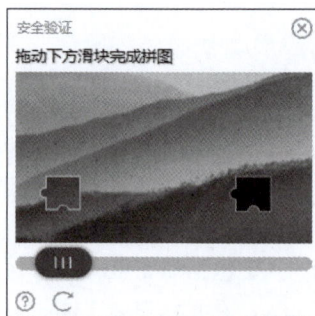

（3）然后在打开的如图 1-19 所示对话框中按提示进行邮件激活，激活后，单击"继续"按钮，打开如图 1-20 所示对话框，绑定手机号码，单击"确认"按钮，已通过注册账号登录 Unity 网站，如图 1-21 所示。

图 1-19　注册激活邮件

图 1-20　Unity ID 绑定手机号

图 1-21　Unity 已登录状态

（4）Unity 登录有 Connect 登录和账户登录两种登录方法。Connect 登录需要在注册 Unity ID 后，用手机下载安装 Unity Connect App，然后通过 App 扫码登录，如图 1-22 所示（这种方式现在已较少使用了）。账户登录可以通过手机号、电子邮箱、微信等登录。以微信登录为例（需要提前绑定微信），单击"账户登录"→"电子邮件登录"，然后在下方的微信图标上单击，如图 1-23 所示，弹出微信登录二维码，使用微信扫码登录。

图 1-22　Unity Connect 登录界面

图 1-23　Unity 账户登录界面

2. 下载安装 Unity Hub

（1）在浏览器中打开 Unity 中文官网 https://unity.cn/，登录后，单击"下载 Unity"，在打开的页面下方，找到并单击"下载 Unity Hub"，打开"提示"对话框，在对话框中单击"Windows 下载"按钮，开始下载 UnityHubSetup.exe 安装文件，如图 1-24 所示。

（2）下载完成后，安装 Unity Hub，安装过程很简单，按照提示进行设置和选择即可，如图 1-25 所示。

（3）安装完成后可以运行 Unity Hub，如果没有登录，单击左上角的账号按钮或箭头，选择"登录"（Sign in）菜单项使用 Unity 账号进行登录。如果安装的 Unity Hub 默认是英文版本的，可以通过单击左上角的"设置"按钮，打开 Preferences 对话框进行设置，如图 1-26 所示。

图 1-24　下载 Unity Hub

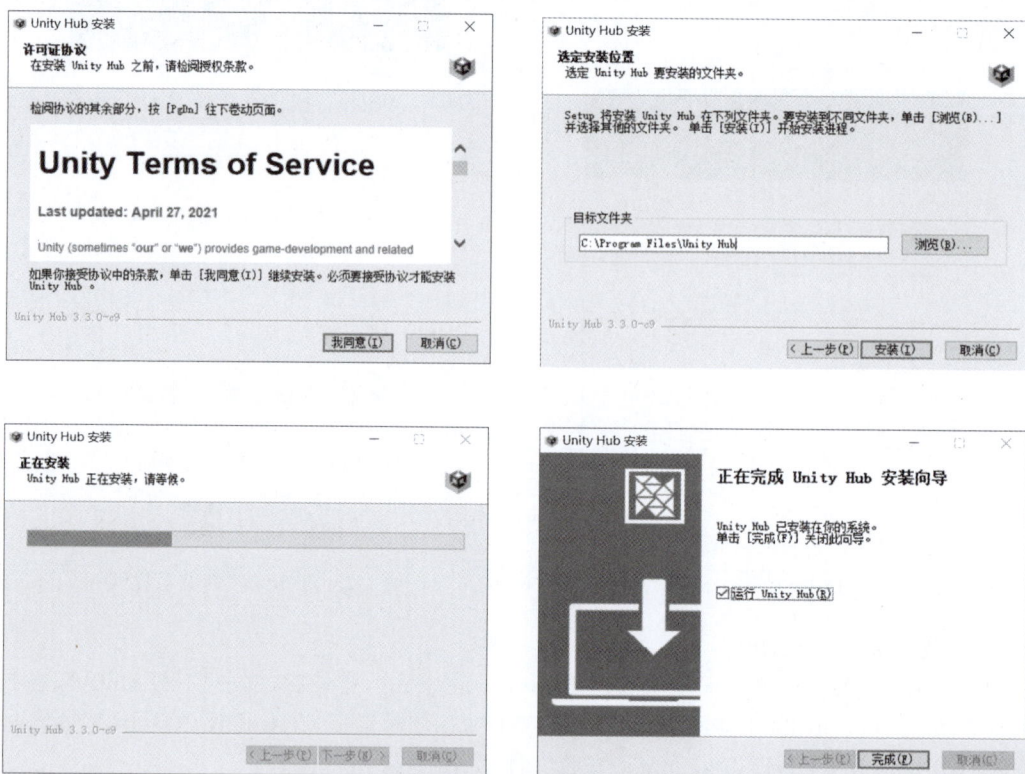

图 1-25　安装 Unity Hub

（4）在打开的 Preferences 对话框中，单击 Appearance 按钮，在右侧 Language 下拉列表中选择"简体中文"，如图 1-27 所示，即可将 Unity Hub 界面设置为中文显示，如图 1-28 所示。

3. 激活许可证

（1）打开 Unity Hub 并成功登录后，需要激活许可证，许可证有到期时间，到期后按照激活

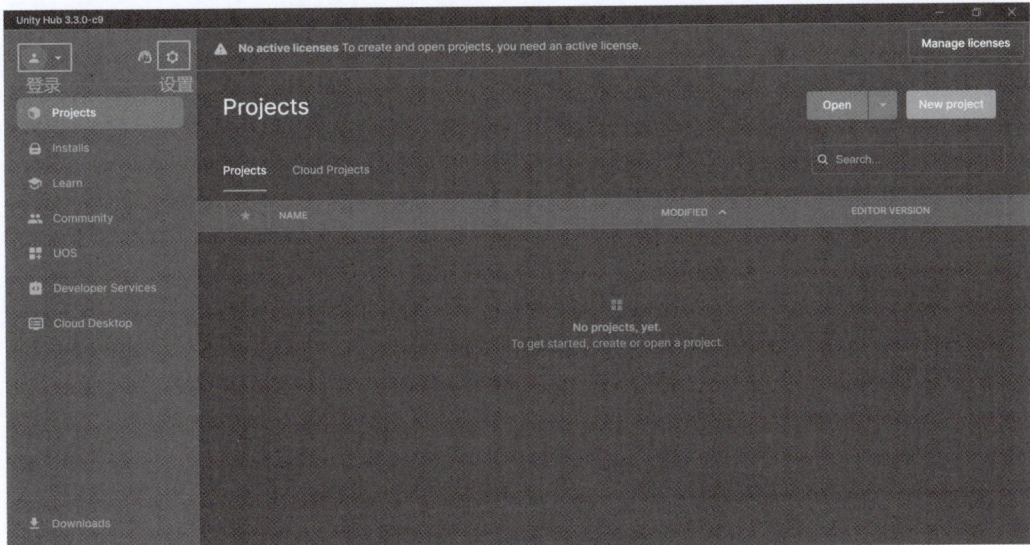

图 1-26　Unity Hub 界面

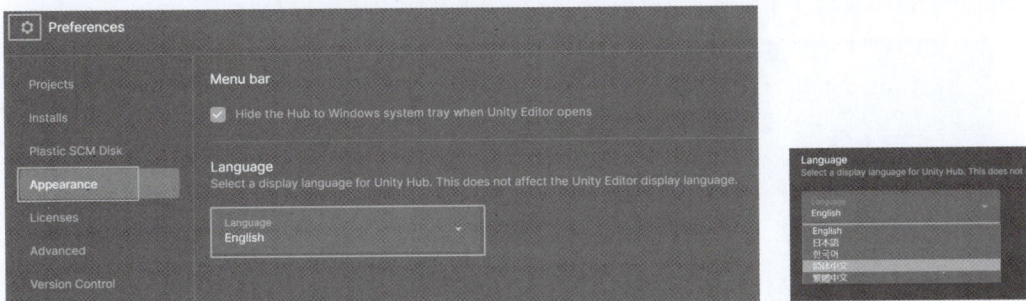

图 1-27　Unity Hub 语言选择

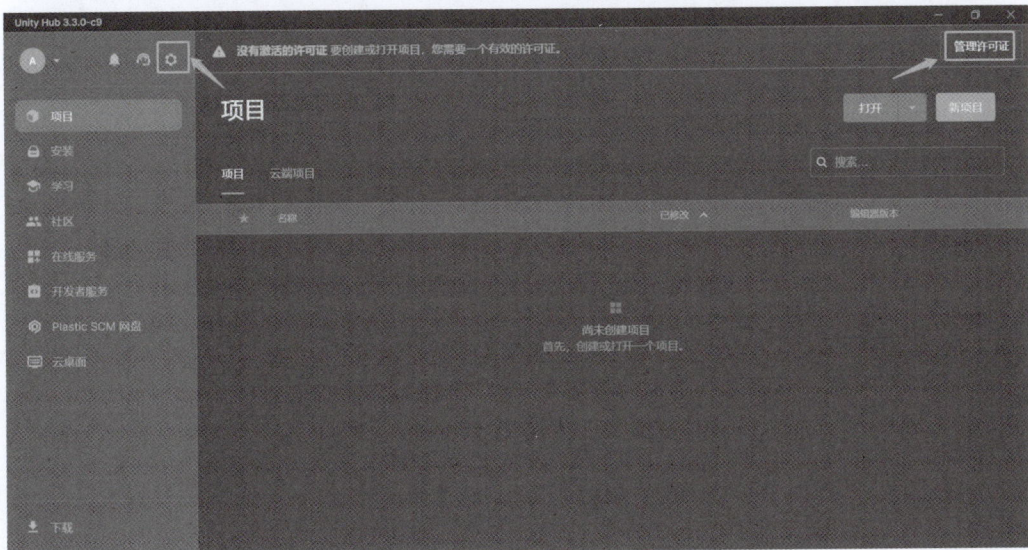

图 1-28　Unity Hub 中文界面

步骤再次激活即可。打开许可证激活界面有两种方法：①在如图 1-28 所示的 Unity Hub 界面右上角单击"管理许可证"；②在左上角单击"偏好设置"按钮。两种方法都会打开"偏好设置

（Preferences）"对话框，在"偏好设置"对话框左侧菜单中选择"许可证"，然后单击"添加许可证"按钮，如图 1-29 所示。

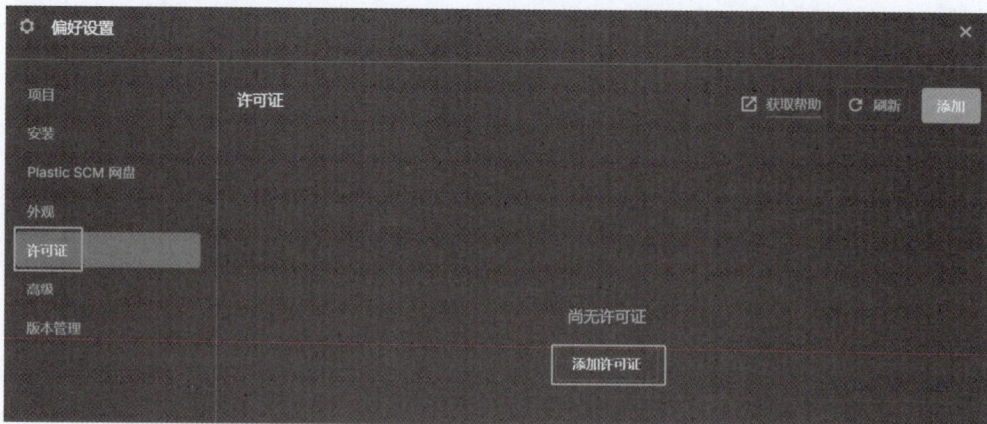

图 1-29　"偏好设置"对话框

（2）在弹出的"添加新许可证"对话框中，选择"获取免费的个人版许可证"，如图 1-30 所示，在打开的"获取个人版许可证"对话框中，单击"同意并取得个人版授权"按钮，如图 1-31 所示。

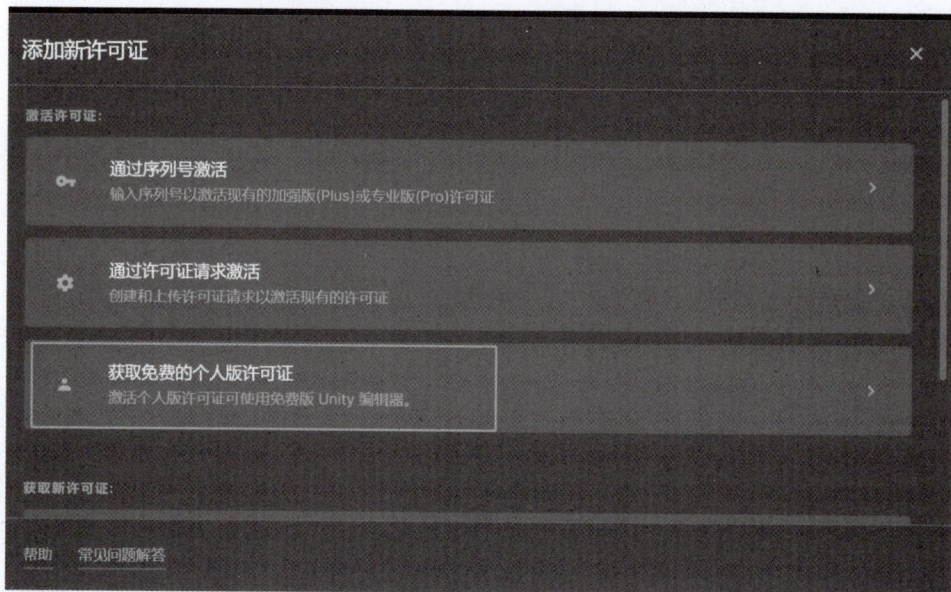

图 1-30　添加新许可证

（3）系统会联网获取许可证授权，这个过程与网络有关，如果网络慢请耐心等候一会儿，授权完成后，会在如图 1-32 所示的对话框中显示许可证信息，表示许可证激活成功。

（4）许可证激活后，在 C：\ ProgramData \ Unity 文件夹下（如果在 C 盘中看不到 ProgramData 文件夹，则设置资源管理器的隐藏文件和文件夹为显示状态），会生成一个许可证文件 Unity_lic.ulf，如图 1-33 所示，以后运行 Unity 再次激活许可证时，该文件会被覆盖。

4. 下载安装 Unity

（1）运行 Unity Hub，单击左侧的"安装"按钮，可以添加已安装版本或者安装需要的 Unity 版本，如图 1-34(a)所示。可以通过"偏好设置"对话框设置编辑器的安装位置和安装文件下载位置，如图 1-34(b)所示。

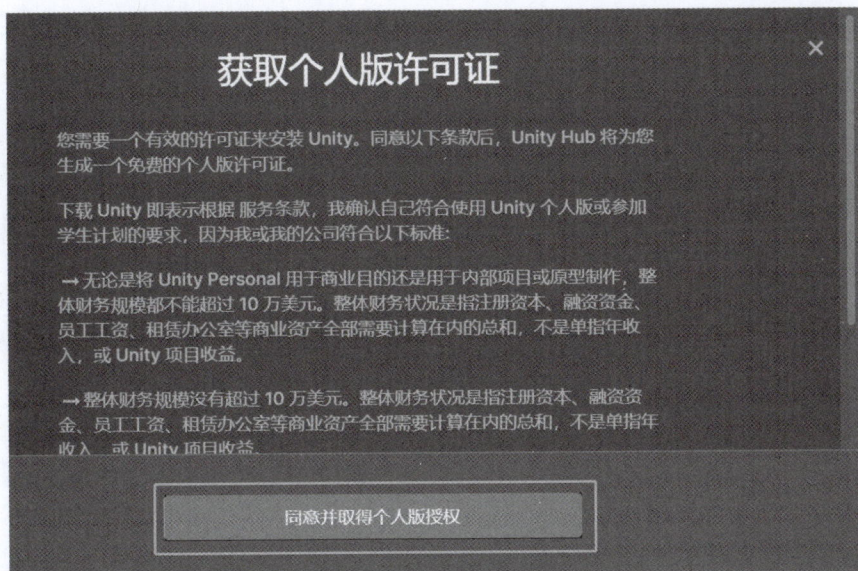

图 1-31 获取个人版许可证

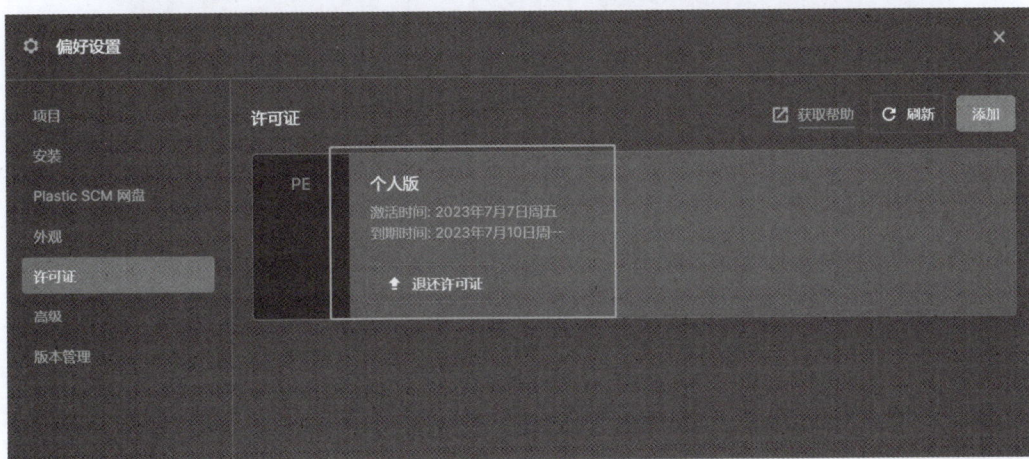

图 1-32 许可证激活成功界面

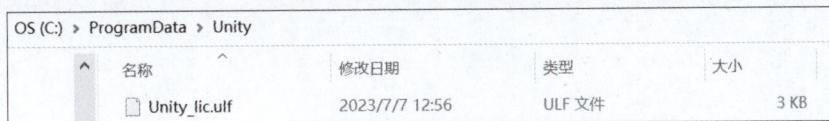

图 1-33 许可证文件

（2）在图 1-34（a）中的右上角蓝底白色文字"安装编辑器"或中间白色文字"安装编辑器"上单击，打开"安装 Unity 编辑器"对话框，选择一个需要安装的 Unity 版本，这里选择推荐的 2022.3.2f1c1（LTS），如图 1-35 所示。LTS（长期支持版）适用于希望长期持续开发和发布游戏内容，并期望长时间保持稳定版本的用户。f1c1 中的 f 是 final 的意思，就是最终版，c1 表示中国版，无c1 后缀的是全球版。2018 版及以前的中国版内容多点儿，较新版本的中国版没有太大区别。另外，Unity Hub 也分为中国版和全球版，中国版 Unity Hub 能识别中国版和全球版编辑器（Editor），并且 Unity Hub 中内容丰富一点儿，包括社区内容等，全球版 Unity Hub 则只能识别全球版编辑器。

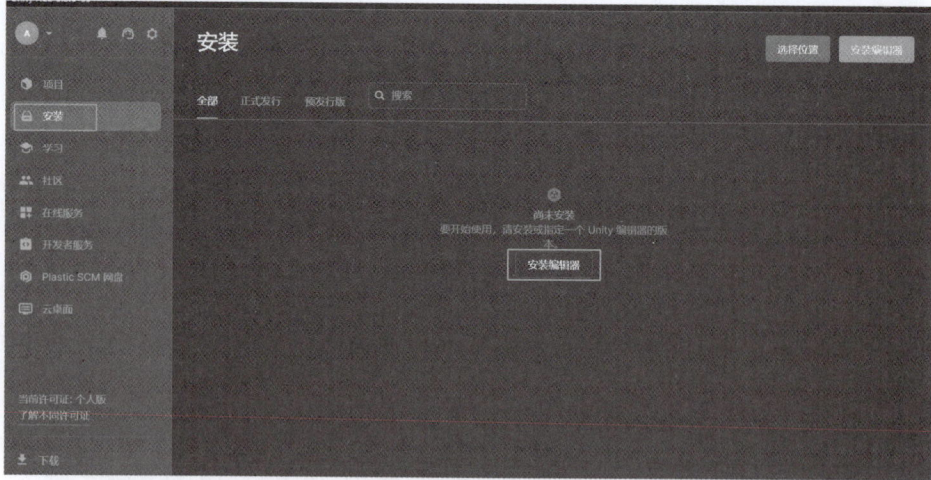

(a) Unity Hub的安装选项

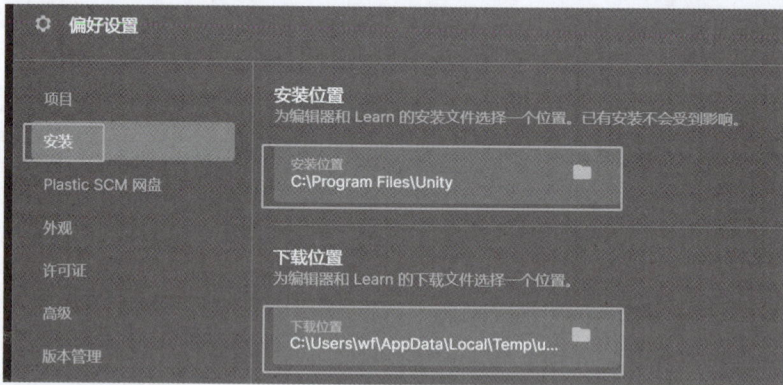

(b) "偏好设置" 对话框中的安装位置设置

图 1-34 Unity Hub 安装 Unity 对话框

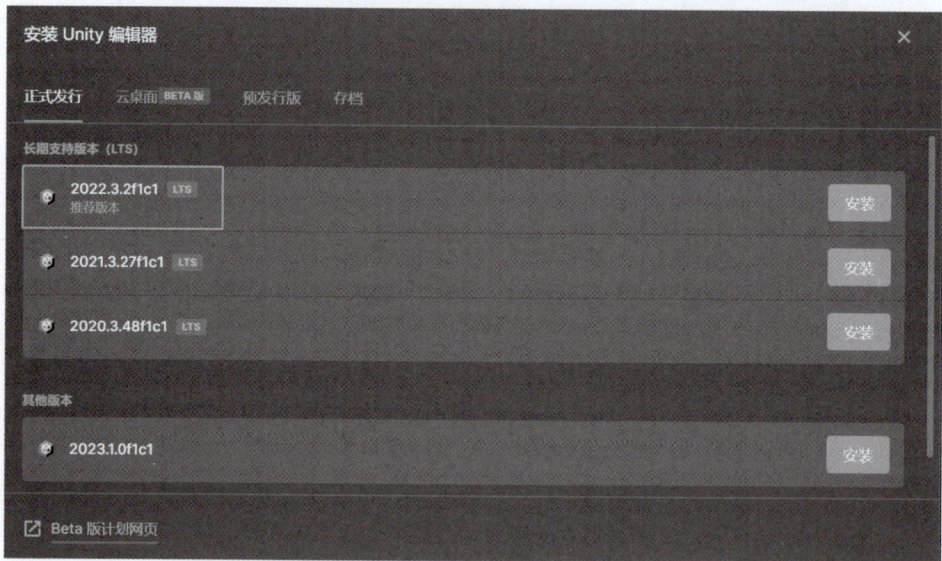

图 1-35 选择要安装的 Unity 版本

（3）为安装的 Unity 添加模块，这里添加开发工具 Microsoft Visual Studio Community 2022，发布平台可以选择安装，也可以以后需要时再安装，如图 1-36 所示。Documentation 模块如果勾选安装，则可离线查看 Unity 帮助文档，如果不安装，则只能在线查看帮助文档，语言包选择"简体中文"安装后，可以切换 Unity 编辑器为中文版，如图 1-37 所示。

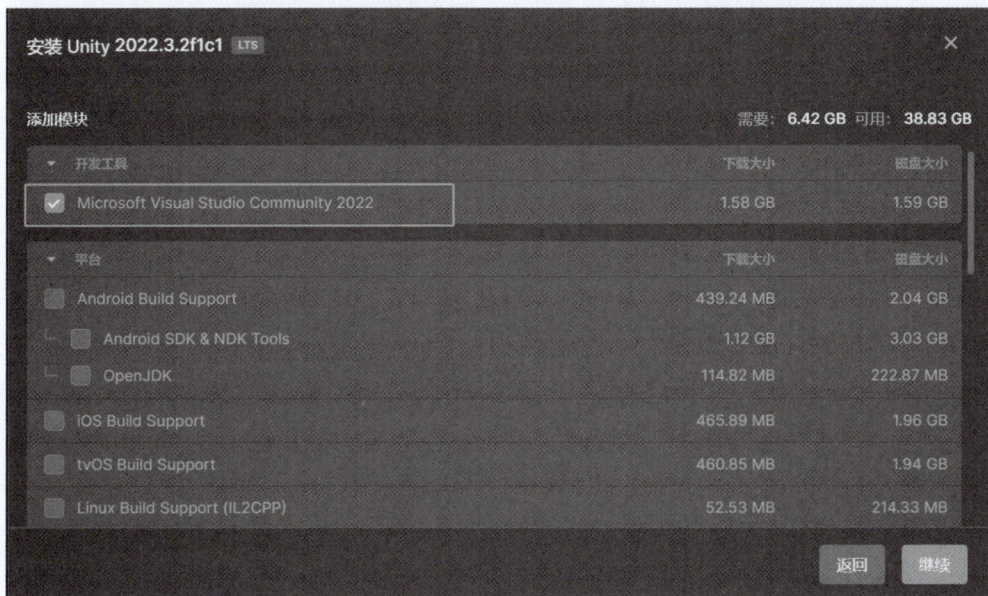

图 1-36　添加开发工具安装模块

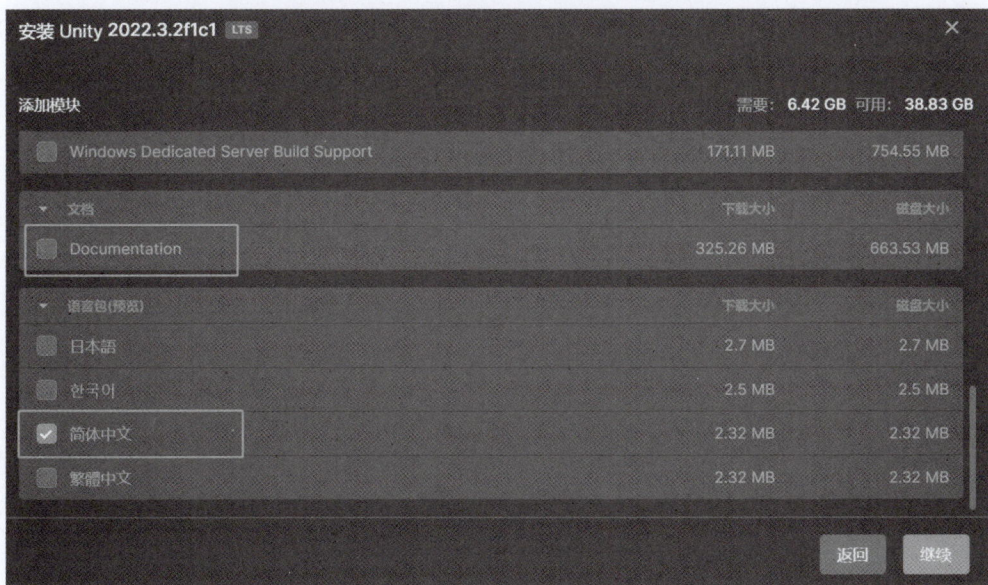

图 1-37　添加 Documentation 和语言包安装模块

（4）单击"继续"按钮，在打开的 Visual Studio 2022 Community License Terms 对话框中，勾选"我已阅读并同意上述条款和条件"复选框，如图 1-38 所示，中间的网址链接是"微软软件许可条款"，如图 1-39 所示。

（5）单击"安装"按钮，Unity Hub 会首先下载 Unity 编辑器安装文件及选择的安装模块文

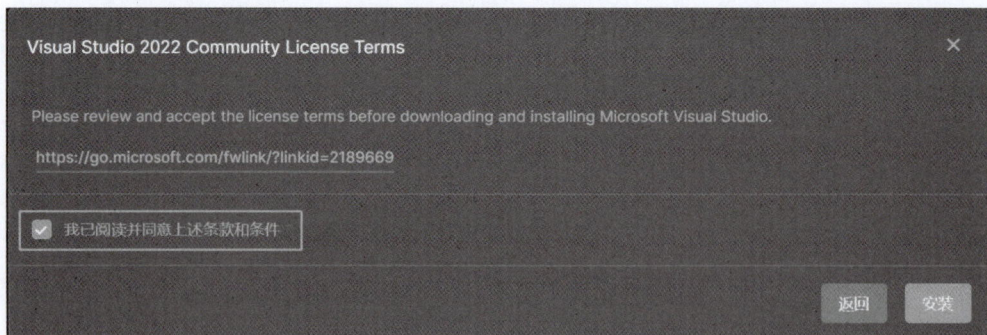

图 1-38　"最终用户许可协议"对话框

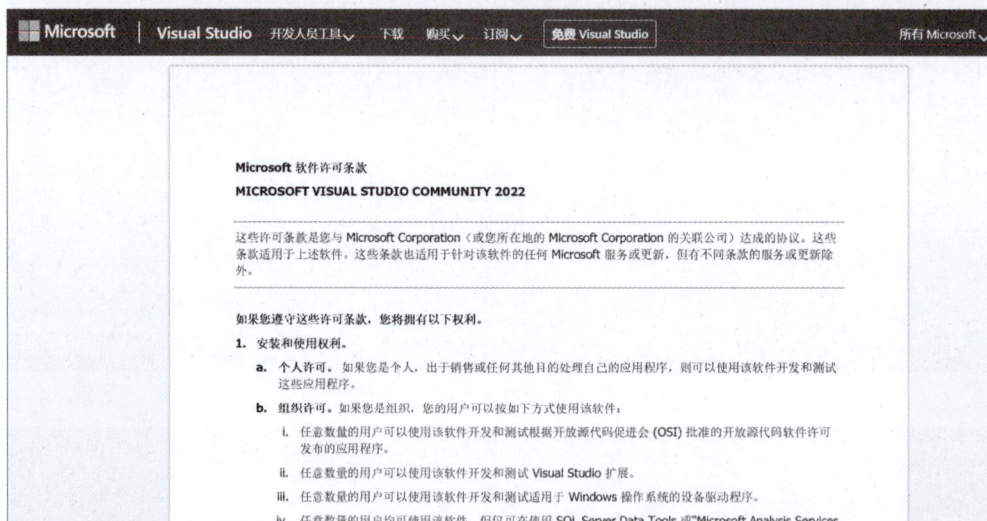

图 1-39　微软软件许可条款

件,在安装界面中可以通过安装进度条查看下载安装进度,如图 1-40 所示。单击左侧的小箭头,可以查看具体的编辑器与模块的下载及安装进度,如图 1-41 所示。Unity 2022.3.2f1c1 安装过程的进度查看如图 1-42 所示。

图 1-40　Unity 下载安装

5. 下载安装 Visual Studio Installer

　　Unity 编辑器及其他模块(简体中文等)安装完成后,准备安装 Microsoft Visual Studio Community 2022,它的安装需要通过 Visual Studio Installer 来进行,所以安装过程会自动开始下载安装 Visual Studio Installer,Visual Studio Installer 下载安装界面如图 1-43 所示。

图 1-41　Unity 安装软件下载进度查看

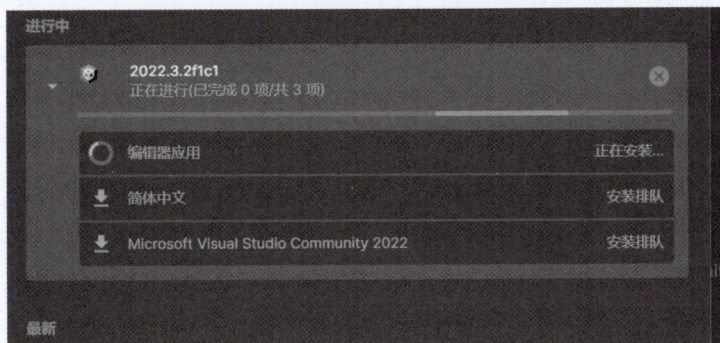

图 1-42　Unity 安装进度查看

图 1-43　Visual Studio Installer 下载安装界面

6. 下载安装 Visual Studio

（1）Visual Studio Installer 安装完成后，会自动启动运行，然后继续自动安装 Microsoft Visual Studio Community 2022，Unity Hub 和 Visual Studio Installer 中 Microsoft Visual Studio Community 2022 安装进度界面如图 1-44 所示。所有软件安装完成后的界面如图 1-45 所示。

（2）Microsoft Visual Studio Community 2022 安装完成后，Visual Studio Installer 安装界面如图 1-46 所示，如果需要安装其他组件，可以单击"修改"按钮，进行安装。

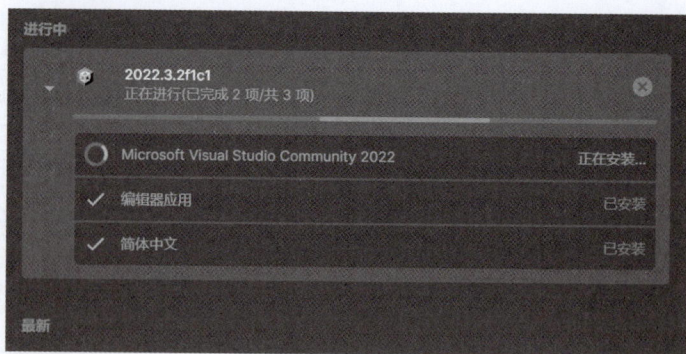

(a)

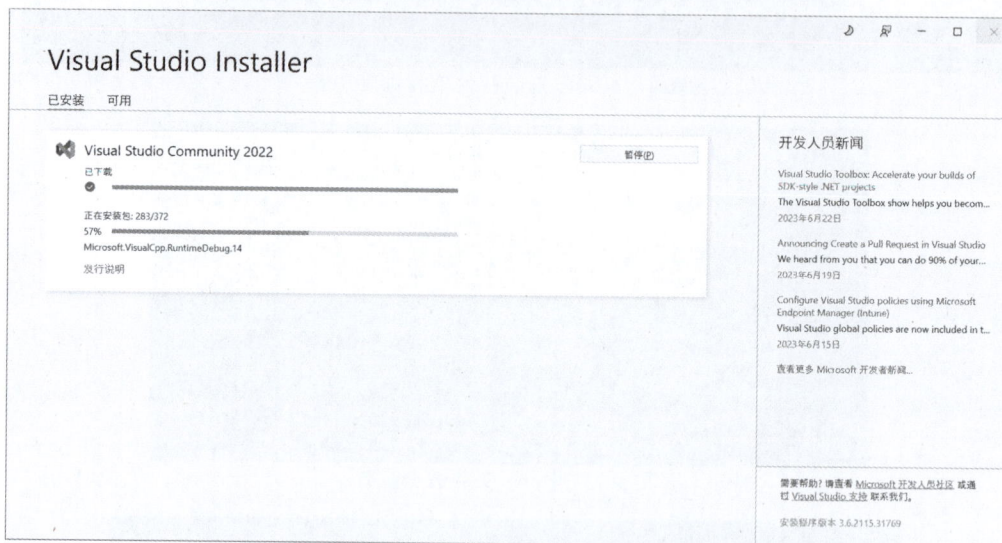

(b)

图 1-44　Visual Studio Community 2022 安装界面

图 1-45　所有软件安装完成后界面

（3）如果通过 Visual Studio Installer 手工安装 Microsoft Visual Studio Community 2022，一定要选择"使用 Unity 的游戏开发"选项，如图 1-47 所示。

（4）注意 Microsoft Visual Studio 需要.NET Framework 的支持，如果计算机中没有安装.NET Framework 或没有需要的.NET Framework 版本，需要首先安装对应的.NET Framework 版本。Microsoft Visual Studio Community 2022 基于.NET Framework 4.8，所以需要先安装.NET Framework 4.8。

图 1-46　Microsoft Visual Studio Community 2022 安装完成

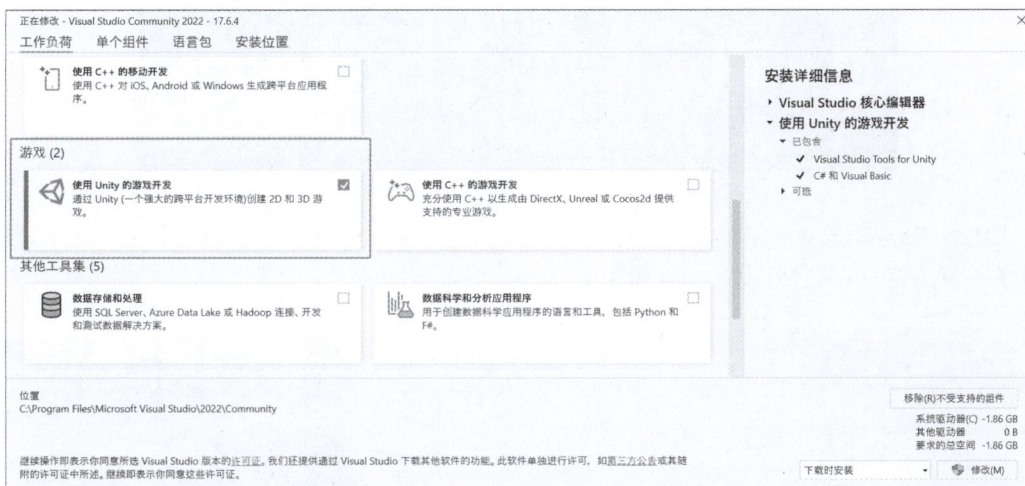

图 1-47　Microsoft Visual Studio Community 2022 安装组件选择

【例 1-1】　Hello World 入门实例

（1）运行 Unity Hub，通过 Unity Hub 新建和管理项目。单击"新项目"按钮，在弹出的"新项目"对话框中，选择 3D 项目模板，设置项目名称和项目存储位置，单击"创建项目"按钮，如图 1-48 所示，即可创建一个 Unity 项目。Unity 启动界面如图 1-49 所示。

HelloWorld
入门案例

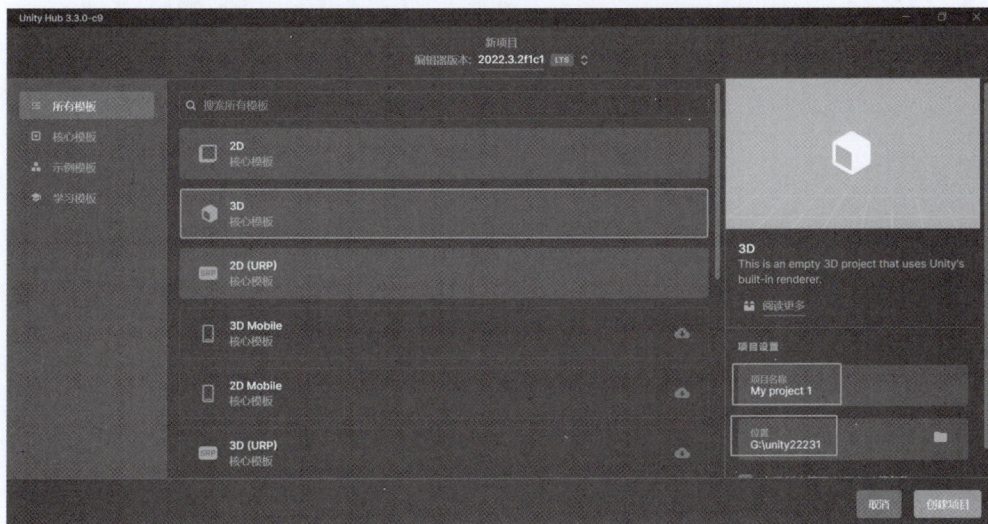

图 1-48　"新项目"对话框

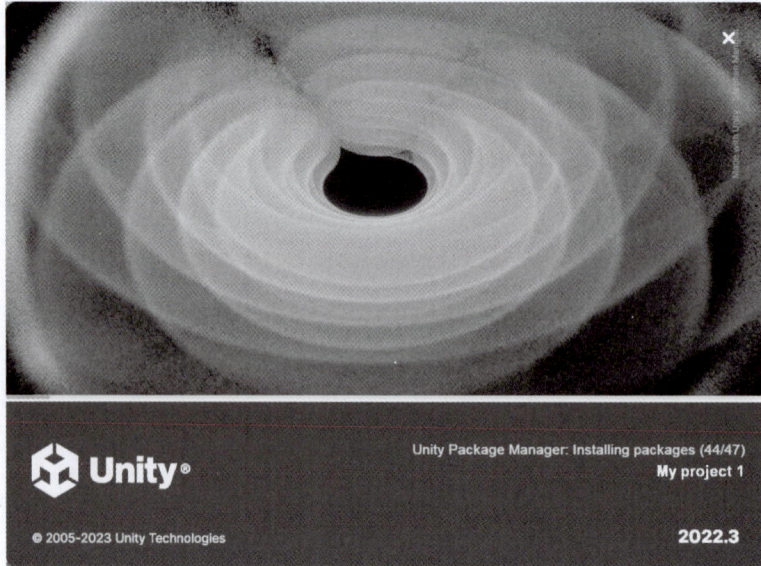

图 1-49　Unity 2022 启动界面

（2）在 Project→Assets 面板的空白处右击，选择 Create→C♯ Script，如图 1-50 所示，创建一个 C♯ 脚本文件，重命名为"test"，如图 1-51 所示。

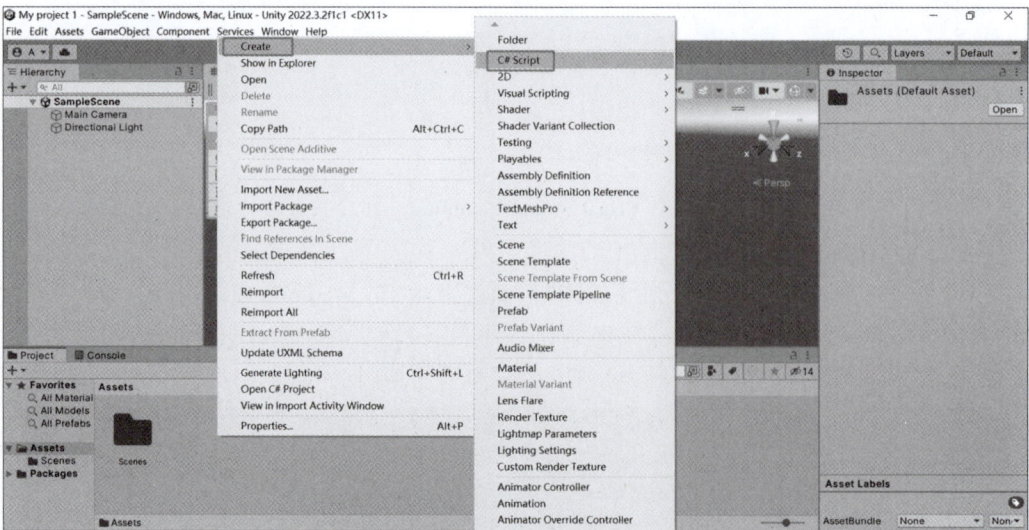

图 1-50　新建 C♯ 脚本

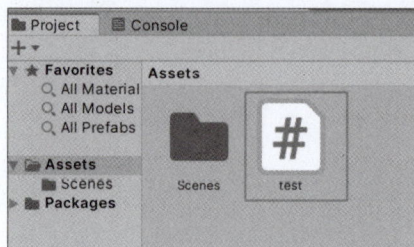

图 1-51　重命名 C♯ 脚本文件

（3）双击 test 文件，如果能打开 Visual Studio Community 2022，直接跳到下一步，如果不能，

进行如下设置。选择菜单项 Edit | Preferences，在打开的 Preferences 对话框中，选择 External Tools，在 External Script Editor 后面的下拉列表中选择 Microsoft Visual Studio Community 2022，如图 1-52 所示。

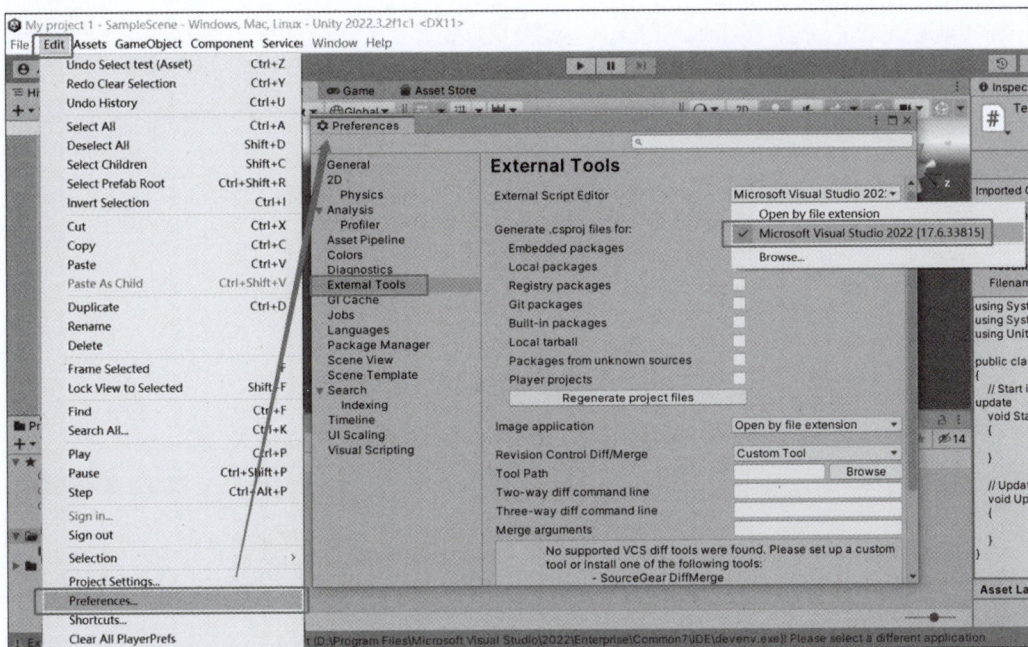

图 1-52　External Script Editor 设置

（4）双击 test 脚本文件，打开 Visual Studio Community 2022 来编辑该脚本，在"欢迎"对话框中，不用登录，单击蓝色字"以后再说。"（以后再注册登录），如图 1-53 所示。在打开的"设置"对话框中，可以设置 Visual Studio 的颜色主题，然后单击"启动 Visual Studio"按钮，即可打开 Visual Studio，如图 1-54 所示。

图 1-53　Visual Studio 欢迎对话框

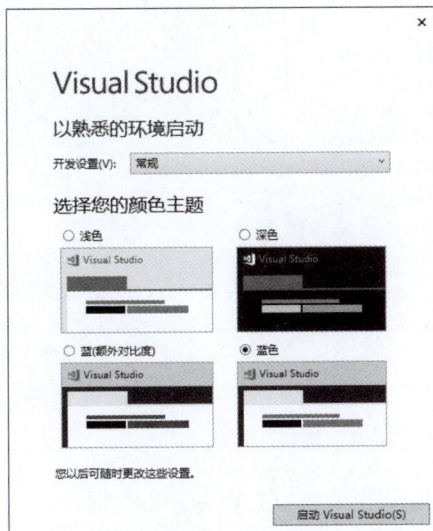

图 1-54　Visual Studio 设置对话框

（5）在 test 脚本的 Start() 方法中输入：print("Hello World!")；，保存 test.cs 文件，如图 1-55 所

示。这里要注意一下，test.cs 的脚本名"test"和打开的代码中的"public class test：MonoBehaviour"中的类名"test"应一致，若不一致要把类名修改为和脚本名一致。

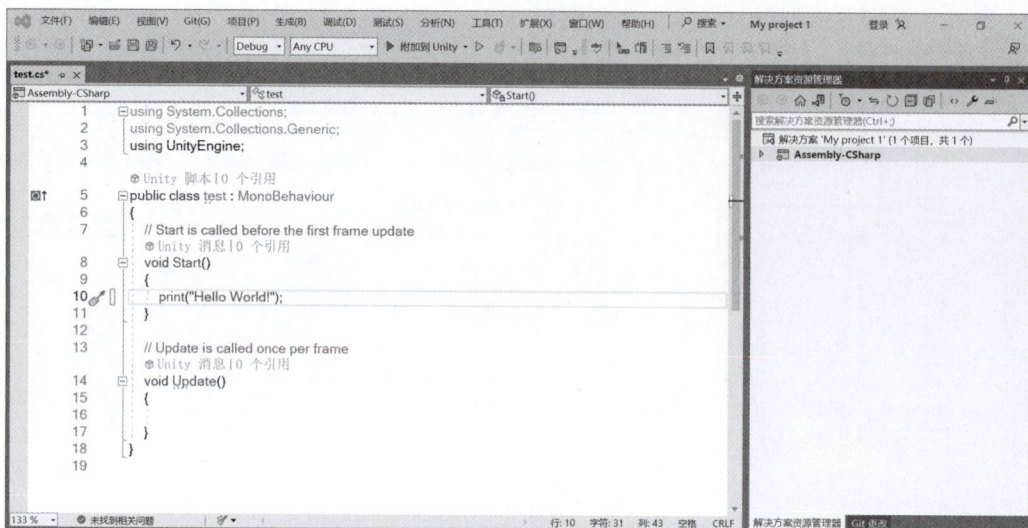

图 1-55 在 Visual Studio 中编写脚本

（6）返回 Unity，在 Unity 中将 test.cs 脚本文件拖动到 Hierarchy 面板中的主摄像机 Main Camera 上（或者直接拖动到主摄像机的 Inspector 面板下方空白处），在 Inspector 面板上会添加 test 脚本组件，如图 1-56 所示。

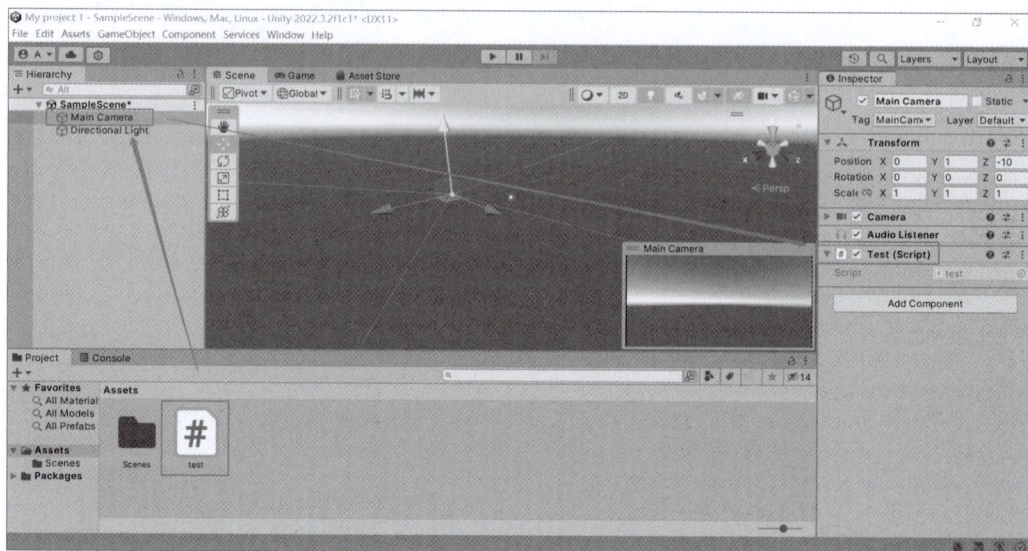

图 1-56 在 Unity 中将脚本赋给主摄像机

（7）单击窗口上方的"播放"按钮 ▶，运行项目场景，会在控制台 Console 中输出"Hello World！"，如图 1-57 所示。

1.3.3　离线安装 Unity

Unity 5.6 以前版本的离线安装步骤如下。

（1）浏览器打开 Unity 中文官网 https://unity.cn/，登录，下载 Unity 5.6.7 安装文件

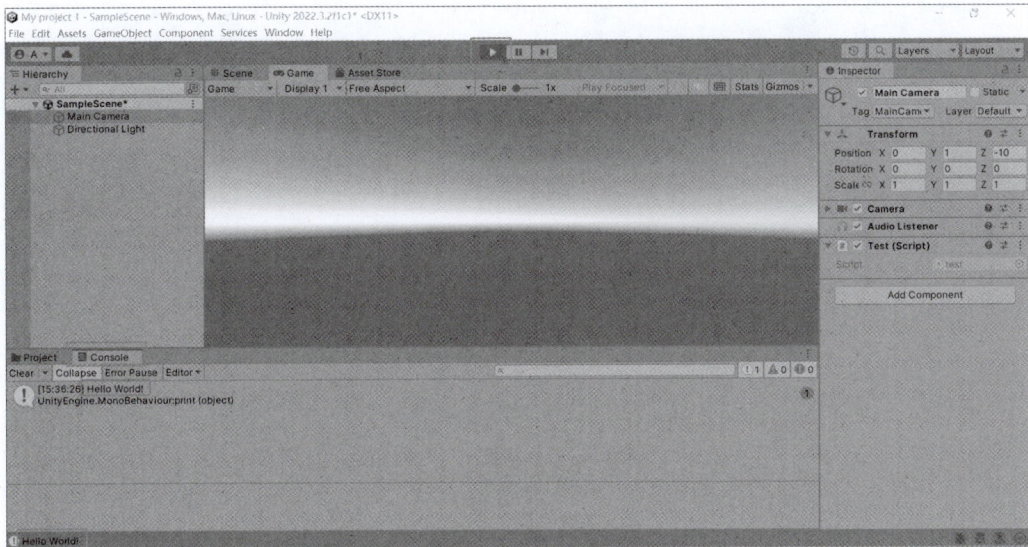

图 1-57　脚本运行效果

UnitySetup64.exe。

（2）双击 UnitySetup64.exe 开始安装 Unity，按提示安装即可。

（3）安装完成后，运行 Unity，按提示注册 Unity ID，就可以开始使用 Unity 了。

现在一般使用较新版本的 Unity，这种安装方式已经废弃不用了。

初次使用 Unity Hub 时，需要注册、登录、激活许可证等，可能比较麻烦，但是以后使用还是比较方便的，许可证到期后重新激活即可。通过 Unity Hub 可以安装管理多个 Unity 版本，管理不同版本 Unity 创建的项目，还是比较方便的。

1.3.4　安装指定版本 Unity

从 Unity Hub 安装 Unity 时，会推荐几个安装的版本，如图 1-35 所示。

（1）如果想要安装指定版本的 Unity，可以登录 Unity 官网，找到指定版本的 Unity，单击"从 Hub 下载"，如图 1-58 所示。在打开的对话框中单击"打开 Unity Hub"按钮，如图 1-59 所示，如果没有安装 Unity Hub，按照前面的安装步骤进行安装。

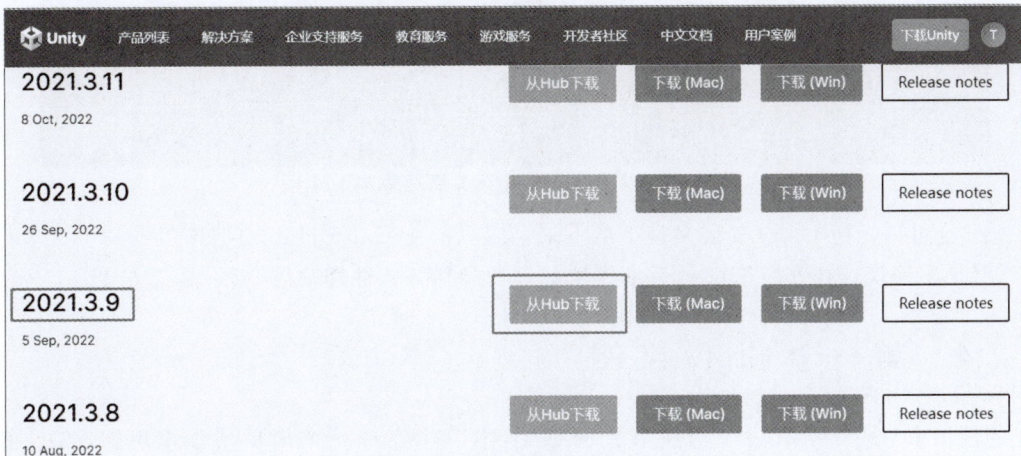

图 1-58　选择要安装的 Unity 版本

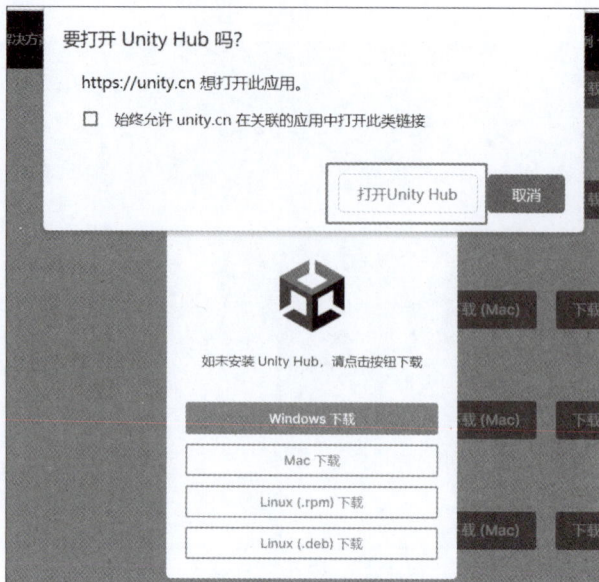

图 1-59　"打开 Unity Hub"提示对话框

（2）打开 Unity Hub 后，会弹出"安装 Unity 2021.3.9f1c1 LTS"对话框，按照前面安装 Unity 2022 的步骤进行安装即可。但是在选择安装模块时，已经安装过的模块可以不用再安装，如图 1-60 所示。

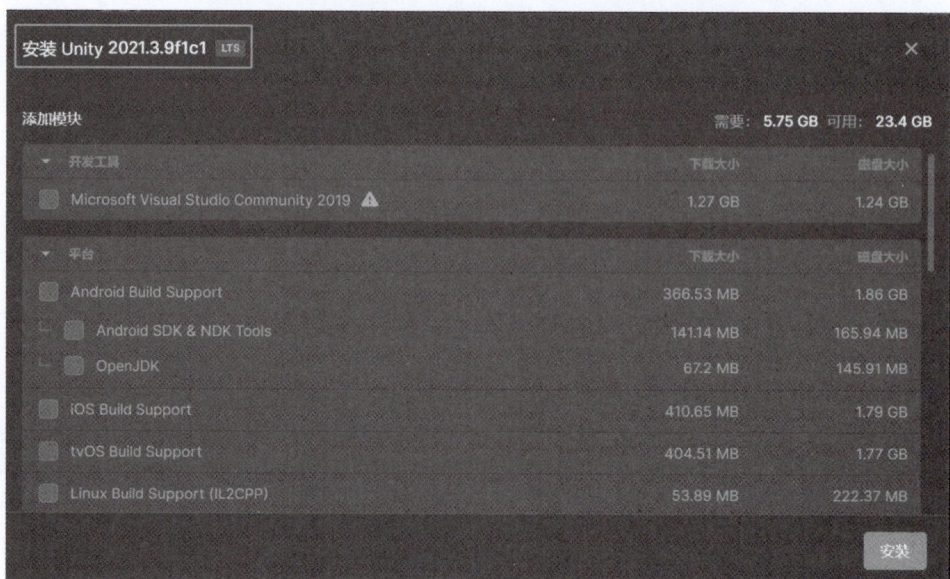

图 1-60　从 Unity Hub 安装指定版本 Unity

（3）也可以先把 Unity 安装文件下载下来，安装后，在 Unity Hub 中把该版本的 Unity 引入进来，但是不建议这样安装 Unity，后期模块的添加/删除、软件卸载等，都不是很方便。

1.4　第一个 Unity 实例

为使读者对 Unity 有一个快速直接的感受，本节将完成一个简单的虚拟现实实例，了解 Unity 的强大便捷开发功能。实例首先创建一个立方体，为立方体添加材质和纹理，然后通过代码实现立方体旋转，通过快捷键控制立方体移动。

【例 1-2】　创建虚拟对象 Cube 实现简单运动

实例任务：通过实例熟悉 Unity 虚拟现实开发的简单流程，创建对象并赋材质，添加脚本控制对象运行。

（1）打开 Unity Hub，单击"新建"按钮，创建一个新的项目，在左侧选择 3D 模板，创建一个 3D 工程，在右侧将其命名为"CubePrj"，设置项目保存位置，然后单击"创建项目"按钮，如图 1-61 所示。

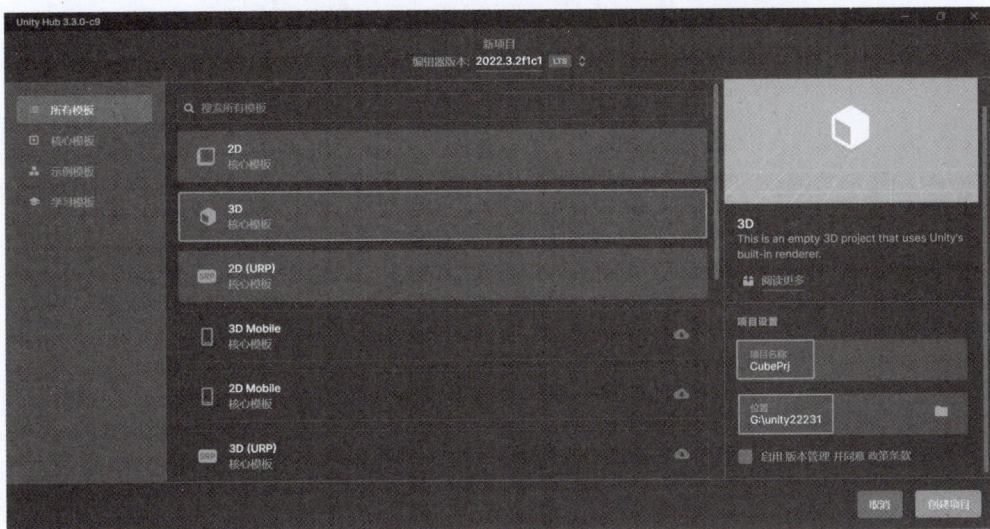

图 1-61　创建项目

（2）打开 Unity 编辑器，系统自动创建一个 Scene（场景），并命名为 SampleScene。在 Hierarchy 面板中，可以看到默认创建了一个主摄像机（Main Camera，为场景提供观察视角，相当于人的眼睛）和一个平行光（Directional Light，为场景提供平行光照明）。

（3）单击 Hierarchy 面板左上方的"+"按钮，在弹出的菜单中选择 3D Object|Cube（如图 1-62 所示），将在 Scene 面板中创建一个默认的立方体，该立方体长、宽、高分别设置为 1m、1m、1m，位置坐标 X、Y、Z 分别为 0、0、0，可以在 Inspect 面板的 Transform 组件的 Position 属性中查看到，在 Hierarchy 面板中可以看到创建出来的立方体对象名称为"Cube"，如图 1-63 所示。

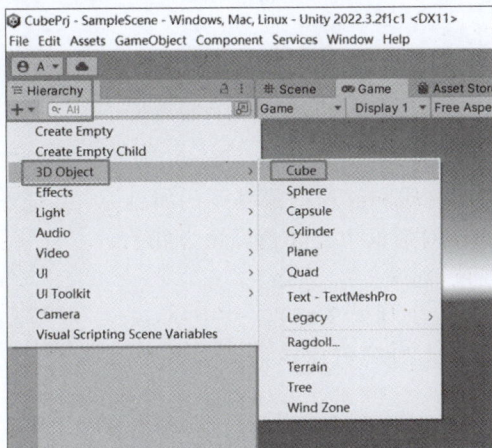

图 1-62　创建对象菜单

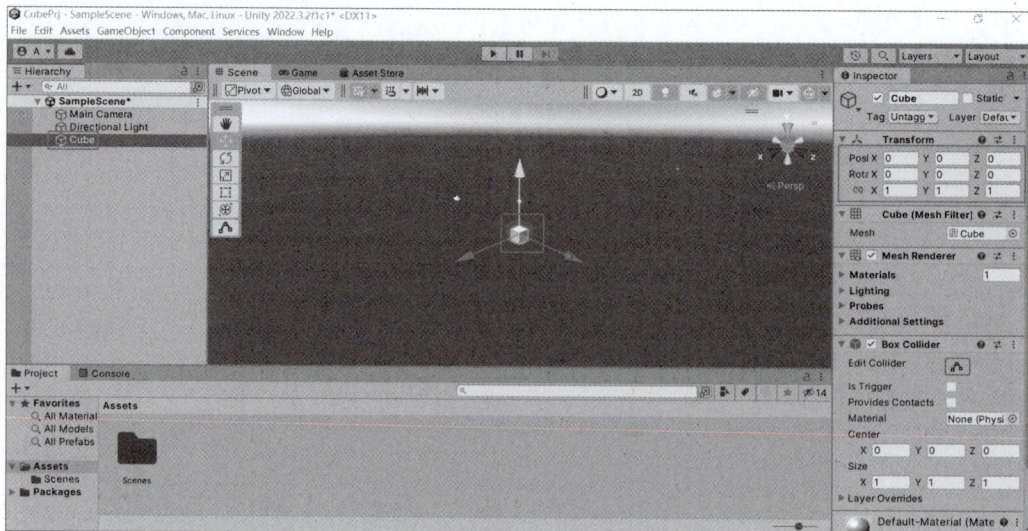

图 1-63　创建一个立方体对象

（4）观察 Scene 窗口中的立方体对象，显示为白色，下面来改变立方体的颜色和纹理。在 Project 面板中，单击 Assets，在右侧 Assets 面板中任意处右击，在弹出的快捷菜单中选择 Create | Material（如图 1-64 所示），会在 Assets 面板中创建一个新材质，重命名为 red，如图 1-65 所示。

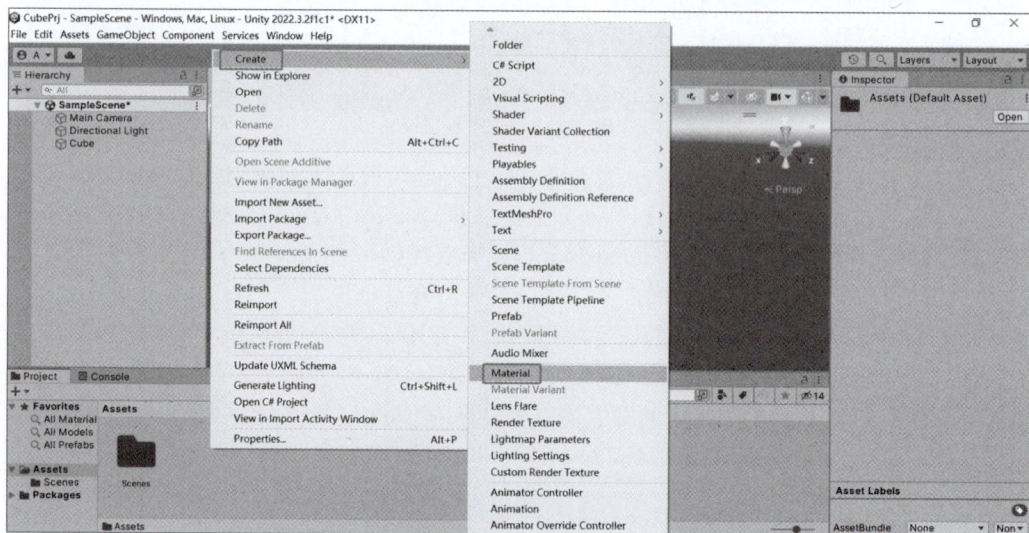

图 1-64　新建材质菜单

（5）在 Inspector 面板的 Main Maps 中单击 Albedo 属性（反射属性，这是表现物体表面材质和纹理的最基本的属性）后的白色色块，在弹出的 Color 对话框中将颜色设置为红色，会看到该材质已经修改为红色，如图 1-66 所示。

（6）下面将 red 材质赋给立方体对象，只需选中 Assets 面板中的 red 材质后，按住鼠标左键将材质球拖动到场景中的立方体对象上，然后松开左键，会看到立方体对象已经由原来的白色变为红色，如图 1-67 所示。

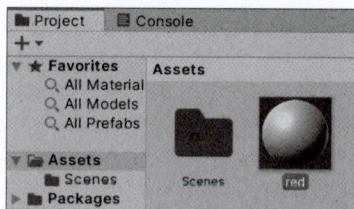

图 1-65　Assets 面板中的新材质

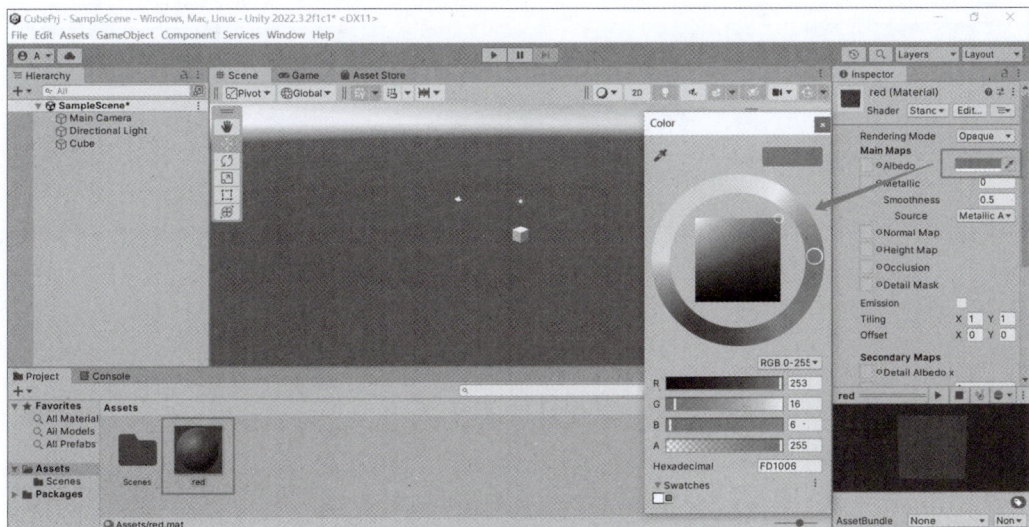

图 1-66　修改材质颜色

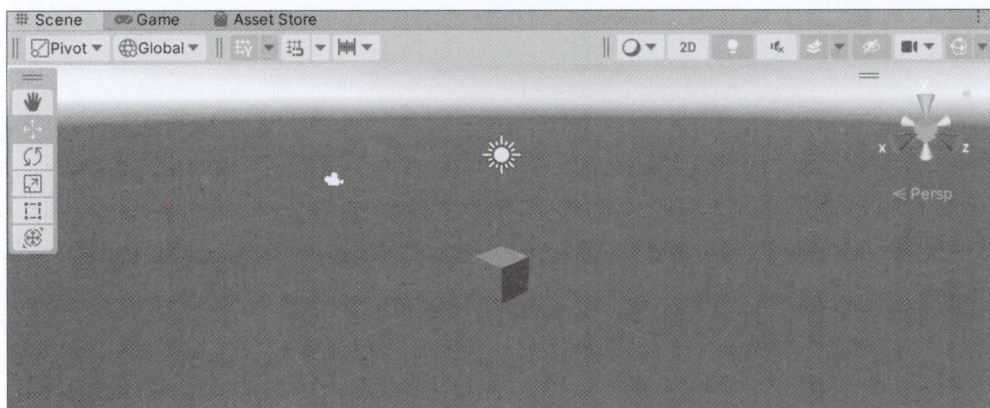

图 1-67　将 red 材质赋给立方体对象

（7）下面为立方体添加纹理。首先需要将图片添加到 Unity 中，在资源管理器中任意选中一幅图片 flower01.jpg，按住鼠标左键将图片拖动到计算机桌面下方的 Unity 图标上，等待 Unity 窗口打开，继续拖动鼠标到 Assets 面板，然后松开左键，就将图片添加到 Assets 面板中了，如图 1-68（a）所示。下面直接将图片 flower01.jpg 赋给立方体，以使立方体各个面可以显示纹理图案。只需将 Assets 面板中的 flower01.jpg 拖动到立方体上，在 Assets 面板中会自动创建一个 Materials 文件夹，如图 1-68（b）所示。打开 Materials 文件夹，Unity 创建了一个名称为"flower01"的材质，如图 1-68（c）所示。在 Inspector 面板中 Albedo 左侧的小方块会显示 flower01.jpg 预览图，表示 flower01 材质包含一个 flower01.jpg 纹理图，如图 1-68（d）所示。这时，观察场景中的立方体，会看到立方体的每个面都被贴上了 flower01.jpg 文件对应的图片，如图 1-68（e）所示。

（8）下面让立方体旋转起来。在 Assets 上右击，在弹出的快捷菜单中选择 Create｜C♯ Script，如图 1-69（a）所示，创建一个新的 C♯ 脚本，将其重命名为"rotate"，如图 1-69（b）所示。将脚本赋给立方体，仍然是将 rotate 脚本直接拖动到立方体上，在 Hierarchy 面板中单击立方体，在 Inspector 面板中会看到 rotate 脚本已经添加好了，如图 1-69（c）所示。双击 rotate 脚本，打开 Visual Studio 编辑器，如图 1-69（d）所示。

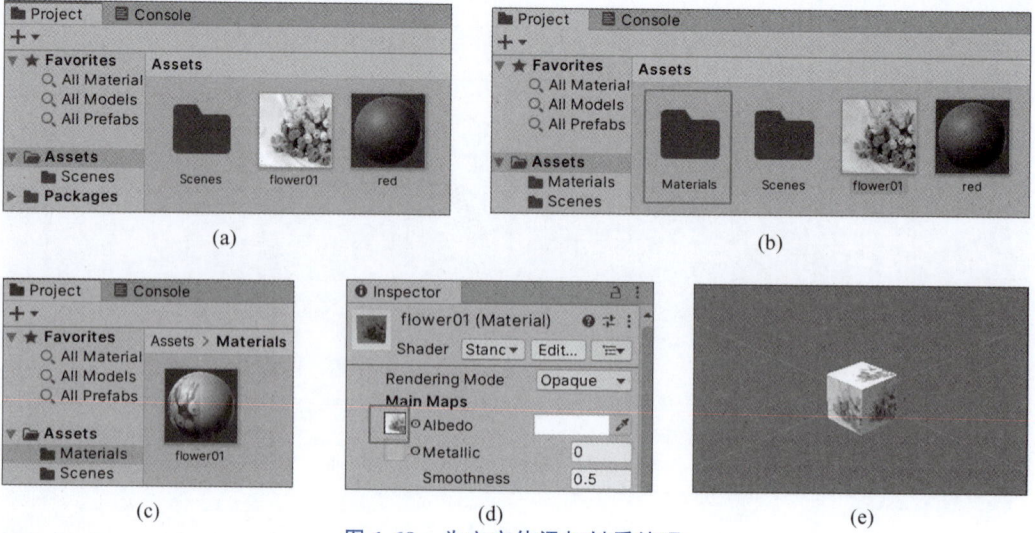

图 1-68　为立方体添加材质纹理

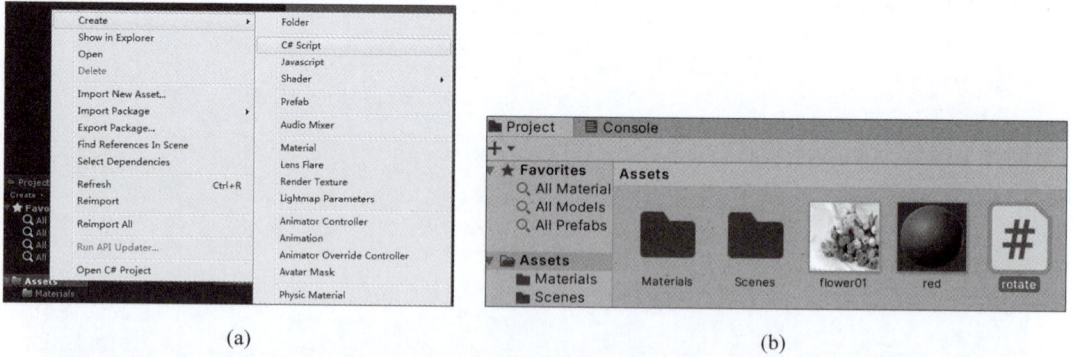

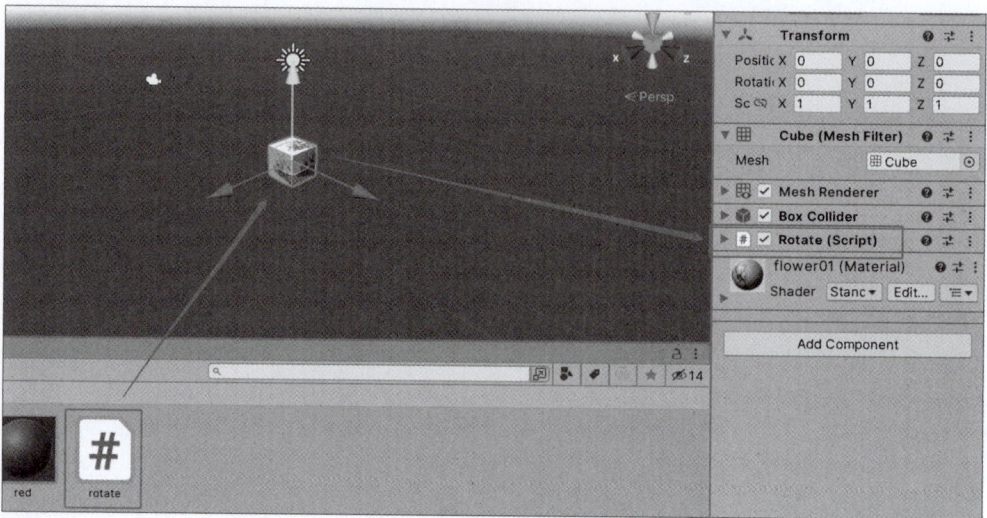

图 1-69　新建 C♯脚本并编辑

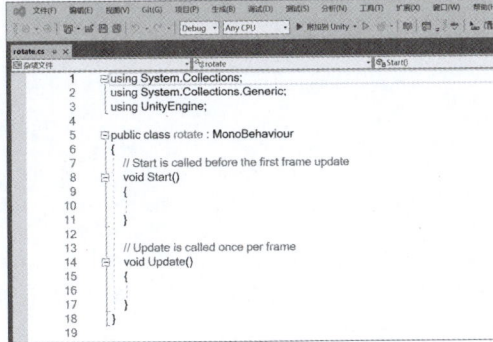

(d)

图1-69　（续）

（9）在 rotate.cs 脚本中的 Update()方法中添加如下代码。

```
void Update()
{
    transform.Rotate(0, 5, 0);
}
```

Update()方法是 Unity C♯脚本中最重要的方法，Unity 会按照一定时间间隔调用 Update()方法（根据用户设备 Unity 程序运行的速率即帧频来调用）。transform 表示控制对象基本变换操作移动、旋转、缩放的 Transform 组件类，控制对象移动的方法是 Translate()方法，控制对象旋转的方法是 Rotate()方法。Rotate()方法有多个重载方法，最简单的形式为 Rotate（x,y,z），参数 x、y、z 分别表示绕 x 轴、y 轴、z 轴旋转的角度值。Rotate(0,5,0)表示运行时按照帧频被调用执行，每执行一次，对象就绕 y 轴旋转 5°，连续执行对象就旋转起来了。

代码输入完成后保存，返回 Unity（系统会自动编译脚本，如有错误 Console 面板中会有错误提示）。单击上方的"播放"按钮▶️运行场景，会自动从 Scene 窗口切换到 Game 窗口，会看到立方体已经旋转起来了，如图 1-70 所示。

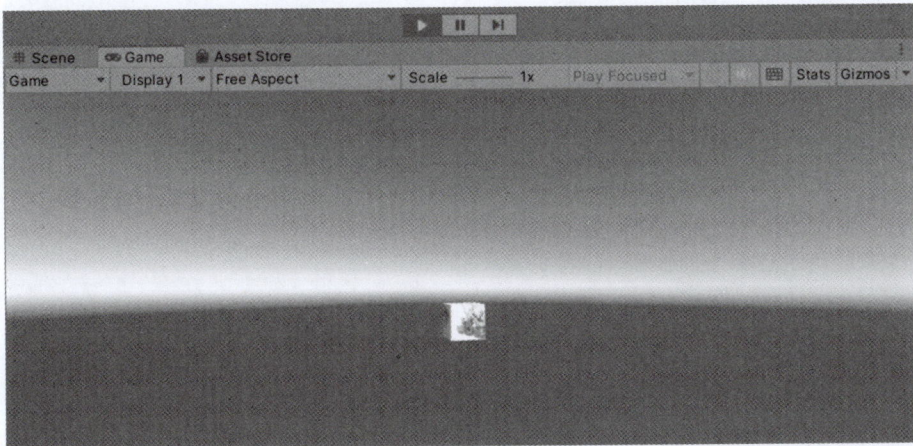

图1-70　立方体旋转运行效果

（10）下面实现当按下某个按键，让立方体向右侧或左侧移动一定距离。首先将脚本 rotate.cs 删除，按照步骤（8）的方法，再新建一个 C♯脚本 move.cs，并将脚本赋给立方体。打开 Visual Studio 编辑器，在 Update()方法中添加如下代码。

```
void Update()
{
    if (Input.GetKeyDown(KeyCode.D) || Input.GetKeyDown(KeyCode.RightArrow)){
        transform.Translate(0.8f, 0, 0);
    }
    if (Input.GetKeyDown(KeyCode.A) || Input.GetKeyDown(KeyCode.LeftArrow)){
        transform.Translate(-0.8f, 0, 0);
    }
}
```

Translate()方法有多个重载方法,最简单的形式为 Translate(x,y,z),参数 x、y、z 分别表示对象沿 x 轴、y 轴、z 轴移动的距离。例如,Translate(0.8f,0,0)表示沿 x 轴正方向移动 0.8m,Translate(-0.8f,0,0)表示沿 x 轴负方向移动 0.8m。

Input.GetKeyDown(KeyCode.D)中,Input 类获取用户的键盘、鼠标、控制杆等输入设备的输入,Input 对象是应用程序和用户之间交互的桥梁,Input 对象通常用在 Update()方法中,每帧监听用户是否有相关的输入。关于键盘输入有三个方法:Input.GetKey()方法,当对应键盘按键被按住时,返回 true,每帧都会被监听到;Input.GetKeyDown()方法、Input.GetKeyUp()方法,只有对应按键被按下或弹起时返回 true,只有在该帧才会被监听到。当缓慢按下一个按键并弹起时,Input.GetKeyDown()方法和 Input.GetKeyUp()方法只会执行一次,而 Input.GetKey()方法可能会执行多次。这三个方法的参数为 KeyCode 枚举类型,KeyCode.D 表示键盘上的 D 键,KeyCode.RightArrow 表示向右箭头键。

代码实现的功能为:程序运行时,每一帧调用 Update()方法,监听是否有对应的按键按下,当按下 D 键或向右箭头键时,立方体会向右侧移动 0.8m,当按下 A 键或向左箭头键时,立方体会向左侧移动 0.8m。这里还需要了解,从默认的 Main Camera 角度观察场景,x 轴正方向水平向右,y 轴正方向垂直向上,z 轴正方向纵深指向屏幕内部。程序运行效果如图 1-71 所示。

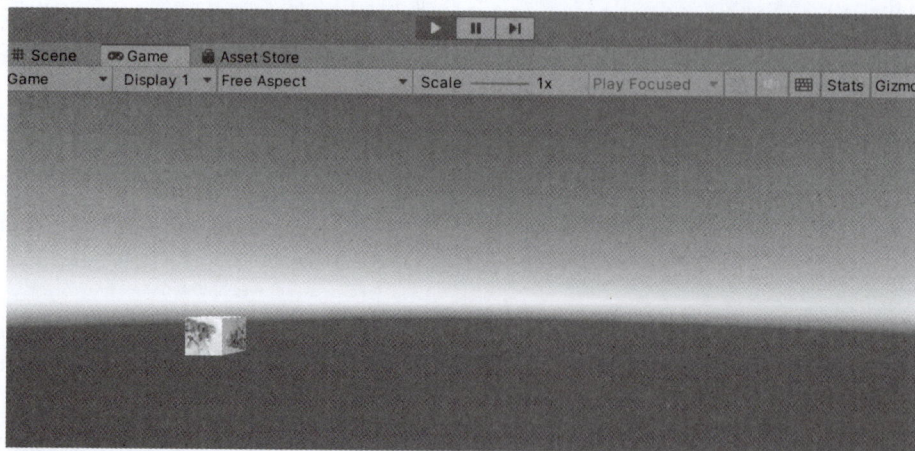

图 1-71　按键控制立方体移动运行效果

读者可修改以上代码,实现当按下 W 键时,立方体向屏幕深处远离用户移动 1m,当按下 S 键时立方体向用户移动 1m,当按下 R 键时,立方体绕 y 轴旋转 10°。

习题

一、选择题

1. 不属于虚拟现实的 3I 特性的是_____。

    A. 沉浸感　　　　　　B. 交互性　　　　　　C. 想象力　　　　　　D. 单调性

2. 以下关于 Unity 的描述,错误的是_____。

    A. Unity 既可以开发游戏,也可以开发 VR、AR 产品

    B. Unity 最重要的特点是跨平台

    C. Unity 既可以开发 3D 产品,也可以开发 2D 产品

    D. 一台计算机上同时只能安装一个版本的 Unity

3. _____是用于管理 Unity 项目,简化下载、安装,管理多个 Unity 版本的工具。

    A. Unity Hub　　　B. Unity3D　　　　C. Unity Installer　　D. Unity manager

二、简答题

1. Unity 有哪些应用？可以开发什么产品？

2. 学习 Unity,需要安装哪些软件？

3. Unity 的许可证如何添加和激活？

三、操作题

1. 参考 1.3 节安装 Unity 2022 和 Microsoft Visual Studio 2022。

2. 参考 1.4 节完成一个基本 Unity 虚拟现实小案例。

Unity 虚拟现实场景创建

Unity 是一个虚拟现实及交互式项目开发的综合性开发引擎,在这个集成开发环境中可以完成主要项目开发内容,所以学习 Unity 的第一步就是熟悉和掌握 Unity 编辑器的布局、基本操作方法及技巧。虚拟现实项目的开发,需要先创建 3D 虚拟对象,掌握虚拟对象的基本变换操作和复制等,能够搭建简单虚拟现实场景。

本章学习要点:

- Unity 编辑器。
- Unity 项目结构及框架。
- 虚拟 3D 对象的创建和编辑。
- 虚拟现实场景的创建。

2.1 Unity 编辑器

Unity 编辑器(Editor)是一个可视化的集成开发环境,其具有以下特点:操作简单、直观、高效;通过脚本编写实现交互式开发,从开发平台、发布平台两个方面实现跨平台;Unity 的菜单和界面都可扩展等。Unity 的主要界面组成可以概括为四个栏位、两个视图、四个面板。四个栏位指的是 Title(标题栏)、Menu(菜单栏)、Tools(工具栏)、Status(状态栏),两个视图指的是 Scene(场景视图)和 Game(游戏视图),四个面板指的是 Project(项目资源面板)、Hierarchy(层级面板)、Inspector(检视面板/属性面板)、Control(控制台面板)。下面介绍 Unity 编辑器的组成。

2.1.1 标题栏和菜单栏

1. 标题栏

标题栏从左至右依次表示项目名称、当前场景名称、项目支持发布的平台、Unity 版本号、DirectX 版本号等,如图 2-1 所示。

My project 1 - SampleScene - Windows, Mac, Linux - Unity 2022.3.2f1c1* <DX11>

图 2-1 标题栏

2. 菜单栏

菜单栏包含 File、Edit、Assets、GameObject、Component、Services、Window、Help 等菜单,如图 2-2 所示。当导入某些标准包或外部包,或者通过编写脚本,可以为菜单栏增加新的菜单项,包括新建菜单项、为已有菜单增加子菜单项等。

```
File  Edit  Assets  GameObject  Component  Services  Window  Help
```
图 2-2　菜单栏

【例 2-1】　菜单扩展——新建菜单项

通过以下步骤和代码,可以实现在菜单栏新建菜单项。作用是通过新建菜单项,将常用功能添加到菜单中,方便开发者选择使用,以进行快捷操作开发。添加新菜单项是通过 MenuItem 来实现的,MenuItem 能够将任何静态方法转变为菜单命令,从而在主菜单和 Inspector 窗口上下文菜单中添加菜单项。MenuItem 添加新菜单项的具体步骤如下(在 Inspector 窗口上下文菜单中添加菜单项,读者可自行查阅相关资料)。

(1) 在 Project 面板的 Assets 文件夹下新建 Editor 文件夹。

(2) 在 Assets/Editor 文件夹下新建 menutest.cs 脚本,该脚本直接创建在 Assets 下也可以。

(3) 编写代码,功能是新建 Input 菜单,并添加两个子菜单项 control 和 move。

```
using UnityEngine;
using UnityEditor;
public class menutest : MonoBehaviour
{
    [MenuItem("Input/control")]            //创建菜单 Input|control
    static void control()                  //定义静态方法 control()
    {
        print("control.....");
    }
    [MenuItem("Input/move")]               //创建菜单 Input|move
    static void move()                     //定义静态方法 move()
    {
        print("move.....");
    }
}
```

(4) menutest.cs 脚本保存后,返回 Unity,不需要赋给任何对象,Unity 编译后更新菜单项,查看新建的菜单项,如图 2-3 所示。

(5) 测试新建菜单功能,单击新建的菜单项 Input|control 和 Input|move,脚本执行,运行对应的 control()方法和 move()方法,在控制台打印输出"control....."和"move.....",运行结果如图 2-4 所示。

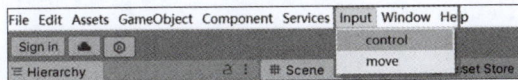

图 2-3　新建菜单项

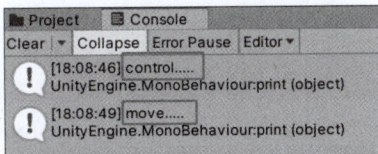

图 2-4　新建菜单功能测试

【例 2-2】　组件菜单扩展——为组件菜单增加子菜单项

AddComponentMenu()方法实现为组件菜单(Component)添加子菜单项,通过以下步骤和代码实现。可以将常用或重复使用的脚本组件添加为子菜单项,提高开发效率。用户新建的脚本默认会添加至 Component|Scripts 菜单下,如果脚本很多,或者有些脚本使用频率较高,可以通过以下步骤在 Component 菜单下将脚本分类,或将高频使用脚本放置到 Component 的单独子菜单中。

(1) 在 Project 面板的 Assets 文件夹下新建 Editor 文件夹。

(2) 在 Assets/Editor 文件夹下新建 componentmenu.cs 脚本,该脚本直接创建在 Assets 下也可以。(目前较新 Unity 版本不能放在 Assets/Editor 文件夹下,放在 Assets 下或其他任意文件夹中都可以。）

（3）编写代码，功能是为 Component 菜单添加子菜单项 Control Scripts|FPS Input。

```
using UnityEngine;
using System.Collections;
[AddComponentMenu("Control Scripts/FPS Input")]        //Component 菜单添加子菜单项
public class componentmenu : MonoBehaviour
{
    void Start()
    {
        print("start.....");
    }
    void Update(){ }
}
```

（4）componentmenu.cs 脚本保存后，返回 Unity，不需要赋给任何对象，Unity 编译更新菜单项，可以查看新建的菜单项。然后选中一个对象（如主摄像机），单击该子菜单项 Component|Control Scripts|FPS Input，将把该脚本赋给主摄像机，如图 2-5 所示。注意为对象添加的脚本组件名"FPS Input"与菜单名一致，但是引用的脚本是"componentmenu"，查看 FPS Input 组件名下面 Script 属性后面文本框中的值（在 Inspector 面板中查看）。

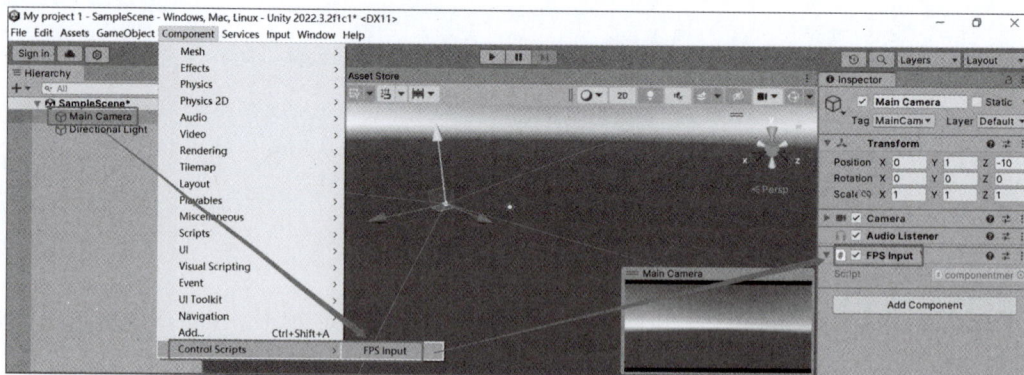

图 2-5　组件菜单添加子菜单

（5）测试新建子菜单功能，单击工具栏中的"播放"按钮，运行程序，该脚本执行，在控制台打印输出"start....."，执行结果如图 2-6 所示。

（6）如果编写了两个脚本，要分别在各自脚本中进行子菜单的添加。EnemyAI.cs 脚本中添加［AddComponentMenu ("Custom Scripts/Enemy/Enemy AI")］;，EnemyHealth.cs 脚

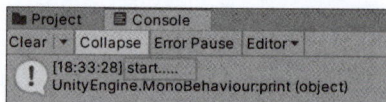

图 2-6　组件菜单子菜单功能测试

本中添加［AddComponentMenu("Custom Scripts/Enemy/Enemy Health")］;，编译后会在 Component 菜单下添加两个子菜单，如图 2-7 所示。

2.1.2　工具栏

工具栏包含一些快捷操作按钮，左侧三个按钮实现登录、打开 Package manager 包管理器窗口、Unity 版本控制，中间三个按钮实现项目的播放预览、暂停、逐帧播放等功能，右侧四个按钮和下拉列表实现撤回历史操作、全局搜索、层级设置、布局设置等功能，如图 2-8 所示。

Unity 以前的版本对于游戏对象的基本操作按钮、坐标系、轴点的设置按钮及其他一些设置按钮和选项菜单，是放置在工具栏中的，从 Unity 2019.1 版本开始，这些功能按钮不断补充并被移到了 Scene（场景面板）中，这些按钮功能将在后面介绍。

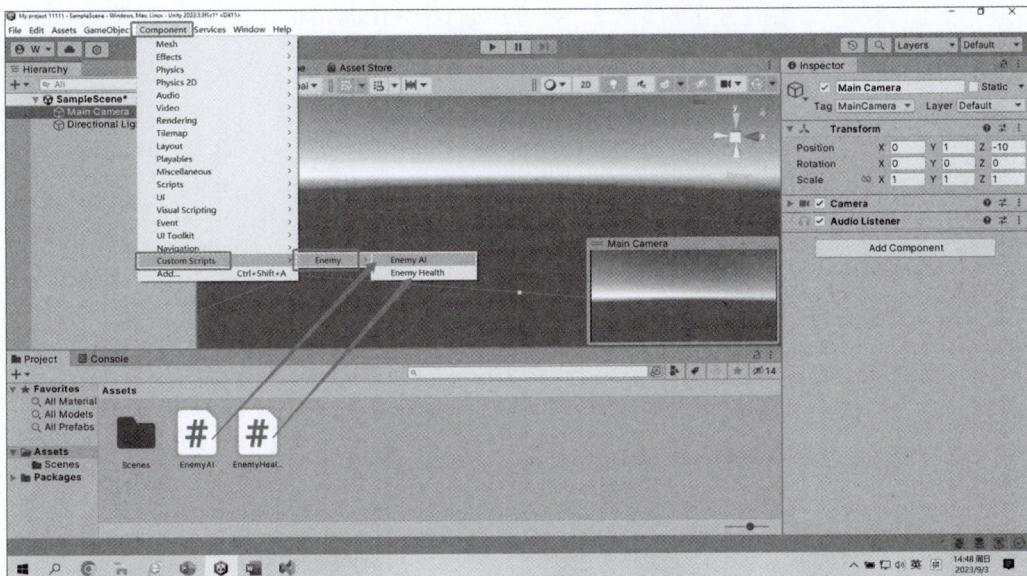

图 2-7　两个脚本的子菜单添加

图 2-8　工具栏

2.1.3　界面面板组成

开发一个 Unity 项目,首先需要创建 Unity Project(Unity 项目)。Unity 项目创建好后,可以打开 Unity Editor(Unity 编辑器)进行编辑,Unity 编辑器界面默认会打开 Scene(场景面板)、Hierarchy(层级面板)、Project(项目资源面板)、Inspector(组件属性面板),另外还有 Game(预览面板)、Control(控制台)、Asset Store(资源商店面板)、Animator(动画控制器及动画状态机编辑面板)、Animation(动画编辑面板)等多个面板,可根据需要打开编辑器查看。各面板功能如表 2-1 所示。

表 2-1　Unity 各面板功能

面 板 名 称	面 板 功 能
Scene(场景面板)	对象的创建和编辑
Game(预览面板)	项目播放,场景效果预览
Hierarchy(层级面板)	场景对象索引(对象列表)
Project(项目资源面板)	保存项目所有资源,与文件夹对应
Inspector(检视面板/组件属性面板)	对象的组件和属性查看及编辑
Console(控制台)	打印输出,错误提示
Animation(动画编辑面板)	动画创建和编辑
Animator(动画控制器及动画状态机编辑面板)	新版动画系统的动画剪辑及过渡的编辑控制

2.1.4　界面布局

Unity 界面由多个功能面板组成,可以根据需要组织和放置各个面板的位置。Unity 界面布局(Layout)包括默认布局(Default)、内置布局、自定义布局等。首次使用 Unity,会打开默认布

局。Unity 还提供了其他内置布局,如 2 by 3、4 Split、Tall、Wide
等,可以根据需要进行选择设置。另外,开发者也可以根据自己的
使用习惯和喜好自定义布局,拖动各个 Tab 面板,自由组织和摆放
它们的位置,从而调整各个面板的布局,并进行保存,以便以后使
用。当再次安装 Unity 时,保存的布局可以保存下来,显示在
Layout 下拉列表中,以供用户选择使用,如图 2-9 所示中的 ss 就是
保存的自定义布局。

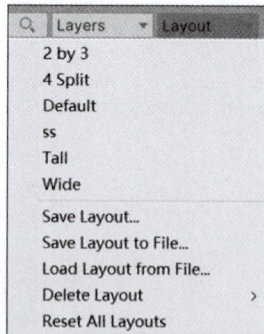

图 2-9　布局的下拉列表选项

2.1.5　Scene 面板

Scene(场景)面板主要用于显示和编辑,在 Unity 中创建及从
外部导入的各种对象。面板上方有 4 组工具按钮及设置选项组,如图 2-10 所示,分别介绍如下。

图 2-10　Scene 面板工具组

(1) Scene 面板工具组 1,是 Pivot 轴点和 Handle 线框设置工具组,如图 2-11 所示。

图 2-11　Scene 面板工具组 1:Pivot
轴点和 Handle 线框

Pivot 轴点:设置轴点位置,有两个选项 Center 和
Pivot。分为两种情况。①针对一个对象,调整轴点位置。
对于 2D 对象,Center 选项将轴点放置在对象几何中心点,
不可编辑,Pivot 选项轴点可编辑,可以通过拖动将轴点放
置到 2D 对象的任意位置。对于 3D 对象,Center 选项和
Pivot 选项可以切换轴点位置,但不能编辑轴点位置,Center 选项轴点位于对象的几何中心点,
Pivot 选项轴点位于创建 3D 对象时的轴点位置,当 3D 对象的几何中心点和轴心点重合时,切换
这两个选项轴点位置不发生变化。②针对多个对象,特别是旋转操作时,设置为 Center 选项则
所有对象绕着这几个对象的几何中心点旋转,设置为 Pivot 选项时则每个对象绕着自己的轴心
点旋转,旋转效果完全不同,如图 2-12 所示。

(a) 对象初始状态　　　　　(b) Center选项旋转效果　　　　　(c) Pivot选项旋转效果

图 2-12　多个对象不同轴点选项旋转操作对比

Handle 线框:设置对象坐标系,有两个选项 Global 和 Local。Global 是世界坐标系或全局
坐标系,其原点在场景的中心,x、y、z 轴的指向始终保持不变,场景中的所有物体最初都是在这
个坐标系中定位。Local 是自身坐标系或本地坐标系,其原点通常位于物体的中心点,x、y、z 轴
的指向以物体自身的方向为基准,即物体的模型方向决定了 Local 坐标系的轴向。可通过坐标
系线框查看这两种坐标系。如果对象没有旋转,Global 和 Local 坐标系是重合的。如果对象发
生了旋转,Local 使用对象自身坐标系,Global 使用世界坐标系,移动和旋转操作不同坐标系线
框效果对比如图 2-13 所示。

(2) Scene 面板工具组 2,是栅格设置工具组,包括栅格可视(Grid Visual)、栅格吸附(Grid
Snapping)、增量吸附(Increment Snapping),如图 2-14 所示。

栅格可视(Grid Visual):单击小箭头,在 Grid Visual 设置面板中,可以通过 Grid Plane 后面
的三个按钮,设置栅格平面为垂直 X 轴、Y 轴、Z 轴,如图 2-15 所示,默认为垂直 Y 轴。可以通过

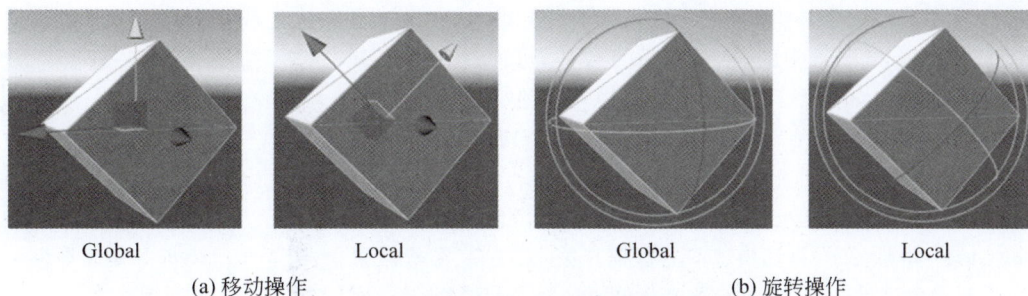

(a) 移动操作   (b) 旋转操作

图 2-13 不同坐标系,移动和旋转操作对比

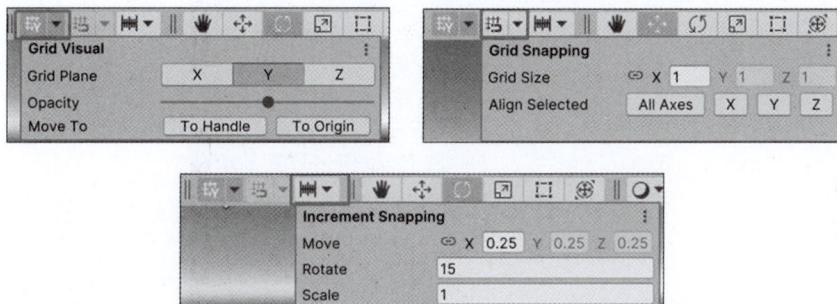

图 2-14 Scene 面板工具组 2：Grid 栅格

Opacity 后面的滑块设置栅格网格线的透明度。可以通过 Move To 后面的按钮,将栅格对齐到选中对象的 Handle 上,或者将栅格恢复到原始位置。

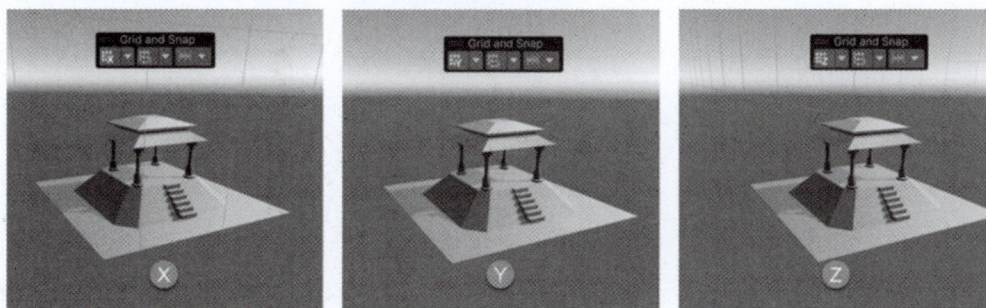

图 2-15 Grid Plane 设置

栅格吸附(Grid Snapping)：该工具在 Handle 线框设置为 Global 时可用。在 Grid Size 后面的文本框中可以设置栅格每一小格的长度,默认为每一小格长度为 1m。通过 Align Selected 后面的按钮可以将选中对象的坐标值设置为整数值,设置时遵循四舍五入规则,比如选中对象的 x、y、z 坐标值分别为 1.09、2.89、5.12,单击 All Axes 按钮后,该对象的 x、y、z 坐标值分别被修改为 1、3、5,也可以单击后面的 X、Y、Z 按钮,分别设置对应轴的坐标值。

增量吸附(Increment Snapping)：在 Unity 中实现对象的移动、旋转和缩放时,默认变化增量是小数点后多位的精度,通过增量吸附,可以使移动、旋转和缩放操作按照一定增量变化(通过按住 Ctrl 键实现增量移动)。例如,将 Move 后面 X 轴后面文本框中的值设置为 1,则按住 Ctrl 键拖动对象增量移动时,每次移动 1m,有点儿跳跃的感觉,不像原来平滑的移动;将 Rotate 后面文本框中的值设置为 15,则按住 Ctrl 键使对象旋转时,每次旋转 15°;将 Scale 后面文本框中的值设置为 2,则按住 Ctrl 键缩放对象时,每次放大或缩小原始对象的 2 倍。这在某些应用场景中会提高操作效率。

（3）Scene 面板工具组 3，是对象基本操作工具组，这组工具默认是放置在 Scene 场景顶端工具组下方的 Scene 场景中的，默认是垂直模式，可通过右键菜单设置为水平模式，如图 2-16 所示。位置也可以在 Scene 面板中自由放置，也可以固定在 Scene 面板的左侧、右侧或底部。这些工具按钮的作用在后面对象操作中将详细介绍。

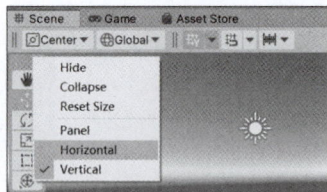

图 2-16　Scene 面板工具组 3
及右键菜单

（4）Scene 面板工具组 4，是场景选项工具组，包括绘制模式（Draw Mode）菜单，2D/3D 切换、灯光、音频开关、天空盒、雾等效果开关，隐藏对象可见开关，摄像机设置菜单，Gizmos 设置菜单等。

① 绘制模式菜单各选项含义如表 2-2 所示。

表 2-2　绘制模式菜单各选项含义

绘 制 模 式	子 菜 单 项	功　　能
Shading Mode 着色模式	Shaded	场景中显示对象时使表面纹理可见
	Wireframe	使用线框网格形式显示对象
	Shaded Wireframe	同时使用线框网格和纹理效果显示对象
Miscellaneous 杂项	Shadow Cascades	显示光照阴影级联
	Render Paths	使用颜色代码显示每个游戏对象的渲染路径：蓝色表示延迟着色，黄色表示正向渲染，红色表示顶点点亮
	Alpha Channel	以 Alpha 通道渲染颜色
	Overdraw	将游戏对象渲染为透明的"轮廓"。透明的颜色会累积，因此可以轻松找到一个对象绘制在另一个对象上的位置
	Mipmaps	使用颜色代码显示理想的纹理大小：红色表示纹理比需要的大（在当前距离和分辨率下），蓝色表示纹理可能更大。理想的纹理大小取决于应用程序运行分辨率以及摄像机离特定对象表面的距离
	Texture Streaming	根据游戏对象在纹理流系统中的状态，将其着色为绿色、红色或蓝色
	Sprite Mask	精灵遮罩用于隐藏或显示精灵或精灵组的各个部分。有关更多信息，请参阅精灵遮罩
Deferred		通过下面 4 种模式可以单独查看 G 缓冲区的每个元素：Albedo、Specula、Smoothness、Normal
Global Illumination 全局光照		使用下面模式来可视化全局光照系统的各个方面：Systems、Clustering、Lit Clustering、UV Charts、Contributors/Receivers
Realtime Global Illumination 实时全局光照		使用下面模式来可视化实时全局照明系统的各个方面：Albedo、Emissive、Indirect、Directionality
Baked Global Illumination 烘焙全局光照		使用下面模式来可视化烘焙全局光照系统的各个方面：Baked Light Map、Directionality、Shadowmask、Albedo、Emissive、UV Charts、Texel Validity、UV Overlap
Material Validator 材质校验器		Material Validator 有两种模式：Albedo 和 Metal Specular。使用这些模式可以检查基于物理的材质是否使用建议范围内的值

② 在绘制模式菜单的右侧有三个按钮 [2D] [ ] [ ]（2D、Lighting、Audio 开关按钮），用于打开或关闭 Scene 场景视图的某些选项，往右再隔一个 [ ] 按钮（Hidden Switch），是对象隐藏开关按钮。

2D：在场景的 2D 和 3D 视图之间切换。在 3D 模式下，摄像机朝向正 z 方向，x 轴指向右方，y 轴指向上方，这在 3D 场景的 UI 设计时经常用到，默认关闭。

Lighting：打开或关闭 Scene 视图光照效果（光源、对象着色等），默认打开。

Audio：打开或关闭 Scene 视图音频效果，默认关闭。

Hidden：该按钮如果打开，在 Hierarchy 面板中被设置为不可见的对象，将被隐藏起来不再显示。该按钮如果关闭，则 Hierarchy 面板中设置为不可见的对象，不影响在 Scene 视图中的显示，仍然会显示出来。

③ 再往右，[ ] 按钮前，是效果按钮及菜单，菜单中各选项的作用是在场景视图中启用或禁用对应的渲染效果，如天空盒、雾效、灯光光斑、粒子系统等，如图 2-17 所示。

④ 场景摄像机（Scene Camera）菜单，可以设置摄像机的视野、动态裁剪、裁剪平面、导航相关等，如图 2-18 所示。

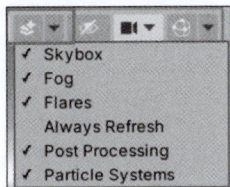

图 2-17　场景视图各种效果菜单　　　　图 2-18　场景摄像机菜单

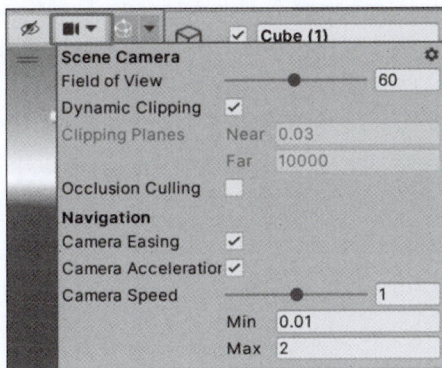

⑤ Gizmos 菜单：最右侧是 Gizmos 线框菜单，包含对象、图标和 Gizmos 显示方式等很多选项。这个菜单在场景视图和游戏视图中都可用。

2.2　Unity 虚拟现实项目目录结构

一个 Unity 项目就是一个 Project 工程，对应一个和项目名称一致的文件夹，该文件夹中有一个重要的文件夹 Assets，项目所创建的所有关卡（场景）及用到的资源，全部存放在 Assets 文件夹下。当然也可以把一个设计好的项目对应的文件夹导入当前项目的 Assets 中，实现两个项目的合并。

2.2.1　项目目录结构及作用

新建工程项目时，指定路径到一个空的文件夹即可，如果指定的文件夹不存在，系统会自动创建。Unity 项目目录结构通常如图 2-19 所示，各目录分别介绍如下。

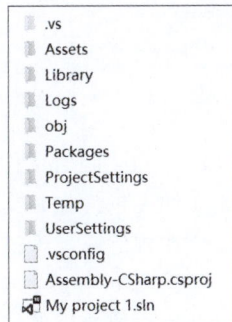

图 2-19　Unity 项目目录结构

(1) Assets：工程资源文件夹(开发者管理维护)。

Unity工程中所用到的所有Asset资源都放到这个文件夹里，包括模型、预制对象、材质纹理、脚本、音效、场景等。根据资源类型，在该文件夹下再创建文件夹，如Scenes、Resources、Prefabs、Scripts、Audios、Images、Materials等，以对不同资源进行分门别类地管理。每一个资源会自动生成一个扩展名为.meta的资源元文件，该文件夹是资源文件的重要目录，很多API都是基于这个文件目录。

(2) Library：库文件夹(Unity自动生成管理)。

Unity把Assets下支持的资源导入成自身识别的格式，以及编译代码成为DLL文件都放在Library文件夹中。Unity编辑器自动生成Library文件夹，并不会自动删除不需要的资源文件，当删除文件夹Assets中的图片、音频资源的时候，Library并不会自动删除，而是保留，这就是为什么Library文件夹会越来越大的原因。项目工程文件太大时，可以将Library文件夹删除，再次打开工程时，会自动生成包含工程所需要文件资源的Library文件夹。

(3) Logs：日志文件夹(Unity自动生成管理，记录报错崩溃等信息)。

Logs文件夹用于保存工程设计过程中产生的log日志信息，随时可以删除清理。

(4) obj：已编译脚本文件夹(Unity自动生成管理)。

这是存储已编译脚本的默认目录。编译后的脚本文件可以被其他脚本使用，但通常不应该手动编辑这些文件。

(5) Packages：包配置信息(Unity自动生成管理)。

用于放置一些官方组件和第三方插件，以JSON文件格式保存，当打开项目时，自动加载恢复Project面板Packages包中的内容。

(6) ProjectSettings：工程设置信息(Unity自动生成管理)。

当前Unity工程下的各项设置参数记录及各项设置含义如图2-20所示。

Packages	2023/7/7 15:10	文件夹	
AudioManager.asset	2022/2/3 7:52	ASSET 文件	1 KB
ClusterInputManager.asset	2022/2/3 7:52	ASSET 文件	1 KB
DynamicsManager.asset	2022/2/3 7:52	ASSET 文件	2 KB
EditorBuildSettings.asset	2022/2/3 7:52	ASSET 文件	1 KB
EditorSettings.asset	2022/2/3 7:52	ASSET 文件	1 KB
GraphicsSettings.asset	2022/2/3 7:52	ASSET 文件	3 KB
InputManager.asset	2022/2/3 7:52	ASSET 文件	6 KB
MemorySettings.asset	2022/2/3 7:52	ASSET 文件	2 KB
NavMeshAreas.asset	2022/2/3 7:52	ASSET 文件	2 KB
PackageManagerSettings.asset	2023/7/7 15:14	ASSET 文件	1 KB
Physics2DSettings.asset	2022/2/3 7:52	ASSET 文件	2 KB
PresetManager.asset	2022/2/3 7:52	ASSET 文件	1 KB
ProjectSettings.asset	2023/7/7 15:12	ASSET 文件	21 KB
ProjectVersion.txt	2023/7/7 15:14	文本文档	1 KB
QualitySettings.asset	2022/2/3 7:52	ASSET 文件	7 KB
SceneTemplateSettings.json	2023/7/10 10:21	JSON 文件	6 KB
TagManager.asset	2022/2/3 7:52	ASSET 文件	1 KB
TimeManager.asset	2022/2/3 7:52	ASSET 文件	1 KB
UnityConnectSettings.asset	2023/7/7 15:10	ASSET 文件	2 KB
VersionControlSettings.asset	2022/2/3 7:52	ASSET 文件	1 KB
VFXManager.asset	2022/2/3 7:52	ASSET 文件	1 KB
XRSettings.asset	2022/2/3 7:52	ASSET 文件	1 KB

文件名称	中文对照
AudioManager	音频管理器
ClusterInputManager	群集输入管理
DynamicsManager	动态管理
EditorBuildSettings	建立编辑设置
EditorSettings	编辑器设置
GraphicsSettings	图像设置
InputManager	输入管理器
NavMeshAreas	导航网格区域
NavMeshLayers	导航网格层
NetworkManager	网络管理器
Physics2DSettings	物理2d设置
ProjectSettings	项目设置
ProjectVersion	项目版本
QualitySettings	特性设置
TagManager	标签管理器
TimeManager	时间管理器
UnityConnectSettings	Unity连接设置

图2-20 ProjectSettings文件夹中各设置内容及含义对照表

(7) Temp：临时文件夹(Unity自动生成管理)。

此文件夹包含临时文件和数据，例如，构建过程中的临时文件、导入的临时文件等。这些文件通常会在构建或导入过程完成后被删除。

(8) UserSettings：编辑器的用户构建设置。

记录用户的使用偏好，例如，Unity编辑器的布局方式等。

(9) Unity项目中创建了脚本，还会有几个与脚本编辑相关的文件。.vsconfig是Visual

Studio 配置文件，My project 1.sln 是 Unity 项目对应的 Visual Studio 同名解决方案。

（10）Assembly-CSharp-vs.csproj 是 Unity 脚本对应的工程文件。

2.2.2　项目编译顺序

Unity 工程项目中使用脚本，会生成对应的工程文件，使用不同脚本对应的工程文件如表 2-3 所示。使用 C♯脚本，Unity 会生成以 Assembly-CSharp 为前缀的工程文件，名字中包含"vs"的是给 Visual Studio 使用的，不包含"vs"的是给 MonoDevelop 使用的。如果工程中这三种脚本都存在，那么 Unity 会生成三种前缀类型的工程文件。

表 2-3　不同脚本语言对应的工程文件

项目中包含的脚本语言	工程文件前缀	工程文件后缀
C♯	Assembly-CSharp	csproj
JavaScript	Assembly-UnityScript	unityproj
Boo	Assembly-Boo	booproj

对于每一种脚本语言，根据脚本放置的位置（其实也部分根据脚本的作用，如编辑器扩展脚本，就必须放在 Editor 文件夹下），Unity 会生成 4 种后缀的工程文件，这 4 种工程文件是有编译顺序的。其中的 firstPass 就表示先编译，Editor 表示放在 Editor 文件夹下的脚本。

以 C♯脚本为例可以得到 4 份工程文件：Assembly-CSharp-vs.csproj，Assembly-CSharp-Editor-vs.csproj，Assembly-CSharp-firstpass-vs.csproj，Assembly-CSharp-Editor-firstpass-vs.csproj。分别介绍如下。

（1）所有在 Standard Assets、Pro Standard Assets 或者 Plugins 文件夹中的脚本会产生一个 Assembly-CSharp-firstpass-vs.csproj 工程文件，并且先编译，编译为 Assembly-CSharp- firstpass.dll，如表 2-4 所示。

表 2-4　Assembly-CSharp-firstpass-vs.csproj

文 件 夹 名	编译的 dll 文件
Standard Assets	
Pro Standard Assets	Assembly-CSharp-firstpass.dll
Plugins（排除 Plugins/Editor）	

（2）所有在 Standard Assets/Editor、Pro Standard Assets/Editor、Plugins/Editor 文件夹中的脚本产生 Assembly-CSharp-Editor-firstpass-vs.csproj 工程文件，接着编译，编译为 Assembly-CSharp-Editor-firstpass.dll，如表 2-5 所示。

表 2-5　Assembly-CSharp-Editor-firstpass-vs.csproj

文 件 夹 名	编译的 dll 文件
Standard Assets/Editor	
Pro Standard Assets/Editor	Assembly-CSharp-Editor-firstpass.dll
Plugins/Editor	

（3）所有在 Assets/Editor 外面的，并且不在（1）和（2）中的脚本文件（一般这些脚本就是自己写的非编辑器扩展的脚本），会产生 Assembly-CSharp-vs.csproj 工程文件，被编译为 Assembly-CSharp.dll，如表 2-6 所示。

表 2-6　Assembly-CSharp-vs.csproj

文 件 夹 名	编译的 dll 文件
排除 Assets/Editor	
排除（1）	Assembly-CSharp.dll
排除（2）	

（4）所有在 Assets/Editor 中的脚本产生一个 Assembly-CSharp-Editor-vs.csproj 工程文件，被编译为 Assembly-CSharp-Editor.dll，如表 2-7 所示。

表 2-7　Assembly-CSharp-Editor-vs.csproj

文 件 夹 名	编译的 dll 文件
Assets/Editor	Assembly-CSharp-Editor.dll

之所以这样建立工程并按此顺序编译，也是由 DLL 间存在的依赖关系所决定的。

2.3　Unity 虚拟现实项目框架

与一般基于代码和框架的桌面及网站项目开发不同，一个 Unity 虚拟现实项目中可以包含多个场景，项目运行时，可以在这些场景间切换。每个场景中可以创建多个游戏对象（虚拟对象），场景又是由多个游戏对象组成的。游戏对象的特性和功能被细分成不同的组件，游戏对象需要什么特性和功能，添加相应的组件即可，对每个游戏对象的编辑通过组件实现。Unity 虚拟现实项目框架如图 2-21 所示。

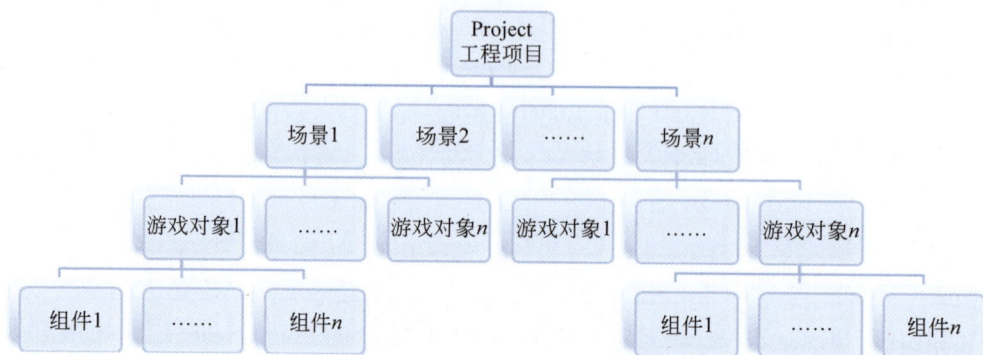

图 2-21　Unity 虚拟现实项目框架

2.4　虚拟对象创建和编辑

创建 Unity 项目，通常需要创建复杂的模型对象（场景模型、角色模型、道具等辅助模型）和动画，一般通过美术设计师在专业的 3D 软件（3ds Max、Maya、ZBrush）中创建，但 Unity 也提供了简单的 2D 和 3D 模型对象，供开发者创建使用。

2.4.1　对象创建

1. 游戏对象

Unity 场景中的所有物体都称为游戏对象（GameObject）。新建一个场景，系统会默认创建两个对象：主摄像机(Main Camera)和平行光(Directional Light)，如图 2-22 所示。

图 2-22　新建 3D 场景中的默认对象

2. 对象创建

Unity 可创建的对象有 Empty GameObject(空游戏)对象、3D 对象、Particle(粒子系统)等特效对象、Light(灯光)对象、Camera(摄像机)对象、UI 2D 对象等，如图 2-23 所示。空游戏对象没有网格，只包含一个 Transform 组件，渲染时在场景中无任何显示，其作用主要有：①作为参照对象；②赋予脚本；③用于组织管理一组对象，类似文件夹或容器功能。3D 对象主要有立方体、球体、胶囊体、圆柱体、平面、正方形面片等。

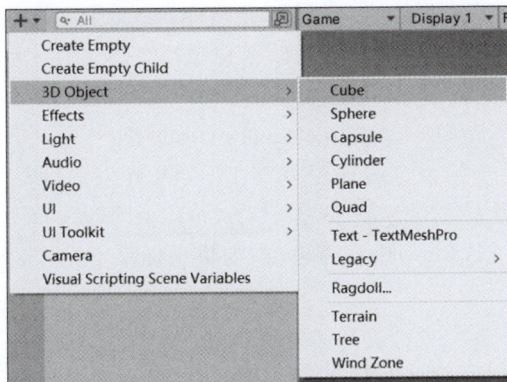

图 2-23　创建对象菜单

可通过三种方法实现对象创建。以创建立方体 3D 对象为例：方法一，通过主菜单 GameObject|3D Object|Cube 创建；方法二，单击 Hierarchy 面板左上角的 ＋▼，在弹出的菜单中选择 3D Object|Cube；方法三，在 Hierarchy 面板上右击，在弹出的快捷菜单中选择 3D Object|Cube。

2.4.2　对象编辑

1. 三种基本变换操作

1) 变换工具栏

场景视图中的对象操作工具栏包括 6 个按钮，如图 2-24 所示，各按钮功能如下，其中第一个按钮是对场景进行操作，其余 5 个按钮是对场景中的对象进行操作。

图 2-24　对象操作工具栏

场景平移，快捷键：Q。当按下 Alt 键和鼠标左键或右键后，该按钮显示为环视和缩放状态，并执行相应的场景操作。

对象移动，快捷键：W。

对象旋转，快捷键：E。

对象缩放，快捷键：R。

2D 对象操作(3D 对象 2D 操作)，快捷键：T。

3D 对象移动、旋转、缩放(3D 对象操作综合)，快捷键：Y。

2) 坐标空间

3D 图形应用程序使用两种类型的笛卡儿坐标系：左手坐标系和右手坐标系。这两种坐标系的 X 轴和 Y 轴指向是一样的，都是 X 正轴水平向右，Y 正轴垂直向上，但是 Z 轴指向刚好相

反,左手坐标系的 Z 正轴指向屏幕里面,右手坐标系的 Z 正轴指向屏幕外面,如图 2-25 所示。判

断一个应用软件使用的坐标系是左手坐标系还是右手坐标系,先要把 X 正轴和 Y 正轴坐标确定,然后再看 Z 轴是指向屏幕里面还是屏幕外边,就可以判断是左手坐标系还是右手坐标系了。

在计算机图形学和游戏开发中,底层图形库是实现图形渲染的基础,最常用的两种图形库为 DirectX 和 OpenGL。DirectX 是微软开发的图形库,主要用于 Windows 平台。它提供了一套丰富的 API,用于处理游戏和其他高性能图形应用程序的 2D 和 3D 图形渲染。OpenGL 是一个跨平台的图形库,可以在 Windows、

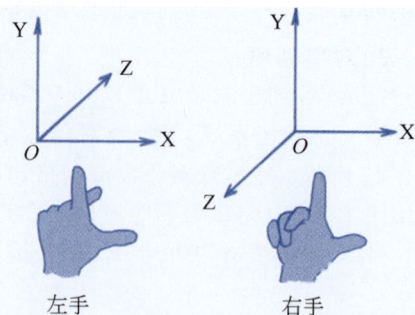

图 2-25　左手坐标系和右手坐标系

macOS、Linux 等不同的操作系统上运行,由 Khronos Group 维护。

DirectX 使用的是左手坐标系,Unity 是基于 DirectX 开发的,所以使用的也是左手坐标系。OpenGL 使用的是右手坐标系,3ds Max 是基于 OpenGL 图形库的,所以使用的是右手坐标系。Unity 从其他建模软件(如 3ds Max)中导入模型,如果坐标系不一样,会出现问题,所以要进行不同坐标系的转换处理。

3) 对象操作

对象有位置、角度和大小三种属性,通过对象的三种基本变换操作可以改变这三种属性。对象的三种基本变换操作包括移动、旋转和缩放(分别对应图 2-24 中的第二、三、四个工具按钮),可分别改变对象的位置、角度和大小,Unity 使用左手坐标系,X、Y、Z 坐标轴分别对应显示为红色、绿色和蓝色。三种基本变换的操作控制线框如图 2-26 所示。

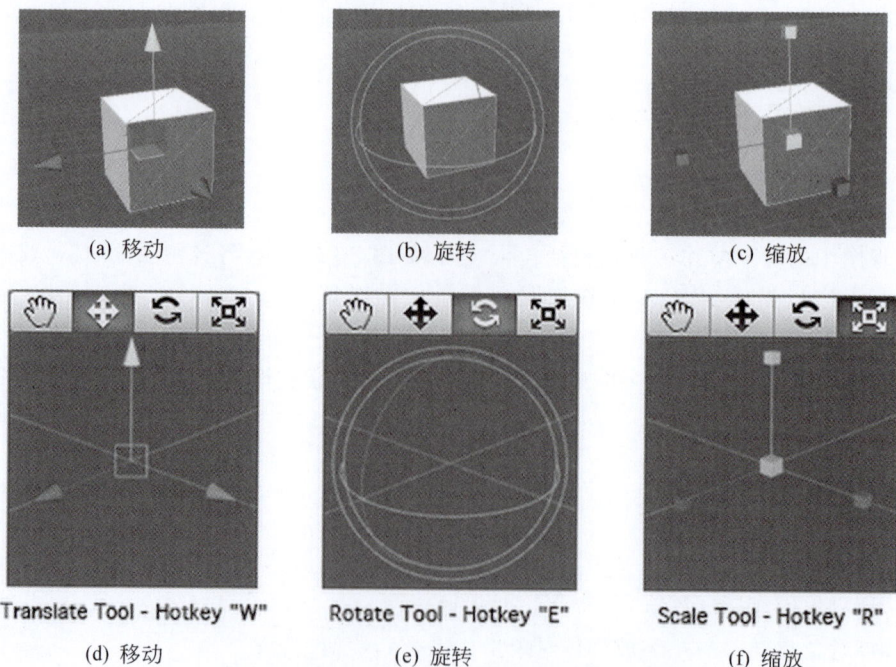

(a) 移动　　　　　　　　(b) 旋转　　　　　　　　(c) 缩放

Translate Tool - Hotkey "W"　　Rotate Tool - Hotkey "E"　　Scale Tool - Hotkey "R"

(d) 移动　　　　　　　　(e) 旋转　　　　　　　　(f) 缩放

图 2-26　移动、旋转、缩放基本变换操作线框

移动操作,如图 2-26(a)和图 2-26(d)所示,可以将对象锁定到某个坐标轴移动或锁定到某个平面上移动。

① 使对象沿着某个坐标轴移动:这时需要先锁定坐标轴,方法是将鼠标移动到要锁定的坐标轴上(如 X 轴),该 X 坐标轴会加粗显示,这时按住鼠标左键拖动鼠标,坐标轴会变为黄色显示,对象将仅沿着 X 坐标轴发生位移,其他两个坐标轴 Y 和 Z 的坐标值不会发生变化,对象也不会在这两个坐标方向上发生位移。

② 使对象在某个平面(XY 平面以蓝色显示、YZ 平面以红色显示、XZ 平面以绿色显示)内移动:先要锁定该平面,方法是把鼠标移动到三个坐标轴相交处对应颜色的该平面上,该平面会填充上对应的颜色,这时按住鼠标左键拖动鼠标,该平面会变为黄色,对象将仅在该平面内发生位移,与该平面垂直的第三个坐标轴的坐标值不会发生变化,对象也不会在该坐标方向发生位移。

🔄 旋转操作,如图 2-26(b)和图 2-26(e)所示,可以将对象锁定到某个坐标轴旋转或自由旋转。

① 使对象绕着某个坐标轴旋转:这时需要先锁定坐标轴,方法是将鼠标移动到要锁定的坐标轴圆环上,绕 X 轴、Y 轴、Z 轴旋转的圆环颜色分别为红色、绿色、蓝色,锁定后该坐标轴圆环会加粗显示,这时按住鼠标左键拖动鼠标,该环会变为黄色,对象将仅绕着该坐标轴发生旋转,其他两个坐标轴的旋转角度值不会发生变化。

② 自由旋转:如果不锁定旋转轴,对象将在 3D 空间自由旋转,三个坐标轴的旋转值都会发生变化。

🔲 缩放操作,如图 2-26(c)和图 2-26(f)所示,对象的缩放操作包括等比缩放和非等比缩放两种。

① 等比缩放:是对象在三个坐标轴上缩放的比例一致,方法是将鼠标移动到缩放线框中心的白色方块上,然后按住鼠标左键拖动鼠标,三个坐标轴的缩放比例一致,实现等比例缩放。

② 非等比缩放:可以实现在每个坐标轴上缩放不同比例,方法是把鼠标移动到要缩放的坐标轴对应的小方块上(红色小方块、绿色小方块、蓝色小方块),按住鼠标左键该小方块将变为黄色,然后按住鼠标左键拖动,就会在该坐标轴上改变对象大小,其他两个坐标轴的比例大小不变,从而实现非等比缩放。

4) Transform 属性面板

所有 3D 对象都有一个 Transform 组件,可以在 Inspector 面板中查看对象 Transform 组件的三个属性 Position、Rotation 和 Scale。Position 属性记录了对象的 X、Y、Z 轴的坐标位置,Rotation 属性记录了对象绕 X 轴、Y 轴、Z 轴旋转的角度,Scale 属性记录了对象在 X、Y、Z 三个轴上的缩放比例,如图 2-27 所示。Scale 后面的小按钮可以在 🔗 和 🔗 之间切换,🔗 表示非等比缩放,三个轴缩放比例可以不一样;🔗 表示等比缩放,三个轴缩放比例一致,只设置一个轴的缩放比例即可。当为 🔗 状态时,在场景中操作只能使对象等比缩放。当为 🔗 状态时,在场景中操作可实现对象等比缩放和非等比缩放。

当场景观察视角变化后,新建对象初始位置不在世界坐标原点(0,0,0)位置,此时可以在 Transform 上右击,在弹出的快捷菜单中选择 Reset,即可将对象的 Transform 属性值恢复为默认值,如图 2-28 所示。在右键菜单中还有其他一些菜单项供用户使用。

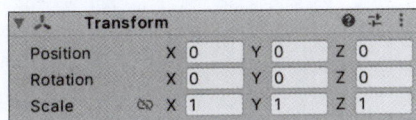

图 2-27　Transform 组件

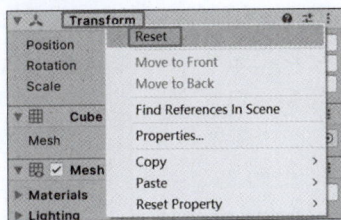

图 2-28　Transform 组件 Reset 菜单

5) 对象增量操作

对象进行移动、旋转和缩放时,默认变化值可以到小数点后多位,有时为了快捷操作,可以让对象以指定的增量进行变化,这时就可以配合图 2-14 中的增量吸附(Increment Snapping)来实现,在该面板中设置好移动、旋转和缩放的增量值,然后按住 Ctrl 键进行移动、旋转和缩放操作,对象就会按照增量进行变化。比如旋转操作,设置增量值为 15,按住 Ctrl 键＋旋转操作,对象每次就会旋转 15°,这样可以提高旋转操作效率,旋转值也比较精确。

2. 场景窗口控制(视角变换)

在对场景中的对象进行编辑时,希望从不同的视角、远近来观察对象,这就需要调整观察场景的视角。可以将场景视角想象成摄像机,调整方式包括平移、环视、缩放、聚焦最大化、漫游等。注意,调整场景视角时,是开发者观察场景的视角发生变化,场景中对象固定不动,主摄像机的视角也不变。

(1) 平移 Move(类似摄像机在二维平面内上下左右移动)。

场景平移就是实现从场景的上下左右角度观察场景,只能实现场景上下左右平移,不能实现前后景深的变化。实现场景平移有两种方法:①按住鼠标滚轮拖动鼠标;②按下平移按钮后,按住鼠标左键拖动鼠标。

(2) 环视 Orbit(类似摄像机围绕场景中的对象旋转观察)。

场景环视就是实现 360°的旋转观察场景中的对象,通常要配合平移操作实现理想观察效果。实现场景环视有两种方法:①按住鼠标右键拖动鼠标;②按住 Alt＋鼠标左键拖动鼠标。

(3) 变焦 Zoom(类似推拉摄像机的镜头,调节景深,从而近距离或远距离观察对象)。

场景变焦就是调整观察对象的距离,实现更近或更远地观察对象。实现场景变焦有两种方法:①滚动鼠标滚轮(向上放大,向下缩小);②按住 Alt＋鼠标右键拖动鼠标(向左拖动缩小,向右拖动放大)。

以上三种视图操作,建议使用第(1)种操作方式,因为只使用右手就可以完成操作,方便快捷。

(4) 聚焦(即游戏对象最大化显示)。

当场景中对象比较多,编辑对象时,希望该对象尽可能大地显示在屏幕中心位置,对象聚焦就是实现该功能。实现对象聚焦有两种方法:①在 Hierarchy 面板中双击选中对象;②在 Hierarchy 面板中选中游戏对象,鼠标在场景面板悬停后,按 F 键。

(5) 场景漫游(类似观察者进入场景中各处漫游观察,是水平平移和纵深推拉的结合)。

场景漫游模拟观察者在场景中自由游走。实现场景漫游的方法是首先按住鼠标右键,切换为场景漫游状态,然后按 W、S、A、D 键,实现前进、后退、左移、右移的漫游效果。

3. 视图控制

Unity 场景视图分为 2D 投影视图和 3D 立体视图两大类。2D 投影视图有 6 个,分别是 Front 前视图、Back 后视图、Left 左视图、Right 右视图、Top 顶视图、Bottom 底视图。可以想象一个立方体空间中的对象投影到周围的 6 个面上。3D 立体视图,根据是否具有透视效果,分为 Perspective 透视图和 Orthographic 正交视图。

视图切换可以通过视图控制工具和菜单两种方法实现。

(1) 视图控制工具(Persp 工具),如图 2-29 所示。

单击图中的 6 个箭头,可以在 6 个二维投影视图中切换;单击中间的立方体或下方的 Persp 或 Iso 可以在透视图

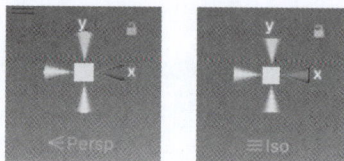

图 2-29　视图控制工具(Persp 工具)

和正交视图中切换。鼠标移动到 Persp 工具左上角 上进行拖动，可以把 Persp 工具移动到 Scene 视图的任意位置。单击右上角的锁工具，可以将 Persp 工具禁用，这时就不会因为鼠标移动到这里产生视图切换的误操作了。

（2）菜单。

在视图控制工具上右击，在弹出的快捷菜单中选择需要的视图，如图 2-30 所示。

另外，通过 Main Camera 的 Projection 属性（投射属性）设置，可以切换摄像机的透视和正交显示效果，如图 2-31 所示。

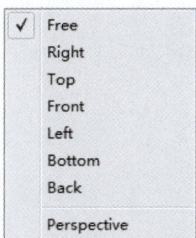

| Free ✓ |
| Right |
| Top |
| Front |
| Left |
| Bottom |
| Back |
| Perspective |

图 2-30 视图切换菜单

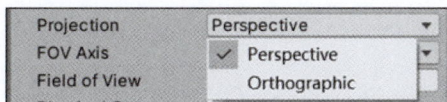

Projection	Perspective ▼
FOV Axis	Perspective ✓
Field of View	Orthographic

图 2-31 Main Camera 对象的 Projection 属性

4. 对象的复制

当创建场景时，不可避免会有重复对象，这时就可以通过对象复制，快速创建重复或相似对象，从而提高工作效率。对象复制时，先选中要复制的对象，然后通过以下两种方法实现对象的复制，这两种方法都是在原始对象原位置处复制出新的对象：①复制（Ctrl＋C）、粘贴（Ctrl＋V）；②按快捷键 Ctrl＋D。第二种方法更高效，所以一般更常用一些。

2.5 实例

2.5.1 创建"简单 3D 虚拟场景"

【例 2-3】 创建"简单 3D 虚拟场景"

实例任务，熟悉 Unity 界面，掌握 3D 虚拟对象的创建方法、基本变换操作及编辑方法，创建如图 2-32 所示的简单 3D 虚拟场景效果。

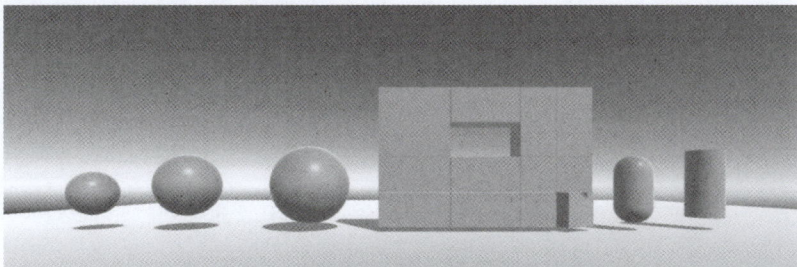

创建"简单
3D 虚拟场景"

图 2-32 "简单 3D 虚拟场景"效果图

（1）通过 Unity Hub 新建一个 Project，启动 Unity，在打开的 Project 中 Assets/Scenes 下有一个默认的场景 SampleScene，在这个场景中创建 3D 虚拟场景效果。首先创建一个 Plane 对象，将 Position 的 x、y、z 设置为 0、－0.5、0，将 Scale 的 x、y、z 设置为 3、3、3，可以使用等比缩放按钮进行设置，如图 2-33 所示。

（2）接着创建中间带镂空的墙体，它是由多个立方体组合而成的。创建一个 Cube 对象，将 Position 的 x、y、z 设置为 0、0、0，将 Scale 的 x、y、z 设置为 0.96、0.96、0.96，Scale 的设置主要是为

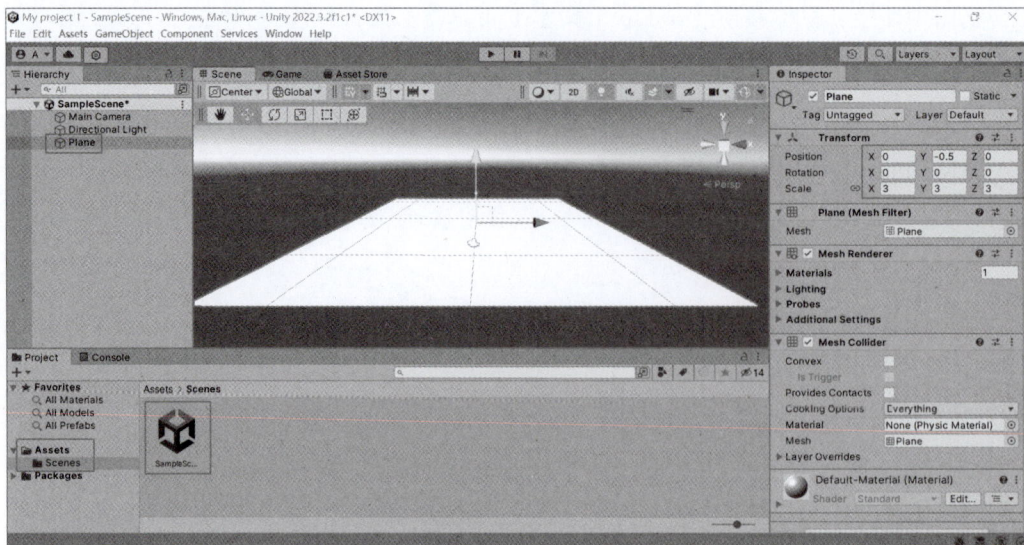

图 2-33　创建地面

了使图 2-32 中的中间墙体砖块间有砖缝效果。场景中灯光太亮,地面和 Cube 不容易区分,选中 Directional Light,将其亮度 Intensity 值设置为 0.5,如图 2-34 所示。

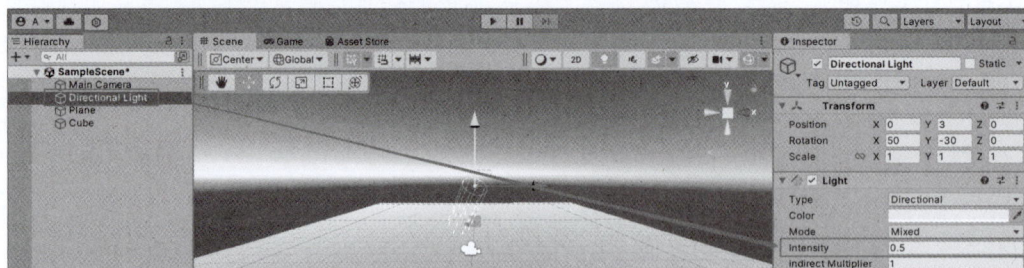

图 2-34　设置灯光亮度

(3) 然后选中 Cube,按快捷键 Ctrl+D,复制出来一个新的 Cube,将新创建 Cube 的 y 轴位置坐标设置为 1,使之刚好叠放在第一个 Cube 的上面,如图 2-35 所示。

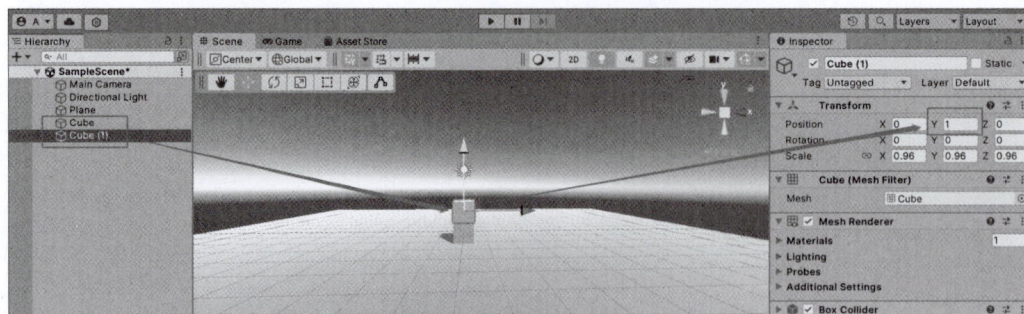

图 2-35　设置 Cube 属性

(4) 按住 Ctrl 键选择创建好的 Cube 和 Cube(1),按快捷键 Ctrl+D,复制出来两个新的 Cube,将新创建的两个 Cube 的 y 轴位置坐标分别设置为 2 和 3,使之刚好叠放在前两个 Cube 的上面。然后再次选择创建好的 Cube、Cube(1)~Cube(3)这 4 个立方体,按快捷键 Ctrl+D,复制出来新的一组 4 个立方体,将它们的 x 轴位置坐标统一设置为 1,这样构成墙体的两列砖块已经创建完成,如图 2-36 所示。

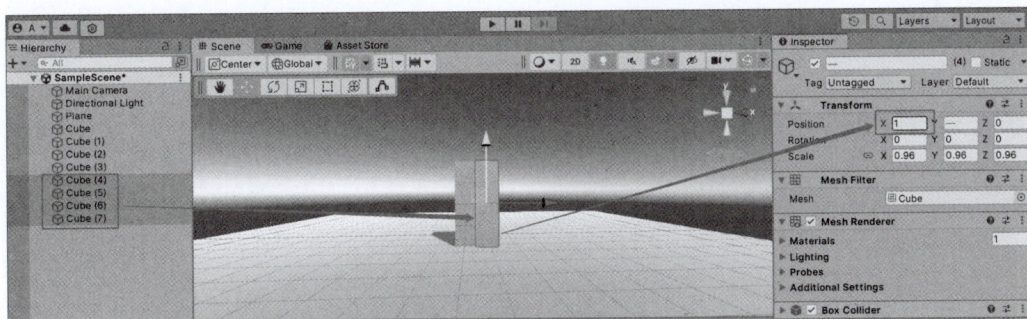

图 2-36　创建两列砖块效果

（5）构成墙体左侧的两列砖块比较宽，可以通过 Cube 变形得到。选中创建的第一个 Cube，按快捷键 Ctrl＋D，复制出来一个新的 Cube(8)，将其 x 轴位置坐标设置为－1.5，将其 x、y、z 轴缩放比例分别设置为 1.96、0.96、0.96，然后按照第（3）和（4）步，再复制出来两列。墙体效果如图 2-37 所示。

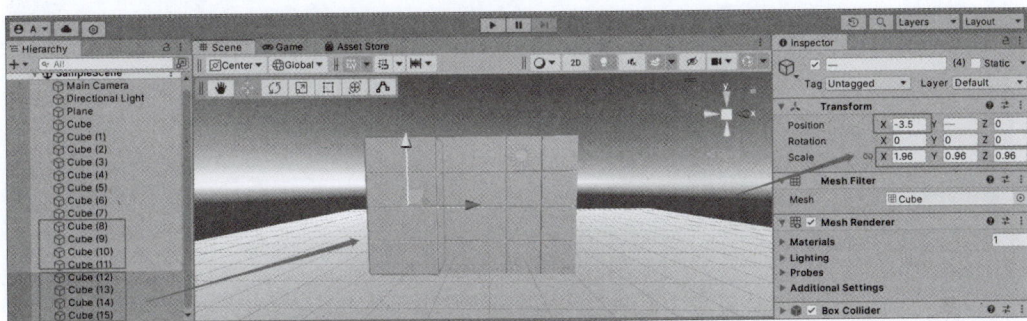

图 2-37　墙体效果

（6）下面做出墙体镂空效果。选中第 2 列从上往下数第二个较宽砖块 Cube(10)，将其 x 轴的缩放比例设置为 0.2，再绕着 y 轴旋转一定角度，在 x 轴上往左侧移动一点，然后再复制出来一个，调整 y 轴旋转角度和 x 轴上的位移，最终镂空效果如图 2-38 所示。

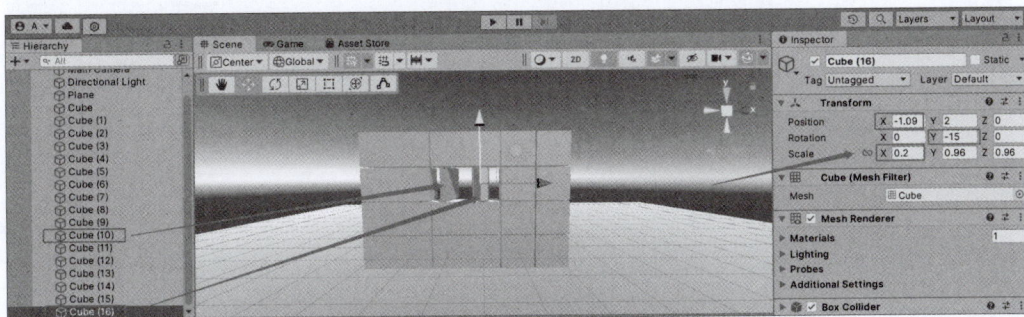

图 2-38　墙体镂空效果

（7）下面使用空游戏对象，作为容器，把创建好的墙体组织到一起，以方便管理。创建一个 Empty GameObject，重命名为"wall"，x、y、z 坐标设置为(0,0,0)，然后将 Cube、Cube(1)～Cube(16) 这 17 个立方体拖动到空游戏对象 wall 上。接下来创建墙体左侧的三个球体，首先创建一个球体，在 Transform 组件上 Reset 一下，然后调整 x 轴和 y 轴的位置坐标，调整缩放比例如图 2-39 所示，球体的大小和位置可以根据自己的设计进行设定。

（8）选中 Sphere，按快捷键 Ctrl＋D，复出来两个新的球体，修改它们的 Scale 大小为 1 和

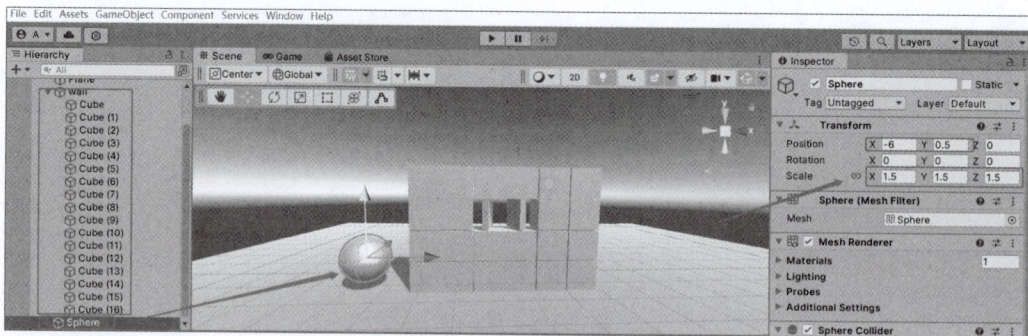

图 2-39　创建球体

0.5，x 轴位置为−8.2 和−10，效果如图 2-40 所示，球体的大小和位置，可以根据自己的设计进行设定。

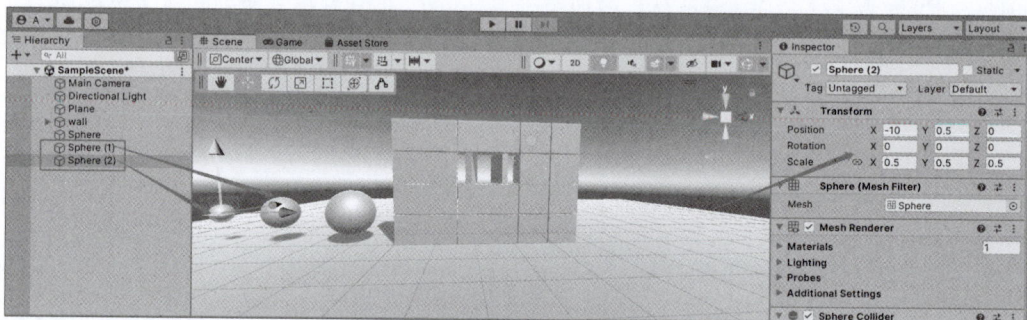

图 2-40　创建三个球体效果

（9）最后完成右侧的胶囊体和圆柱体的创建。先创建一个胶囊体，在 Transform 组件上 Reset 一下，调整 x 轴和 y 轴位置，保持 z 轴坐标为 0，以在 z 轴上与墙体位置一致。再创建一个圆柱体，在 Transform 组件上 Reset 一下，调整 x 轴和 y 轴位置，保持 z 轴坐标为 0，最后可以将 Sphere(2)复制出来一个，放到圆柱体的顶部平面上，进行装饰，效果如图 2-41 所示。

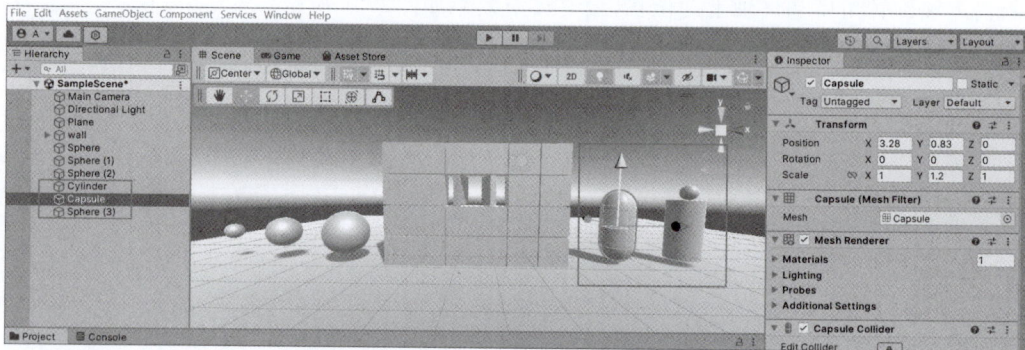

图 2-41　创建右侧圆柱体和胶囊体效果

（10）至此本实例基本完成，注意所有对象的 z 轴位置坐标均保持为 0，这样才能使所有对象在一条直线上，最后选择菜单 File|Save，保存当前场景。当然读者也可根据自己的想法进行设计，以实现更加多元化的效果。

（11）注意设置对象的位置、角度、大小时，可以通过 Transform 组件中的属性进行设置，这种方法比较精确。也可以直接在场景中通过 Gizmos 线框移动、旋转、缩放对象，但是操作时要注意坐标轴的选择。为了操作更加快捷，可以通过栅格吸附、增量吸附进行操作。

2.5.2　创建"简单 Doom 虚拟场景"

【例 2-4】 创建"简单 Doom 虚拟场景"

实例任务,熟悉 Unity 界面,掌握 3D 虚拟对象的创建方法、基本变换操作及编辑方法。创建如图 2-42 所示的简单 Doom 虚拟场景,该场景中的墙壁、障碍物全部由立方体修改缩放比例变形得到。

(1)在上一个实例所在项目中通过菜单 File|New Scene 新建一个场景,在弹出的 New Scene 对话框中选择 Basic(Build in),单击 Create 按钮,如图 2-43 所示,然后保存场景名为 Doom。

图 2-42　"简单 Doom 虚拟场景"效果图

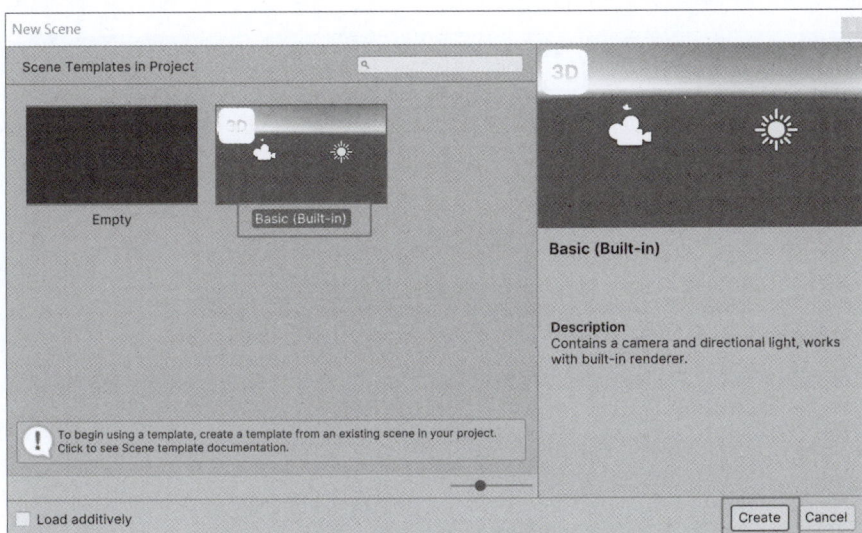

图 2-43　新建场景

(2)首先创建地面,新建一个 Plane,修改 x、y、z 缩放比例全部为 3。Cube 默认长宽高全部为 1,Plane 的长宽为 10,没有高度,且单面显示,所以 x、y、z 缩放比例为 3,则 Plane 的长宽为 30,如图 2-44 所示。

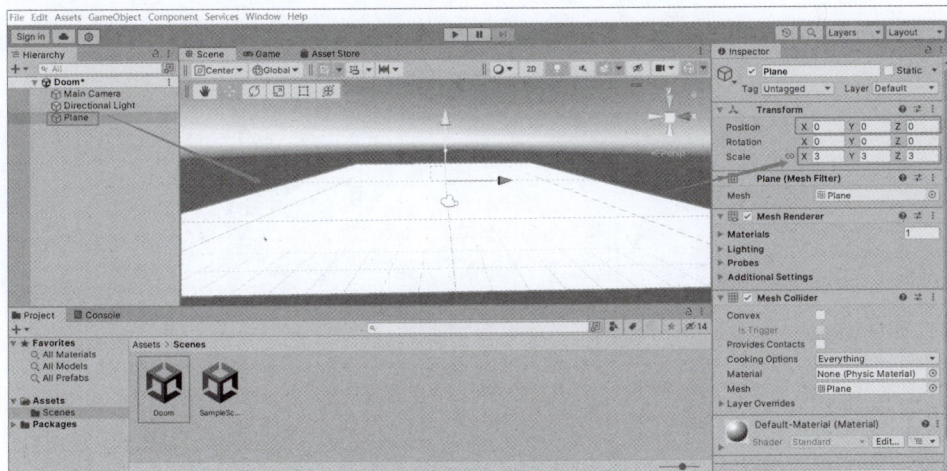

图 2-44　创建地面

（3）然后创建四周的墙体，先创建一个 Cube，Transform 组件中各属性设置如图 2-45（a）所示，然后将该 Cube 复制出来三个，Transform 组件中各属性设置如图 2-45（b）～图 2-45（d）所示。注意最后复制出来的两个立方体要绕着 y 轴旋转 90°。然后，将灯光亮度设置为 0.5。

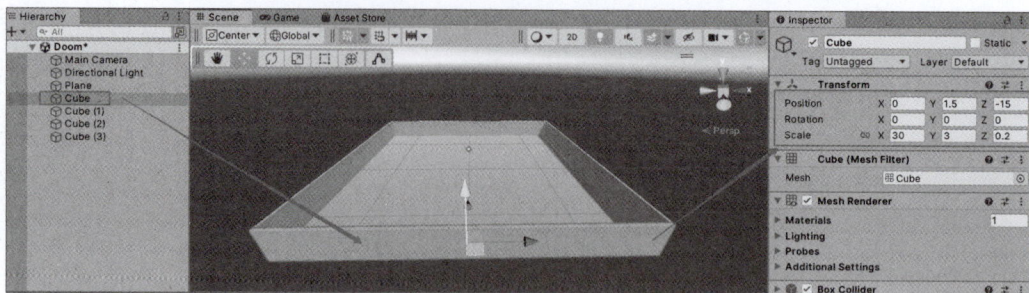

(a)

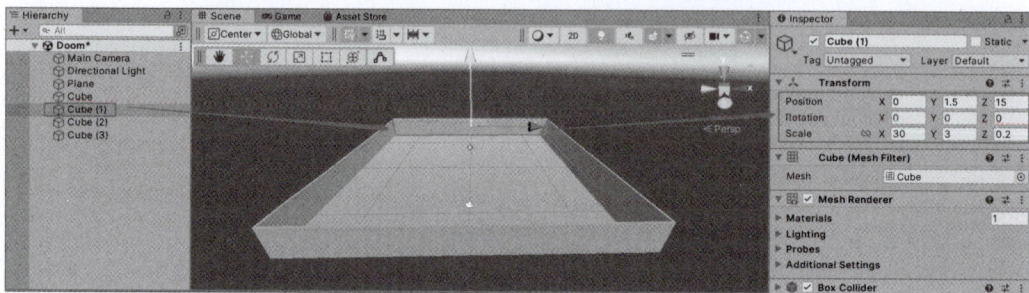

(b)

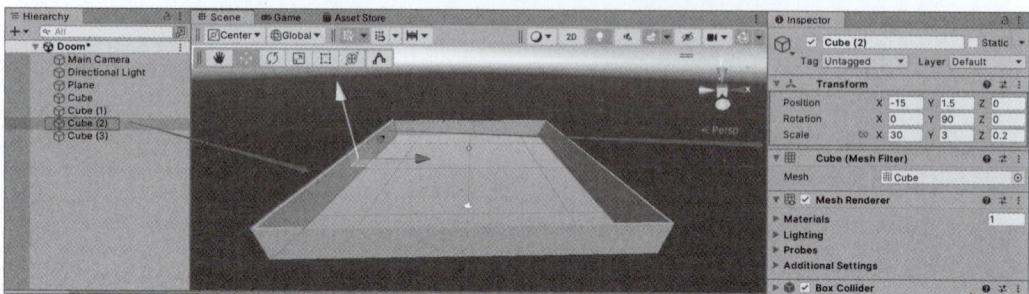

(c)

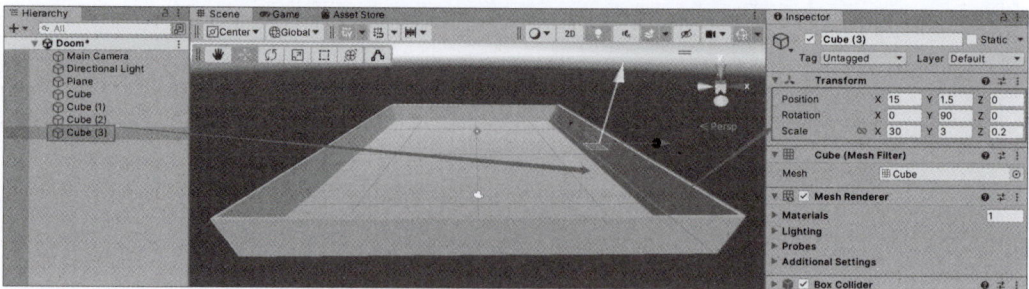

(d)

图 2-45　创建 4 面墙体

（4）最后创建障碍物，障碍物的大小及位置可以自己设计，参考效果如图 2-46 所示。

（5）还可以在边沿设计楼梯，场景中对象较多，可以创建三个空游戏对象，分别管理三类对象：wall 墙、障碍物、楼梯。参考效果如图 2-47 所示。

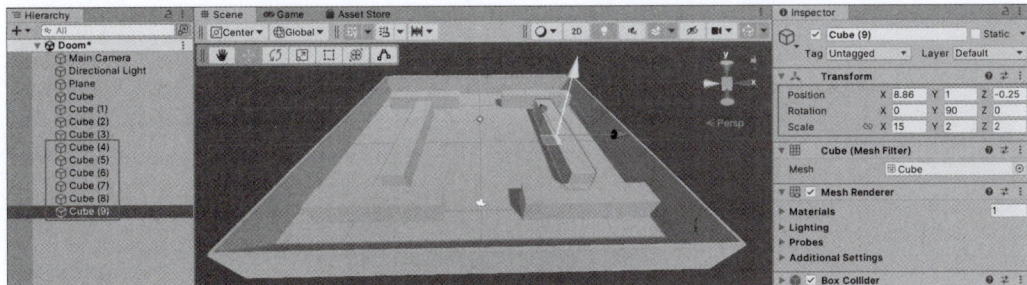

图 2-46　创建障碍物

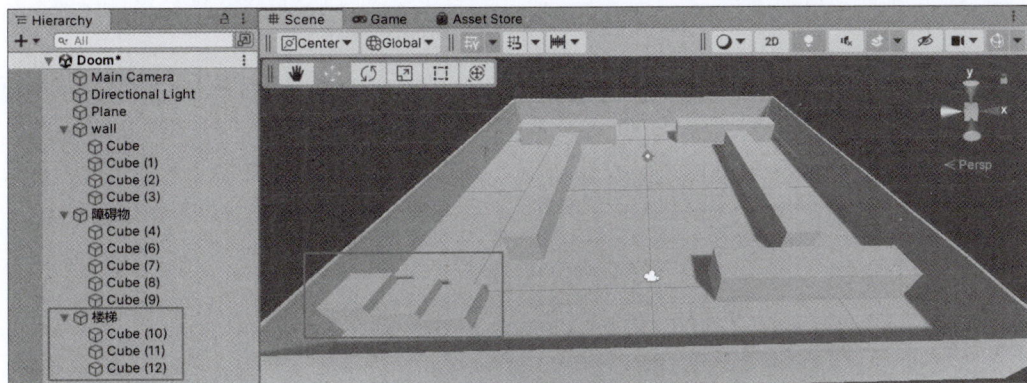

图 2-47　创建楼梯及对象分组管理

（6）注意设置对象的位置、角度、大小时，可以通过 Transform 组件中的属性进行设置，这种方法比较精确，也可以直接在场景中通过 Gizmo 线框移动、旋转、缩放对象，但是操作时要注意坐标轴的选择。

习题

一、选择题

1. 工具按钮 ⟲ 表示_____基本变换操作。

　　A. 移动　　　　　　B. 旋转　　　　　　C. 缩放　　　　　　D. 漫游

2. Unity 中，场景、脚本、材质、图片、音频等资源可以在_____面板中创建、添加、选择和删除。

　　A. Project　　　　B. Console　　　　C. Inspector　　　　D. Hierarchy

3. Unity 中，在_____面板中可实现对象组件及属性的查看和修改。

　　A. Project　　　　B. Scene　　　　　C. Inspector　　　　D. Hierarchy

4. Unity 中新建一个 3D 场景，系统会默认创建两个对象，分别是_____和_____。

　　A. 主摄像机 Main Camera　　　　　　B. 平行光 Directional Light

　　C. 空游戏对象 Empty GameObject　　　D. 网格对象

5. 以下不是网格对象（没有 Mesh Filter 组件）的是_____。

　　A. Main Camera　　B. Cube　　　　　C. Plane　　　　　D. Cylinder

6. Unity 是基于_____图形库开发的，使用的三维坐标系是_____。

　　A. DirectX　　　　B. OpenGL　　　　C. 左手坐标系　　　D. 右手坐标系

7. 当对象上出现如图 所示操作线框时,可以实现_____操作。

    A. 环视   B. 移动   C. 旋转   D. 缩放

8. Unity 场景中对象的三种基本变换操作不包括_____。

    A. 漫游   B. 移动   C. 旋转   D. 缩放

9. Unity 中复制对象的快捷键是_____。

    A. Ctrl+D   B. Shift+D   C. Ctrl+E   D. Alt+G

10. Unity 中想从 360°不同的视角观察场景,可以通过以下_____选项实现。

    A. 按住鼠标滚轮,在桌面上移动鼠标   B. 按住鼠标右键,在桌面上移动鼠标

    C. 上下滚动鼠标滚轮   D. 按下平移按钮后,按住鼠标左键拖动

11. 如图 所示,该图是_____。

    A. Perspective 透视图   B. Orthographic 正交视图

    C. Front 前视图   D. Right 右视图

12. Unity 中 Cube 的长宽高和 Plane 的长宽分别为_____。(unit 为长度单位,默认为 m。)

    A. 1unit   1unit   1unit   1unit   1unit

    B. 10unit   10unit   10unit   10unit   10unit

    C. 10unit   10unit   10unit   1unit   1unit

    D. 1unit   1unit   1unit   10unit   10unit

13. Unity 中关于对象的复制,错误的是_____。

    A. 可以使用快捷键 Ctrl+C、Ctrl+V

    B. 可以使用快捷键 Ctrl+D

    C. 一次可以复制出来多个与源对象相同的复制对象

    D. 复制出来的对象是原地复制,即其位置与源对象位置重合

14. 通过创建_____,可以把一些对象拖动到该对象上,作为该对象的子对象,以方便进行分组批量操作和管理。

    A. 空游戏对象 Empty GameObject   B. 主摄像机 Main Camera

    C. 平行光 Directional Light   D. 平面对象 Plane

二、简答题

1. 初次接触和使用 Unity,有什么感受?

2. 简述 Unity 的主要界面组成和各面板的功能。

3. Unity 中对象的三种基本变换操作是什么?它们的变换线框分别是什么样的?

4. Unity 编辑器场景视图的二维投影视图包括哪 6 个?立体视图包括哪 2 个?

5. 左手坐标系和右手坐标系的区别在哪里?Unity 使用的是哪个坐标系?3ds Max 使用的是哪个坐标系?

6. 什么是网格对象?举几个网格对象的例子。主摄像机和平行光是网格对象吗?

三、操作题

1. 参考例 2-3 设计创建"3D 对象场景"。

2. 参考例 2-4 设计创建"Doom 场景"。

Unity 脚本

Unity 开发的游戏和其他交互产品,场景中对象的行为和与用户的交互是通过脚本实现的。脚本是 Unity 项目开发的重要组成部分,它能够实现复杂的游戏逻辑和交互效果。在脚本中,可以使用 Unity 提供的 API 来访问和操作游戏对象及组件的属性和方法、加载和卸载资源、管理游戏状态等。本章将介绍 Unity 中脚本语言的相关知识和语法等。

本章学习要点:

- Unity 脚本语言。
- Unity 编辑器。
- Unity 脚本开发流程。
- Unity 脚本生命周期。
- 常用类:MonoBehaviour 类、Transform 类、Input 类、Vector 类、Time 类等。

3.1 Unity 脚本基础

Unity 是一个可视化的集成开发环境,项目的开发工作很多可以通过在可视化环境中的操作和相关属性的设置完成。脚本程序要起作用,需要将脚本挂载到特定的对象上,然后在合适的时机被调用执行。脚本的编辑,早期版本可以使用 Unity 自带的编辑器 MonoDevelop,也可以使用其他集成编辑软件,如今最常用也是 Unity 官方推荐的编辑器是 Microsoft Visual Studio。

3.1.1 Unity 脚本语言

1. Unity 支持的三种语言

在 Unity 的发展历程中,共支持三种脚本语言:Boo、JavaScript(UnityScript)、C♯。随着 Unity 软件、相关技术、各种应用的发展,前两种脚本已经被弃用,由于 C♯ 的强大功能和易用性,现在 Unity 使用的脚本语言是 C♯。

2014 年,Unity 宣布放弃在编辑器与文档、教程中对 Boo 语言的支持,Unity 5.0 取消了"创建 Boo 脚本"的菜单项。但 Boo 编译器仍存在于编辑器中,因为 UnityScript 用到了 Boo 的运行库,并且 UnityScript 编译器本身就是用 Boo 语言编写的。仍可在 Unity 项目中使用.boo 文件,工程中如果包含 Boo 脚本,可以跟以前一样正常工作。

2017 年,数据表明大量 Unity 开发者都没有重度使用 UnityScript,甚至项目所包含的 UnityScript 也并非实际使用的脚本,而只是资源商店某个插件的代码。所以弃用 UnityScript 计划的第一步,从资源商店发行商着手,移除所有插件中的 UnityScript 脚本。2017 年 6 月,Unity

修订了 Asset Store(资源商店)的插件提交条款,拒绝接受包含 UnityScript 代码的插件。在与资源商店发行商进行讨论与沟通后,Unity 要求所有新提交至资源商店的插件都必须使用 C♯ 代码,并对资源商店的现有插件进行代码扫描,查看其中是否包含 UnityScript 文件,如果有则通知发行商将代码转换为 C♯。一段时间后,代码未转换为 C♯ 的插件将从资源商店下架。

Unity 2017.2 测试版的 Assets|Create 菜单下已经不再包含 JavaScript(即 UnityScript)选项。但 Unity 编辑器仍然支持 UnityScript,可以从编辑器之外创建 UnityScript 文件(如 MonoDevelop)。这么做,是为了保证新用户不会去使用 UnityScript,以免浪费学习成本。

所以从 Unity 2017.2 版本开始,Unity 已经主推 C♯ 脚本,对于有 C♯ 或其他面向对象语言开发经验的用户,是很容易上手 Unity 项目开发的。

2. C♯概述

C♯(读作"C Sharp")是一种面向对象、类型安全的编程语言,能生成在.NET 生态系统中运行的应用程序,随着 C♯ 新版本的不断发布,其功能也越来越强大。这里不对 C♯ 的详细内容做过多介绍,只列出开发 Unity 项目需要掌握的主要知识。

1) 基本语法和基本数据类型

C♯ 基本语法包括变量、常量,各种运算符,三种基本程序结构顺序、条件分支(if、if…else、switch…case 等)、循环(for、foreach、while、do…while 等)等基本知识。C♯ 中最常用的基本数据类型有 bool、int、float、string,偶尔会用到 char、long、double,很少用到 sbyte、short、byte、ushort、uint、ulong、decimal 等。

2) 复杂数据类型及语法

enum 枚举类型、array 数组类型、list 列表类型经常会在 C♯ 中用到,struct 结构类型偶尔会用到。class 类、interface 接口、delegate 委托在开发复杂应用时会用到。Event 事件及响应、泛型、Lambda 表达式、注解经常用到,正则表达式、异常处理偶尔用到,反射、多线程在开发复杂应用时会使用。

3.1.2 Unity 脚本开发工具

Unity 支持的脚本开发工具有很多,如 MonoDevelop、Microsoft Visual Studio、Microsoft Visual Studio Code、JetBrains Rider 等。下面主要介绍 MonoDevelop 和 Microsoft Visual Studio。

1. MonoDevelop

Unity 2018 以前版本在安装 Unity 时默认自动安装 MonoDevelop,当然也可以选择是否安装,现在该开发工具已经被 Unity 弃用。

Mono 技术是一个由 Xamarin 公司主导的开发项目,旨在开发一个开放源代码的 Linux 版的 Microsoft.NET 开发平台。它包括一个 C♯ 编译器、一个公用语言运行时环境,以及相关的一整套类库。Mono 项目使开发者开发的.NET 应用程序不仅能在 Windows 平台上运行,也能在任何支持 Mono 的平台上运行,包括 Linux、macOS。Mono 项目使开发者能开发出各种跨平台的应用程序,能极大地提高开源领域的开发效率。Mono 技术为 Microsoft.NET 提供了开源跨平台实现。

MonoDevelop 是个基于 Mono 技术的适用于 Linux、macOS 和 Microsoft Windows 的开放源代码集成开发环境,主要用来开发 Mono 与.NET Framework 应用程序,该软件原来是 SharpDevelop 向 GTK♯ 的一个移植。MonoDevelop 集成了很多 Eclipse 与 Microsoft Visual Studio 的特性,另外还集成了 GTK♯ GUI 设计工具。目前支持的语言有 Python、C♯、Java、Boo、JavaScript、Visual Basic .NET、CIL、C 与 C++ 等。MonoDevelop 开发工具如图 3-1 所示。

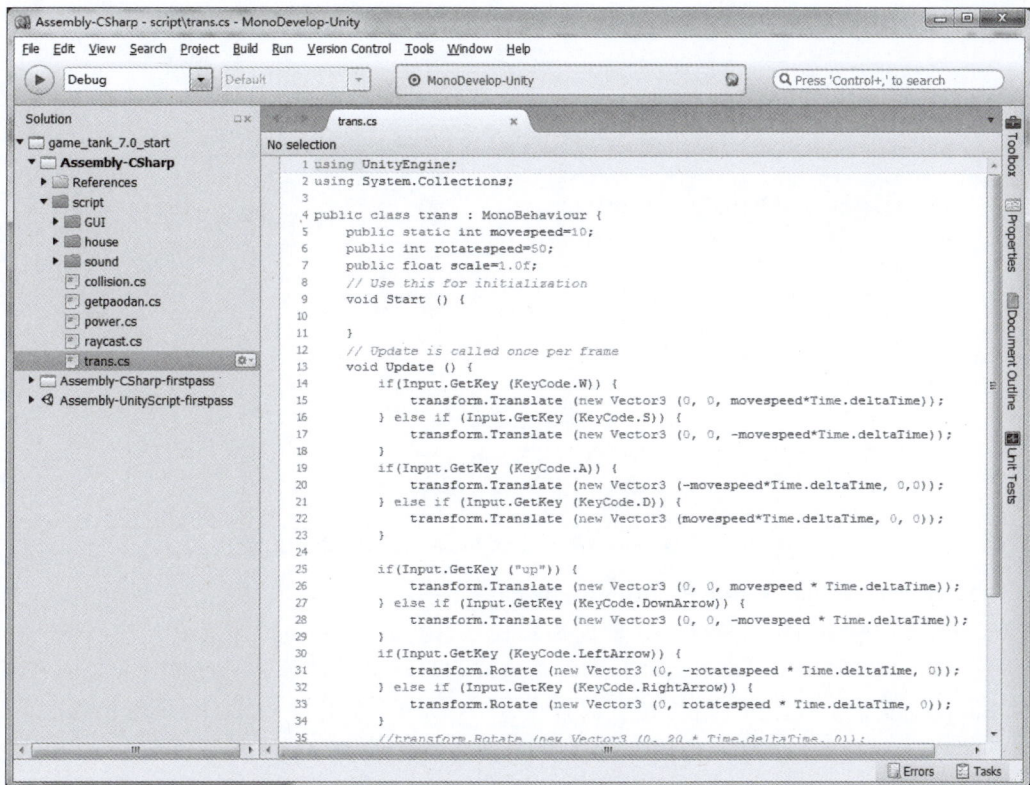

图 3-1　MonoDevelop 开发工具

2. Microsoft Visual Studio

编写 C♯ 程序，一般使用 Microsoft Visual Studio(简称 VS)开发工具。Microsoft Visual Studio 是美国微软公司的开发工具包系列产品，是一个完整的开发工具集，包括整个软件生命周期中所需要的集成开发环境、调试器、测试工具和版本控制等一系列工具，支持多种编程语言和开发平台，所写代码适用于微软支持的所有平台，包括 Microsoft Windows、Windows Mobile、Windows CE、.NET Framework、Windows Phone 等，可用于构建 Web、云、桌面、移动应用、服务和游戏等。

Microsoft Visual Studio 最新版本是基于.NET Framework 4.8 的 Visual Studio 2022。2021 年 4 月 19 日，发布了 Visual Studio 2022 的首个预览版；2021 年 6 月 17 日，Visual Studio 2022 Preview 1 正式发布，并且首次发布 64 位版本。Microsoft Visual Studio 2022 分为 Visual Studio Community、Visual Studio Professional、Visual Studio Enterprise 三个版本。安装 Unity 2021，推荐使用开发工具 Microsoft Visual Studio Community 2019；安装 Unity 2022，推荐使用开发工具 Microsoft Visual Studio Community 2022。VS 2022 运行速度更快，众多的快捷键和优秀的代码提示保证了更高的开发效率。

VS 要实现 Unity 开发，必须安装所需的 Unity 开发组件，通过 Unity Hub 会自动安装所需组件，通过 Visual Studio Installer 手动安装需要自己设置，请参见 1.3.2 节相关内容。要使用 VS 作为开发工具，需要将其设置为 Unity 的默认开发工具，方法如下。安装 Microsoft Visual Studio 后，在 Unity 中选择菜单 Edit|Preferences|External Tools，在右侧选项 External Script Editor 后弹出的下拉列表中选择 Microsoft Visual Studio 2022，如图 3-2 所示。

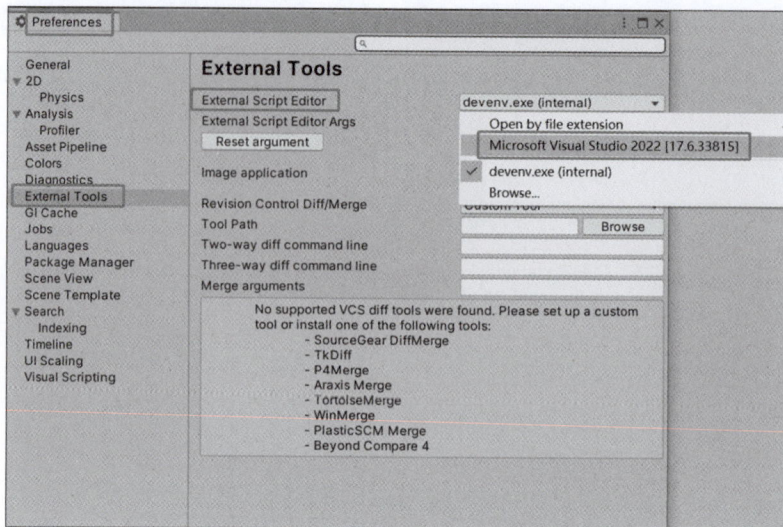

图 3-2　设置 Microsoft Visual Studio 为默认开发工具

3. Microsoft Visual Studio 的 IntelliCode 插件安装

IntelliCode 是微软官方提供的 AI 辅助编程插件，为 VS、VS Code 等集成开发环境支持的 C♯、JavaScript、Python 等语言提供了智能代码建议和自动补全功能。通过学习大量的开源代码库，IntelliCode 能够预测可能需要的代码片段，一次性填写整行代码，AI 会检测代码上下文，包括变量名称、函数和正在编写的代码类型，以提供最佳建议，提高编码效率。

从 Visual Studio 2019 版本开始，IntelliCode 会根据已安装的工作负载默认安装并启用。但是通过 UnityHub 安装 Unity 选择 Microsoft Visual Studio 模块时，IntelliCode 插件没有安装，需要自行安装。安装步骤如下。

（1）打开 Visual Studio Installer，单击已安装的 Microsoft Visual Studio 后面的"修改"按钮，如图 3-3 所示。

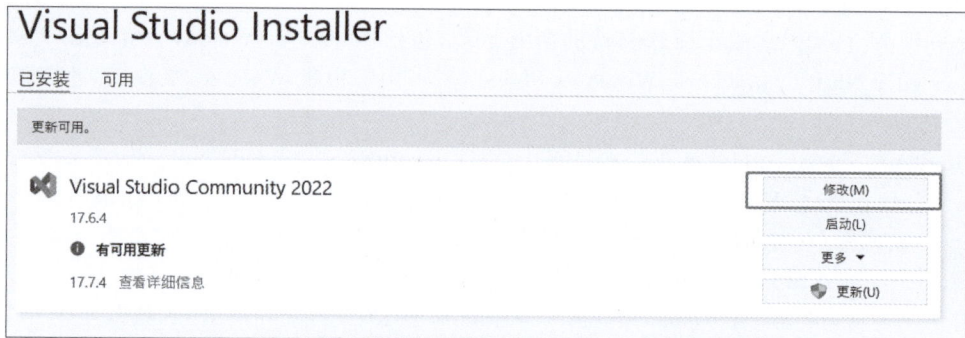

图 3-3　修改 Microsoft Visual Studio 2022 的安装组件

（2）在打开的对话框中选择"单个组件"选项卡，如图 3-4 所示。

（3）在搜索框中输入"intellicode"的前几个字母，勾选下面搜索出来的 IntelliCode 复选框，然后单击右下角的"修改"按钮，如图 3-5 所示。

（4）返回安装界面，安装器开始下载并安装 IntelliCode 组件，如图 3-6 所示。

（5）等待 IntelliCode 组件全部安装完成，即可使用，如图 3-7 所示。

为提高开发效率，可以使用 Microsoft Visual Studio 提供的快捷键。

（1）切换行注释：Ctrl＋/。

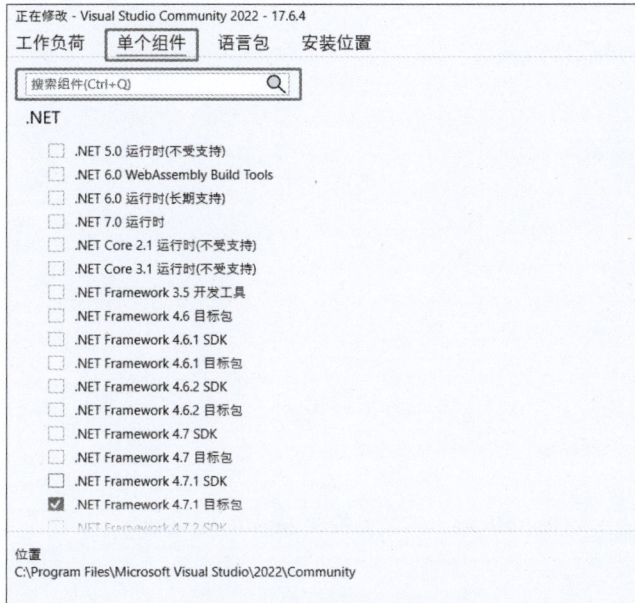

图 3-4　"单个组件"选项卡

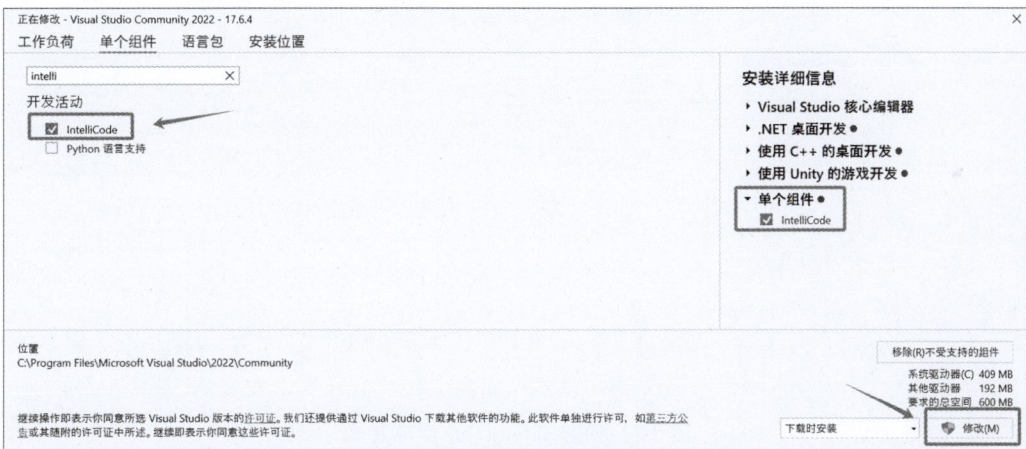

图 3-5　添加 IntelliCode 组件

（2）切换块注释：Shift＋Ctrl＋/。

（3）格式化代码：①Ctrl＋A＋K＋F；②Ctrl＋K＋D。

（4）快速复制代码块：Ctrl＋D。

（5）代码快速补全：Tab 键。

（6）选定行：Shift＋End（Home）。

（7）将选定行上移：Alt＋↑。

（8）将选定行下移：Alt＋↓。

4. 其他开发工具

使用 C♯进行脚本编写，一般也可以选择 Microsoft Visual Studio Code 作为 C♯脚本的开发工具，但是需要配置的内容较多，对于初学者来说，还是推荐 Microsoft Visual Studio，虽然它比较大。另外，也可以选择 Eclipse、Jet Brains Rider 等 IDE。

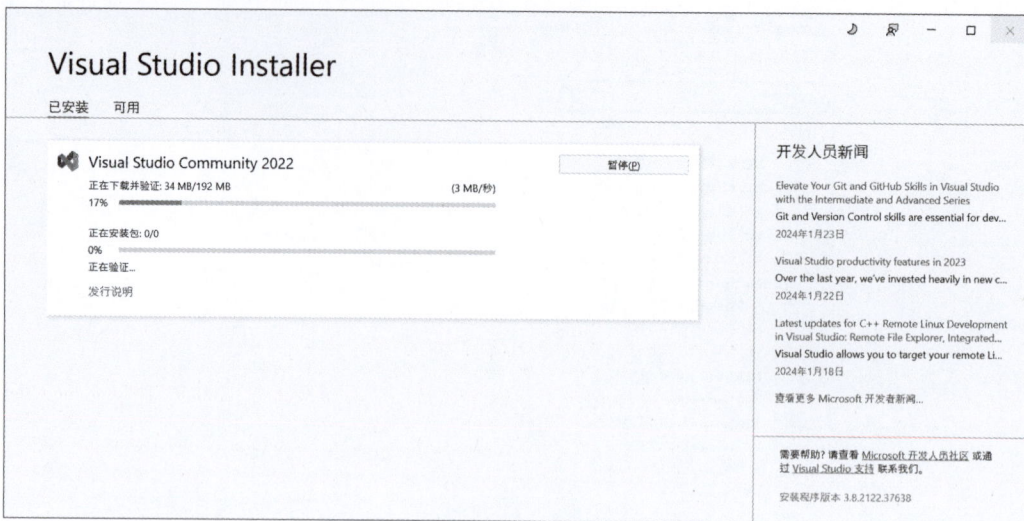

图 3-6　下载并安装 IntelliCode 组件

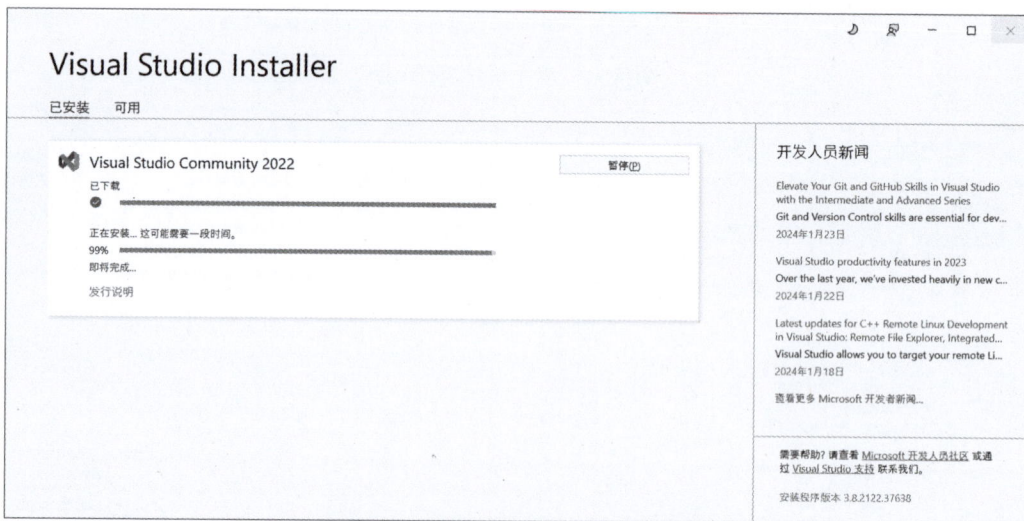

图 3-7　安装 IntelliCode 组件完成

3.1.3　Unity 脚本编译

1. 编译顺序及优化

在 Unity 编辑器下,每次修改完代码后,就会自动编译,最终所有代码将编译成 4 个 DLL 文件。脚本分为运行时脚本和编辑时脚本两大类,运行时脚本最终会编译进最终发布的游戏包中,而编辑时脚本仅用于编辑器模式下,不会被打包进游戏包。脚本存放的目录决定了它将被编译到哪个 DLL 文件中。Plugins 目录下的脚本优先编译,然后编译其他目录,最后编译 Editor 目录下的脚本。DLL 的编译顺序是 Assembly-CSharp-firstpass.dll→Assembly-CSharp-Editor-firstpass.dll→Assembly-CSharp.dll→Assembly-CSharp-Editor.dll,参见 2.2 节。

Unity 每次修改完代码后就会自动编译,当任意修改代码返回 Unity 时,就要等 Unity 编译 DLL 好长时间,开发效率低,因此考虑优化编译过程。游戏代码大致分成两类:框架类代码和逻辑性代码。框架类代码编写成熟后,不需要经常修改且它不需要访问逻辑性代码,而逻辑性代码的改动频率是极高的。所以可以把框架类代码放在 Plugins 目录下,这样改动非 Plugins 目录下的逻辑性代码时,就不会重复编译 Plugins 目录下的代码了,编译速度就快了。如果逻辑性代码量非常大,还是会造成编译慢的问题,此时可以把部分 C♯代码预先编译成 DLL,这样编译就更快了。

2. 脚本后端编译方式

Unity 脚本后端处理技术即编译方式有两种：Mono 和 IL2CPP。可以通过菜单项 Edit|Project Settings,在打开的 Project Settings 窗口中的 Player|Configuration 配置项 Scripting Backend 后的下拉列表中设置使用哪种编译方式,如图 3-8 所示。

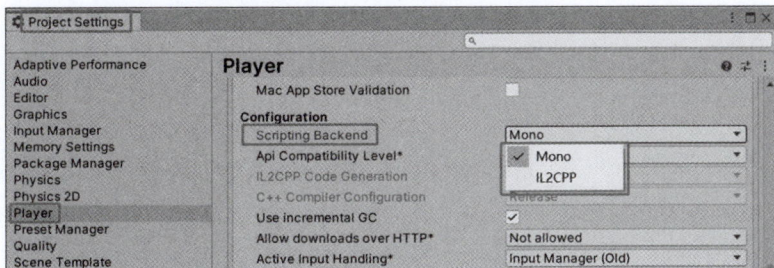

图 3-8　设置 Scripting Backend

Mono 和 IL2CPP 的区别在于,Mono 使用即时编译(Just In Time,JIT),在运行时按需编译代码,IL2CPP 使用提前编译(Ahead Of Time,AOT),在运行之前编译整个应用程序。

3. Mono 编译原理

在解释 Mono 和 IL2CPP 编译方式原理之前,先简单看一下 Mono、C♯ 和.NET Framework 之间的关系。Mono 是一个项目框架和工具,里边包含 C♯的编译器和通用语言框架。C♯是微软推出的一种基于.NET 框架的、面向对象的高级编程语言,它与 Java 相比最大的不足是不能跨平台,在没有 Mono 技术之前 C♯只能在 Windows 下运行。有了 Mono 技术,借助 Mono 虚拟机(Mono VM),C♯才具有了跨平台功能。IL(Intermediate Language,中间语言)是一种属于通用语言架构和.NET 框架的低阶的人类可读的编程语言。目标为.NET 框架的 IL 被编译成 CIL(Common Intermediate Language,特指在.NET 平台下的 IL 标准),然后汇编成字节码。IL(CIL)类似一个面向对象的汇编语言,运行在 Mono 虚拟机上(Mono VM)。

Mono 编译运行过程实质上是动态联编的过程,C♯、UnityScript 这种遵循通用语言架构(Common Language Infrastructure,CLI)规范的高级语言,先被各自的编译器编译成 IL,等到游戏项目真正执行的时候,这些 IL 会被加载到运行时库,和项目里其他第三方兼容的 DLL 一起,放入 Mono VM,由虚拟机动态编译解析成机器码,然后执行,如图 3-9 所示。

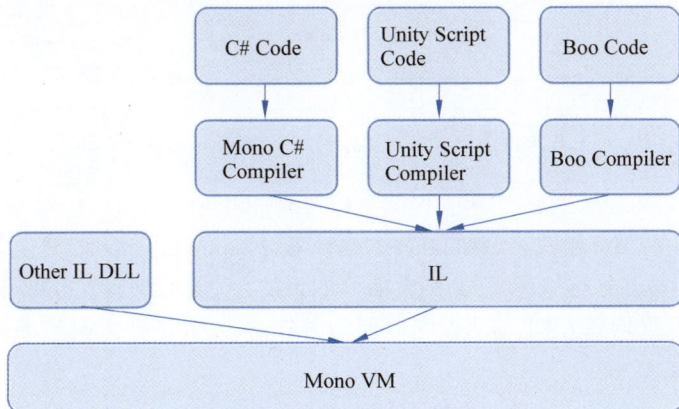

图 3-9　Mono 编译原理

正是由于引入了 VM，才使得很多动态代码特性得以实现。通过 VM 甚至可以让代码在运行时生成新代码并执行，这是静态编译语言所无法做到的。对于前面讲到的脚本语言 Boo 和 UnityScript，有了 IL 和 VM 的概念我们会发现，这两者并没有对应的 VM 虚拟机，Unity 中 VM 只有一个：Mono VM，也就是说，Boo 和 UnityScript 是被各自的编译器编译成遵循 CLI 规范的 IL，然后再由 Mono VM 解释执行。这也是 UnityScript 和 JavaScript 的根本区别。JavaScript 是最终在浏览器的 JS 解析器中运行（如 Google Chrome 浏览器），而 UnityScript 是在 Mono VM 中运行。本质上说，到了 IL 这一层级，它是由哪种高级语言编写的已经不重要了，用 C♯、VB、Boo、UnityScript 甚至 C++ 等都可以，只要有相应的编译器能够将其编译成 IL 就行。

4. IL2CPP 编译原理

IL2CPP 的含义就是把 IL 转换成 CPP 文件。IL2CPP 编译过程是在 Mono 编译的基础上（如图 3-10 中方框 IL2CPP 上方的编译过程）。在得到 IL 后，使用 IL2CPP 将 IL 转换为 C++ 代码，然后再由各个运行平台的原生 C++ 编译器直接编译成能执行的原生汇编代码，当运行时，由 IL2CPP 虚拟机（IL2CPP VM）直接将原生汇编代码解析为机器码运行，如图 3-10 中方框 IL2CPP 下方的编译过程。采用 IL2CPP 编译方式，程序的运行效率有很大提升，并有效缩短了游戏载入时间。由于去除了 IL 加载和动态解析的工作，IL2CPP VM 可以做得很小，主要负责提供诸如 GC（内存分配和回收）管理、线程创建等服务性工作。

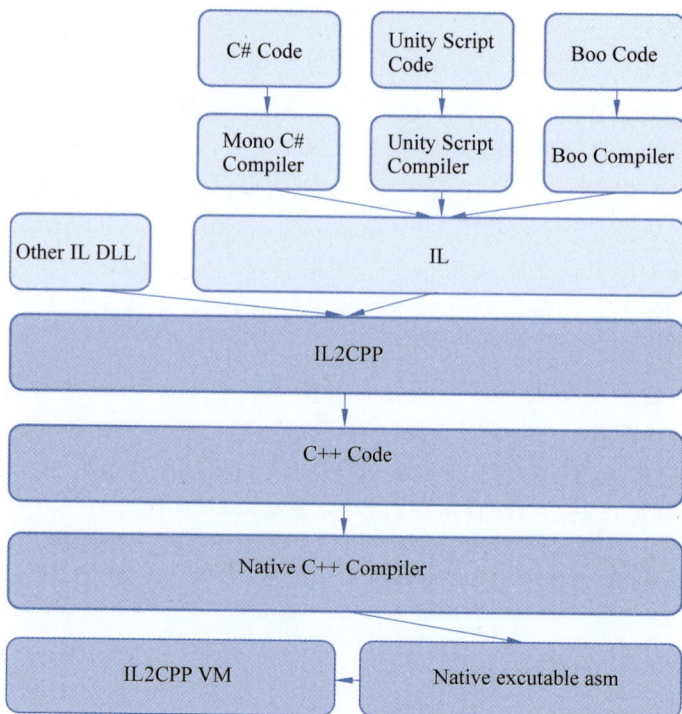

图 3-10　IL2CPP 编译原理

IL2CPP 主要由两部分组成：①AOT 静态编译器（il2cpp.exe），将 IL 转换为 C++ 源码，再交给各平台的 C++ 编译器进行编译，达到平台兼容的目的；②运行时库（libil2cpp），运行时库会提供诸如垃圾回收、线程创建、文件获取、内部调用直接修改托管数据结构的服务与抽象等，如图 3-11 所示。

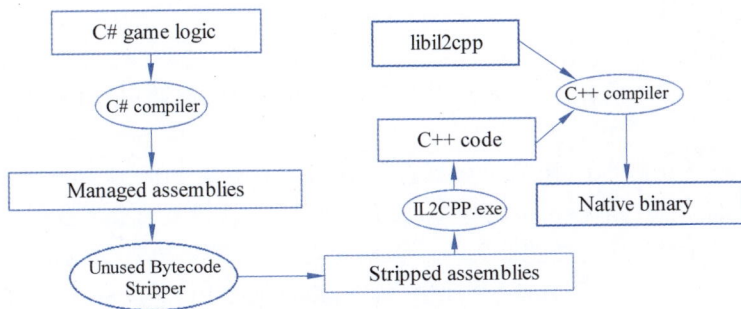

图 3-11 IL2CPP 编译原理及 IL2CPP 组成

3.1.4 Unity 脚本开发流程

1. 创建脚本

创建脚本有三种方法：①选择菜单 Assets|Create|C♯ Script；②在 Project 面板中的 Assets 子面板,右击选择菜单 Create|C♯ Script；③选中一个对象,在右侧的 Inspector 面板最下方单击 Add Component 按钮,在弹出菜单中输入脚本名,确定后,会创建脚本并赋给选中的对象。

前面两种方法在创建脚本时要注意,创建的脚本文件名必须和类名一致,否则当将脚本挂载到对象时,会出现错误提示。当脚本挂载到对象后修改了脚本文件名或类名造成不一致,编译会通过,但程序运行时会在控制台打印输出错误提示,这是初学者经常会犯的一个错误,如图 3-12 所示。

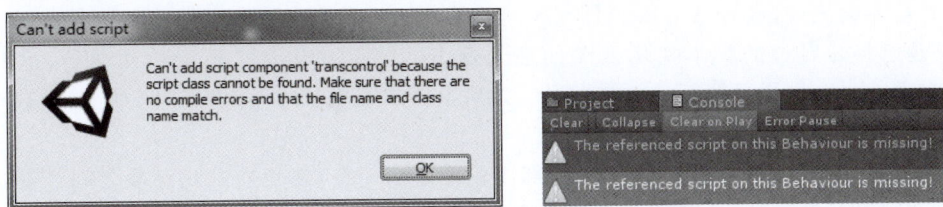

图 3-12 脚本文件名和类名不一致报错

2. 脚本开发流程

Unity 中脚本开发流程包括：①创建脚本文件；②编写脚本；③保存、编译脚本；④将脚本挂载到对象上；⑤运行 Unity 项目,观察运行效果；⑥修改调试脚本。

将脚本挂载到对象上的方法有：①将脚本拖动到 Hierarchy 面板对应的对象名称上；②选中要挂载脚本的对象,将脚本拖动到该对象的 Inspector 面板最下端空白处；③将脚本拖动到场景对应的对象上。

3.1.5 Unity 脚本生命周期

脚本从创建到消亡,会经历一个生命周期,整个生命周期的不同时期会执行不同的事件方法(回调函数),脚本生命周期中有几个主要方法,如图 3-13 所示。

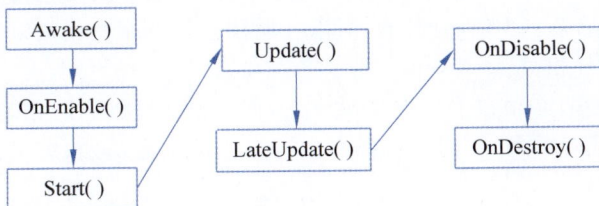

图 3-13 脚本生命周期中几个主要的方法

最常用的几个方法介绍如下。

1. Awake()方法

Awake()方法在游戏开始之前,场景中对象及资源加载时被调用,用来初始化变量或游戏状态,只被调用一次。

Awake()方法只在脚本所挂载对象资源加载时被调用。如果脚本所挂载游戏对象(即gameObject)的初始状态为非激活关闭状态,那么运行程序,该游戏对象不被加载,Awake()不会执行;反之,如果游戏对象的初始状态为开启激活状态,该游戏对象被加载,那么Awake()会执行。并且,Awake()的执行与否与脚本实例的状态(启用或禁用)并没有关系,而是与脚本实例所挂载的游戏对象的状态有关。在不切换场景的前提下,原本处于关闭状态的游戏对象,当它被首次开启激活时,Awake()会执行,并且只是在首次开启时才会执行;而已经开启激活的游戏对象(Awake()已经执行过一次),将它关闭后再次开启,Awake()不会再次执行。这对应了在脚本实例整个生命周期中Awake()仅执行一次的情况。如果重新加载场景,那么场景内Awake()方法的执行情况重新遵循上述描述。

2. Start()方法

Start()方法在游戏启动以后只调用一次,用于数据的初始化操作。

Start()方法也被称为开始方法,Awake()执行之后,当游戏渲染第一帧之前,Update()第一次被调用前会调用Start()。如果游戏对象被关闭,那么Start()不会执行。如果游戏对象开启了,对象上绑定的脚本实例被禁用了,Start()也不会执行。这是Start()的特点,只有在脚本实例被启用时它才会执行,这与Awake()是有区别的。Start()只会在脚本实例首次被开启时才会执行,如果是已经开启过的脚本实例被关闭后再次开启,那么Start()不会再次执行,这对应了Start()在整个生命周期只执行一次的情况。如果重新加载场景,那么场景内Start()的执行情况重新遵循上述描述。

除此之外,还有对Awake()和Start()都比较重要的一点,就是当游戏对象之间存在父子关系时(不论层级多少),父游戏对象的状态(开启或关闭)完全决定了子游戏对象上的脚本函数的执行情况。只有在父游戏对象被开启的状态下,程序才会考虑是否调用子游戏对象上的脚本方法(Awake()与Start()等)。自上而下,逐级以此类推。

最后,所有脚本的Awake()方法的执行顺序是随机的,因此一般在Awake()方法中创建游戏对象,在Start()方法中去获取游戏对象或者游戏组件,这样就可以避免出现找不到要获取的游戏对象或组件等空指针错误了。一般Awake()用于创建对象、脚本、组件,获取游戏对象或脚本实例信息,然后在Start()中进行一些获取之后的初始化设置。具体情况要根据需求灵活变化。

3. Update()方法

Start()方法调用结束以后Update()方法被调用,然后每一帧渲染之前Update()方法都会被调用。

Update()方法也被称为更新方法。该方法在游戏运行时每一帧渲染之前被调用一次,是用于更新每帧游戏逻辑数据比如角色的位置的最常用方法。该方法的调用频率是基于游戏帧频(帧频:运行时每秒钟渲染多少幅画面的),所以其调用执行频率是由游戏的当前运行帧速度来决定的,与游戏运行硬件相关。

Unity不支持多线程,必须在主线程中操作它,但Unity可以同时创建很多脚本,并且可以分别绑定在不同的游戏对象上,它们各自都在执行自己的生命周期,感觉像是多线程并行执行脚本的。

Awake()、Start()、Update()、LateUpdate()、FixedUpdate()等都是按照顺序,等所有脚本中

的 Awake()执行完毕后再去执行所有的 Start()、所有的 Update()、所有的 LateUpdate()等,所以这也解释了 Unity 没有多线程的概念。

4. OnEnable()方法

当脚本可用时,该方法被调用。当脚本被激活开启或脚本所挂载对象被激活开启时,会触发脚本可用事件,该方法被调用。

5. OnDisable()方法

当脚本不可用时,该方法被调用。当脚本取消激活变为禁用或脚本所挂载对象取消激活变为禁用,会触发脚本不可用事件,该方法被调用。

6. OnDestroy()

当脚本销毁时,该方法被调用。退出应用程序运行或通过代码移除脚本,都会触发脚本销毁,该方法被调用。

【例 3-1】　测试脚本各事件方法调用顺序和次数

下面通过一个实例来测试一下各事件方法调用的时间顺序和调用次数。

(1) 新建一个场景,编写脚本 LifeCycle.cs,实现功能是当事件发生,触发对应的事件方法执行,在控制台打印输出该方法名。

```
public class LifeCycle : MonoBehaviour {
    void Awake(){
        print ("Awake...");
    }
    void OnEnable(){
        print ("OnEnable...");
    }
    void Start(){
        print ("Start...");
    }
    void Update(){
        print ("Update...");
    }
    void FixedUpdate(){
        print ("FixedUpdate...");
    }
    void LateUpdate() {
        print ("LateUpdate...");
    }
    void OnGUI(){
        print ("OnGUI...");
    }
    void OnDisable(){
        print ("OnDisable...");
    }
    void OnDestroy(){
        print ("OnDestroy...");
    }
}
```

(2) 保存,将脚本 LifeCycle.cs 赋给主摄像机。

(3) 运行游戏,在 Console 面板观察输出内容,可以看到各方法被调用的顺序及执行次数。

(4) 运行时,将脚本组件前的复选框取消勾选或主摄像机前的复选框取消勾选,可以 Disable 该脚本,使脚本不可用,重新勾选,可以 Enable 该脚本,使脚本可用,退出运行或将脚本移除,脚本将被 Disable 和 Destroy。

运行效果如图 3-14 所示。

(5) 下面测试一下 Awake()方法的执行情况。

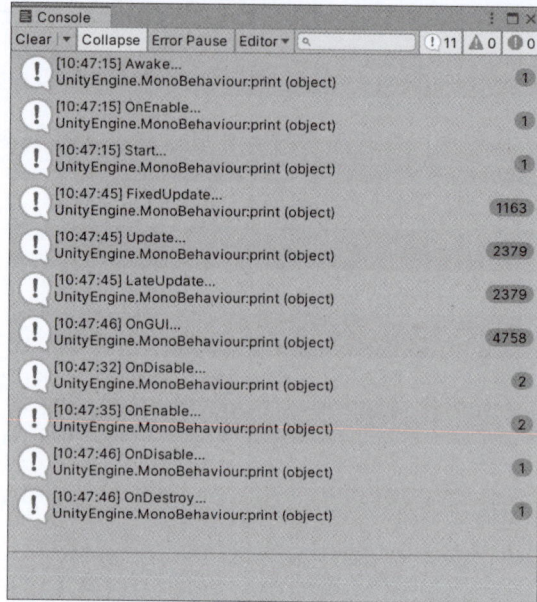

图 3-14　脚本生命周期各方法回调情况

① 主摄像机激活状态,脚本不可用状态,程序运行,Awake()方法被调用,如图 3-15 所示。

② 主摄像机非激活状态,脚本可用状态,程序运行,Awake()方法不被调用,如图 3-16 所示。可见,当脚本所挂载对象为激活开启状态,脚本无论是否可用,Awake()方法都会执行,当脚本所挂载对象禁用时,脚本无论是否可用,Awake()方法都不会执行。

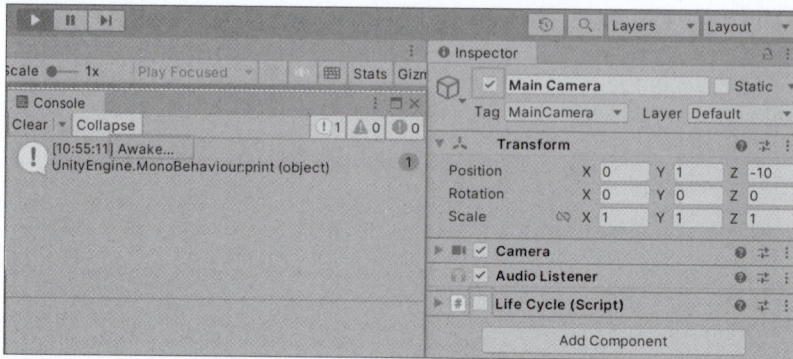

图 3-15　Awake()方法调用情况比较 1

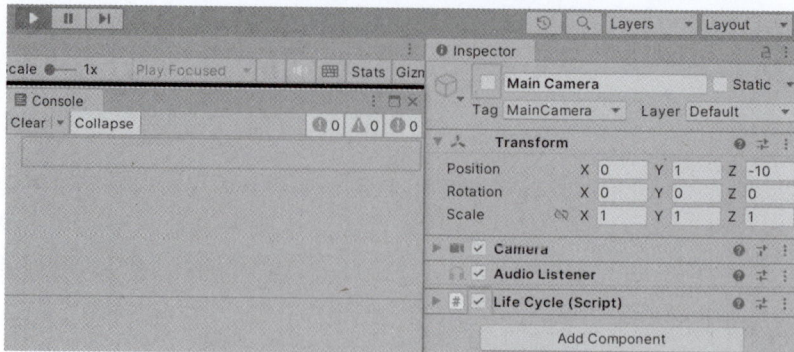

图 3-16　Awake()方法调用情况比较 2

Unity 除了脚本相关的事件方法，还有其他一些事件方法，Unity 官网给出的详细事件顺序图如图 3-17 所示，读者可在后续学习中逐渐熟悉。

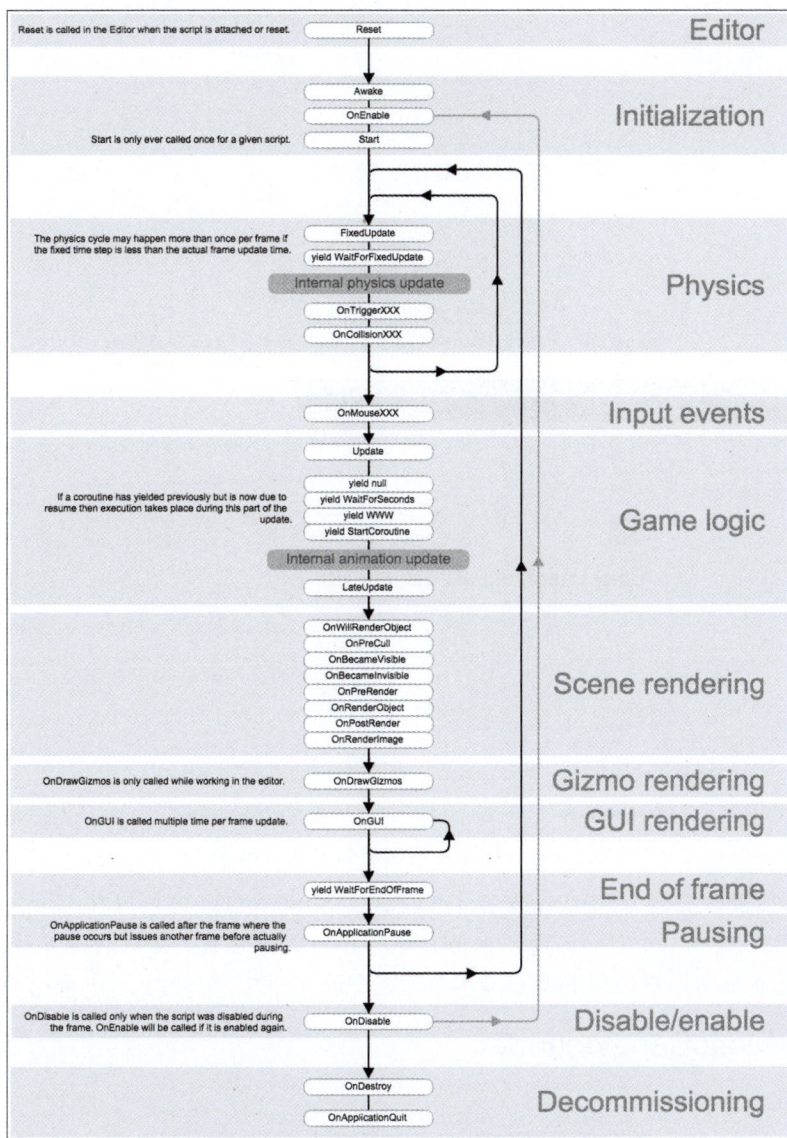

图 3-17　Unity 官网给出的详细事件顺序图

3.2　Unity 脚本常用类

Unity 提供了在线手册和在线脚本 API 参考，通过菜单 Help｜Unity Manual 或 Help｜Scripting Reference 可以直接打开对应的网站，进行查看，如图 3-18 所示。

在打开的网站中，可以查看对应 Unity 版本的用户使用手册和脚本 API 的用法，可以在左上角的版本下拉列表中选择希望查看的 Unity 版本，在中间部分可以切换是查看手册还是脚本 API，在搜索栏中可以输入关键字以快速搜索希望查看的内容，如图 3-19 所示。

当然也可以直接通过网址 https://docs.unity3d.com/2022.3/Documentation/Manual/index.

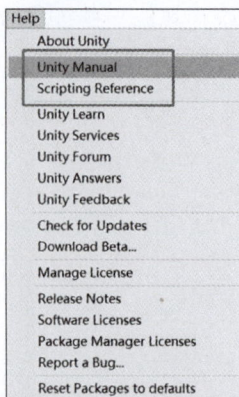

图 3-18　Unity Manual 和 Scripting Reference 菜单

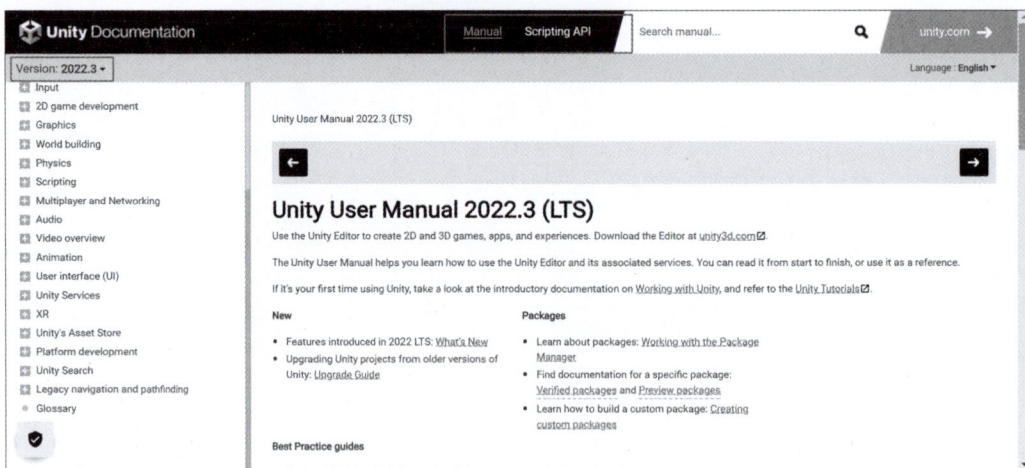

图 3-19　Unity 在线手册和脚本 API 参考

html 来访问。如果在安装 Unity 时，安装了 Documentation 组件，也可以在 Unity 安装目录，如 \Unity\2022.3.2f1c1\Editor\Data\Documentation\en 下离线查看。这时再单击 Help 中的菜单项，打开的就是本地的用户使用手册和脚本 API。下面介绍几个 Unity 脚本常用的类。

3.2.1　MonoBehaviour 类

1. 脚本的基类

MonoBehaviour 是一个基类，所有 Unity 脚本都派生自该类。当创建一个新的脚本时，该脚本都要通过运算符"："继承 MonoBehaviour 类。创建的脚本默认为运行时类，其特点为该脚本类只能运行时自动创建实例，不能在代码中用 new 实例化。创建脚本的声明语句如下：

```
public class LifeCycle : MonoBehaviour
```

Unity 中所有类的基类是 Object 类，MonoBehaviour 类的继承关系如图 3-20 所示。

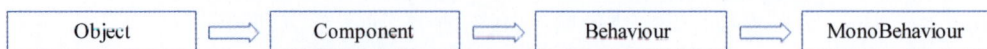

图 3-20　MonoBehaviour 类的继承关系

MonoBehaviour 类提供生命周期事件函数 Awake()、Start()、Update()等，新建脚本继承这些事件函数，使得 Unity 进行开发变得更加容易。MonoBehaviour 类有一些常用的变量和方法，被新创建的脚本子类继承,从而直接使用或重写,如 print()静态方法、Destroy()静态方法(继承自 Object 类)等。

2. print()方法和 Debug 类

print()方法用以在控制台打印输出信息,用于在控制台打印输出信息的还有 Debug 类的 Log()方法。那么,MonoBehaviour 类的 print()方法和 Debug 类的 Log()方法的区别在哪里呢?

Unity 自带完善的调试功能,当编译出错时,控制台(Console)会显示警告和错误提示信息。每一条错误信息指明了代码出错的原因和位置,以方便用户修改排错。警告信息用黄色感叹号表示,提示用户一些有问题但不影响程序运行的信息,最好修改代码纠正这些警告问题,以使代码更健壮和更高效。Unity 的调试功能通过 Debug 类实现,Debug 类的调试相关方法如下。

Debug.Log():用于打印输出调试信息或用户信息,该方法和 print()方法功能类似。但是 print()方法只适用于脚本类(继承于 MonoBehaviour 的类),因为 print()方法是 MonoBehaviour 类的静态方法,只有 MonoBehaviour 类的实例或子类才可以直接调用。而 Debug.Log()可以在任何地方使用,无论是系统类、脚本类还是其他用户自定义类。在使用 print()方法的语句中可以使用 Debug.Log()替换,但反过来就会出错了。

Debug.LogWarming():用于收集警告信息。

Debug.LogError():用于收集错误信息,可以通过 Debug.Break()设置断点,以方便程序的调试和排错。

3.2.2　Vector 向量类

1. 向量基本概念

既有大小又有方向的量叫作向量(也称为矢量)。3D 项目开发中经常用到向量和向量的运算,Unity 中提供了完整的向量和向量操作方法。Unity 中向量就是类,包括平面空间的二维向量 Vector2 类、Vector2Int 类,立体空间的三维向量 Vector3 类、Vector3Int 类,另外还有四维向量 Vector4 类,常用于表示网络切线或着色参数等。在 Unity 中,Vector3 用得最多,游戏对象的移动、旋转、缩放等基本变换都是通过 Vector3 实现的。

2. Vector3 类

Vector3 类表示三维空间的向量,包括 x、y、z 三个坐标。Vector3 类可以在实例化时进行赋值,也可以在实例化后分别给 x、y、z 三个分量赋值。在例 3-2 的代码中,创建 Vector3 对象 v1、v2、v3 并初始化,v1 和 v3 使用默认值(0,0,0)进行初始化,v2 使用(1,2,2)进行初始化。然后在 Start()方法中,修改 v1 的 x、y、z 三个分量为(0,0,10),修改 v3 的 x、y、z 三个分量为(5,5,5),最后在控制台打印输出 v1、v2、v3 的值。

【例 3-2】　Vector3 对象初始化及赋值

(1) 新建脚本,输入以下代码。

```
public Vector3 v1 = new Vector3();
public Vector3 v2 = new Vector3(1, 2, 2);
public Vector3 v3 = new Vector3();
void Start()
{
    v1.x = 0;
    v1.y = 0;
    v1.z = 10;
    v3 = new Vector3(5, 5, 5);
    print(v1);
    print(v2);
}
```

Vector3 对象初始化及赋值

```
        print(v3);
}
```

（2）将脚本赋给主摄像机，运行，查看在控制台的输出，如图 3-21 所示。

Vector3 实例也可以作为参数进行传递，如在语句 "transform.Translate(new Vector3(1.0f,0,0));" 中，匿名对象 new Vector3(1.0f,0,0) 就作为参数传递给 Transform 类的 Translate() 方法。

3. Vector3 类变量和方法

图 3-21　Vector3 对象初始化及赋值运行结果

Vector3 类是结构体，定义了一些静态变量，left、right、up、down、forward、back 分别对应 x、y、z 三个坐标轴正负轴的单位向量，可以代表三个轴的正负轴，zero 对应零向量，one 对应三个坐标都为 1 的 (1,1,1) 向量，如表 3-1 所示。这些静态变量的引入可以简化代码，因为静态变量本身就是对某一数值的速写形式，正如 Unity 脚本 API 手册中对 one 的解释 "Shorthand for writing Vector3(1，1，1)"。Vector3 类中有很多对向量操作的方法，部分方法及作用如表 3-2 所示。

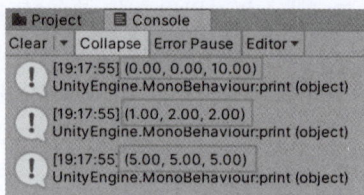

表 3-1　Vector3 类的静态变量

静 态 变 量	值	静 态 变 量	值
Vector3.forward	Vector3(0,0,1)	Vector3.left	Vector3(−1,0,0)
Vector3.back	Vector3(0,0,−1)	Vector3.right	Vector3(1,0,0)
Vector3.up	Vector3(0,1,0)	Vector3.zero	Vector3(0,0,0)
Vector3.down	Vector3(0,−1,0)	Vector3.one	Vector3(1,1,1)

表 3-2　Vector3 类中的方法及作用

方　　法	作　　用
Cross()	计算两个向量的叉乘（叉积，外积）
Dot()	计算两个向量的点乘（点积、内积）
Reflect()	从法线定义的平面反射一个向量。inNormal 向量定义一个平面（平面的法线是垂直于其表面的向量）。inDirection 向量被视为进入该平面的定向箭头。返回值是与 inDirection 大小相等、方向为其反射方向的向量。 例：Vector3.Reflect(Vector3.up, Vector3.up);返回(0,−1.0,0)
Project()	投影一个向量到另一个向量 例：Vector3.Project(Vector3.one,Vector3.up);　　　返回 (0.0,1.0,0.0)
Angle()	返回两个向量的夹角 例：Vector3.Angle(Vector3.left,Vector3.right);　　　返回 180
Distance()	返回两点之间的距离 例：Vector3.Distance(Vector3.zero ,Vector3.one);　　　返回 1.732051
magnitude()	返回向量的模长 例：Vector3.one.magnitude();　　　返回 1.732051
ClampMagnitude()	public static Vector3 ClampMagnitude(Vector3 vector, float maxLength) 返回向量的长度最大不超过 maxLength 所指示的长度 例：Vector3.ClampMagnitude(Vector3.up * 10,1.5f);　返回(0,1.5,0)

3.2.3　Transform 类

Transform 是一个类，某个游戏对象上的 Transform 组件是 Transform 类的一个实例，用 transform 表示。Unity 中获取游戏对象上的组件要使用 getComponent()方法，如语句"this. gameObject.GetComponent<Transform>().Rotate(Vector3.up, 2);"中的获取 Transform 组件方法 GetComponent<Transform>()，但因为 Transform 组件很常用，每个游戏对象都有，所以 Transform 组件不需要获取，transform 实例可以直接使用。例如：

```
transform.Translate(0.1f, 0, 0);
transform.Rotate(0, 5, 0);
transform.Rotate(Vector3.up, 2);
```

1. Transform 组件

每一个游戏对象都有一个 Transform 组件，当创建一个游戏对象时，会自动为该对象创建 Transform 组件，空游戏对象只有一个 Transform 组件。Transform 组件主要用来控制游戏对象的移动、旋转和缩放这三种基本变换操作。Transform 组件可以在 Inspector 面板中查看，显示的位置、角度和缩放都是局部属性，即 localPosition、localEulerAngles 和 localScale 属性的值，如图 3-22 所示。

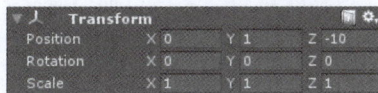

图 3-22　Transform 组件

游戏对象运动的实现和控制有三种方法：①在场景中操作；②在 Inspector 面板的 Transform 组件中设置相关属性；③编写脚本进行控制。

2. Transform 类实现游戏对象运动

通过 Transform 类可以实现游戏对象的运动，主要包括移动、旋转、缩放，下面分为几种情况分别进行介绍。

（1）获取游戏对象的位置属性。

① 游戏对象的位置属性，主要包括 position 和 localPosition。

position 表示世界坐标系中的三维空间位置，localPosition 表示相对于父对象的局部坐标系（本地坐标系、自身坐标系）中的三维空间位置。当游戏对象没有父对象，或者说其父对象是世界坐标系时，position 和 localPosition 的坐标值是重合的。position 和 localPosition 是一个三维向量，可以单独获取每个轴的位置值，但不能去修改每一个轴的位置坐标，也就是不能给每个轴的位置坐标分量赋值，要修改则需要整体修改 position 和 localPosition 的值。

```
Vector3 pos = transform.position;        //声明变量 pos 并通过位置属性初始化
transform.position;                      //位置，返回世界坐标系中的位置
transform.localPosition;                 //位置，返回相对于父对象的局部坐标系中的位置
```

② 游戏对象的角度属性，主要包括 rotation、localRotation、eulerAngles、localEulerAngles。

rotation 返回世界坐标系中四元数表示的角度，localRotation 返回局部坐标系中四元数表示的角度，eulerAngles 返回世界坐标系中的绕 x、y、z 轴旋转的角度，localEulerAngles 返回相对于父对象的局部坐标系中 x、y、z 轴的角度。属性 rotation 和 localRotation 返回的是一个四元数，通常不去修改该四元数，所以通常这两个属性用于获取角度值，而一般不会去修改它。eulerAngles 和 localEulerAngles 是一个三维向量，可以单独获取每一个轴的角度值，但不能去修改每个轴的角度值，要修改则需要整体修改 eulerAngles 或 localEulerAngles 的值。如图 3-22 所示的 Inspector 面板中的 Transform 组件中第二行的属性 Rotation，对应的属性是 localEulerAngles，这一点一定要注意。

```
transform.rotation;                //角度,返回世界坐标系中四元数表示的角度
transform.localRotation;           //角度,返回局部坐标系中四元数表示的角度
transform.eulerAngles;             //角度,返回世界坐标系中 x、y、z 轴的角度
transform.localEulerAngles;        //角度,返回相对于父对象的局部坐标系中三个轴的角度
```

③ 对象旋转的基本概念欧拉角 EulerAngle 和四元数 Quaternions。

第一个概念是欧拉角（EulerAngle），描述对象在三维空间中的有限转动，可依次用三个相对转角（α，β，γ）表示，即进动角（Precession）、章动角（Nutation）和自旋角（Spin），这三个转角统称为欧拉角。莱昂哈德·欧拉（Leonhard Euler，1707—1783）用欧拉角描述刚体在三维欧几里得空间的取向。对于任何参考系，一个刚体的取向是依照顺序，从该参考系，做三个欧拉角的旋转而设定的。所以，刚体的取向可以用三个基本旋转矩阵来决定，任何关于刚体旋转的旋转矩阵是由三个基本旋转矩阵复合而成的。欧拉角是对旋转的一种描述方式，就像其他描述方式一样，如旋转矩阵、四元数等。欧拉角对应的旋转矩阵可以看作三个绕轴旋转的旋转矩阵的复合。

但是欧拉角会导致万向节死锁（Gimbal Lock）。万向节死锁是指绕着物体坐标系中某一个轴，如 y 轴的 +（－）90°的某次旋转，使得这次旋转的前一次绕物体坐标系 x 轴的旋转和这次旋转的后一次绕物体坐标系 z 轴的旋转的两个旋转轴是一样的（一样的意思是指在世界坐标系中，两次旋转轴是共轴的但方向相反），从而造成一个旋转自由度丢失。实际上，使用 3 个量来表示三维空间的朝向的系统都会遭遇万向节死锁问题，除非用 4 个量来表示，如四元数。可通过网址 https://zhuanlan.zhihu.com/p/344050856 详细了解欧拉角及万向节死锁原理，文章中有动画可以更好地帮助理解相关概念和现象。

Unity 中游戏对象的 Inspector 属性面板中调整的角度就是欧拉角。单独去调整 x、y、z 轴角度的时候，它并不是按照世界坐标系中的 x、y、z 轴来实施旋转的，它表示的是旋转的欧拉角。Unity 中的欧拉角有两种方式可以解释：① 当认为顺序是 y、x、z 时（其实就是 heading-pitch-bank），是传统的欧拉角变换，也就是以对象自己的坐标系为轴的；② 当认为顺序是 z、x、y 时（roll-pitch-yaw），也是官方文档的顺序时，是以惯性坐标系为轴的（相对第一种情况，可以简单理解为世界坐标系）。第二种比较直观一些，当对象自身发生旋转时进行旋转操作，两者的实际效果是一样的，只是理解不一样。下面解释一下惯性坐标系，惯性坐标系是为了简化世界坐标系到对象坐标系的转换而产生的。惯性坐标系的原点与对象坐标系的原点重合，对象坐标系的轴平行于世界坐标系的轴。引入了惯性坐标系之后，对象坐标系转换到惯性坐标系只需旋转，从惯性坐标系转换到世界坐标系只需平移。

第二个概念是四元数（Quaternions），四元数是由爱尔兰数学家威廉·罗恩·哈密顿（William Rowan Hamilton，1805—1865）在 1843 年发明的数学概念。四元数是复数的扩展，提供了描述和处理旋转的一种方法，尽管这种方法不像欧拉角那么直观，但它在生成动画和旋转的硬件实现方面有优越之处。四元数旋转所需运算次数更少，因而速度更快，现在的硬件和软件都支持四元数运算。

确定一个以原点为不动点的三维旋转需要指定一个方向（一个三维向量（x，y，z））和旋转角度（一个标量 angle），这种表示方式就是四元数（x，y，z，angle）或（v，angle）。如果把四元数的集合考虑成多维实数空间的话，四元数就代表着一个四维空间，相对的复数为二维空间。在 Unity 和 OpenGL 中可以用 Vector4 类创建四元数，四元数（一次四元数乘积、开始和结束时通过向量运算实现的平移）不但运算效率比旋转矩阵（欧拉角需要进行三次旋转矩阵）更高，而且在生成动画时还可以通过对四元数进行插值来获得旋转的平滑序列。

④ 游戏对象的大小属性,包括 localScale。注意 Transform 组件没有 Scale 属性,Inspector 面板中的 Transform 组件中显示的都是局部属性,即 localPosition、localRotation 和 localScale 属性的值。

```
transform.localScale;                    //大小,返回对象的缩放比例
```

（2）通过方法控制游戏对象的移动、旋转。

① 通过 Translate()方法实现游戏对象的移动,该方法有 6 个重载方法。实现游戏对象沿 x 轴正方向移动 1 个单位的距离,有以下 6 种方法。其中,Space 表示坐标空间(Coordinate Space),默认取值为 Space.Self 自身坐标空间(局部坐标空间),就是游戏对象移动时以自身坐标系为参考,没有设置该参数就使用自身坐标空间,Space.World 表示参考世界坐标空间,obj.transform 表示参考 obj 游戏对象的自身坐标空间。

```
transform.Translate(new Vector3(1, 0, 0));
transform.Translate(new Vector3(1, 0, 0), Space.Self);
transform.Translate(new Vector3(1, 0, 0), obj.transform);
transform.Translate(1.0f, 0, 0);
transform.Translate(1, 0, 0, Space.World);
transform.Translate(1, 0, 0, obj.transform);
```

【例 3-3】 游戏对象参考不同坐标空间移动

- 新建一个场景,创建 4 个 Cube 立方体,分别命名为 obj、Cube_Self、Cube_World、Cube_obj,分别赋予蓝色、绿色、红色、黄色材质,蓝色立方体 obj 的 x、y、z 坐标角度为(0,15,0),绿色立方体 Cube_Self 的 x、y、z 坐标角度为(0,0,15),红色立方体 Cube_World 的 x、y、z 坐标角度为(0,−15,0),黄色立方体 Cube_obj 的 x、y、z 坐标角度为(0,0,0),如图 3-23 所示。
- 新建脚本 translate_differentAxes.cs,编写如下代码。

```
public class translate_differentAxes : MonoBehaviour
{
    //声明 4 个游戏对象 obj1~obj4
    GameObject obj1;
    GameObject obj2;
    GameObject obj3;
    GameObject obj4;
    void Start()
    {
        //初始化游戏对象 obj1~obj4
        obj1 = GameObject.Find("obj");
        obj2 = GameObject.Find("Cube_Self");
        obj3 = GameObject.Find("Cube_World");
        obj4 = GameObject.Find("Cube_obj");
    }
    void Update()
    {
        obj2.transform.Translate(0.01f, 0, 0, Space.Self);      //Cube_Self 沿自身坐标移动
        obj3.transform.Translate(0.01f, 0, 0, Space.World);     //Cube_World 沿世界坐标移动
        obj4.transform.Translate(0.01f, 0, 0, obj1.transform); //Cube_obj 沿 obj1 的坐标移动
    }
}
```

- 将上面编写好的脚本赋给主摄像机,运行游戏,观察右侧三个立方体移动的方向。绿色 Cube_Self 沿自身坐标移动,其 x 正轴在垂直屏幕空间中逆时针旋转 15°,向右上方移动,z 轴方向上没有位移。Cube_World 沿世界坐标移动,保持 x 正轴方向不变,水平向右移动,y 轴和 z 轴方向上没有位移。Cube_obj 沿 obj1 的坐标移动,其 x 正轴在水平空间中顺时针旋转 15°,向右后方移动,y 轴方向上没有位移。可以看到三个立方体虽然实现的都是

沿 x 正轴移动,但因为参考的坐标系不一样,移动的效果迥异,整体运行效果如图 3-24 所示。

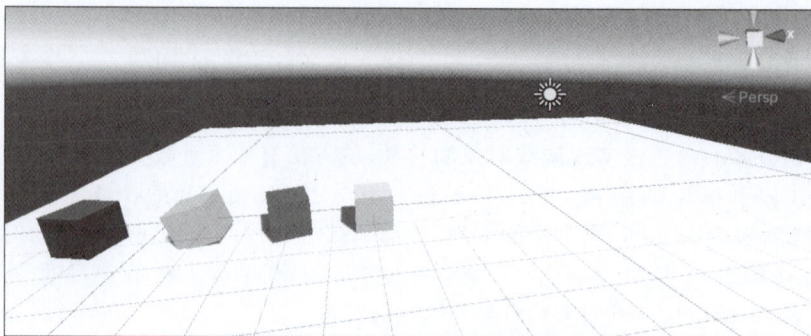

图 3-23　创建场景的初始状态

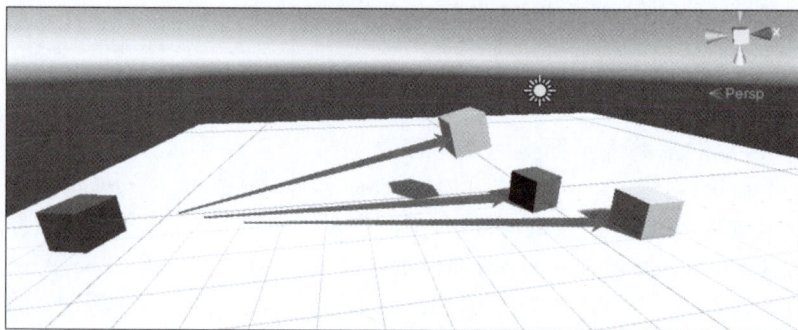

图 3-24　运行后场景中立方体状态

② 通过 Rotate()方法实现游戏对象的旋转,该方法有 6 个重载的方法。实现游戏对象绕 y 轴正方向旋转 2°的角度,有以下 6 种方法。其中,坐标空间的含义与 Translate()方法一样,读者可以自行设计如例 3-3 的场景,观察立方体参考不同坐标空间坐标轴的旋转效果。

```
transform.Rotate(new Vector3(0, 2, 0));
transform.Rotate(Vector3.up, 2);
transform.Rotate(0, 2, 0);
transform.Rotate(new Vector3(0, 2, 0), Space.World);
transform.Rotate(Vector3.up, 2, Space.Self);
transform.Rotate(0, 2, 0, Space.World);
```

(3) 通过属性控制游戏对象的移动、旋转、缩放。

通过属性控制游戏对象的移动、旋转、缩放的实现过程是,在 Update()方法中修改某个坐标的值,每一帧更新,从而实现对象的位置、角度和大小的变化。

① 实现游戏对象的移动。

```
x = x + 0.01f;                            //分量 x 每帧增加 0.01
transform.position = new Vector3(x,0,0);//通过修改 position 属性值实现沿 x 轴的移动
transform.position.x += 0.01f;            //错误,transform.position.x 的值只能获取,不能修改
x = transform.position.x + 0.01f;
transform.position = new Vector3(x,0,0);//正确,这两条语句可以实现上面第三条语句想要实现的功能
```

② 实现游戏对象的旋转。

```
y = y+1.0f;                               //分量 y 每帧增加 1°
transform.eulerAngles = new Vector3 (0,y,0); //通过修改 eulerAngles 属性值实现绕 y 轴的旋转
transform.rotation = new Vector3 (0,y,0);     //错误,类型不匹配,rotation 是四元数
```

③ 实现游戏对象的缩放。

```
scale = scale+0.01f;                              //变量 scale 每帧增加 0.01(扩大 1%)
transform.localScale = new Vector3 (scale, scale, scale);
                                                  //通过修改 localScale 属性值实现等比缩放
```

【例 3-4】 通过属性控制游戏对象旋转角度

本实例是学习和观察 rotation 和 eulerAngles 这两个用于对象旋转的属性的不同。rotation 是四元数对应四维向量, eulerAngles 是欧拉角对应三维向量, 所以它们包含的分量及具体使用 方法是完全不同的。四元数虽然能避免万向节死锁问题, 但理解起来比较困难, 不像欧拉角那 么直观。所以在实际应用中当遇到四元数时, 通常会把四元数转换为欧拉角表示。

通过属性控制游戏对象的旋转角度

• 新建场景, 然后新建脚本, 在 Start() 方法中输入以下代码, 其中, Quaternion 类表示使用 四元数表示的旋转, 其静态方法 public static Quaternion Euler (float x, float y, float z) 返回绕 z 轴旋转 z°、绕 x 轴旋转 x°、绕 y 轴旋转 y° 的四元数, 并按上述旋转顺序应用。

```
void Start()
{
    print(transform.localRotation.eulerAngles);
    print(transform.localRotation);
    //localRotation 可以赋值,但只能用四元数为其赋值
    transform.localRotation = Quaternion.Euler(0, 45, 0);
    print(transform.localRotation.eulerAngles);
    print(transform.localRotation);
    //localEulerAngles,通过 Vector3 赋值
    transform.localEulerAngles = new Vector3(0, 180, 0);
    print(transform.localRotation.eulerAngles);
    print(transform.localRotation);
    //localEulerAngles.y 只能读取,不能赋值
    print(transform.localEulerAngles.y);
}
```

• 将脚本赋给主摄像机, 运行程序, Console 面板输出效果如图 3-25 所示。

• 读者可以自行修改旋转参数值, 运行程序, 观察输出效果。

3.2.4 Time 类

Time 类用来实现游戏中的时间控制和管理, 提供了从 Unity 获取时间信息的接口。Time 类提供了 time、deltaTime 等几个常用的属性, 下面分别进行介绍。

1. Time.time

Time 类的 time 属性获取应用程序开始以来到现在 (当前帧) 所消耗的时间, 是应用程序已运行的时间, 以秒计算 (只读)。应用程序在每帧开始时接收当

图 3-25 **Console 面板输出效果**

前的 Time.time, 该值按帧递增, 每个帧的 Time.time 属性访问将返回相同的值。在从脚本生命 周期的 FixedUpdate() 方法中访问 time 属性时, 将返回 Time.fixedTime 属性值。time 属性值在 脚本生命周期的 Awake() 方法运行期间未定义, 当 Awake() 方法完成后开始计时。如果应用程 序运行一段时间后, 编辑器进行了暂停, time 属性值不会增加更新, 当程序恢复运行, time 属性 值接着计数。

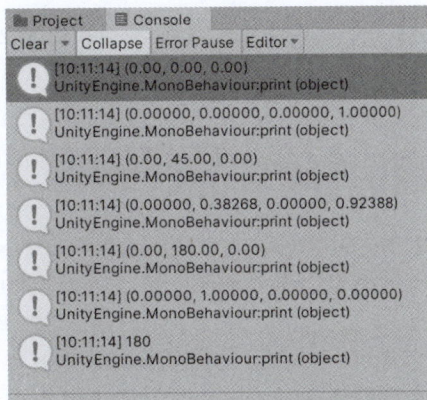

【例 3-5】　time 属性值测试

（1）新建场景，新建脚本，在 Update()方法中输入以下代码，实现与用户交互，打印输出从游戏开始到用户每次按 T 键已经消耗的时间。

```
if (Input.GetKeyDown(KeyCode.T))                    //按键盘上的 T 键
{
    float t = Time.time;                            //获取 Time 类的 time 属性值，赋给新建变量 t
    print("从游戏开始到当前帧，所消耗的时间为:" + t + " 秒!");    //打印输出 t 的值
}
```

（2）将脚本赋给主摄像机，运行程序后多次按 T 键，在 Console 面板中查看输出效果，如图 3-26 所示。可以看到随着 T 键的多次按下，time 属性值在不断增加，反映了从程序运行开始到每次按 T 键时所经历的不同时间。

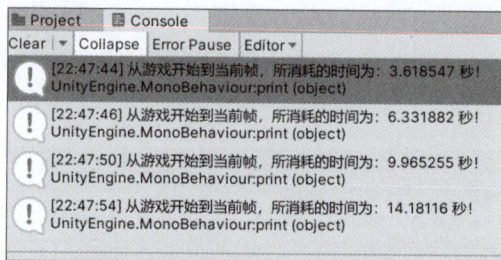

图 3-26　Console 面板输出 time 属性值

【例 3-6】　倒计时器

（1）使用例 3-5 创建的场景，新建脚本 Counter，声明变量 time 并初始化为 500，作为倒计时器的初始值，然后在 Update()方法中输入代码 print ("时间："＋Mathf.Floor（time－Time.time＋1））;，通过 Mathf 类的静态方法 Floor()对"time－Time.time＋1"取整（小数部分直接舍弃，不会进行四舍五入），依次打印输出从 500 开始的倒计时时间，实现倒计时功能。

```
public class Counter : MonoBehaviour
{
    float time = 500f;
    void Update()
    {
        print("时间:" + Mathf.Floor(time - Time.time + 1));
    }
}
```

（2）将脚本 Counter 赋给主摄像机，运行程序，观察 Console 面板的输出，因为在 1s 之内 time 属性的整数部分都一样，Mathf.Floor 取整后输出的值都一样，所以本实例除了实现倒计时功能，还可以检查用户计算机和应用程序的运行帧频，如图 3-27 所示。

（3）图 3-27(a)是较早时间较早版本 Unity 的帧频，大概 60 帧/秒，从控制台输出，看到每个整数秒都被输出了约 60 次，这是因为 Update()方法每帧渲染前被调用一次，1s 约被调用了 60 次，print 输出语句执行了 60 次。图 3-27(b)是 Unity 2022 的帧频，大概 200 帧/秒，帧频的波动变化还是比较大的，其与计算机的配置和当前运行应用程序数量及对计算机资源的占用情况都有关系。回顾前面脚本周期的相关知识，想实现两帧之间时间间隔固定，可以使用 FixedUpdate()方法，图 3-27(c)就是将 print 语句移到 FixedUpdate()方法后的输出结果，可以看到每个整数计时输出的次数都为固定的 50 次。FixedUpdate()方法执行的时间间隔可以在菜单 Edit|Project Settings|Time 中找到 Fixed Timestep 进行设置，默认为 0.02s，如图 3-27(d)所示。

【例 3-7】　UI 计时器

（1）新建场景，创建一个 UI 文本框控件 Text，设置控件位置、文字大小、文字颜色等相关属

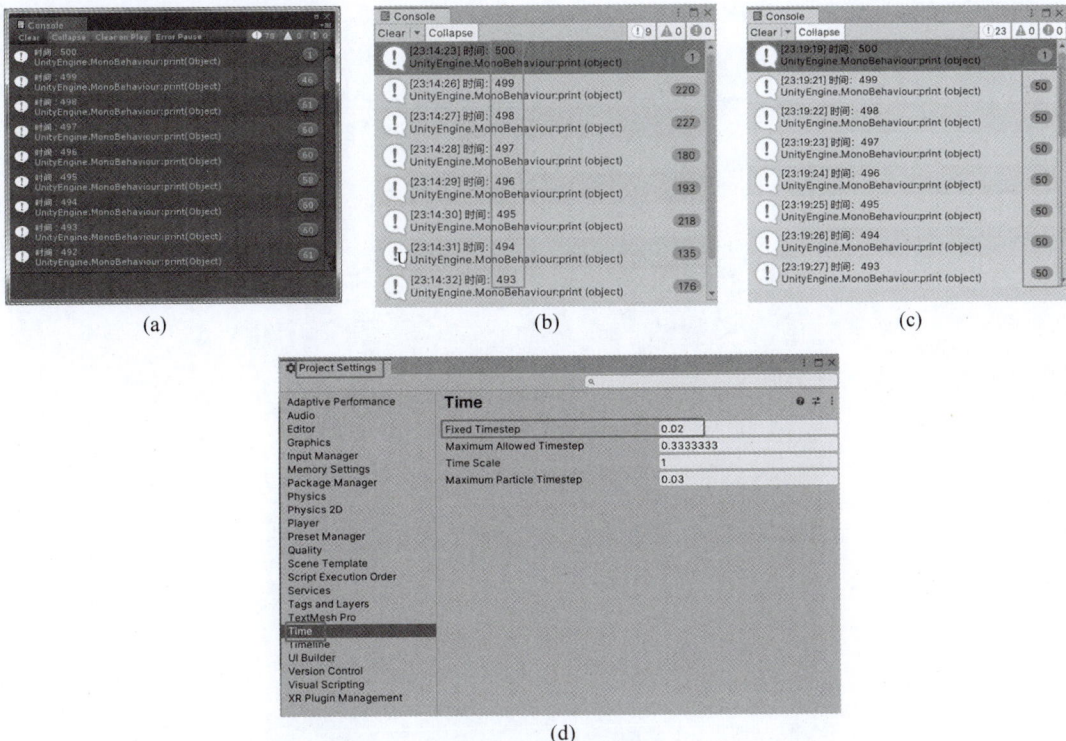

图 3-27 倒计时器

性,文本框初始文字为"计时:0"。

(2)新建脚本 CounterUI,因为要用到 UI 组件,需要通过 using 语句"using UnityEngine.UI;"引入命名空间 UnityEngine.UI,声明 Text 类型变量 timeTxt,然后在 Update()方法中为 timeTxt 的 text 属性赋值为""计时:" + Mathf.Floor(Time.time)"。完整代码如下。

```
using UnityEngine.UI;
public class CounterUI : MonoBehaviour
{
    public Text timeTxt;
    void Update()
    {
        timeTxt.text = "计时:" + Mathf.Floor(Time.time);
    }
}
```

(3)保存脚本,回到 Unity,将脚本赋给主摄像机,然后为脚本中的 public 类型变量 timeTxt 赋值,方法是将在第(1)步中创建的文本框控件 Text 拖到 Inspector 面板该脚本变量 timeTxt 后面的文本框中,如图 3-28 所示。

(4)运行程序,在 Game 窗口会看到文本框中的数字 0 随着时间的推移其数字值不断增加,从而实现计时器的效果,如图 3-29 所示。

2. Time.deltaTime

Time 类的 deltaTime 表示时间增量,即从上一帧到当前帧的时间间隔(相邻两帧之间的时间间隔),以秒计算(只读)。由于 Unity 运行的帧频并不是固定不变的,所以任意两帧间的时间间隔 deltaTime 也不是完全一样的。

在实现物体移动时,经常会用到 Time.deltaTime。通常要实现物体每秒移动 5m,就要通过将 5 乘以 Time.deltaTime 来实现,而不是直接用 5,因为这样的话,表示的是每帧移动 5m,物体

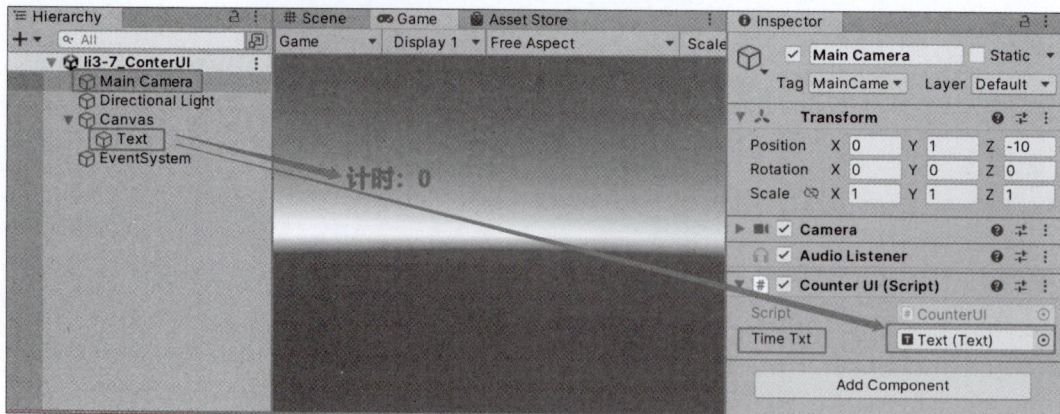

图 3-28　为 public 类型变量 timeTxt 赋值

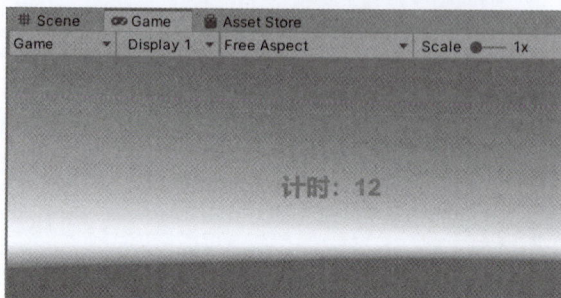

图 3-29　UI 计时器效果

位置移动效果相差极大。

例如,把速度(speed)的值设置为 5(public float speed = 5.0f ;),在 Update()方法中有这么一段代码:transform.Translate(new Vector3(speed,0,0));,它表示游戏对象沿着 x 轴每帧移动 5m,即两帧之间的自增量为 5 米/帧,由于不同平台不同机器的运算效率不同(可能是 60 帧/秒,可能 200 帧/秒),为了确保所有用户机器上的游戏对象移动速度一致,以 m/s 为单位,需要让速度值乘以 Time.deltaTime,也就是把上面的代码改为 transform.Translate(new Vector3(speed * Time.deltaTime,0,0));,此时就表示游戏对象每秒钟沿着 x 轴移动的速度为 5m/s 了。

实现游戏对象按 5m/s 速度进行移动的原理如图 3-30 所示,把 1s 的时间拆分为一个个的 Δt(deltaTime),每一个 Δt 时间段内物体移动的距离 Δs 为 $5\Delta t$,即 5×deltaTime,把 1s 内所有的 Δs 全部加起来,就得到了 1s 移动的距离 5m。这里要注意每个 Δt(deltaTime)的时间长短可能是不一样的,就导致了每个 Δs 距离也可能是不一样长的,但这些没关系,我们关心的是最终保证每一秒移动的距离是 5m 就可以了。至于 1s 中有多少个 Δt(deltaTime),Δt(deltaTime)的长短是多少,对最终的物体移动速度 5m/s 是没有影响的。这样就保证了多用户游戏等网络应用程序,在所有的终端运行硬件平台上都会以 5m/s 的速度移动,不会出现移动错位不匹配等情况发生。

3. public 变量

Unity 中 public 全局变量有一个特性,就是可以在 Inspector 面板上显示,以方便在 Unity 编辑器中交互式地为变量赋值,以及对于数值型变量方便地设置修改变量的值(在程序运行时也可以交互修改变量的值),测试脚本程序运行效果。一些示例如下面几行代码所示,例 3-7 中的图 3-28 也较直观地展示了 public 全局变量的交互式赋值等特性。

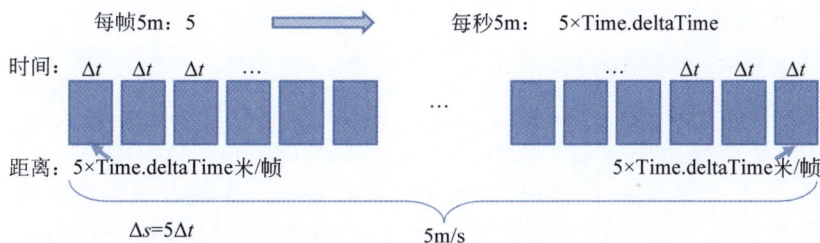

图 3-30　物体按 5m/s 速度进行移动的原理

```
public int movespeed = 10;
public int rotatespeed = 20;
public float scale = 1.0f;
```

3.2.5　Input 类

Unity 的输入系统支持多种输入设备,如键盘和鼠标、游戏手柄、控制器、移动设备的触摸屏和移动感应功能、VR 和 AR 控制器等。

Unity 通过两个独立的系统提供输入支持。第一,输入管理器(Input Manager)是 Unity 核心平台的一部分,默认情况下可用,属于旧的 Unity 输入系统。第二,输入系统(Input System)是一个包,必须先通过 Package Manager 进行安装后才能使用,属于新的 Unity 输入系统。

1. Input 类概述

Input 类是 Unity 应用程序与输入系统的接口,用来获取用户除触摸外的所有行为的输入,如鼠标、键盘、加速度、陀螺仪、游戏手柄等,Input 是应用程序和用户之间交互的桥梁。

2. 键盘输入

Input 类获取用户键盘输入的方法有三个,分别是 Input.GetKey()、Input.GetKeyDown()、Input.GetKeyUp()。要与用户进行实时交互,需要把这些方法写在 Update()方法中。它们的区别是,Input.GetKey()在按键从按下到弹起过程中每帧都执行一次,Input.GetKeyDown()、Input.GetKeyUp()只有对应按键被按下或释放弹起时才执行一次。也就是说,在一个按键从被按下到弹起的整个过程中,Input.GetKeyDown()、Input.GetKeyUp()只响应执行一次,Input.GetKey()会响应执行多次,具体执行次数与用户按下按键的持续时间相关。

Input.GetKey()、Input.GetKeyDown()、Input.GetKeyUp()三个方法的声明如下,都是静态方法,都有 bool 类型的返回值。每个都有两个重载方法,参数都是一个,但参数类型不同,分别是 string 类型和 KeyCode 枚举类型。一般地,KeyCode 参数更常用一些,因为不用去记忆按键名称,且一般不会出现因按钮名称拼错而导致不能响应用户键盘输入的错误情况。

```
public static bool GetKey(string name);
public static bool GetKey(KeyCode key);
public static bool GetKeyDown(string name);
public static bool GetKeyDown (KeyCode key);
public static bool GetKeyUp(string name);
public static bool GetKeyUp(KeyCode key);
```

两种参数用法举例如下,分别使用两种参数实现当按下 W 键时,在控制台打印输出信息。

(1) string 类型按键名称参数。

```
bool b = Input.GetKeyDown("w");
if(b) {
    print("向前走……");
}
```

（2）KeyCode 枚举类型参数。

```
bool b = Input.GetKeyDown(KeyCode.W);
if(b) {
    print("向前走……");
}
```

KeyCode 是一个枚举类型，KeyCode 的枚举值是由 Event.keyCode 返回的按键代码，这些代码直接映射到键盘上的物理键。如果在 Edit│Project Settings│Input Manager 中启用 Use Physical Keys，这些键将直接映射到键盘上的物理键。如果禁用 Use Physical Keys，这些键将映射到与语言相关的映射，每个平台都不同，并且不能保证正常工作。从 2022.1 版本开始，Use Physical Keys 默认启用，如图 3-31 所示。

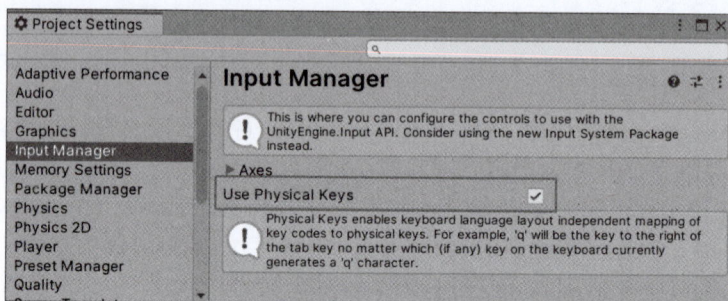

图 3-31　Use Physical Keys 选项设置

KeyCode 的枚举值与对应按键的对应关系如表 3-3 所示。也可以在 Visual Studio 的代码提示中查看 KeyCode 的枚举值列表及对应的按键代码（Event.keyCode 返回的原始按键代码），如图 3-32 所示。

表 3-3　KeyCode 枚举值与对应按键一览表

值	对 应 键	值	对 应 键	值	对 应 键
Exclaim	'!'键	RightWindow	右 Windows 键	Mouse3	鼠标第 3 个按键
DoubleQuote	双引号键	F1 功能键	F1	…	…
Hash	♯键	F2 功能键	F2	Mouse6	鼠标第 6 个按键
Dollar	$键	…	…	JoystickButton0	手柄按键 0
Ampersand	& 键	F14 功能键	F14	JoystickButton1	手柄按键 1
Quote	单引号键	F15 功能键	F15	…	…
LeftParen	左括号键	KeypadPeriod	小键盘"."	JoystickButton18	手柄按键 18
RightParen	右括号键	KeypadDivide	小键盘"/"	JoystickButton19	手柄按键 19
Asterisk	'＊'键	KeypadMultiply	小键盘"＊"	Joystick1Button0	第一个手柄按键 0
Plus	'＋'键	KeypadMinus	小键盘"－"	Joystick1Button1	第一个手柄按键 1
Comma	','键	KeypadPlus	小键盘"＋"	…	…
Minus	'-'键	KeypadEnter	小键盘"Enter"	Joystick1Button18	第一个手柄按键 18
Period	'.'键	KeypadEquals	小键盘"＝"	Joystick1Button19	第一个手柄按键 19
Slash	'/'键	Keypad0	小键盘 0		
Colon	';'键	Keypad1	小键盘 1	Joystick2Button0	第二个手柄按键 0
Semicolon	';'键	…	…	Joystick2Button1	第二个手柄按键 1
Less	'＜'键	Keypad8	小键盘 8	…	…

续表

值	对 应 键	值	对 应 键	值	对 应 键
Equals	'='键	Keypad9	小键盘 9	Joystick2Button18	第二个手柄按键 18
Greater	'>'键	Alpha0	按键 0	Joystick2Button19	第二个手柄按键 19
Question	'?'键	Alpha1	按键 1		
At	'@'键	…	…	Joystick3Button0	第三个手柄按键 0
LeftBracket	'['键	Alpha8	按键 8	Joystick3Button1	第三个手柄按键 1
Backslash	'\'键	Alpha9	按键 9	…	…
RightBracket	']'键	UpArrow	方向键上	Joystick3Button18	第三个手柄按键 18
Caret	'^'键	DownArrow	方向键下	Joystick3Button19	第三个手柄按键 19
Underscore	'_'键	RightArrow	方向键右	Backspace	退格键
BackQuote	'`'键	LeftArrow	方向键左	Delete	Delete 键
Numlock	NumLock 键	Insert	Insert 键	Tab	Tab 键
Capslock	大小写锁定键	Home	Home 键	Clear	Clear 键
ScrollLockScroll	Lock 键	End	End 键	Return	Enter 键
RightShift	右上档键	PageUp	PageUp 键	Pause	暂停键
LeftShift	左上档键	PageDown	PageDown 键	Escape	Esc 键
RightControl	右 Ctrl 键	A	'a'键	Space	空格键
LeftControl	左 Ctrl 键	B	'b'键	AltGr	Alt Gr 键
RightAlt	右 Alt 键	…	…	Help	Help 键
LeftAlt	左 Alt 键	Z	'z'键	Print	Print 键
LeftApple	左 Apple 键	Mouse0	鼠标左键	SysReq	Sys Req 键
LeftWindows	左 Windows 键	Mouse1	鼠标右键	Break	Break 键
RightApple	右 Apple 键	Mouse2	鼠标中键		

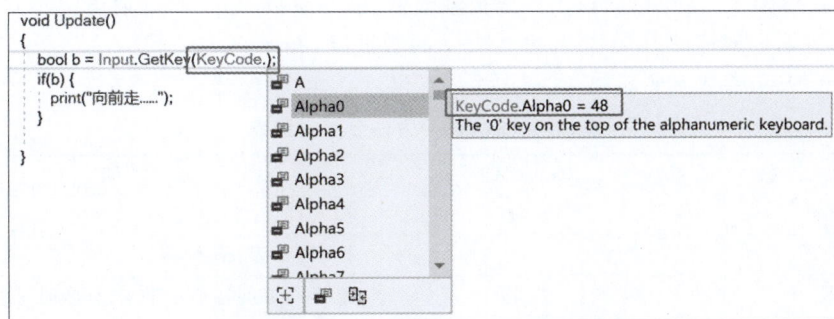

图 3-32　VS 中查看 KeyCode 的枚举值

KeyCode 的枚举值,也可以从官网文档中查阅,KeyCode 枚举值的对应官网网址为 https://docs.unity3d.com/2022.3/Documentation/ScriptReference/KeyCode.html。

3. 鼠标输入

Input 类获取用户鼠标输入的方法也有三个,分别是 Input.GetMouseButton()、Input.GetMouseButtonDown()、Input.GetMouseButtonUp()。GetMouseButton()方法,鼠标按键从按下到弹起,每帧都执行一次。GetMouseButtonDown()方法,只有对应鼠标按键被按下时才执行一次。GetMouseButtonUp()方法,只有对应鼠标按键弹起时才执行一次。

```
public static bool GetMouseButton(int button);
```

从声明语句中看到，参数是 int 类型。参数取值有三个 0、1、2，含义如下，0 表示按下鼠标左键，1 表示按下鼠标右键，2 表示按下鼠标中键或滚轮。

4. 按钮输入

Input 类获取指定的虚拟按钮输入的方法有三个，分别是 Input.GetButton()、Input.GetButtonDown()、Input.GetButtonUp()。GetButton()方法，虚拟按钮从按下到弹起，每帧都执行一次。GetButtonDown()方法，只有对应虚拟按钮被按下时才执行一次。GetButtonUp()方法，只有对应虚拟按钮弹起时才执行一次。

```
public static bool GetButton(string buttonName);
```

从声明语句中看到，参数是 string 类型。参数取值通常是在 Unity 的输入管理器中配置的按钮名称，一些常见的参数及功能如表 3-4 所示。

表 3-4　按钮常见的参数及功能

参　　数	功　　能
Fire1	键盘左 Ctrl 键，鼠标左键，控制器按钮
Fire2	键盘左 Alt 键，鼠标右键，控制器按钮
Fire3	键盘左 Shift(Cmd)键，鼠标中键(滚轮)，控制器按钮
Jump	检测跳跃操作的按钮，Space，控制器按钮

5. 获取轴输入

Input 类还有一个重要的获取用户输入的 GetAxis()方法，通过该方法，可以将几条获取用户输入的代码合并为一条，所以 GetAxis()方法可以使代码更简洁。GetAxis()方法声明语句如下。

```
public static float GetAxis(string axisName);
```

Input.GetAxis()方法可以获取不同虚拟轴的值，根据参数 axisName 取值的不同，可以获取不同虚拟轴，并返回对应的 float 类型的 $-1 \sim 1$ 的增量值。

GetAxis()方法参数对照表如表 3-5 所示。

表 3-5　GetAxis()方法参数对照表

参　　数	轴　　向	功　　能
Horizontal	x 轴	控制杆，A、D，←、→
Vertical	z 轴	控制杆，W、S，↑、↓
Mouse X	水平	鼠标沿着屏幕 X 方向水平移动时触发
Mouse Y	垂直	鼠标沿着屏幕 Y 方向垂直移动时触发
Mouse ScrollWheel		当鼠标滚轮滚动时触发

每个游戏项目在创建时都具有默认输入轴。输入轴可以使用输入管理器来查看、修改和添加。输入管理器可以通过菜单 Edit|Project Settings|Input Manager 来打开。然后可以查看系统已有虚拟轴的默认设置，也可以对已有虚拟轴的值进行设置，或增加新的虚拟轴，如图 3-33 所示。

每个虚拟轴包含 Name、Negative Button、Positive Button 等属性，各属性含义如表 3-6 所示。

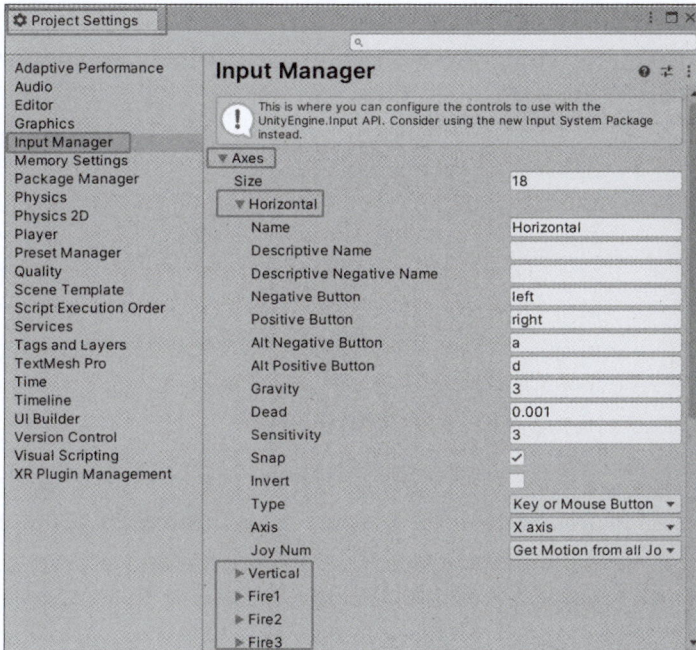

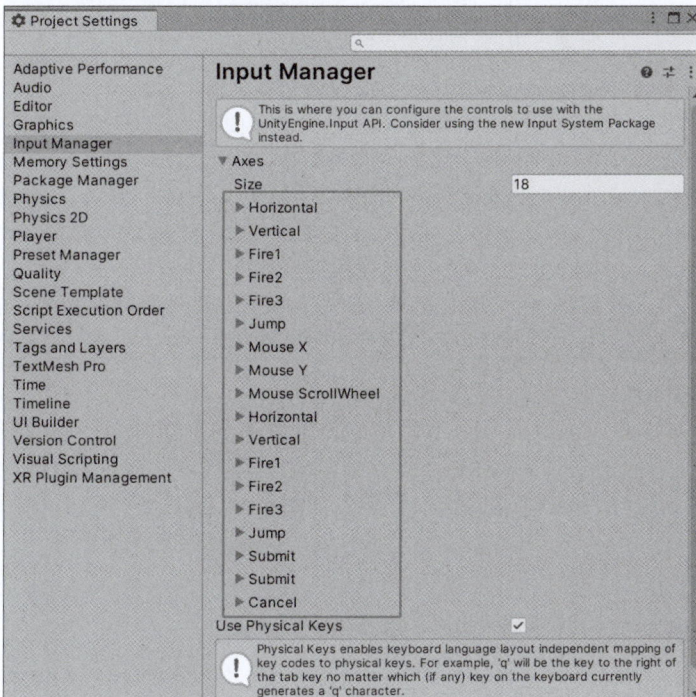

图 3-33　输入管理器的 Axes 虚拟轴

表 3-6　虚拟轴属性含义

属　　性	含　　义
Name	虚拟轴的名称,用于从脚本中检查此轴的字符串名称
Descriptive Name	独立构建的设置对话框的 Input 选项卡中显示的正式名称。这些值已被弃用并且不起作用。以前,它们在启动时在"重新绑定控件"屏幕上向用户显示,但该屏幕已被弃用
Descriptive Negative Name	独立构建的设置对话框的 Input 选项卡中显示的负值名称。这些值已被弃用并且不起作用。以前,它们在启动时在"重新绑定控件"屏幕上向用户显示,但该屏幕已被弃用
Negative Button	用于向负方向推动轴的按钮。这些可以是键盘上的按键,也可以是操纵杆或鼠标上的按钮
Positive Button	用于向正方向推动轴的按钮。这些可以是键盘上的按键,也可以是操纵杆或鼠标上的按钮
Alt Negative Button	用于向负方向推动轴的替代按钮
Alt Positive Button	用于向正方向推动轴的替代按钮
Gravity	未按下按钮的情况下,轴向中性方向下降的速度(以单位/秒表示)
Dead	在应用程序注册移动之前,用户需要移动模拟摇杆的距离。在运行时,所有在此范围内的模拟设备的输入将被视为空
Sensitivity	虚拟轴向目标值移动的速度灵敏度(以单位/秒表示),仅用于数字设备
Snap	如果启用,当按下相反方向的按钮时,虚拟轴将重置为零
Invert	如果启用,则负按钮(Negative Buttons)将提供正值,反之亦然
Type	将控制此轴的输入类型,从以下这些值中选择。 • Key or Mouse button 键或鼠标按钮 • Mouse Movement 鼠标移动 • Joystick Axis 操纵杆轴
Axis	已连接设备上控制该虚拟轴的对应轴,一共有 x 轴、y 轴、3rd axis(Scrollwheel)等 28 个虚拟轴可选择
Joy Num	控制这个虚拟轴的连接操纵杆编号。设置时可以选择一个指定的操纵杆(1~16 任选一个),或查询并响应所有 1~16 个操纵杆的输入

6. 获取原始轴输入

Input.GetAxisRaw()方法返回一个不使用平滑滤波器的虚拟轴值。键盘和控制杆取值范围为-1~1,此输入没有使用平滑,返回值从 0 立即变成 1 或者-1,因此没有过渡步骤没有渐变。相对地,Input.GetAxis()使用了平滑滤波器,其返回值是一个从-1 到 0 再到 1 的小数数值,是一个渐变的小数值。

3.3　实例

3.3.1　交互控制飞机飞行

【例 3-8】　交互控制飞机飞行

本实例编写完成几个脚本,实现控制对象运动。

游戏对象
运动控制

（1）创建 Cube 立方体和 Plane 平面对象，并分别赋予红色和绿色材质，将平面对象的
Position 的 y 轴值设置为－0.5，Scale 的 x、y、z 值都设置为 30，创建好的场景如图 3-34 所示。

图 3-34　创建好的场景

（2）新建脚本 trans_con.cs，挂载到立方体上。

（3）编写脚本代码，实现通过按键控制立方体移动和旋转，以及立方体大小的缩放变化。

```
public class trans_con : MonoBehaviour
{
    public float moveSpeed = 10;
    public float rotateSpeed = 20;
    public float scale = 1.0f;
    void Start()
    {
    }
    void Update()
    {
        //按 W 或上箭头、S 或下箭头、A、D 键，控制对象向前、后、左、右移动
        if (Input.GetKey(KeyCode.W) || Input.GetKey(KeyCode.UpArrow))
        {
            transform.Translate(new Vector3(0, 0, moveSpeed * Time.deltaTime));
        }
        else if (Input.GetKey(KeyCode.S) || Input.GetKey(KeyCode.DownArrow))
        {
            transform.Translate(new Vector3(0, 0, -moveSpeed * Time.deltaTime));
        }
        if (Input.GetKey(KeyCode.A))
        {
            transform.Translate(new Vector3(-moveSpeed * Time.deltaTime, 0, 0));
        }
        else if (Input.GetKey(KeyCode.D))
        {
            transform.Translate(new Vector3(moveSpeed * Time.deltaTime, 0, 0));
        }
        //按左、右箭头键，控制对象向左旋转、向右旋转
        if (Input.GetKey(KeyCode.LeftArrow))
        {
            transform.Rotate(new Vector3(0, -rotateSpeed * Time.deltaTime, 0));
        }
        else if (Input.GetKey(KeyCode.RightArrow))
        {
            transform.Rotate(new Vector3(0, rotateSpeed * Time.deltaTime, 0));
        }
        //按 PageUp、PageDown 键，控制对象放大和缩小
        if (Input.GetKey(KeyCode.PageUp))
        {
            scale += 0.1f;
            transform.localScale = new Vector3(scale, scale, scale);
        }
        else if (Input.GetKey(KeyCode.PageDown))
        {
            scale = scale - 0.1f;
            transform.localScale = new Vector3(scale, scale, scale);
```

```
        }
      }
    }
```

（4）测试运行，分别按 W、S、A、D 键，上、下、左、右箭头键，PageUp、PageDown 键，观察立方体运动和变换效果。

（5）导入飞机模型，将 airplane 文件夹下的 FBX 模型文件 airplane.FBX 和贴图文件 plane_texture.png 拖到 Assets 中。Unity 会自动创建材质，将材质的主贴图设置为 plane_texture.png 纹理图片，材质会包裹住飞机模型。将飞机模型拖动到场景中，创建一个飞机对象 airplane。

这里要注意一点，Unity 从 2017.2 版本开始在导入模型的 Inspector 面板中添加了 Materials 选项卡，在 2017.3 版本中添加了 Use Embedded Materials 选项。所以此版本以后的 Unity 在导入外部模型时，模型材质将自动成为内嵌材质，如果要编辑材质，需要将材质的 Location 属性设置为 Use External Materials（Legacy），如图 3-35 所示。这样就会在 Assets 面板中生成模型的自带材质，进行编辑了。

（6）将脚本 trans_con.cs 应用到飞机对象 airplane 上。

（7）设置摄像机的平滑跟随。有两种方法：第一种方法需要资源包的支持，第二种方法直接设置就可以了，使用起来方便简单。现在一般通过第二种方法实现摄像机的平滑跟随。

方法一：导入资源包 Scripts.unityPackage，为 Main Camera 添加 Smooth Follow 组件，将跟随目标参数 Target 设置为 airplane（直接将 airplane 拖到 Target 参数后面的文本框中），方法详见 4.3 节。

方法二：将 Main Camera 设置为 airplane 的子对象。

（8）飞机飞行运行效果如图 3-36 所示。

游戏对象
运动控制-
改进

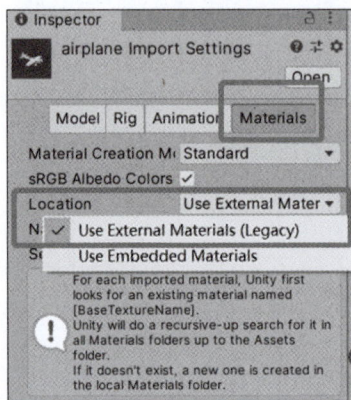

图 3-35　将材质的 Location 属性设置为
Use External Materials（Legacy）

图 3-36　飞机飞行运行效果

（9）使用 Input.GetAxis()方法获取虚拟轴输入，修改以上飞机飞行实现。

（10）新建脚本 MouseLook.cs，实现使用鼠标控制飞机左右旋转，控制摄像机俯视仰视，参考代码如下。

```
public class MouseLook : MonoBehaviour
{
    public enum RotationAxes
    { //定义枚举类型变量 RotationAxes
        MouseXAndMouseY = 0,            //鼠标水平和垂直移动
        MouseX = 1,                     //鼠标水平移动
```

```
            MouseY = 2                          //鼠标垂直移动
        }
    //声明public类型的RotationAxes类型变量,该变量将显示在Inspector面板中,三个枚举值会显示
在下拉列表中
    public RotationAxes axes = RotationAxes.MouseXAndMouseY;
    //声明几个变量
    public float sensitivityHor = 9f;           //水平方向(绕y轴左右)旋转的灵敏度
    public float sensitivityVert = 9f;          //垂直方向(绕x轴上下)旋转的灵敏度
    public float miniVert = -45f;               //垂直方向旋转的最小值
    public float maxiVert = 45f;                //垂直方向旋转的最大值
    private float rotationX = 0;                 //临时变量:水平方向旋转增量
    private float rotationY = 0;                 //临时变量:垂直方向旋转增量
    void Start()
    {
    }
    void Update()
    {
        //旋转分为三种情况:
        //①鼠标水平移动,物体绕y轴左右旋转 —MouseX
        //②鼠标垂直移动,物体绕x轴上下旋转 —MouseY
        //③同时实现①和②的运动 —MouseX和MouseY
        if (axes == RotationAxes.MouseX)
        {//第①种情况,绕y轴旋转
            transform.Rotate(0, Input.GetAxis("Mouse X") * sensitivityHor, 0);
        }
        else if (axes == RotationAxes.MouseY)
        {//第②种情况,获取鼠标垂直移动增量,修改物体绕x轴的旋转角度值
            rotationX = rotationX - Input.GetAxis("Mouse Y") * sensitivityVert;
            //限制rotationX的值在指定范围miniVert和maxiVert之间
            rotationX = Mathf.Clamp(rotationX, miniVert, maxiVert);
            //保存物体绕y轴的旋转角度值,以保证本次操作实现的仅是绕x轴的旋转
            rotationY = transform.localEulerAngles.y;
            //保持y轴角度不变的前提下,绕x轴旋转
            transform.localEulerAngles = new Vector3(rotationX, rotationY, 0);
        }
        else
        { //第③种情况
            rotationX -= Input.GetAxis("Mouse Y") * sensitivityVert;
            rotationX = Mathf.Clamp(rotationX, miniVert, maxivert);
            //获取鼠标水平移动增量,修改物体绕y轴的旋转角度值
            float delta = Input.GetAxis("Mouse X") * sensitivityHor;
            rotationY = transform.localEulerAngles.y + delta;
            //实现物体同时绕x轴和y轴旋转
            transform.localEulerAngles = new Vector3(rotationX, rotationY, 0);
        }
    }
}
```

(11) 新建脚本SPFInput.cs,实现通过键盘的W、S、A、D键和上、下、左、右箭头键,分别控制物体前、后、左、右移动,参考代码如下。

```
public class SPFInput : MonoBehaviour
{
    public float speed = 10f;                        //移动速度
    float deltaX;
    float deltaZ;
    void Update()
    {
        deltaX = Input.GetAxis("Horizontal") * speed;    //获取物体在水平方向上移动的增量
        deltaZ = Input.GetAxis("Vertical") * speed;      //获取物体在垂直方向上移动的增量
                                        //通过在水平和垂直方向上移动的增量,每帧修改物体移动位置
        transform.Translate(deltaX * Time.deltaTime, 0, deltaZ * Time.deltaTime);
    }
}
```

(12) 将脚本MouseLook.cs和SPFInput.cs赋给飞机,在Inspector面板中将脚本

MouseLook 的 Axes 变量的值设置为 MouseXAndMouseY(在下拉列表中选择),测试鼠标和键盘对飞机运动的交互式控制,由于主摄像机是飞机的子对象,所以主摄像机会跟随飞机左右转向及俯视仰视。

思考:如果将飞机替换为汽车坦克,它们将不能向上或向下飞行,只能向前直行,并要保持主摄像机的跟随,同时主摄像机要能俯视仰视以观察整个场景环境。那么就需要这样设置,将飞机脚本 MouseLook.cs 的 Axes 变量的值设置为 MouseX,将主摄像机脚本 MouseLook.cs 的 Axes 变量的值设置为 MouseY。

3.3.2 控制飞机快速转向

游戏对象
快速转向

【例 3-9】 控制飞机快速转向

本实例任务要求为,修改例 3-8 中飞机运动方式,按键及对应运动效果如图 3-37 所示。保持飞机始终沿自身的 z 轴正方向运动,运动速率为 10m/s。要求代码中要用到 Vector3 类的常量 forward。(注意:主摄像机的跟随最好设置为子对象跟随,使用脚本跟随,飞机的旋转过程有些异常。)

按键		运动效果〔轴向均为世界坐标〕
W 或	UpArrow	z 轴正方向
S 或	DownArrow	旋转 180°,z 轴负方向
A 或	LeftArrow	向左旋转 90°,x 轴负方向
D 或	RightArrow	向右旋转 90°,x 轴正方向

图 3-37 飞机飞行控制要求

(1)新建脚本 Plane.cs,编写代码,参考代码如下。

```
public class Plane : MonoBehaviour
{
    public float speed = 10;
    void Start()
    {
    }
    void Update()
    {
        if (Input.GetKey(KeyCode.W) || Input.GetKey(KeyCode.UpArrow))
        {
            transform.eulerAngles = new Vector3(0, 0, 0);
            transform.position += transform.forward * Time.deltaTime * speed;
        }
        if (Input.GetKey(KeyCode.S) || Input.GetKey(KeyCode.DownArrow))
        {
            transform.eulerAngles = new Vector3(0, 180, 0);
            transform.position += transform.forward * Time.deltaTime * speed;
        }
        if (Input.GetKey(KeyCode.A) || Input.GetKey(KeyCode.LeftArrow))
        {
            transform.eulerAngles = new Vector3(0, -90, 0);
            transform.position += transform.forward * Time.deltaTime * speed;
        }
        if (Input.GetKey(KeyCode.D) || Input.GetKey(KeyCode.RightArrow))
        {
            transform.eulerAngles = new Vector3(0, 90, 0);
            transform.position += transform.forward * Time.deltaTime * speed;
        }
    }
}
```

(2)将脚本 Plane.cs 赋给飞机,运行测试。将 Game 窗口选项卡标签拖到 Console 面板选项卡标签后面,这样就可以同时看到 Scene 窗口和 Game 窗口,在 Game 窗口中操纵飞机,在 Scene 窗口中观察飞机转向飞行效果,在 Scene 窗口中看到的飞机前、后、左、右转向效果如图 3-38 所示。注意 Scene 窗口工具栏中坐标系要选择 Local 局部坐标系。如果将主摄像机设置为飞机的子对象,坐标轴点要选择 Pivot,不要选择 Center。

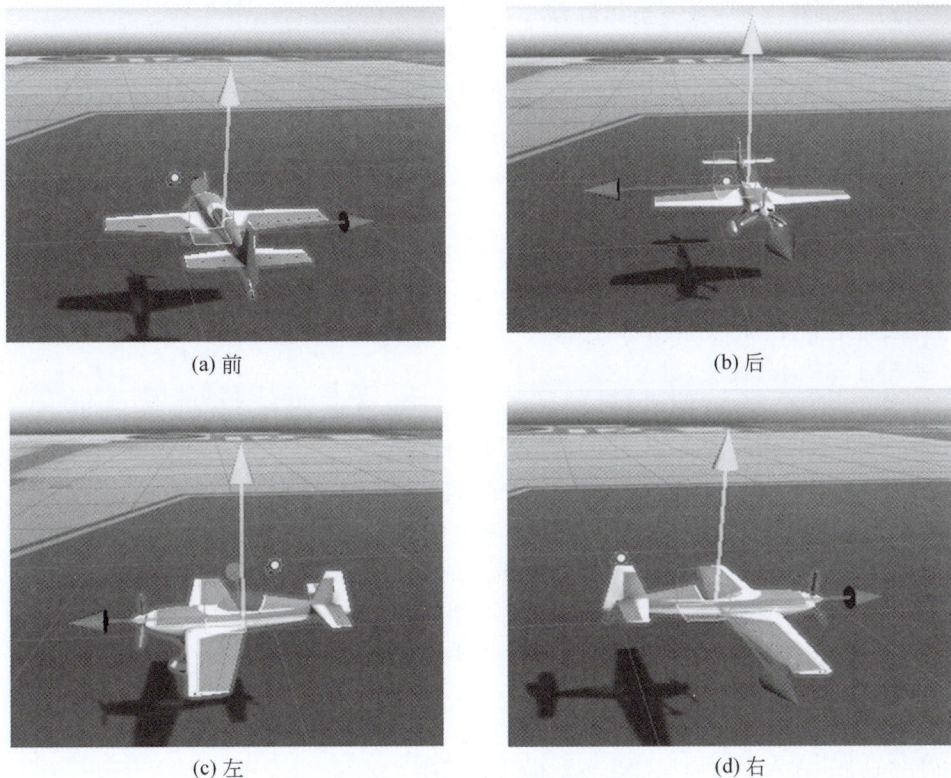

(a) 前

(b) 后

(c) 左

(d) 右

图 3-38 飞机快速转向飞行效果

习题

一、选择题

1. 创建一个新的脚本,已包含_____方法。

　　A. Start() 　　　　　　　　　　　B. Start()和 Update()

　　C. Awake() 　　　　　　　　　　 D. OnEnable()

2. 脚本从创建到消亡,会经历一个生命周期,整个生命周期会执行多个不同的方法,以下执行次数最多的方法是_____。

　　A. Update() 　　　B. Start() 　　　C. Awake() 　　　D. OnGUI()

3. 脚本从创建到消亡,会经历一个生命周期,整个生命周期会执行多个不同的方法,整个生命周期中除了_____,其他选项对应的方法都只执行 1 次。

　　A. Update() 　　　B. Start() 　　　C. Awake() 　　　D. OnDestroy()

4. Unity 2022 默认推荐安装的脚本编辑器是_____。

　　A. MonoDevelop 　　　　　　　　　B. Microsoft Visual Studio

　　C. Visual Studio Code 　　　　　　 D. JetBrains Rider

5. Unity 中所有类的基类是_____。

    A. MonoBehaviour   B. Component   C. GameObject   D. Object

6. Unity 中所有脚本的基类是_____。

    A. MonoBehaviour   B. Component   C. GameObject   D. Object

7. Vector3.up 对应的 x、y、z 坐标值为_____。

    A. (0,0,0)   B. (0,1,0)   C. (1,0,0)   D. (0,−1,0)

8. Transform 组件中 Rotation 对应的是 Transform 类中的_____属性。

    A. localRotation   B. Rotation   C. localEulerAngles D. EulerAngles

9. 通过 Transform 类使物体沿 z 轴正方向以 5m/s 速度移动的语句是_____。

    A. transform.Translate(0,0,5);

    B. transform.Translate(0,0,5 * Time.deltaTime);

    C. transform.Translate(0,0,−5 * Time.deltaTime);

    D. transform.Translate(0,−5,0);

10. 关于 Time 类的说法,错误的是_____。

    A. time 属性获取游戏开始以来到现在所消耗的时间,以秒计算(只读)

    B. 可以通过 time 属性实现计时器和倒计时器

    C. deltaTime 表示从上一帧到当前帧的时间间隔,即相邻两帧之间的时间间隔

    D. deltaTime = 1/帧频(秒),假设帧频为 60 帧/秒,则 deltaTime = 1/60(秒)

11. 要实现按 W 键,物体一直向前移动,正确地获取键盘响应的语句是_____。

    A. Input.GetKeyDown(KeyCode.W)   B. Input.GetKey(KeyCode.W)

    C. Input.GetKeyUp(KeyCode.W)   D. Input.GetKeyUp("w")

二、简答题

1. 概述 Transform 组件的作用和包含的属性。

2. 列出 Unity 脚本生命周期常用方法的执行顺序。

3. Unity 脚本中的 Awake() 和 Start() 方法在整个生命周期执行几次? Update() 方法的执行次数与什么相关? OnEnable() 和 OnDisable() 方法什么时候执行?

4. "Unity 创建的脚本对象默认为运行时类,其特点为只能运行时自动创建实例,也可以手动用 new 实例化。"这种描述正确吗?

5. 在自定义的未继承 MonoBehaviour 的类中,在控制台打印输出信息,print() 和 Debug.Log() 方法都可以使用吗?

6. Unity 获取用户输入有哪几种途径? 实现方法分别是什么?

三、操作题

1. 参考例 3-8 编写脚本实现对 3D 对象的运动控制。

2. 参考例 3-9 编写脚本实现对 3D 对象的运动控制。

地 形 系 统

建模不是 Unity 的强项,但 Unity 提供了一个功能强大、使用灵活的地形系统 Terrain,可以快速创建各种逼真地形,要使用 Terrain 系统的全部功能,需要导入相应的资源包。Terrain 系统可以满足一般项目对地形模型的要求,第三方地形插件也提供了逼真地形的创建,读者可到 Unity 资源商店查找选择使用。Unity 中的资源包可以通过包管理器(Package Manager)进行管理。

本章学习要点:

* 资源包。
* 包管理器。
* 地形系统创建。
* 地形系统编辑。
* Wind Zone 风区。

4.1 资源包

资源包是为 Unity 引擎开发的一系列预设、模型、贴图、动画、脚本等资源集合,这些资源包通常用于辅助开发者快速构建游戏环境和角色,提高开发效率。

4.1.1 资源包的概念

资源包是 Unity 开发的可以供用户使用的各种资源,也可以是第三方开发的各种资源,包括 3D 模型、贴图和材质、环境、粒子系统、摄像机、着色器、音频、动作、脚本等。资源包实质上是由 Unity 项目或项目元素的文件和数据组成的集合,Unity 编辑器将这些文件和数据集合进行压缩,并存储在一个扩展名为.unitypackage 的文件中。资源包文件(.unitypackage)就像一个压缩文件,它在解压缩时保持其原始目录结构,以及关于资源的元数据(例如导入设置和到其他资源的链接)。

4.1.2 资源包的分类

资源包分为 Unity 官方的标准资源包和用户开发的资源包。

1. 标准资源包

标准资源包是 Unity 官方提供的资源包,Unity 5.0 以前的版本,安装文件中包含标准资源包,安装 Unity 时自动导入标准资源包安装好,新创建的项目也自动导入所有资源包,Unity 4.3

项目的标准资源包如图 4-1(a)所示,Unity 5.x 的标准资源包如图 4-1(b)所示。

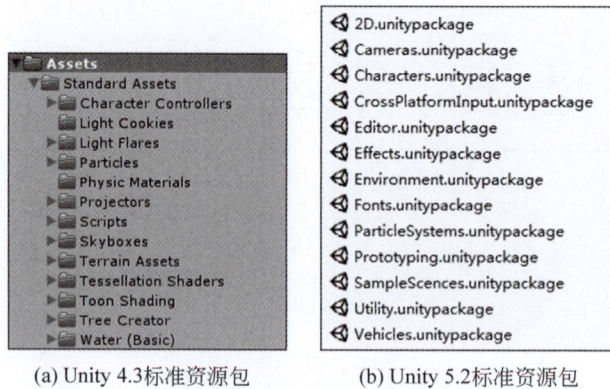

(a) Unity 4.3标准资源包　　　　(b) Unity 5.2标准资源包

图 4-1　Unity 标准资源包

但是,并不是每个项目都会用到这些标准资源包,Unity 5.0 以后的版本,标准资源包已经不打包在安装文件中,需要用户从 Unity 官网下载 UnityStandardAssetsSetup.exe 后自行安装,新建项目时也不再导入所有标准资源,可以根据项目需要进行选择,如图 4-2(a)所示。在使用 Unity 2018 以上的版本时,菜单项 Import Package 中不再有官方的资源包了,变成了只有一个自定义包(Custom Package)的选项,如图 4-2(b)所示。

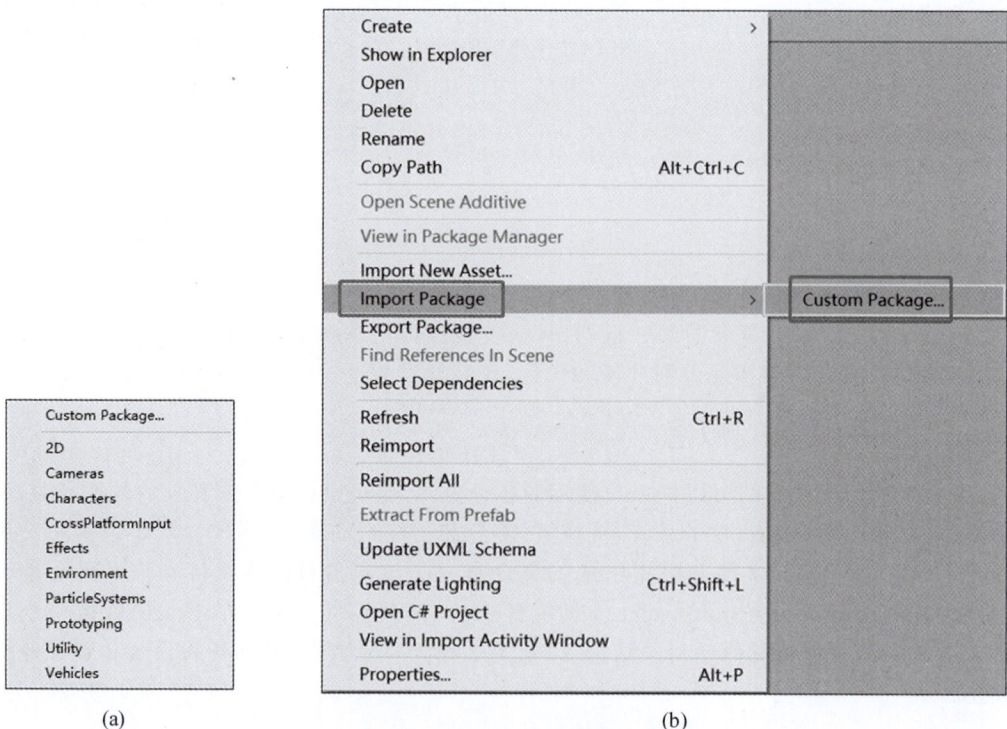

(a)　　　　　　　　　　(b)

图 4-2　Unity 导入资源包菜单

Unity 标准资源包支持到 2018 版本,之后没有更新过,里面有的函数已经过时弃用,目前标准资源包在 Unity 资源商店(Assets Store)还可以进行查找下载。

2. 用户开发的资源包

Unity用户开发了众多项目和项目资源,这些项目资源被打包为.unitypackage 文件,上传到 Unity

资源商店,供用户免费或付费使用,这些资源包就是用户开发的资源包。用户开发的资源包通常通过 Unity 的资源商店进行分享,当然也可以通过其他渠道和方法进行分享传播,供其他用户使用。

4.1.3 资源商店

Unity 官网 Asset Store(资源商店)是 Unity 公司提供的一个官方资源平台,提供了各种各样 Unity 官方或第三方发布的游戏开发资源,包括模型、材质、音效、插件等,供用户下载使用,有些资源包需要付费使用。这些资源可以帮助开发者节省时间和精力,加快游戏开发的进程。在 Unity 中,可以通过菜单 Window|Asset Store 打开 Unity 资源商店面板。Unity 2021 以前的版本,在 Unity 编辑器中的 Asset Store 面板中,可以在线查看资源商店内容,Unity 2021 及以后版本需要通过浏览器查看,Asset Store 面板中有一个浏览器在线查看按钮,如图 4-3 所示。单击图中红框内按钮可以打开 Unity 资源商店。当然也可以直接登录 Unity 官网,然后定位到资源商店。

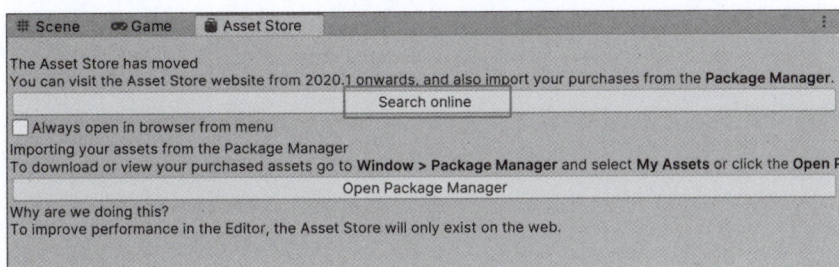

图 4-3 Asset Store 面板

Unity 资源商店中提供了丰富多样的资源选择。资源商店中有成千上万的资源可供用户选择,涵盖了各种不同的风格和类型。可以根据自己的项目需求选择合适的模型、材质、音效等资源,以及各种插件和工具,来增强项目的功能和效果。资源商店的多样性为用户提供了广阔的创作空间,帮助打造出独特而精美的项目内容。资源商店中的资源包可以分类查找,查找目录在页面上方,具体分项如图 4-4 所示。

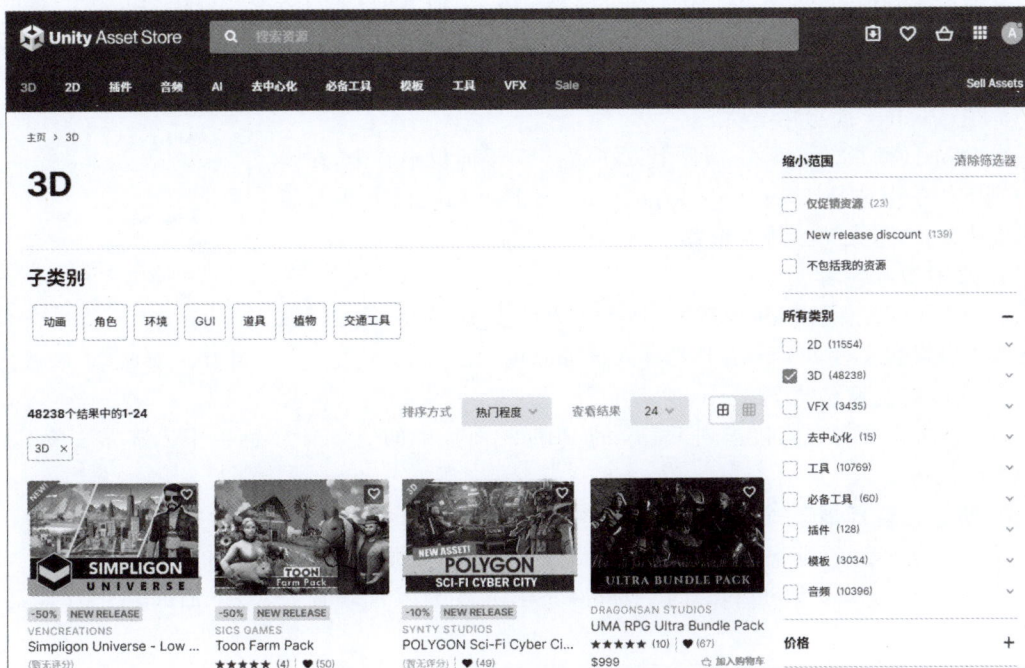

图 4-4 Unity Asset Store(资源商店)

Unity 资源商店也提供了方便的搜索和筛选功能。可以使用关键词、标签和分类等方式来快速找到自己需要的资源。这些功能能够高效地浏览和选择资源,节省时间和精力。资源商店还提供了评价和评论功能,可以通过查看其他用户的评价和意见,了解资源的质量和适用性。在选择资源时,要注意资源与 Unity 版本的兼容性,确保资源可以正确地与项目集成。后面会介绍如何具体使用资源商店中的资源。

4.1.4 导入资源包

导入资源包有以下几种方法,分别介绍如下。

1. 创建新工程时导入

创建新工程时,单击 Asset packages 按钮,弹出 Asset packages 对话框,选择需要的资源选项(前提是安装 Unity 软件时,已经安装了标准资源包),如图 4-5 所示。这种方法只能导入标准资源包,只适用于 Unity 2018 以前版本。

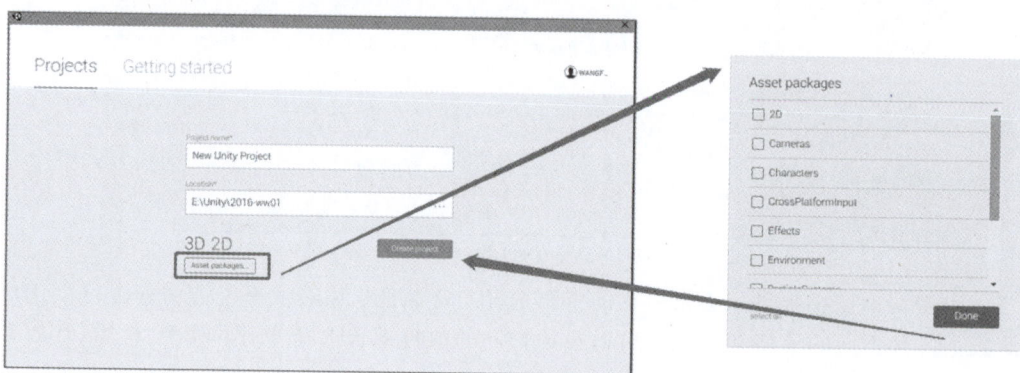

图 4-5 创建新工程时导入标准资源包

2. 菜单导入

在创建工程时,也可以暂时不导入资源包,在以后需要时,通过菜单 Assets|Import Package 导入,这种方法可以导入标准资源包(图 4-6 中下面的选项)和用户自定义资源包 Custom Package,如图 4-6 所示。

3. 在 Project 面板中导入

在 Project 面板的 Assets 项目上或在 Assets 子面板中右击,在弹出的快捷菜单中选择 Import Package|Custom Package,该方法与第二种方法类似,只是菜单触发位置不同。

4. 双击资源包导入

启动 Unity 并保持打开状态,找到要导入的资源包的存储路径,直接双击资源包文件,Unity 会自动导入该资源包。

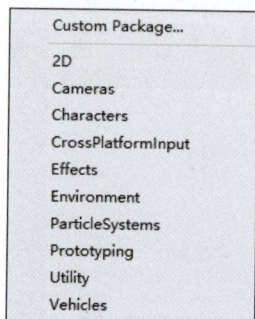

图 4-6 菜单导入资源包

5. 直接将资源包拖到 Unity 中

将要导入的资源包直接拖到 Unity 的 Project 面板中的 Assets 子面板中。该方法最便捷,使用得也最多。

6. 通过包管理器下载导入资源商店中的资源

以上 6 种方法中,前面 5 种都是导入已经安装好的资源包或已经下载的 unitypackage 资源包文件,第 6 种方法要通过 Package Manager 来下载导入管理资源包,下面介绍包管理器的用法。

4.1.5　包管理器

1. 包管理器概述

Unity 2017 开始通过 Package Manager 进行资源包管理,可以对当前项目、资源商店中的资源包查看、下载(更新版本)、导入 Unity 等。相对于 Asset Store 的包,Package Manager 提供了更新、更容易集成的资源包管理方案,能够为 Unity 提供各种增强功能。使用 Package Manager 窗口可以查看哪些包可用于安装或已经安装在项目中了。另外,还可以使用此窗口为每个项目安装、删除或查看包版本、更新包。通过 Unity 菜单 Window|Package Manager 打开 Package Manager 窗口。

2. 顶部菜单选项

在包管理器顶部有几个菜单,如图 4-7 所示,分别介绍如下。

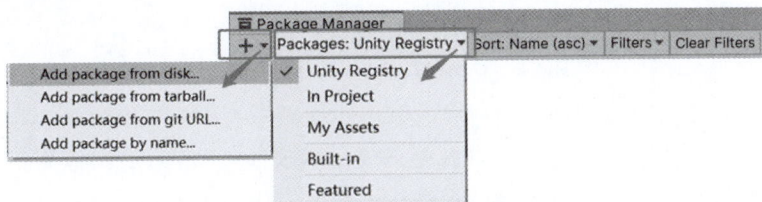

```
🗖 Package Manager
 + ▾   Packages: Unity Registry ▾   Sort: Name (asc) ▾   Filters ▾   Clear Filters

  Add package from disk...         ✓  Unity Registry
  Add package from tarball...         In Project
  Add package from git URL...
  Add package by name...              My Assets

                                      Built-in

                                      Featured
```

图 4-7　包管理器顶部菜单

第一个是添加包菜单(+ ▾),实现按不同方式将资源包安装到项目中。单击该按钮选择前两个选项 Add package from disk 和 Add package from tarball,分别从本地磁盘路径加载 JSON 格式本地资源包或 tar 包格式的本地资源包。选择选项 Add package from git URL,则从 git 下载安装资源包。选择 Add package by name,则通过输入包名称将资源包安装到项目中。

第二个是包菜单(Packages),可以使用它来更改窗口下方内容列表中显示的资源包内容。主要包括 Unity Registry(Unity 资源库)、In Project(项目内的资源)、My Assets(Unity 登录用户自己在 Asset Store 购买的资源)、Built-in(Unity 编辑器内置已安装好的资源包)、Featured(功能集)等选项。

第三个是排序菜单(Sort),根据第二个包菜单(Packages)选项的不同,排序菜单中的选项会有所不同,该菜单实现按名称(正序或倒序)、发布日期、购买日期、最近更新日期等对包和功能集列表进行排序。

第四个是过滤器菜单(Filters),可以根据过滤条件缩小列表中显示的包的范围。

第五个是清除过滤器按钮(Clear Filters),用于清除过滤条件。

3. 从 Unity Registry 下载安装资源包

当在包菜单中选择 Unity Registry,下方将显示 Unity 资源库提供的包和功能集资源,在 All 选项卡中有 Features 和 Packages 两大类,在其中任意选择一项(如 3D Characters and Animation),右侧会显示该资源的简介,单击右侧的 Install 按钮,Unity 会自动下载安装该资源,安装完成后,Install 按钮会变为 Remove 按钮,后期不需要该资源时,可以通过该按钮移除,如图 4-8 所示。该资源会增加 Unity 编辑器功能,可以看到在菜单栏中增加了几个菜单项。安装过的资源,在左侧列表的对应资源后面会有一个绿色的 √ 符号。用户可以根据需要选择资源进行安装或移除。

4. 从 Asset Store 下载安装管理资源包

当在包菜单中选择 My Assets,在下面的资源列表中将显示当前 Unity 用户在 Asset Store

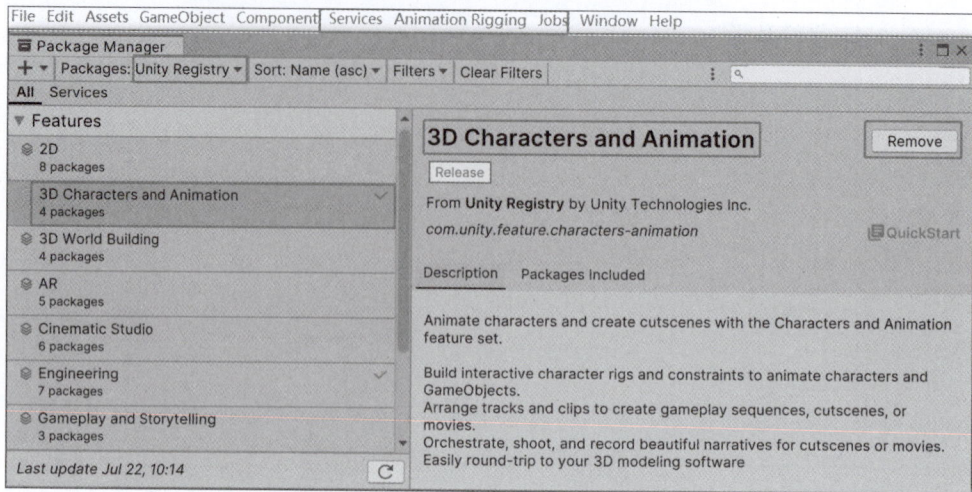

图 4-8　Unity Registry 资源包管理器

购买的所有资源(免费的及付费的),在列表右侧小图标显示为一个下载箭头的资源是未下载安装的资源,小图标显示为一个文件夹的资源是已经下载安装的资源,小图标显示为一个向上箭头的资源是该资源有新版本,可以选择是否更新该资源,如图 4-9 所示。

Asset Store 包资源默认的下载安装目录为 C:\Users\wf\AppData\Roaming\Unity\Asset Store-5.x,其中,wf 为用户计算机系统的用户名。

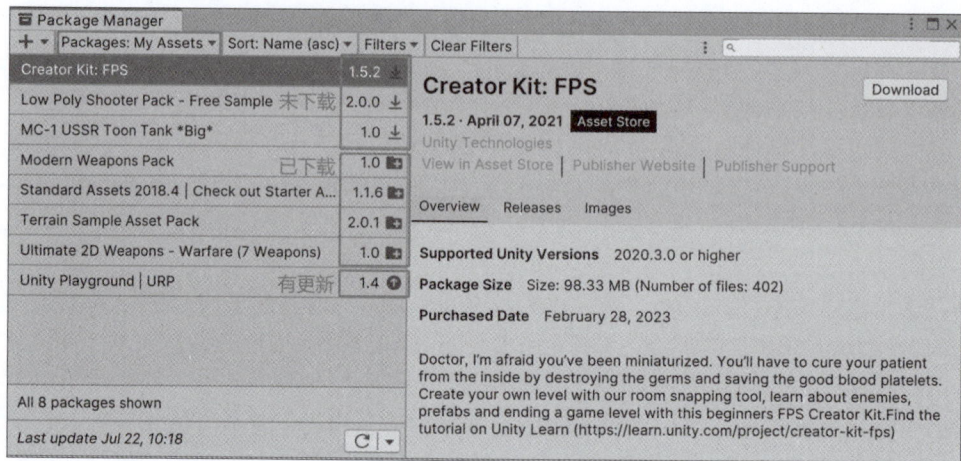

图 4-9　My Assets 资源包管理

5. 从 Asset Store 获取安装资源包

下面介绍用户从 Asset Store 获取安装资源包的过程。

(1) 通过 https://assetstore.unity.com/进入资源商店。注意用自己的 Unity 账号登录,然后在下方的"热门资源"中选择"免费热门资源",查看选择自己感兴趣的资源,这里选择第一行最后一个资源,如图 4-10 所示。单击该资源。

(2) 在打开的页面中查看选择的 Starter Assets-Third Person Character Controller | URP 资源。该资源为 Unity 官方制作,是提供给 Unity 用户学习和扩展使用的第三人称玩家 Player 控制器,包括人物移动、跳跃、加速奔跑以及摄像机控制等。左侧预览区域可以概览资源效果图,右侧可以查看资源星级、点赞数、文件大小、最新版本、最新发布日期、适用 Unity 版本等信息,如图 4-11 所示。然后单击中间蓝色的"添加至我的资源"按钮,添加完成后会在网页上方显示添加

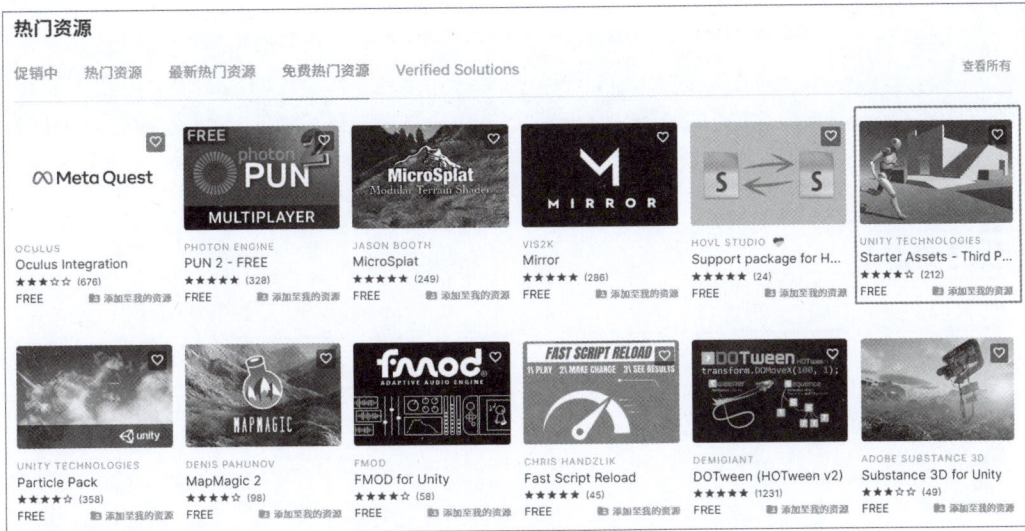

图 4-10 在 Asset Store 查找资源

成功提示,如图 4-12 所示。

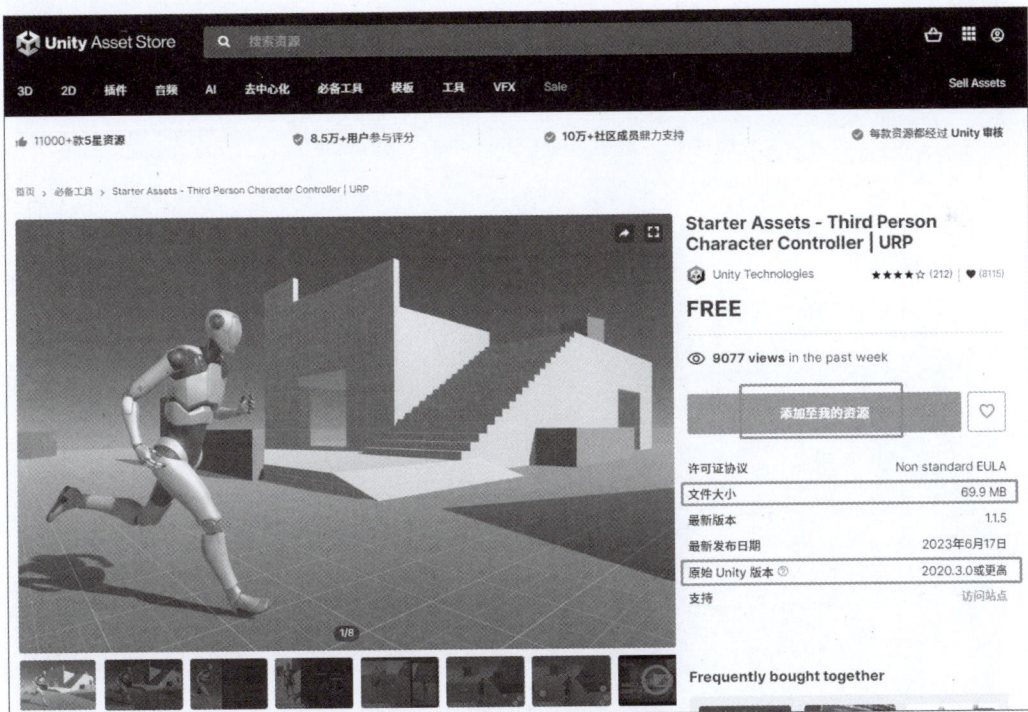

图 4-11 Asset Store 资源详情

图 4-12 资源添加成功提示

在添加成功提示中单击"转到我的资源"按钮(或在资源商店页面右上角用户图标的右键菜单中也可以找到"我的资源"),在打开的"我的资源"页面中,可以查看到新添加的资源,如图 4-13 所示。

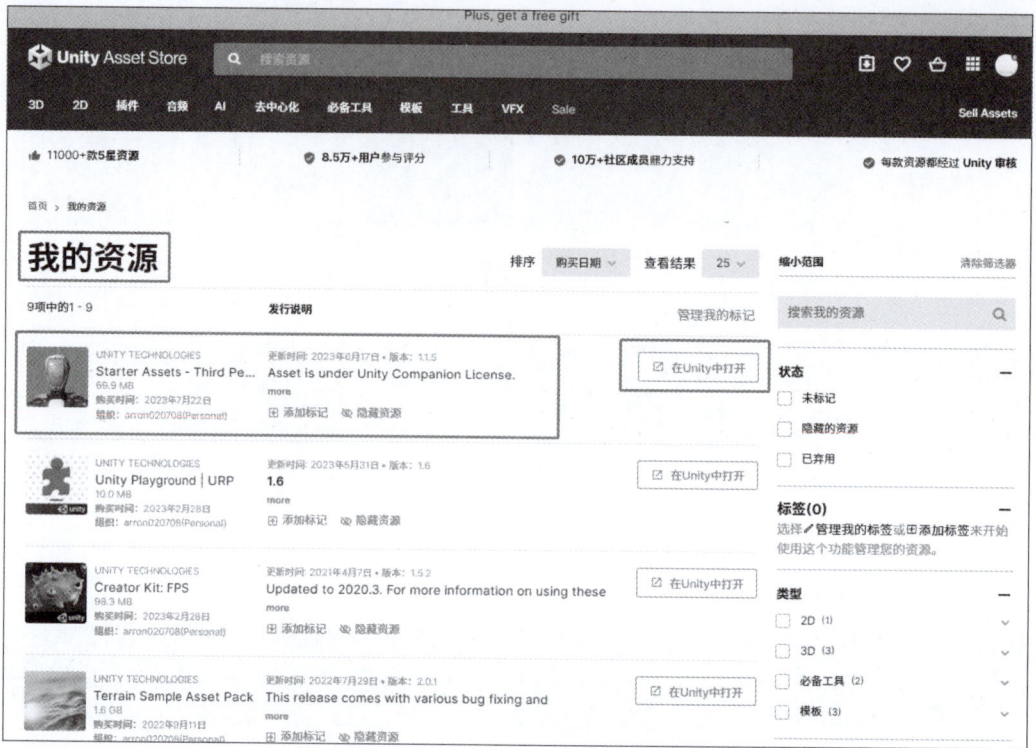

图 4-13　查看 Asset Store 中的"我的资源"

（3）返回 Unity，在包管理器包资源（Packages：My Assets）中，可以看到新添加的 Starter Assets-Third Person Character Controller URP 资源，单击右侧的 Download 按钮，下载该资源，如图 4-14 所示。

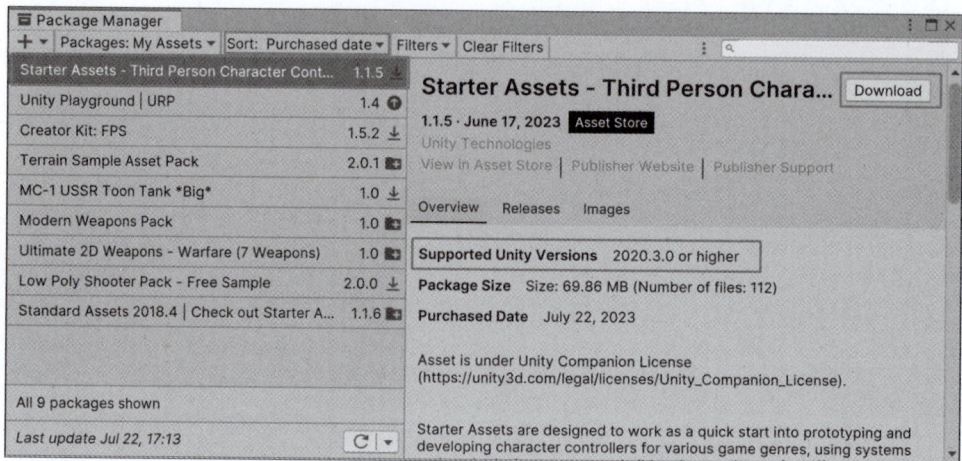

图 4-14　在 Unity 包管理器中查看新获取的资源包

（4）资源下载完毕。在如图 4-15 所示包管理器窗口中，左侧资源列表中的待下载箭头图标变为已下载的文件夹图标，可以到如图 4-16 所示的资源包默认保存路径查看下载的资源包。包管理器右侧按钮也更新为 Import 和 Re-Download 按钮，单击 Import 按钮。在弹出的导入包窗口中，将所有资源文件导入。导入时会一起安装 new Input System 和 Cinemashine。注意 Unity 版本是否支持自动安装。如有升级提示对话框（Install/Update），按提示升级。

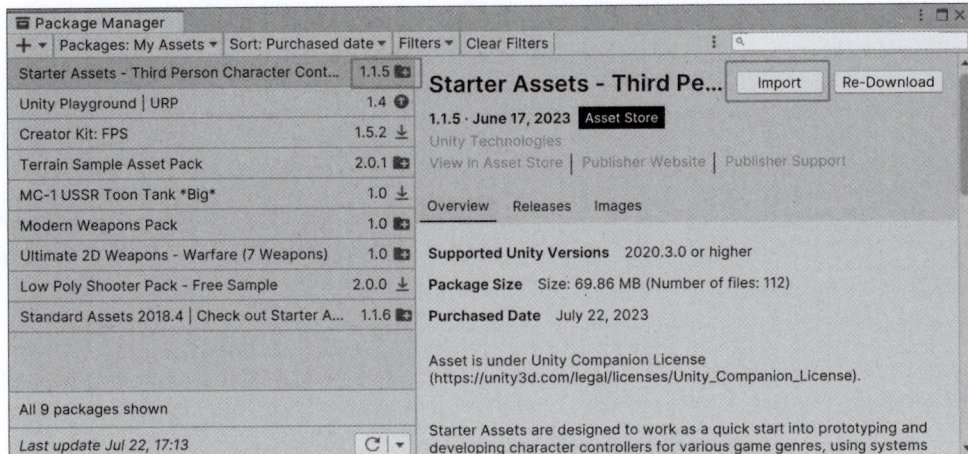

图 4-15 新资源包下载到本地后包管理器界面

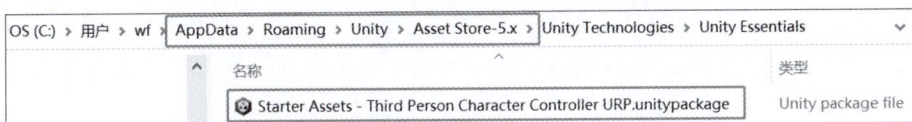

图 4-16 资源管理器中查看下载到本地的新资源包

（5）资源导入完成后，可以看到在 Project 面板 Assets 资源中新增一个 StarterAssets 文件夹，在该文件夹中可以查看导入资源包的目录结构和各种资源。在 StarterAssets→ThirdPersonController→Scenes 目录下有一个 Playground 场景，打开该场景文件，可以浏览场景初始效果，如图 4-17 所示。运行该场景，可以通过键盘按键控制角色前后左右移动，通过鼠标控制角色左转右转，摄像机跟随角色移动。读者可以探索更多应用和功能。

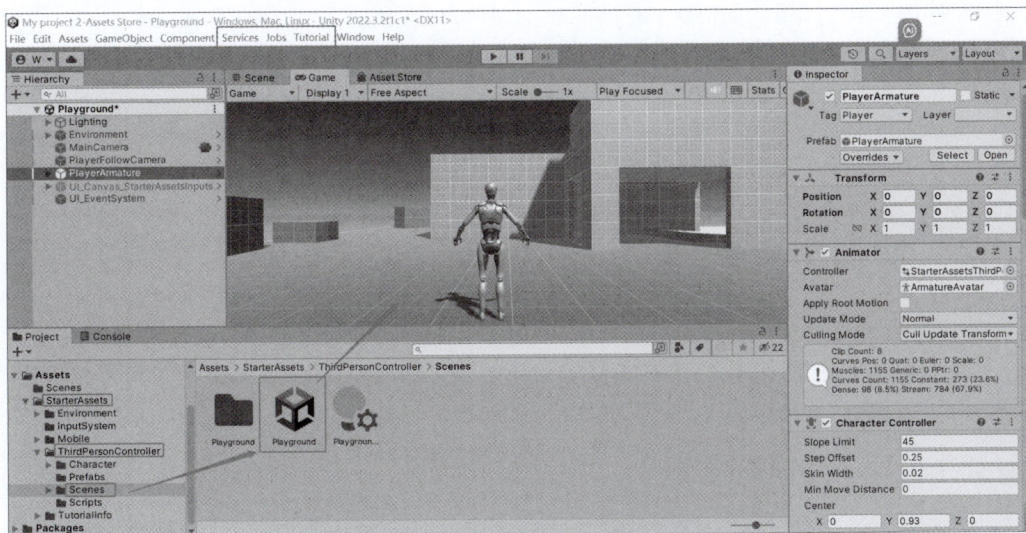

图 4-17 导入项目中的新资源包

如果创建的是基于内置渲染器（Build-in Render Pipeline）的一般项目，不是 URP 项目，场景中对象将全部显示为玫红色，原因可能是材质丢失、材质不兼容、材质设置不正确等。本项目中主要是材质的着色器设置问题。在 Project 面板 Assets→StarterAssets 目录中找到所有两个材质相关文件夹 Materials，将其中显示为玫红色的材质选中，在 Inspector 面板中，在 Shader 属性后面下拉列表中将该属性值设置为 Standard,该材质即显示正常。所有玫红色材质设置完后,场景中所有对象就显示正常了。当然也可以通过 Edit 菜单中的最后一个菜单项,将材质快速升级。

另外,新导入的资源包还会修改该项目的 Unity 编辑器菜单,增加了 Services、Jobs、Tutorial 三个菜单项。也会使用新的输入系统 Input System,替换默认的输入系统。

(6)加载到 Unity 用户"我的资源"中的资源包长期有效,这些资源只与用户账号相关,可以导入用户的任何项目中。当资源包不需要或想移除时,直接在项目的 Project 面板中将该资源包所在的根文件夹删除即可。

6. 内置包

Unity 内置包(Built-in)允许用户通过包管理器打开或关闭 Unity 功能。启用或禁用包可以减少运行时项目构件大小。例如,大多数项目不使用旧版粒子系统,可以将其禁用。当删除某功能对应的内置包时,Unity 在构建最终应用程序时不会包含相关代码和资源。通常这些内置包仅包含包清单并与 Unity 绑定在一起(而不是在包注册表中提供)。

当项目想要节省资源,禁用某些不需要的模块功能,可以通过禁用内置包来实现。方法很简单,在包管理菜单中,选择 Built-in(参见图 4-7),然后在下方列表中选择对应资源,然后单击右侧的 Disabled 按钮即可。

但要注意在禁用了内置包后,对应的 Unity 功能将不再可用,这将导致如下情况。如果使用由某个禁用的包实现的脚本 API,会遇到编译器错误。由禁用的内置包所实现的组件也会被禁用,这意味着不能将它们添加给任何游戏对象。如果游戏对象已经具有这些组件之一,则 Unity 在运行模式下将忽略这些组件。可以在 Inspector 窗口中看到这些组件,但显示为灰色,是不可用的。在 Build 构建发布项目时,编辑器会剥离所有已禁用的组件。对于支持引擎代码剥离的发布项目平台(如 WebGL、iOS 和 Android),Unity 不会从禁用的内置包添加任何代码。

所以使用内置包禁用功能时,一定要小心,不要出现导致项目出错的情况发生。

7. 导出资源包

用户开发的项目也可以通过菜单 Assets|Export Package 导出为.unitypackage 文件,以便异地设备共享使用、修改完善或发布到 Unity 资源商店。在导出项目时可以选择将 Assets 目录中的哪些资源文件导出。

4.2　地形创建编辑

在虚拟现实和 3D 游戏项目开发过程中,地形是不可或缺的重要元素,会涉及地形的设计制作。Unity 提供了一个功能强大、使用灵活的地形系统 Terrain,可以实现快速创建各种地形,添加草地、山石等材质,添加树木、花草等对象,从而创建出逼真自然的地形环境。

4.2.1　导入地形资源包

制作地形,需要导入 Terrain 资源包,该资源包是 Unity 标准资源包集合中的一个,包含绘制地形所需的图像、模型资源等。当然,资源包中的图像,树木、花草模型等,也可以自己制作。

4.2.2　创建 Terrain 地形

Terrain 是 Unity 自带的地形编辑器工具,也属于一种 3D 对象。单击菜单 GameObject|3D

Object|Terrain,在场景中创建一个 Terrain 对象。同时,在 Assets 文件夹根目录下创建一个默认名为 New Terrain 的文件,用于保存 Terrain 的相关数据,后缀为.asset。

Terrain 对象包括三个组件:Transform 组件、Terrain 组件和 Terrain Collider 组件,如图 4-18 所示。Terrain 默认平面大小为 1000m×1000m,Terrain 不能通过"Transform 组件"中的 Scale 属性修改大小,需要通过"Terrain 组件"中的"地形设置"中的 Terrain Width 和 Terrain Height 属性进行设置。Terrain 组件对地形进行编辑和修改,Terrain Collider 组件属于物理引擎方面的组件,实现地形对象的物理运动模拟,如碰撞检测等。

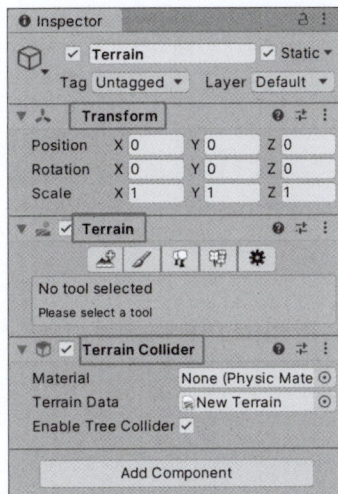

图 4-18　Terrain 地形对象的组件

4.2.3　绘制编辑地形

在 Hierarchy 面板中选中 Terrain 地形,在 Inspector 面板中查看 Terrain 组件中的 5 个横排按钮就是绘制地形工具,从左到右依次为 Create Neighbor Terrains、Paint Terrain、Paint Trees、Paint Details 和 Terrain Settings,如图 4-19 所示。

图 4-19　Terrain 组件中的绘制地形工具

1. 创建相邻地形(Create Neighbor Terrain)

选中地形,单击第一个"创建相邻地形"工具按钮后,Unity 会以线框形式突出显示所选"地形"图块周围的区域(图中箭头指向的矩形区域),如图 4-20 所示,指示可以在矩形框中生成新的地形图块空间。单击任意矩形区域,将自动生成一个新的空白 Terrain 对象,并在 Assets 文件夹中生成一个新的.asset 文件。

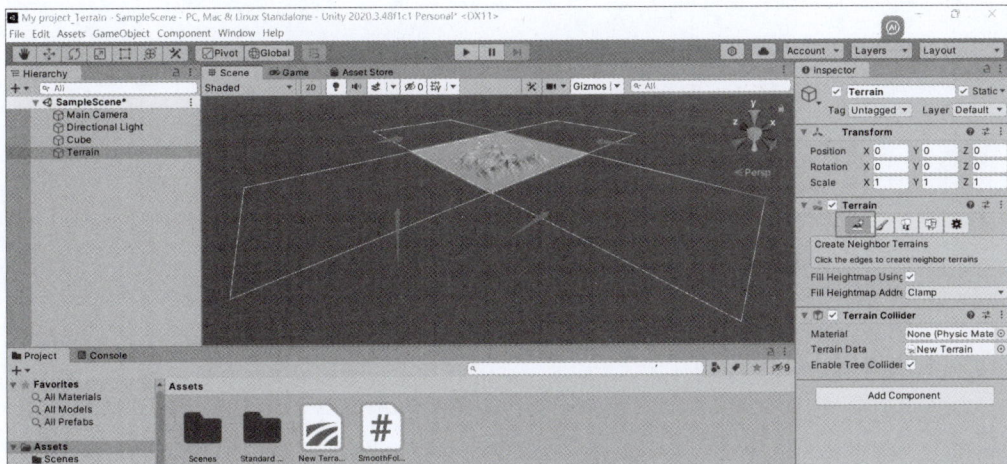

图 4-20　创建相邻地形

2. 绘制地形(Paint Terrain)

单击第二个 Paint Terrain 工具按钮,在下拉列表中可以看到有 6 个绘制工具选项,如图 4-21 所示,各绘制工具分别介绍如下。

1）提升/降低地形高度（Raise or Lower Terrain）

该工具可以提升或降低（按 Shift 键）地形高度，有各种画笔可以选择，并可以设置画笔的大小和透明度，如图 4-22 所示。

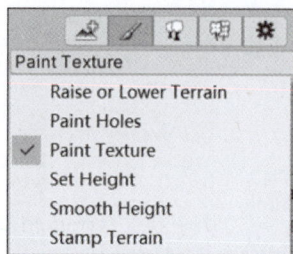

图 4-21　绘制地形工具下拉列表

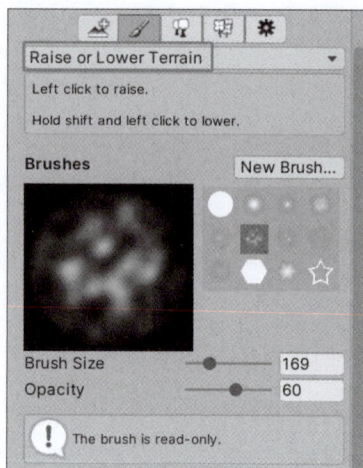

图 4-22　提升/降低地形高度

2）绘制坑洞（Paint Holes）

该工具的作用是根据选择的笔刷及笔刷绘制区域，删除画笔刷过地形网格中对应网格面片，从视觉上看，好像在地形上挖出来一些孔洞、坑洞。另外，还可以使用代码来操纵这些删除部分的属性。在删除地形形成空洞后，便能更轻松地使用 Unity 新的地形工具包 Terrain Tools 中的 ProBuilder、ProGrids 和 Polybrush 这类编辑器内的工具来为地形加上坑洞、传送门，甚至是洞穴等，如图 4-23 所示。

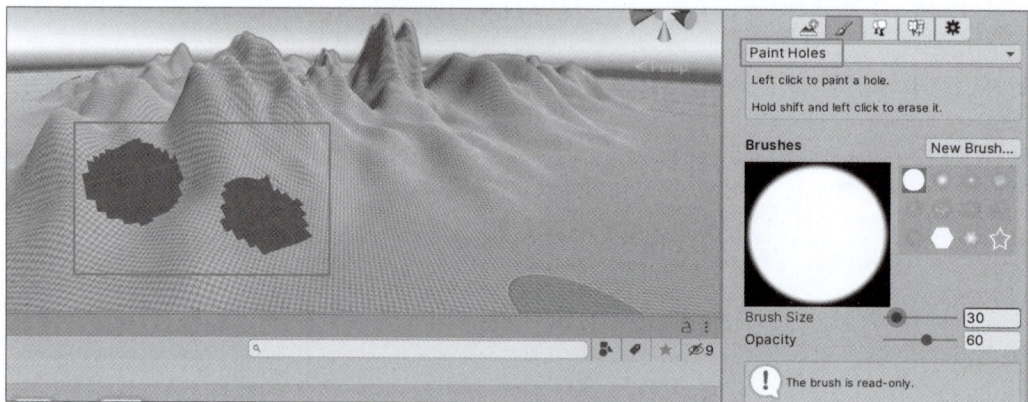

图 4-23　绘制坑洞

3）绘制纹理（Paint Texture）

为山峰增加草地、泥土地、小路等纹理，该工具需要资源支持，使用前需要预先导入相关资源包（Terrain Assets.unityPackage）。可以添加多种纹理，需要什么纹理，绘制前选择相应的纹理进行绘制即可。要配置该工具，首先在如图 4-24 所示的绘制纹理面板中单击 Edit Terrain Layers 按钮，选择 Create Layer，以添加"地形图层"。弹出如图 4-25 所示 Select Texture2D 对话框，从列表中双击需要的草地、岩石或其他纹理，选中的纹理添加给地形，并添加到 Terrain Layers 槽中。添加的第一个纹理图层，将使用选择的纹理平铺填充 Terrain 对象，可以添加多个纹理图层,并可以对纹理图层进行编辑、添加、替换、移除等操作。接下来,选择"画笔"进行绘制,可以从内置画笔中选择或自定义画笔,不同画笔具有不同的形状,笔刷基于纹理在地形上绘制图案。最后在 Terrain 上拖动笔刷创建平铺纹理。

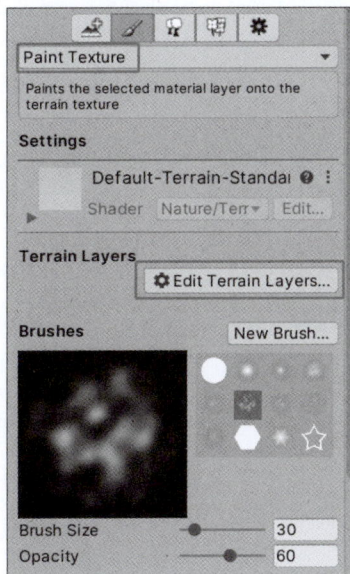

图 4-24　绘制纹理

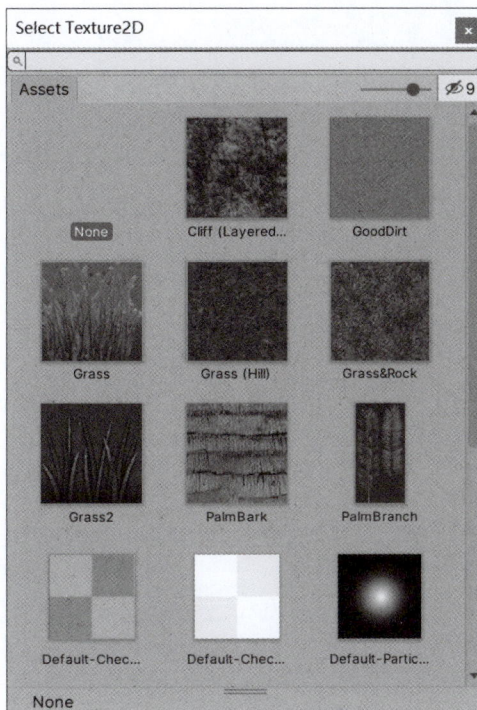

图 4-25　Select Texture2D 对话框

4）绘制目标高度(Set Height)

该工具和提升/降低地形高度工具类似,但增加了一个 Height(目标高度)属性,可以将地形绘制到 Height 属性设置的高度,使用该工具可以方便地绘制指定高度的平台,或在平台和山峰中绘制凹坑。按 Shift 键,可以取样鼠标位置处的高度(根据鼠标位置处的高度,设置 Height 属性值),如图 4-26 所示。

5）平滑高度(Smooth Height)

可以平滑使用"提升/降低地形高度"工具创建出来的比较尖锐的山峰,使山峰看起来更加光滑和真实,如图 4-27 所示。

6）邮戳地形(Stamp Terrain)

使用邮戳地形工具(如图 4-28 所示),可以根据所选画笔的形状和透明度,在 Terrain 上绘制出如图 4-29 所示的和笔刷形状相似的特殊地形。Stamp Height 设置邮戳地形高度,绘制的高度还与笔刷的透明度相关。当两个邮戳地形重叠时,Max<-->Add 设置重叠后的高度,设置为 0 (Max),取两个邮戳地形中高的那个地形高度;设置为 1(Add),将两个邮戳地形高度相加。

3. 绘制树木(Paint Trees)

在山间绘制树木,该工具需要资源支持,使用前需要预先导入相关资源包(Terrain Assets. unityPackage),可以添加多种树木,在如图 4-30 所示的绘制树木面板中单击 Edit Trees 按钮,在弹出菜单中选择 Add Tree,弹出如图 4-31 所示的 Add Tree 对话框,单击右上方的 按钮,弹出 Select GameObject 对话框,从列表中选择需要的树木预制对象,树木预制对象添加后效果如图 4-32

所示。然后可以使用笔刷在地形上绘制树木,可以调节笔刷大小、树木密度、随机高度、树木宽高比、颜色随机变化程度等,使得绘制的树木可以有所变化,而不是整齐划一,从而提高真实感。

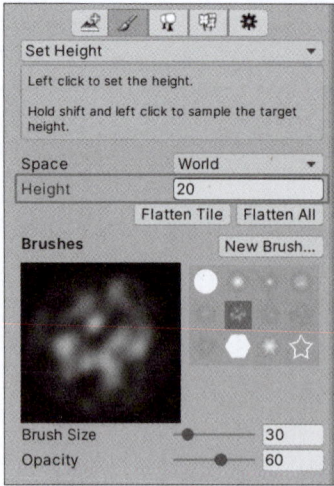

图 4-26　绘制目标高度图

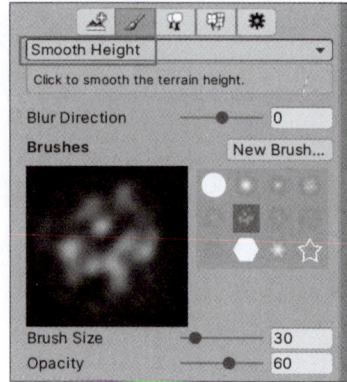

图 4-27　平滑高度

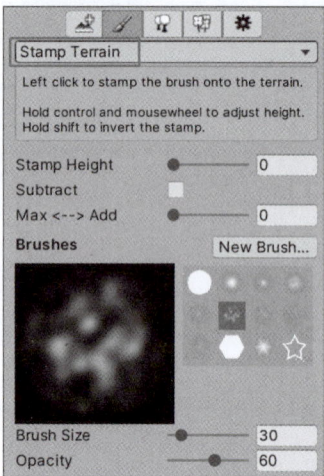

图 4-28　邮戳地形工具

图 4-29　邮戳地形绘制效果

图 4-30　绘制树木

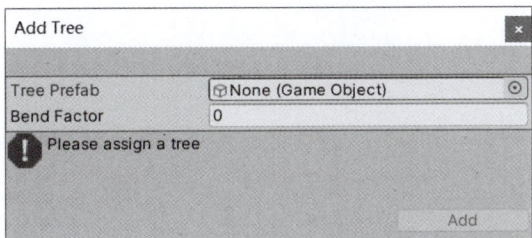

图 4-31 Add Tree 对话框

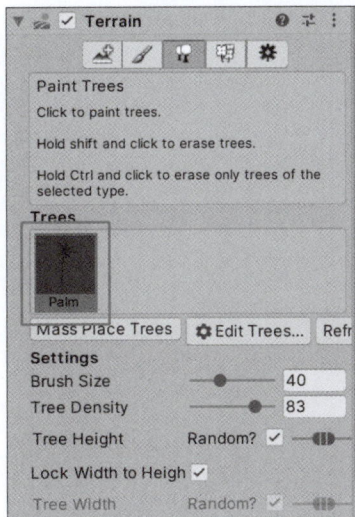

图 4-32 树木预制对象添加后效果

4. 绘制花草等细节（Paint Details）

在山间绘制花或草,该工具需要资源支持,使用前需要预先导入相关资源包。可以添加多种花草,实现地形的更多细节。在如图 4-33 所示绘制花草面板中,单击 Edit Details 按钮,弹出如图 4-34 所示的 Add Grass Texture(添加花草纹理)对话框,单击右上方的 ◉ 按钮,在弹出的 Select Texture2D(选择 2D 纹理)对话框中,选择一个 2D 花草纹理,关闭 Select Texture2D 对话框,返回 Add Grass Texture 对话框,单击 Add 按钮,在如图 4-35 所示的面板中会添加上刚才选择的 2D 纹理。重复上述操作,可以添加多种花草纹理,如图 4-36 所示,选择不同的花草纹理,使用笔刷在地形上拖动,会在地形上添加对应的花草。

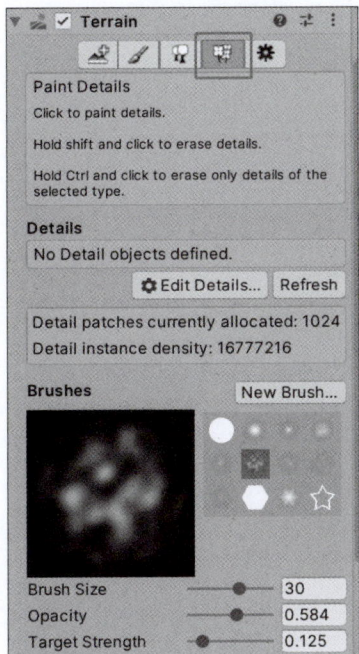

图 4-33 绘制花草面板

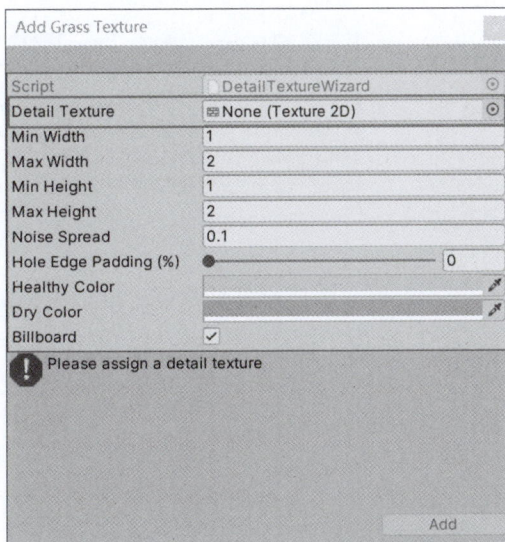

图 4-34 Add Grass Texture 对话框

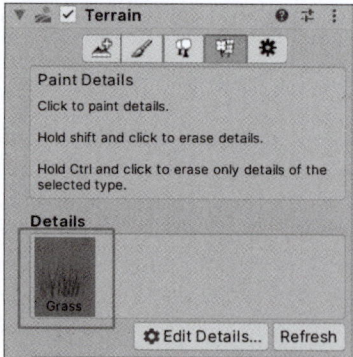

图 4-35　添加第一种花草纹理

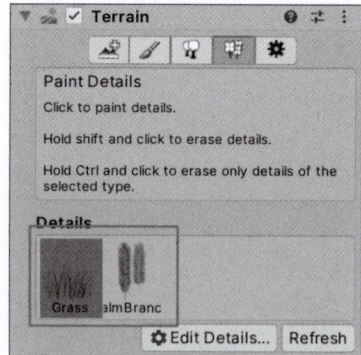

图 4-36　添加多种花草纹理

5. 地形设置（Terrain Settings）

该工具可以为地形设置全局属性，如图 4-37 所示。

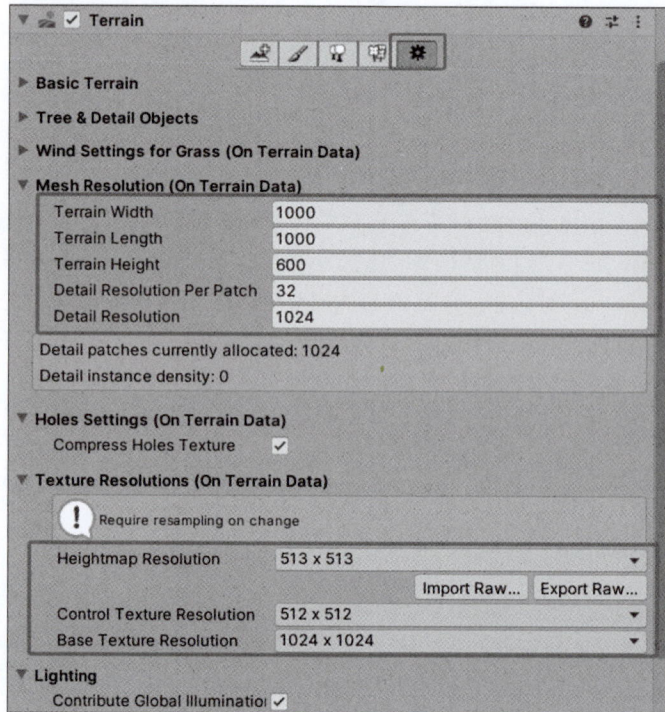

图 4-37　地形设置

部分属性介绍如下。

Terrain Width：全局地形总宽度。单位为 Unity 统一单位：m。

Terrain Length：全局地形总长度。单位为 Unity 统一单位：m。

Terrain Height：全局地形允许的最大高度。单位为 Unity 统一单位：m。

Detail Resolution Per Patch：单个面片（网格）中的单元格数量，该值经过平方后形成单元格网格。

Detail Resolution：全局地形所生成的细节贴图的分辨率，所以数字越小占用资源越少，性能越好，但画面质量越差。

Heightmap Resolution：全局地形生成的高度图的分辨率（2^n+1）。

Control Texture Resolution：全局地形贴图绘制到地形上时所使用的贴图分辨率。

Base Texture Resolution：全局用于远处地形贴图的分辨率。

4.2.4 风区

使用风区（Wind Zone）添加一个或多个对象，可在地形上创建风的效果，实现物体被风吹的效果。风区内的树以逼真的动画弯曲摆动，而风本身以脉冲方式移动，从而在树之间营造自然的运动效果。Terrain 地形标准资源中的草自带风吹效果。但是树木没有风吹效果，需要添加 Wind Zone 对象，实现风吹动树木，树枝摇摆，挥舞着树枝和树叶仿佛被风吹过飘来飘去的效果。

添加 Wind Zone 对象方法：单击菜单 GameObject|3D Object|Wind Zone，就在场景中添加了一个 Wind Zone 对象。Wind Zone 的作用模式有两种：Spherical（球形）和 Directional（直线型）。两种风区对象及风区参数面板如图 4-38 所示。

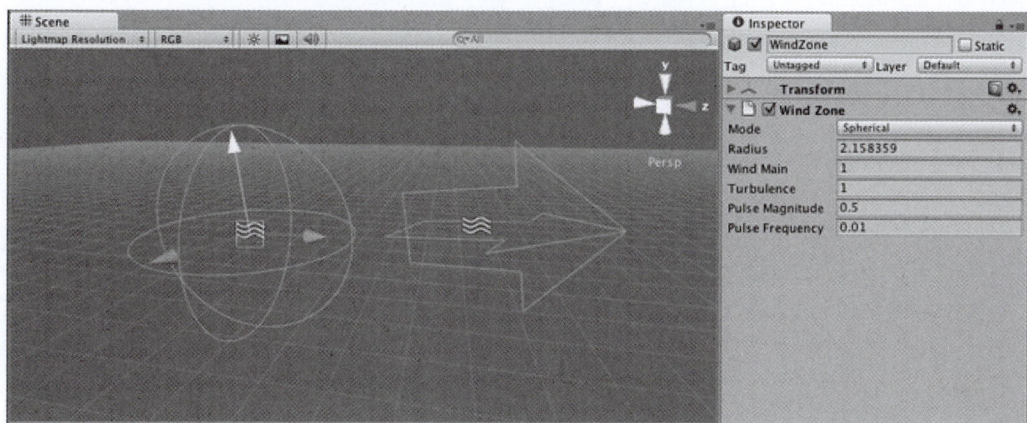

图 4-38　Wind Zone 两种模式

球形风区风力在 Radius 属性定义的球体内向外吹，风影响仅在球体范围内。直线型风区风向一个方向吹，会立即影响整个地形。直线型定向风对于创建树的自然运动更有用，而球形风更适合爆炸、直升机等特殊效果。Main 属性决定了风的整体强度，但是使用 Turbulence 可带来一点随机变化。风区的风以脉冲方式吹过树木，从而产生持续的更自然的效果。可使用 Pulse Magnitude 和 Pulse Frequency 属性控制脉冲强度以及脉冲之间的时间间隔。Wind Zone 对象主要参数含义如表 4-1 所示。

表 4-1　Wind Zone 主要参数含义

参　　数	含　　义
Mode	模式
Spherical 球形	风区仅影响球体内区域，并从中心向边缘衰减
Directional 方向	风区会影响整个场景的一个方向
Radius 半径	球形风区的半径（如果模式设置为球形）
Main 主风	主要风力，决定了风的整体强度
Turbulence 湍流风	产生一个瞬息变化的风，带来随机风效果
Pulse Magnitude 脉冲幅度	决定了树木等对象随风摆动的幅度
Pulse Frequency 脉冲频率	决定了树木等对象随风摆动的频率

为节省系统计算资源，Unity 对风吹效果的渲染进行了优化，仅在主角视角（摄像机）的一定

范围内有风吹效果,远处风吹效果不在计算渲染范围之内,当主角(摄像机)移动过去,近到视角一定范围内才会出现风吹效果。

要使风吹树木效果起作用,只添加 Wind Zone 风区对象还不行,还需要设置树木的参数 Bend Factor。在 Terrain 工具组里找到绘制树木(Paint Trees)按钮 ，然后在下面选择编辑树木,在弹出对话框中设置 Bend Factor 参数的值,如图 4-39 所示。该参数设置树木的弯曲因子,我们知道一根直线不分段的情况下,是不能弯曲为弧线的,设置的分段数越多,弯曲弧线就越平滑。所以该参数值越大,树木受风力影响摆动越平滑自然,但是计算量也更大,占用计算资源也更多。

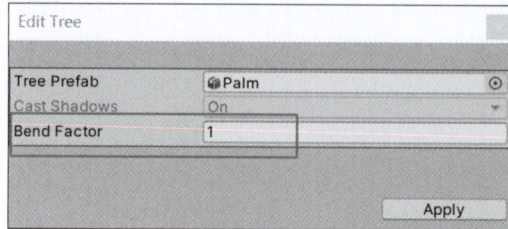

图 4-39　编辑树木的 Bend Factor 参数

4.2.5　更多地形资源包

Unity 的资源商店提供了很多和 Terrain 地形相关的资源,下面介绍两个,其他资源读者可到资源商店检索查看。

1. Terrain Tools

Terrain Tools(地形工具资源包,以前称为 Tom's Terrain Tools)是 Unity 2019.1 后推出的地形资源包,包含超过 15 个全新地形绘制工具和实用工具集,可用于简化地形工作流程。在专用第三方工具(如 WorldMachine)中创建的分布图,只需单击几下即可将它们应用到 Unity 中的地形。通过增量映射,可以从头开始或添加和改进现有地形。可以导入纹理、树木和森林、草地和细节的地图,甚至可以使用 AutoMagic 功能从无到有地创建整个地形。资源导入后,会在 Window 菜单中添加一个 Terrain Tools 子菜单,方便使用各功能。资源链接为 https://assetstore.unity.com/packages/tools/terrain/terrain-tools-64852。Terrain Tools 资源目录结构如图 4-40 所示。

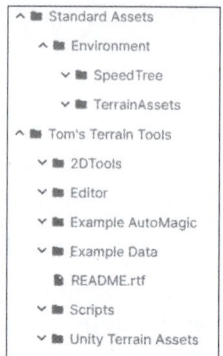

图 4-40　Terrain Tools 资源目录结构

2. Terrain Sample Asset Pack

Terrain Sample Asset Pack(地形样本资源包)提供方便易用拓展地形效果的一系列资源。其中有三十多种地形笔刷 TerrainBrushes 和多种优质地形功能 TerrainLayers,如非常适合冲压的峡谷、山脊和山脉。还有 6 种具有高质量 PBR(Physically Based Rendering)即用纹理的地形层,可将泥土、苔藓、岩石、沙子、碎石堆和雪绘制到地形上。资源链接为 https://assetstore.unity.com/packages/3d/environments/landscapes/terrain-sample-asset-pack145808。Terrain Sample Asset Pack 资源目录结构如图 4-41 所示。

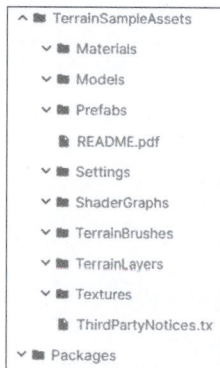

图 4-41　Terrain Sample Asset Pack 资源目录结构

4.3 摄像机平滑跟随及快速对齐

1. 摄像机平滑跟随

通过摄像机跟随,可以实现摄像机视角跟随游戏对象或角色移动,以实现跟随观察对象和场景的目的。摄像机跟随的方法有很多种,最简单的就是例 3-8 中介绍的将摄像机设置为被跟随对象的子对象。这里介绍另一种简单快捷的方法:摄像机的平滑跟随(Camera Smooth Follow),该方法需要 Unity 标准资源包的支持。

2. 设置摄像机平滑跟随步骤

摄像机平滑跟随步骤如下。

(1)导入 Scripts.unityPackage 资源包,该资源包是 Unity 标准资源包集合中的一个,该资源包导入后,会添加新的菜单项。

(2)选中主摄像机(Main Camera)对象,选择新添加的菜单项 Component|Scripts|Smooth Follow,菜单功能是为主摄像机添加了新的 Smooth Follow 脚本组件。

(3)在 Smooth Follow 脚本组件中,将属性 Target(跟随目标)设置为要跟随的目标对象(如 Cube 对象),如图 4-42 所示。

(4)运行场景,调整脚本中的 Distance、Height 等参数(运行时,才能动态观察到这些参数设置的运行效果),设置好跟随视角。退出运行状态,将设置好的参数回填入对应的参数栏中(运行时调整好的参数,退出时会还原为原来的值,所以需要根据运行时的参数值回填)。

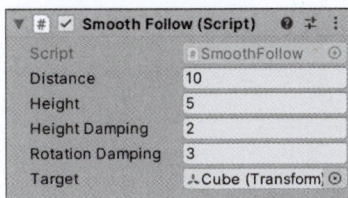

图 4-42 Smooth Follow 脚本参数

3. 将摄像机对齐到场景视角

对象是在场景中创建修改编辑,往往会不断地调整观察场景的视角,当在场景中调整好观察视角,希望运行时在 Game 视图中的观察视角与 Scene 视图中的一致时,可以通过"将摄像机快速对齐到当前场景视角"来实现。摄像机对齐到当前场景视角方法如下:选中 Main Camera,选择菜单 GameObject|Align With View。这样设置后,Game 视图中主摄像机的视角就与 Scene 视图中调整好的视角一致了。

4.4 实例:Terrain 地形综合应用

创建 Terrain
地形并添加对象

【例 4-1】 创建地形并添加游戏对象

本实例任务是创建编辑 Terrain 地形,并在地形中添加各种对象。

1. 创建地形

参考 4.2 节,使用各种地形工具创建地形,地形效果如图 4-43 所示。

图 4-43 创建好的地形效果

2. 添加立方体

（1）创建立方体 Cube，将资源中的运动脚本赋给立方体。

（2）添加摄像机平滑跟随 Smooth Follow。

（3）将目标 Target 设置为 Cube，并设置相关参数。

（4）运行，观察效果。

3. 添加第三人称角色

（1）导入 Character Controller.unityPackage 资源包，这是 Unity 4.3 版本中提供的一个角色控制资源包，包括第一人称资源和第三人称资源。Unity 后续版本对角色控制有更新及功能增强，本书实例使用到了三种版本的角色资源。

（2）将 Asset 子面板中的 3rd Character Controller 预置对象拖到场景中，创建一个第三人称角色，调整位置，如图 4-44 所示。

（3）将立方体隐藏，运行观察效果，第三人称角色自带运动控制和摄像机跟随脚本，W、S、A、D 键控制角色前后运动和左右转向，摄像机已经平滑跟随角色，如图 4-45 所示。

图 4-44　添加第三人称角色效果　　图 4-45　第三人称角色在 Terrain 中跑动效果

思考：怎样将主摄像机（Main Camera）平滑跟随应用于第三人称角色上？

提示：

① 第三人称角色自带一个 Third Person Camera 脚本实现摄像机跟随，使该脚本不可用。

② 添加摄像机平滑跟随 Smooth Follow，将目标设置为第三人称角色。

③ 设置 Smooth Follow 脚本组件的 Distant 和 Height 属性值。

④ 通过设置主摄像机为第三人称角色的子对象也可以实现。

从这里可以看到 Unity 的设计和编程逻辑是基于组件的，脚本也是一种组件，脚本代码和组件具有复用性。

4. 添加飞机模型

（1）将飞机模型添加到场景中。

（2）添加运动脚本 MouseLook 和 SPFInput，设置摄像机跟随。

（3）运行测试效果，如图 4-46 所示。

图 4-46　飞机在 Terrain 中飞行效果

习题

一、选择题

1. 关于 Terrain 地形系统，以下错误的选项是_____。

　　A. 可以通过菜单 GameObject→3D Object→Terrain 创建地形

　　B. 可以通过 Transform 组件中的 Scale 属性修改地形的大小

　　C. 可以为地形添加草地、树木、花草等

　　D. 可以在地形的山峰上绘制平台

2. Package Manager 的 Package 菜单中不包括_____。

　　A. In Project 　　　　　　　　　　B. My Assets

　　C. Built-in 　　　　　　　　　　　D. Add package from git URL...

二、简答题

1. 概述 Unity 如何导入资源包。

2. 概述包管理器（Package Manager）的作用。

3. Unity 地形中的树木和草的风吹效果，实现方法有何不同？

三、操作题

1. 使用 Terrain 设计一个地形，并添加 Wind Zone 风区。

2. 在完成题目 1 的基础上，添加游戏对象，并控制游戏对象在地形上运动。

3. 尝试通过 Package Manager 从 Unity 资源商店下载地形资源，导入项目中使用。

游戏对象生命周期

第 5 章

CHAPTER 5

Unity 场景中创建的对象都称为游戏对象（GameObject），游戏对象有一个从创建到消亡的生命周期，本章介绍对象整个生命周期的相关类、属性和方法，总结了游戏对象实例化的几种方法及资源动态加载的实现方法。最后介绍了外部模型的导入。

本章学习要点：

- GameObject 类。
- 对象的创建和编辑。
- 预制件和对象的实例化。
- 资源动态加载。
- 对象的销毁。
- 外部模型导入。

5.1　游戏对象

Unity 中的游戏对象是构成虚拟世界的基本单元，它们充当组件的容器，而组件是实现具体功能的实体，每个游戏对象都有一个 Transform 组件。

5.1.1　游戏对象概述

游戏对象是 Unity 编辑器中最重要的概念。Unity 框架中 Project 由场景组成，场景由多个游戏对象组成。在游戏场景中被渲染能看到的对象都是游戏对象，如角色、道具、建筑、可收集资源、特效等。不会被渲染不出现在游戏场景中，但对游戏场景做出贡献的对象也是游戏对象，如摄像机、灯光等。

空游戏对象是一种最简单的游戏对象，只有一个 Transform 组件，其本身不能做任何事情，需要通过为它添加组件和属性，才能使其成为角色、环境或特殊效果等。要赋予游戏对象属性，使其成为一个立方体、一盏灯、一棵树或一个摄像机，需要为其添加组件。根据想要创建的对象类型，可以在游戏对象中添加不同的组件组合。Unity 有许多不同的内置组件类型，也可以使用 Unity 脚本 API 制作自定义组件。

5.1.2　游戏对象 Inspector 面板

游戏对象由多个组件组合而成，游戏对象就是各种组件的容器。这些组件决定了游戏对象的外观和功能，选择不同的组件就可以组合出不同的游戏对象。组成游戏对象的组件全部显示在该游戏对象的 Inspector 面板中,以方便用户进行查看修改测试。另外,在 Inspector 各组件上方还有其他一些属性,如是否激活复选框、Name 名称、Tag 标签和 Layer 层级设置等,如图 5-1 所示。

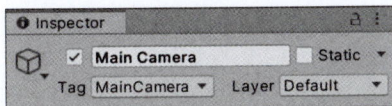

图 5-1　游戏对象的 Inspector 面板上方属性

5.1.3　GameObject 类和 gameObject 实例

1. GameObject 类

GameObject 类是所有游戏对象的父类。在脚本中,GameObject 类提供了一组方法,允许在代码中使用它们,包括查找、在游戏对象之间建立连接和发送消息等,添加或删除附加到游戏对象上的组件,以及设置与场景中它们的状态相关的值。一般来说,在 Inspector 面板中显示的属性,都能在脚本中获取和修改。GameObject 类有一些静态方法可以直接调用(表 5-1)。

表 5-1　GameObject 类常用静态方法

方　　　法	功　　　能
GameObject.CreatePrimitive()	创建一个系统自带的基本 3D 对象
GameObject.Find()	找到并返回一个名字为 name 的游戏对象
GameObject.FindWithTag()	返回一个用 tag 作标识的活动游戏对象
GameObject.FindGameObjectsWithTag()	返回一个用 tag 作标识的活动游戏对象数组
GameObject.FindObjectOfType<T>()	按指定类型(泛型 T,如 Camera)返回一个对象
GameObject.FindObjectsOfType<T>()	按指定类型(泛型 T)返回对象数组
GameObject.Instantiate()	实例化一个对象,继承 Object 的方法

2. gameObject 实例

脚本中的 gameObject 为挂载当前脚本的游戏对象实例,使用代码可以修改许多与游戏对象在场景中的状态相关的属性。当在场景中选择了一个游戏对象时,这些属性对应于 Inspector 面板顶部如图 5-1 中的属性。gameObject 常用成员变量和成员方法可以获取、修改和调用(表 5-2)。

表 5-2　gameObject 实例的成员属性和方法

属性和方法	功　　　能
gameObject.name	获取游戏对象的名字
gameObject.tag	获取游戏对象的标签
gameObject.activeSelf	获取游戏对象的激活状态
gameObject.activeInHierarchy	获取游戏对象的激活状态(受父对象的影响)
gameObject.SetActive()	设置游戏对象的激活状态
gameObject.GetComponent<ComponentType>()	获取该游戏对象上的指定类型组件
gameObject.AddComponent<ComponentType>()	为该游戏对象添加指定类型组件

5.2　创建游戏对象

可以在 Unity 编辑器中创建游戏对象,也可以通过代码动态创建游戏对象,并可以通过代码编辑游戏对象的属性。

5.2.1 创建基本 3D 对象

可以通过 GameObject 类的静态方法 CreatePrimitive()创建一个带有原始网格渲染器和适当碰撞器的基本 3D 游戏对象,创建出来的基本 3D 游戏对象默认位置在坐标原点(0,0,0),默认名称与创建的基本 3D 游戏对象类型一致。CreatePrimitive()声明语句如下。

```
public static GameObject CreatePrimitive( PrimitiveType type);
```

CreatePrimitive()方法的参数为 PrimitiveType,PrimitiveType 是一个枚举类型,包含的基本 3D 对象类型如下。

```
PrimitiveType.Cube              //立方体
PrimitiveType.Sphere            //球体
PrimitiveType.Capsule           //胶囊体
PrimitiveType.Cylinder          //圆柱体
PrimitiveType.Plane             //平面
PrimitiveType.Quad              //正方形
```

如果项目没有在运行时引用以下组件 MeshFilter、MeshRenderer、BoxCollider 或 SphereCollider,CreatePrimitive()方法可能在运行时失败。避免这种情况的方法是声明这些组件类型的私有属性。系统将识别它们的用法,将它们包含在构建系统中,从而不会删除这些组件。一般情况下,CreatePrimitive()方法都可以直接使用,无须做特殊处理。

5.2.2 修改 3D 对象属性

通过 CreatePrimitive()方法生成 3D 对象后,可以设置该 3D 对象的各种属性,如名称(name)、标签(tag)、位置(position)等。要设置游戏对象的名称和位置,可以通过 name 属性和 position 属性,代码如下。

```
GameObject cube1 = GameObject.CreatePrimitive (PrimitiveType.Cube);
cube1.name = "立方体";
cube1.transform.position = new Vector3 (cube1.transform.position.x + 5, cube1.transform.
position.y, cube1.transform.position.z);
```

【例 5-1】 创建基本 3D 游戏对象

(1) 通过 GameObject 类的 CreatePrimitive()方法创建几个基本 3D 对象,调整它们的位置,美化场景显示效果。

(2) 新建脚本,在 Start()方法中编写代码。

```
void Start()
{
    GameObject ob01 = GameObject.CreatePrimitive(PrimitiveType.Plane);
    ob01.transform.position = new Vector3(0, -1, 0);
    GameObject ob02 = GameObject.CreatePrimitive(PrimitiveType.Sphere);
    ob02.transform.position = Vector3.forward * 3;
    GameObject ob03 = GameObject.CreatePrimitive(PrimitiveType.Capsule);
    ob03.transform.position = Vector3.back * 3;
    GameObject ob04 = GameObject.CreatePrimitive(PrimitiveType.Cylinder);
    ob04.transform.position = Vector3.left * 3;
    GameObject ob05 = GameObject.CreatePrimitive(PrimitiveType.Cube);
    ob05.transform.position = Vector3.right * 3;
}
```

(3) 将脚本赋给主摄像机,运行效果如图 5-2 所示。

创建基本
3D 对象

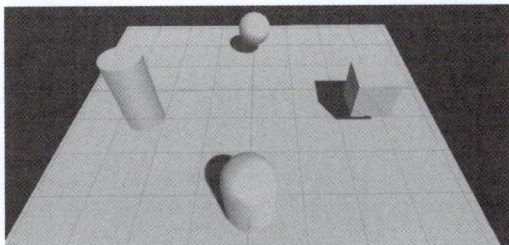

图 5-2　创建 3D 基本对象运行效果（Scene 视图）

【例 5-2】　创建 5×5 立方体墙体

（1）创建一个 5 行 5 列的墙体，组成墙体的砖块是一个个立方体。

（2）新建一个脚本，编写如下代码。变量 k 是立方体 name 属性的名称序号，变量 startPos 是每一行砖块的起始位置。通过 5×5 双重循环实现墙体的搭建，内层 j 循环实现每一行 5 块砖块的搭建，外层 i 循环实现 5 行（每一行已经搭建好）砖块的一层层的叠加搭建。因要留出砖块间的缝隙，每个砖块的大小等比缩放为原始大小的 95%。

创建 5×5 立方体墙体

```
int k = 0;                        //变量 k 是立方体 name 名称序号,初始值为 0
int startPos = -2;                //变量 startPos 是每一行砖块的起始位置,共 5 块,因此初始值为-2
void Start()
{
    for (int i = 0; i < 5; i++)
    {
        startPos = -2;            //每一行都要把 startPos 初始值重置一下
        for (int j = 0; j < 5; j++)
        {
            GameObject cube = GameObject.CreatePrimitive(PrimitiveType.Cube);
                                                         //生成一个 Cube
            cube.transform.localScale = new Vector3(0.95f, 0.95f, 0.95f);
                                                         //将 Cube 等比缩小为 95%
            cube.transform.position = new Vector3(startPos++, i, 0);  //设置 Cube 的位置
            cube.name = "cube" + k++;                    //设置 Cube 的 name 属性
        }
    }
}
```

（3）将脚本赋给主摄像机，运行效果如图 5-3 所示。

该种方法，组成墙体的每一个 Cube 立方体，都是一个独立的对象，系统要分别为它们分配资源，运行效率较低。

5.3　预制件

Unity 预制件（Prefab）是可重用的游戏对象资源。预制件是 Unity 中一个非常重要的功能，用户可以创建、配置和存储游戏对象及其所有组件、属性值和子游戏对象等，作为一个可重用的资源。预制件可以看作游戏对象的模板，通过预制件可以轻松地对整个项目进行便捷地修改，提高开发效率。

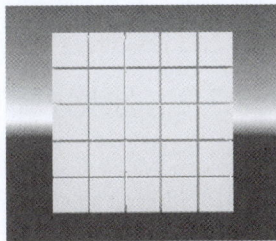

图 5-3　搭建的 5×5 墙体运行效果

5.3.1　预制件概述

Unity 中，Prefab 是存储在 Assets 中的一种资源，是优化系统资源和方便编辑复用大量类似对象的一种措施。也就是说，Unity 的预制件系统是创建、配置和存储游戏对象，实现一组相似对象的所有组件、属性值和子游戏对象编辑的可重用资源。

当想重用一个以特定方式配置的游戏对象时,如一个非玩家角色(NPC)、道具,应用于一个场景的多个地方或者应用于项目的多个场景中的物品、资源、子场景对象等,应该把该游戏对象(或者它们的组合)转换成一个预制件。这比简单地复制和粘贴要好,因为预制系统可以自动保持所有副本同步,方便后期的编辑修改,提高开发效率及质量。

Prefab 预制资源是一种资源类型,是存储在项目面板 Assets 文件夹中的一种可重复使用的游戏对象模板,可以在场景中创建基于该模板的实例。预制件可以多次放入多个场景中,当添加一个预制件到场景中,就创建了它的一个实例副本。所有的预制件实例链接到原始预制件,可以认为是原始预制件的克隆。不管项目中存在多少实例,当对 Assets 中的预制件进行任何更改,这些更改将自动应用于所有实例,而无须重复对预制件的每个实例副本进行相同的编辑。场景中创建的预制件资源实例对象在 Hierarchy 面板中以蓝色显示。为创建易于在多个级别上编辑的复杂对象层次结构,预制件可以嵌套。

5.3.2　创建预制件

1. 创建预制件的方法

创建预制件的方法有两种,一般创建的预制件放在 prefab 文件夹下。

第一种方法,从菜单选择 Assets|Create|Prefab,就创建了一个空预制件。可以编辑该空预制件,或者在 Hierarchy 面板中,选择想使之成为预制件的游戏对象,拖动该对象到项目面板 Assets 中的该空预制件上。

第二种方法,在 Hierarchy 面板中,将编辑好的原始对象直接拖到项目面板 Assets 中对应的预制件文件夹中(通常是 prefab 文件夹),会自动创建一个预制件对象,原始对象成为预制件的一个实例。

第一种方法是先创建一个空预制件,再编辑或把场景中对象拖到空预制件上进行替换;第二种方法是以编辑好的对象为模板创建预制件。一般使用第二种方法,只需一步就创建好预制件了。

2. 预制件的编辑

创建的预制件如果比较复杂,如有多层游戏对象的嵌套,可以通过双击预制件,进入预制件编辑状态进行编辑,编辑完成后,单击 Hierarchy 面板上方左侧的小箭头,即可退出编辑状态。

5.3.3　原始预制件和预制件变体

然而并不是所有的预制件实例都必须是相同的。如果希望预制件的某些实例与其他实例不同,则可以创建 Original Prefab 覆盖单个预制件实例上的设置,还可以创建预制件的变体 Prefab Variants,如图 5-4 所示。

原始预制件(Original Prefab)和预制件变体(Prefab Variant)有什么不同呢?

假设场景中有一个通过预制件 A 创建的对象 A,通过对象 A 创建一个新的预制件时,有两种选择。

(1) 单击 Original Prefab 按钮创建一个原始预制件 B,则预制件 B 和预制件 A 断绝联系,它们之间的编辑互不影响。

(2) 单击 Prefab Variant 按钮创建一个预制件变体 A1,则预制件变体 A1 和预制件 A 类似,只不过预制件 A1 是预制件 A 的子类。当预制件 A 发生变化时,预制件变体 A1 会随着发生变化。但是当修改预制件 A1 时,预制件 A 不会发生变化。这和继承父类的子类一样,修改父类的公共属性时,子类也会随着变化,但是在子类做修改时,父类并不受影响。

通常应用中使用比较多的是创建原始预制件 B,和原来的预制件 A 完全脱离,成为一个全新的预制件,可以随意修改。当希望新建的预制件会跟随原来的预制件 A 变化而发生变化,则选择第二种预制件变体 A1,这样当创建多个预制件变体 A2,A3,…时,这些预制件变体就可以保持与预制件 A 的同步更新,但又可以保持自己独有的一些属性。这也可以看作多态的应用。

在项目开发后期,如果希望通过预制件 A 创建的对象,也拥有预制件 A1 的属性,从前面描述知道,对预制件 A1 的修改是不会作用于预制件 A 的。这时,可以使用覆盖功能,将预制件 A1 的属性覆盖应用于预制件 A,方法是选中预制件 A1,双击进入编辑窗口,在右侧的 Inspector 面板找到 Overrides 按钮,单击进行覆盖即可,如图 5-5 所示。

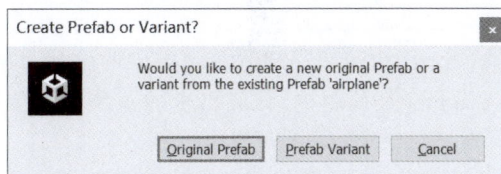

图 5-4　从场景中为游戏对象创建预制件对话框　　图 5-5　预制件变体的属性覆盖

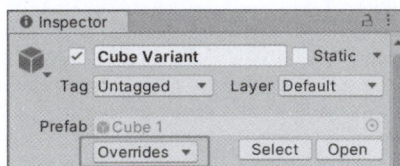

5.4　实例化游戏对象

在 Unity 中,对象实例化主要指的是根据场景中的对象或预制件(Prefab)创建游戏对象的过程。实例化是面向对象编程中的一个概念,指的是用类来创建一个具体的对象实例。在 Unity 引擎中,对象实例化通常指使用场景中对象或预制件来生成场景中的游戏对象。

5.4.1　场景中对象的实例化

要将场景中的游戏对象进行实例化,首先要找到场景中的对象。

1. 对象查找

GameObject 的静态方法 Find()可以实现查找指定对象。Find()方法的声明语句如下,参数 name 为要查找对象的 name 属性,返回值为 GameObject 类型。

```
public static GameObject Find(string name)
```

2. 对象实例化

GameObject 继承自 Object 的静态方法 Instantiate(),作用是实例化参数指定的对象,即将参数传入的对象克隆一个出来。克隆出来的对象的位置、角度和大小与参数传入对象的位置、角度、大小一样。如果传入的不是场景中的对象(比如是 Assets 资源中的预制对象),则克隆出来的对象位置在坐标原点。

```
public static Object Instantiate (Object original);
public static Object Instantiate (Object original, Transform parent);
public static Object Instantiate (Object original, Transform parent, bool
instantiateInWorldSpace);
public static Object Instantiate (Object original, Vector3 position, Quaternion rotation);
public static Object Instantiate (Object original, Vector3 position, Quaternion rotation,
Transform parent);
public static T Instantiate(T original);
public static T Instantiate (T original, Transform parent);
…
```

Instantiate()方法的参数如表 5-3 所示。

表 5-3　Instantiate()方法的参数

参　　　数	作　　　用
original	要实例化的现有对象
position	实例化对象的位置
rotation	实例化对象的方向
parent	实例化对象要指定给的父对象
instantiateInWorldSpace	如果实例化对象指定了父对象。该参数取值为 true,则实例化对象使用世界坐标系;取值为 false,则实例化对象使用父对象坐标系
T original	要克隆的类型为 T 的对象

传入的 original 可以是 GameObject 或者 Transform,也可以是包含特定组件的游戏对象,可以是场景中已有的对象,也可以是预制件。如果 original 是预制件,克隆出来的对象默认位置在坐标原点。

参数 original 是 GameObject 和 Transform 这两种类型,可以传入任意的游戏对象,因为所有的游戏对象都包含 Transform 组件,如以下代码。

original 是 GameObject 类型。

```
public GameObject obj;
void Start()
{
    GameObject.Instantiate(obj);
}
```

original 是 Transform 类型。

```
public Transform trans;
void Start()
{
    GameObject.Instantiate(trans);
}
```

参数 original 如果是具体的组件(如 Camera),则只能传入包含该组件的游戏对象。比如以下代码,需要传入 Camera 组件的游戏对象(如主摄像机或其他添加了 Camera 组件的对象)给变量 cam。

```
public Camera cam;
void Start()
{
    GameObject.Instantiate(cam);
}
```

3. 实例化对象类型转换

Instantiate()方法有返回值,可以赋给对象以便后续使用。当方法返回值和要赋值对象的类型不一致时,则要进行强制类型转换。这种情况使用泛型会更加方便,现在也基本使用泛型替代了原来的强制类型转换。在 Unity 中有很多使用泛型的情况。

```
public Camera cam;
void Start()
{
    Camera clone1 = (Camera)GameObject.Instantiate(cam);         //强制类型转换
    Camera clone2 = GameObject.Instantiate(cam) as Camera;       //使用 as 操作符实现类型转换
    Camera clone3 = GameObject.Instantiate<Camera>(cam);         //泛型
    Camera clone3 = GameObject.Instantiate(cam);                 //泛型,直接使用
}
```

【例 5-3】　创建 5×5 立方体墙体改进 1

例 5-2 中构成墙体的砖块,是基本的 3D 游戏对象,如果想使用更复杂的砖块,可以通过以下方法实现。

（1）在场景中创建一个 Cube,新建一个绿色材质,将材质赋给 Cube。

（2）通过 GameObject 类的静态 Find()方法找到场景中的 Cube 对象,然后在双循环中实例化,修改例 5-2 的代码。

5×5 墙体
改进 1～4

```
int k = 0;
int startPos = -2;
void Start()
{
    //在场景中找到游戏对象 Cube,并赋值给变量 cube
    GameObject cube = GameObject.Find("Cube");
    for (int i = 0; i < 5; i++)
    {
        startPos = -2;
        for (int j = 0; j < 5; j++)
        {
            //实例化 cube 的一个实例 obj
            GameObject obj = GameObject.Instantiate(cube);
            obj.transform.position = new Vector3(startPos++, i, 0);
            obj.transform.localScale = new Vector3(0.95f, 0.95f, 0.95f);
            obj.name = "Cube" + k++;
        }
    }
}
```

注意以上代码中,GameObject cube = GameObject.Find（"Cube"）和 GameObject obj = GameObject.Instantiate(cube)可以合并为一行代码 GameObject obj = GameObject.Instantiate（GameObject.Find（"Cube"））。

（3）运行效果如图 5-6 所示。

5.4.2　预制件的实例化

生成 5×5 墙体改进 1 中,必须在场景中先创建一个对象 Cube,这个对象实际上是无用的,也不希望运行后在 Game 视图中显示出来。

图 5-6　运行效果

1. 定义公有变量

在实际应用中,更多的是定义一个公有变量,暴露在 Inspector 面板中,然后将场景中 Cube 对象生成预制件,将预制件赋值给该公有变量。

2. Unity 中公有变量特性

Public 公有变量或全局变量,一般语言中都有,但是 Unity 脚本中的公有变量比较特殊。Unity 编辑器作为一个可视化交互式的编辑环境,有一个特性,就是脚本中所有的公有变量,会被显示在 Inspector 面板中。可以方便地为该公有变量赋值,或在运行时查看该变量值,甚至在运行时修改该变量值,交互式实时查看变量值修改对场景效果的影响。

【例 5-4】　创建 5×5 立方体墙体改进 2

（1）接例 5-3,在 Assets 文件夹下创建 prefab 文件夹,把场景中创建好的绿色 Cube 对象,拖到 prefab 文件夹里,从而创建一个预制件 Cube。然后把场景中的 Cube 对象删除。

（2）将例 5-3 的代码做如下改进,将语句 GameObject cube = GameObject.Find（"Cube"）;删除,声明一个 public 类型的变量 cube。

```
int k = 0;
int startPos;
public GameObject cube;                    //定义公有变量cube,运行前该变量必须赋值
void Start()
{
    for (int i = 0; i < 5; i++)
    {
        startPos = -2;
        for (int j = 0; j < 5; j++)
        {
            //实例化公有变量cube的一个实例obj
            GameObject obj = GameObject.Instantiate(cube);
            obj.transform.position = new Vector3(startPos++, i, 0);
            obj.transform.localScale = new Vector3(0.95f, 0.95f, 0.95f);
            obj.name = "Cube" + k++;
        }
    }
}
```

（3）返回Unity,将第一步做好的prefab文件夹中的Cube预制件,拖到Inspector面板中脚本下面变量cube后面的文本框中,如图5-7所示。实现为变量cube赋值。

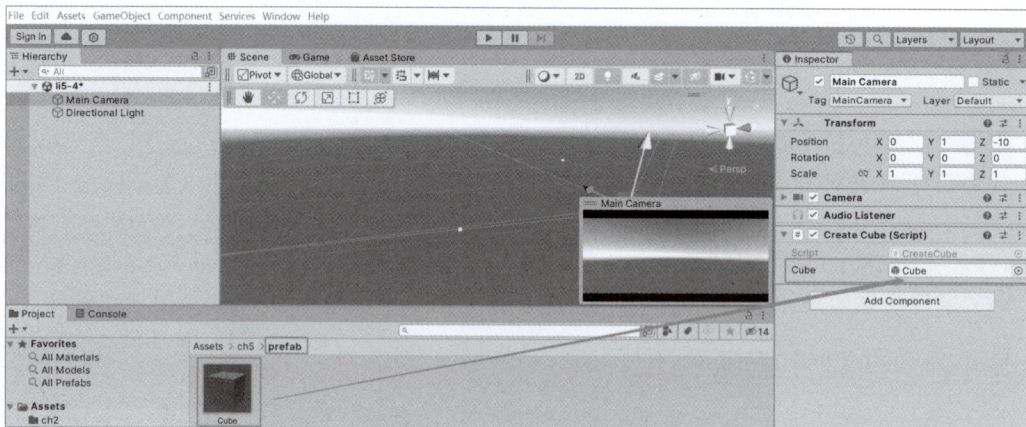

图5-7　为变量cube赋值

（4）运行程序,观察实现了与例5-3同样的效果。

5.4.3　私有变量的序列化

1. 序列化概念

序列化（Serialization）是将对象（变量）的状态信息转换为可以存储或传输的形式的过程。在序列化期间,对象将其当前状态写入临时或持久性存储区。以后,可以通过从存储区中读取或反序列化对象的状态,重新创建该对象。

序列化的主要作用是:①方便对象的存储,通常将对象以某种方式存储为文件,以后可以通过反序列化从文件中读取还原该对象;②方便对象的网络传输,将对象序列化为数据流,从发送端发送出去,经网络传输后,在接收端反序列化后还原该对象。

2. 私有变量的序列化

Unity中显示在Inspector中的属性都同时具有序列化功能,序列化后的变量,读取时是有值的,不需要再次去赋值,因为它已经被保存下来了。public公有变量默认是可以被Serialize的,所以public变量默认会在Inspector面板中显示,可以在编辑时为该变量赋值。Unity会自动对public变量做序列化,但不对private变量做序列化。只有被序列化的变量才可以显示在

Inspector 面板上。因此一般情况下，Inspector 面板显示出的变量都为 public 变量。

但在大多数情况下，希望使用私有变量，以防止其他脚本修改该变量的值，增加安全性。但同时又想让该变量在 Inspector 面板中显示，方便交互式编辑。此时可以通过代码将该私有变量序列化。

3. SerializeField 实现私有变量的序列化

Unity 中可以通过添加 SerializeField 关键字实现私有变量的序列化。例如：

```
[SerializeField] private GameObject cube;
```

通过该语句，就可以在 Inspector 面板中显示私有变量 cube，并为该变量赋值了，同时私有变量 cube 也不会被其他脚本直接修改。

反过来，如果不想在 Inspector 窗口中显示某些 public 变量，可以使用 HideInInspector 关键字。例如：

```
[HideInInspector] public GameObject cube;
```

【例 5-5】 创建 5×5 立方体墙体改进 3

（1）将例 5-4 代码做如下改进，其他不用再做任何处理。

```
int k = 0;
int startPos;
[SerializeField] private GameObject cube;      //定义私有变量 cube,并序列化该变量
void Start()
{
    for (int i = 0; i < 5; i++)
    {
        startPos = -2;
        for (int j = 0; j < 5; j++)
        {
            GameObject obj = GameObject.Instantiate(cube);
            obj.transform.position = new Vector3(startPos++, i, 0);
            obj.transform.localScale = new Vector3(0.95f, 0.95f, 0.95f);
            obj.name = "Cube" + k++;
        }
    }
}
```

（2）运行，实现与例 5-4 同样的效果。

5.5 资源动态加载

5.5.1 资源动态加载概述

在 Unity 开发中，所有的游戏对象都直接创建在场景中，是不现实的，也是低效的，所以通常是在运行时动态创建游戏对象。也就是先创建好要用到游戏对象的预制件和其他资源文件，然后通过脚本实现资源运行时动态加载到场景中，从而创建出需要的场景环境、角色、特效等。

5.5.2 资源动态加载方法

资源动态加载有以下几种方法。

（1）将变量暴露在 Inspector 面板中，通过拖曳预制件进行赋值，如例 5-4 和例 5-5 使用的方法。这种方法在打包时，能够自动计算使用的资源，没有使用的资源不会出现在打包文件中。但拖曳赋值的方式确实比较烦琐。

（2）预设文件放置在 Resources 文件夹下面，用 Resources.Load()方法动态加载资源，避免烦琐的拖曳操作。这种方法最大只能加载 2GB 的资源内容。

（3）使用 AssetBundle 加载的方式加载。先声明一个 AssetBundle 类型变量 assetBundleObj，再通过 assetBundleObj.LoadAsset()方法动态加载资源。

```
AssetBundle assetBundleObj = AssetBundle.LoadFromFile(Application.streamingAssetsPath + "/
cube");
GameObject abObj = Instantiate(assetBundleObj.LoadAsset<GameObject>("cube"));
```

（4）使用 AssetDatabase.LoadAssetAtPath 加载资源。"Assets/Load/资源名称"不需要打包，可以加载任意位置资源预制件。AssetDatabase 属于 UnityEditor 命名空间，所以该方法要添加"using UnityEditor;"语句。

```
GameObject DBobj = Instantiate(AssetDatabase.LoadAssetAtPath<GameObject>("Assets/Load/
cube.prefab"));
```

5.5.3　Resources 资源动态加载

1. Resources 类实现资源的动态加载

Resources 资源动态加载就是把资源做成预制件，放在 Resources 文件夹下，然后通过 Resources.Load()方法去动态加载出来。在 Resources 文件夹下的所有资源打包时，都会被一起打包发布出去，因此不会出现资源丢失或者路径不一致的问题。打包时，Unity 会对资源进行压缩加密。要注意只有 Resources 文件夹下的资源才会被打包，资源如果是放在工程(*/Assets)下的其他文件夹下然后发布，会出现资源加载不出来的情况。

Resources 文件夹是一个只读的文件夹，通过 Resources.Load()来读取对象。因为这个文件夹下的所有资源都可以运行时来加载，所以 Resources 文件夹下的所有东西都会被无条件地打到发布包中。所以这个文件夹下最好只放 Prefab 或者一些 Object 对象，因为 Prefab 会自动过滤掉对象上不需要的资源。举个例子，把模型文件、贴图文件、音效文件等资源都放在了 Resources 文件夹中，但是有两张贴图是没有用在模型上的，那么此时这两张没用的贴图也会被打包到发布包中。但如果这些文件放在了 Prefab 文件夹中，那么 Prefab 会自动过滤掉这两张没有用到的贴图，这样发布包就会小一些了。

注意 Assets 中的 Resources 文件夹需要在使用前创建。创建新项目时，不会自动创建该文件夹。在一个项目中，Resources 文件夹可以有多个，通过 Load()方法加载时，会去这些同名的 Resources 文件夹中去找资源，所以不同 Resources 文件夹中的资源尽量不要同名，否则可能加载出来的不是想要的资源。打包时所有 Resources 文件夹里的内容都会打包在一起。

资源动态加载中，如果加载过大的资源可能会造成程序卡顿，卡顿的原因是从硬盘上把数据读取到内存中是需要消耗计算资源的，越大的资源耗时越长，就会造成掉帧卡顿。这时可以通过异步方式加载资源。Resources 异步加载资源，就是内部新开一个线程进行资源加载，不会造成主线程卡顿。注意，异步加载不能马上得到加载的资源，至少要等一帧。

2. Resources 类

Resources 类主要实现查找、访问、加载、卸载资源等，它包含多个静态方法，如表 5-4 所示。

表 5-4　Resources 类的方法

方　法　名	作　　　用
FindObjectsOfTypeAll	返回所有类型为 T 的资源的数组，可以返回已加载的任何类型的 Unity 对象，包括游戏对象、预制件、材质、网格、纹理等

续表

方　法　名	作　用
InstanceIDsToValidArray	将一个实例 ID 数组转换为一个 bool 数组，该 bool 数组表示给定的实例 ID 是否对应于一个有效的资源
InstanceIDToObject	将实例 ID 转换为对象引用
InstanceIDToObjectList	将实例 ID 数组转换为 Object 引用列表
Load	按指定路径（Resources 文件夹中的 path 目录）加载一个资源
LoadAll	加载位于 Resources 文件夹中的 path 处的文件夹中的所有资源，或加载位于该目录下的所有文件
LoadAsync	异步加载存储在 Resources 文件夹中的 path 处的资源
UnloadAsset	从内存中卸载资源，只能对存储在磁盘上的资源调用该函数。引用的资源从内存中卸载后，该对象将变为无效，无法再次从磁盘中加载。如果随后加载的任何场景或资源引用了该资源，则将导致从磁盘中加载资源的新实例。此新实例不会连接到先前卸载的资源
UnloadUnusedAssets	卸载未使用的资源。如果在遍历整个层级面板后，未访问到某资源（包括脚本组件），则将其视为未使用的资源，会被卸载掉。该操作也检查静态变量

下面重点介绍 Resources 类的 Load()方法和 LoadAll()方法。

Load()方法有三个重载方法，声明语句如下。

```
public static T Load (string path);
public static Object Load (string path);
public static Object Load (string path, Type systemTypeInstance);
```

参数 path 表示要加载资源存放的路径（不区分大小写），参数 systemTypeInstance 是返回对象的类型筛选器。第一个泛型用法最常用，第二个和第三个都需要进行强制类型转换。

如果可以在指定路径下找到资源，则方法返回对应资源，否则返回 null。注意路径不区分大小写，不能包含资源文件扩展名。Unity 中的所有资源名称和路径都使用正斜杠（/），所以在路径中使用反斜杠是错误的。

类似地，LoadAll()方法也有三个重载方法，声明语句如下。

```
public static T[] LoadAll (string path);
public static Object[] LoadAll (string path);
public static Object[] LoadAll (string path, Type systemTypeInstance);
```

LoadAll()方法与 Load()方法的不同点在于，Load()方法加载的是一个资源，而 LoadAll()方法加载的是 path 目录下满足类型要求的所有资源。所以 Load()方法的 path 参数是一个确定的资源文件，而 LoadAll()方法的 path 参数是一个目录，在该目录下有一个或多个资源。并且 LoadAll()方法返回的是一个数组。

【例 5-6】　创建 5×5 立方体墙体改进 4

（1）在 Assets 目录下新建 Resources 文件夹，然后将 prefab 文件夹移到 Resources 文件夹中，如图 5-8 所示。

（2）将例 5-5 代码做如下改进。将［SerializeField］private GameObject cube;语句删除。将语句 GameObject obj ＝ GameObject.Instantiate（cube）;替换为 GameObject obj ＝ GameObject.Instantiate（Resources.Load＜GameObject＞("prefab/

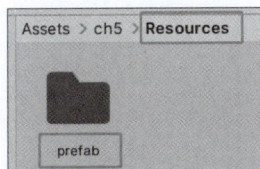

图 5-8　新建 Resources 文件夹，并将 prefab 文件夹移入

Cube"));。注意路径"prefab/Cube"中的 prefab 前面没有"/"。

```
int k = 0;
int startPos;
void Start()
{
    for (int i = 0; i < 5; i++)
    {
        startPos = -2;
        for (int j = 0; j < 5; j++)
        {
            //实例化动态加载资源(预制件 Cube)的一个实例 obj
            GameObject obj = GameObject.Instantiate(Resources.Load<GameObject>("prefab/
Cube"));
            obj.transform.position = new Vector3(startPos++, i, 0);
            obj.transform.localScale = new Vector3(0.95f, 0.95f, 0.95f);
            obj.name = "Cube" + k++;
        }
    }
}
```

（3）运行程序，观察实现了与例 5-5 同样的效果。

5.6 销毁游戏对象

在开发过程中，会遇到对象、组件、资源等使用完后就不再起作用了，如果不做处理，会影响项目运行效率，甚至影响项目的正常运行。所以对于没有用的对象和资源，要使用相关的方法去管理。

Unity 有多种 Destroy 方法，分别用于销毁不同的对象和资源，如表 5-5 所示。

表 5-5　Unity 中各种 Destroy 方法

方　　法	功　　能
Object.Destroy()	删除对象、组件或资源。如果删除的是组件，则会将其从游戏对象上删除并销毁。如果删除的是游戏对象，则将销毁它的全部组件及其所有子物体。可以指定多长时间后销毁，当然，实际上销毁总是存在一定延迟的，延迟到当前帧更新循环后和渲染之前
Object.DestroyImmediate()	立即销毁游戏对象。该函数只在编写 Editor 编辑器代码时使用，因为在编辑模式下，永远不会调用延迟销毁。在项目代码中，应该改用 Destroy()。Destroy()始终延迟进行（但在同一帧内执行）。使用该函数时要小心，因为它可以永久销毁资源。另外注意，切勿循环访问数组并销毁正在迭代的元素，这会导致严重的问题
Object.DontDestroyOnLoad()	场景改变时不销毁的游戏对象，即在加载新场景的时候让指定的目标对象不被自动销毁。当加载一个新场景时，原来打开的所有场景中的所有游戏对象都会被销毁，然后新场景中的游戏对象被加载进来。为了保持在加载新场景时某游戏对象不被销毁，就使用该方法保护目标对象仍保留在场景中。如果是一个组件或游戏对象的话，则所有的 Transform 层次都不会被销毁，全部保留下来
MonoBehavior.OnDestroy()	脚本销毁时被回调
NetWork.Destroy()	销毁网络对象

下面重点介绍 Destroy()方法。Object.Destroy()方法有两种静态重载方法，方法声明如下。

```
public static void Destroy(Object obj )              //直接销毁对象
public static void Destroy(Object obj, Float time)   //延迟 time 时间后,销毁对象
```

第一个 Destroy() 方法没有延迟时间，在下一帧渲染之前销毁，也就是说，要销毁的对象一定不会出现在下一帧画面中。第二个 Destroy() 方法有延迟时间，会在场景中保持到延迟时间截止才会被销毁。

【例 5-7】 5×5 立方体墙体逐个销毁

本实例在例 5-6 动态创建墙体的基础上，实现以下功能，当按 L 键时，将组成墙体的立方体从右上角开始逐个销毁。

（1）在 Update() 方法中添加以下代码。语句 Input.GetKeyDown(KeyCode.L) 获取键盘输入。do-while 循环实现逐个销毁立方体。先找到最后一个创建的立方体 Cube24，延迟 0.2s 后销毁，然后循环此操作。

```
float time = 0;                          //定义计数器变量 time,并初始化
void Update()
{
    if (Input.GetKeyDown(KeyCode.L))
    {
        do
        {                                //从最后一个开始,依次查找组成墙体的立方体
            GameObject obj = GameObject.Find("Cube" + --k);
            time += 0.2f;                //时间计数器 time 增加 0.2s
            Destroy(obj, time);          //延迟 time 秒后,销毁 obj 立方体
        } while (k > 0);
    }
}
```

（2）返回 Unity，运行程序，在 game 窗口中按 L 键。观察效果，构成墙体的立方体砖块会从右上角开始，从右到左，从上到下，一个个地按 0.2s 的时间间隔销毁，如图 5-9 所示。

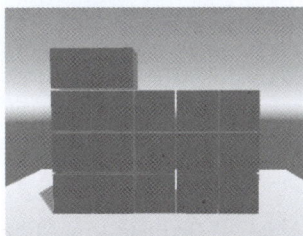

图 5-9 墙体砖块逐个销毁

5.7 外部模型导入

Unity 建模功能较弱，只提供了一些基本 3D 建模对象和简单编辑方法。如果要完成复杂项目开发，需要由美术人员在其他软件中完成复杂模型的设计制作，以及相关材质贴图、动画等的设计制作。下面介绍如何从其他软件中将模型导入 Unity 中。

5.7.1 导入模型

1. 单位设置

默认情况下，Unity 系统的一个单位（1unit）等于 1m，所以在 3ds Max、Maya 等软件中创建模型时，最好将单位设置为公制的米（m）或厘米（cm），以方便统一。

2. 导出 FBX 文件

在 3ds Max 或 Maya 等三维建模软件中，将三维模型导出为 FBX 格式文件。3ds Max 导出 FBX 文件如图 5-10 所示。

3. 导入 FBX 文件

将导出的 FBX 和所用到的贴图拖动或复制到项目对应的文件夹中，三维模型会自动导入项目中，Unity 会自动创建材质，贴图也设置贴好。Unity 2017.3 以前的版本会在 FBX 模型所在文件夹中自动创建一个 Material 文件夹，模型所带材质会自动创建在该文件夹下。Unity 2017.3 以后版本引入了内嵌材质，模型所带材质采用内嵌模式，如果想要在 Assets 中显示，以方便编

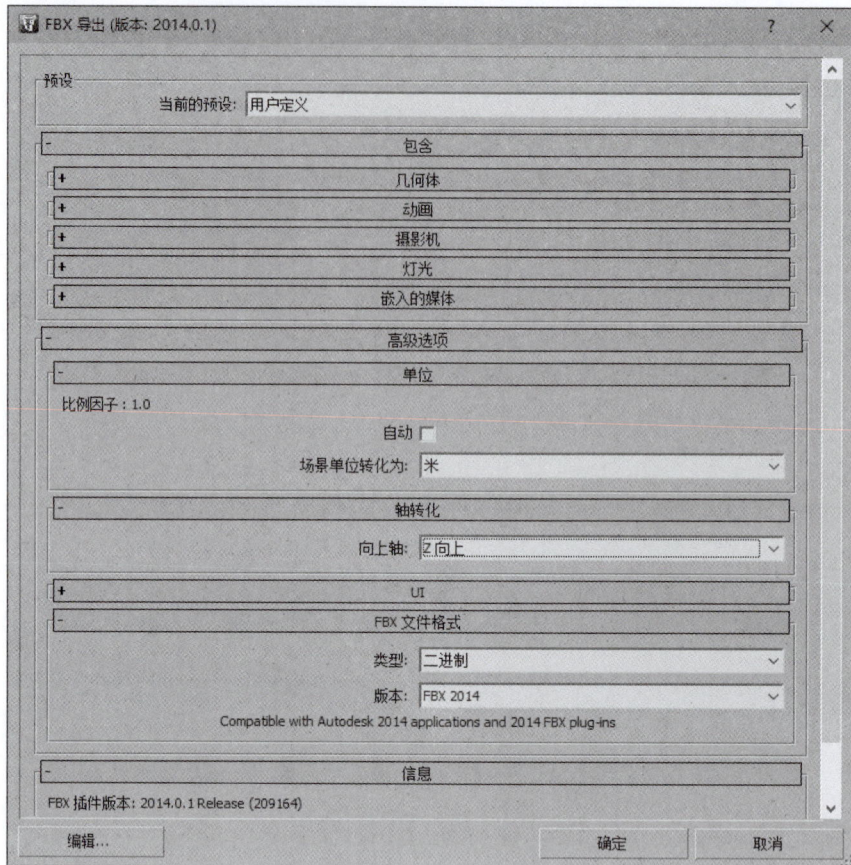

图 5-10　3ds Max 导出 FBX 文件

辑,就需要在 Inspector 面板中将 Location 属性设置为 Use External Materials(Legacy),内嵌的材质就被导出到 Assets 文件夹中了,如图 5-11 所示。如有导入模型出现贴图丢失情况,这时就可以对材质进行编辑,找到丢失的贴图,重新贴到材质对应的属性上。

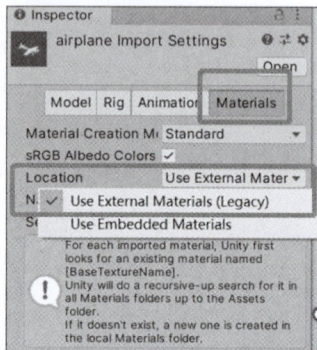

图 5-11　模型的 Materials 选项卡

5.7.2　贴图烘焙

1. 基本概念

贴图烘焙技术也叫 Render To Textures,简单地说,就是一种把场景中的光照信息渲染成贴图的方式,而后把这个烘焙后的贴图再贴回到场景中去的技术。这样的话光照信息变成了贴图,不需要 CPU 再去费时地计算了,只要算普通的贴图就可以了,所以速度极快。由于在烘焙前需要对场景进行渲染,所以贴图烘焙技术对于静帧来讲意义不大,这种技术主要应用于游戏和建筑漫游动画里面,这种技术实现了把费时的高级灯光计算(光线追踪器、光能传递、天光、Vray 高级灯光等)应用到动画或漫游中去的实用性,而且也能避免某些高级灯光(如光能传递)制作动画时出现的抖动现象。常用动画制作软件都支持贴图烘焙技术。

2. 3ds Max 中贴图烘焙步骤

3ds Max 是在 5.0 版时加入贴图烘焙技术,在 6.0 版中界面稍做了改动,最新版中功能更加完善,使用更加方便和快捷。3ds Max 中贴图烘焙的步骤如下。

(1) 3ds Max 中场景中,创建模型,设置材质,添加灯光,渲染测试效果。

(2) 选中要烘焙的对象,选择菜单"渲染"|"渲染到纹理"(快捷键:0)。

(3) 在打开的"渲染到纹理"对话框中的"烘焙对象"卷展栏中,可以看到选中对象已经加到烘焙对象列表中了,如果需要增加或删除烘焙对象,在场景中按住 Ctrl 键加选对象或按住 Alt 键减选对象即可。其他选项设置如图 5-12 所示。

(4) 在"常规设置"卷展栏中,设置烘焙贴图的输出路径,烘焙完成的贴图将保存在该路径下,如图 5-13 所示。

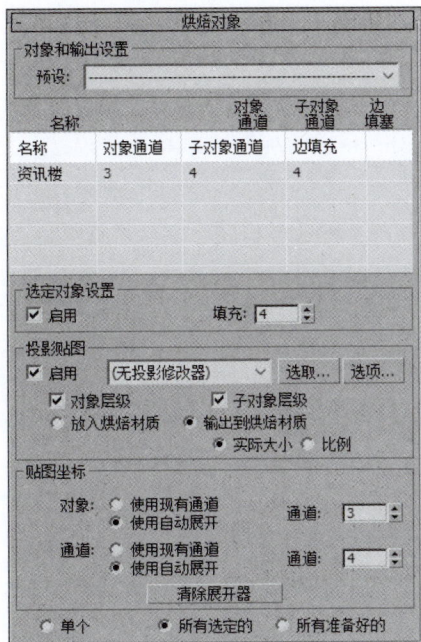

图 5-12 贴图烘焙参数

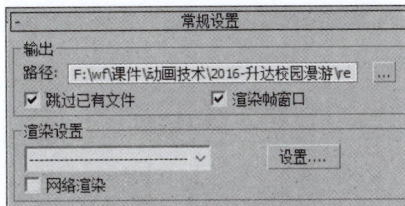

图 5-13 "常规设置"卷展栏

(5) 在"输出"卷展栏中显示输出信息,每个对象可以输出多幅贴图,单击"添加"按钮,如图 5-14 所示。弹出"添加纹理元素"对话框,选择需要添加输出的纹理贴图类型(CompleteMap 表示包括所有信息的纹理贴图,反贴回漫反射贴图通道,即可表现完整的光照和纹理信息;SpecularMap 可以贴回高光通道;NormalsMap 可以贴回凹凸通道等),如图 5-15 所示。

(6) 在如图 5-14 所示的"选定元素通用设置"栏中,设置输出贴图的名称(默认:与贴图类型一致)、文件名和类型(默认:对象名+贴图类型名,贴图扩展名为.tga)、目标贴图位置(即输出的贴图反贴回哪个贴图通道,CompleteMap 类型贴图一般贴回漫反射颜色贴图通道)。

(7) 然后设置输出贴图大小,通常宽度和高度值是 2 的 n 次幂,并保持一致。

(8) 在"烘焙材质"卷展栏中,设置"输出到源",将使用烘焙材质覆盖源材质,如图 5-16 所示。设置"保存源",将创建壳材质(Shell Material),同时保存原始材质和烘焙材质,壳材质参数设置如图 5-17 所示。

(9) 单击"渲染"按钮,系统将为对象"自动展平 UVs",生成烘焙贴图,并将烘焙贴图反贴回对应的面上,如图 5-18 所示。

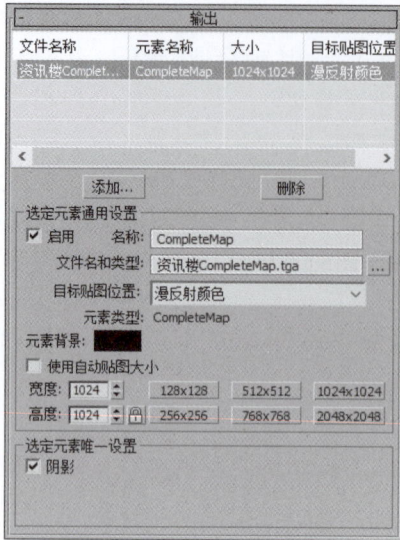

图 5-14 "输出"卷展栏

图 5-15 "添加纹理元素"对话框

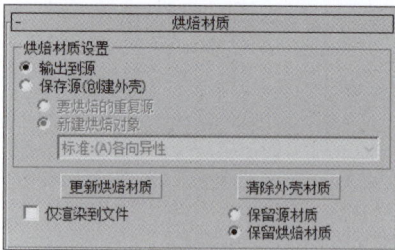

图 5-16 "烘焙材质"卷展栏

图 5-17 壳材质参数

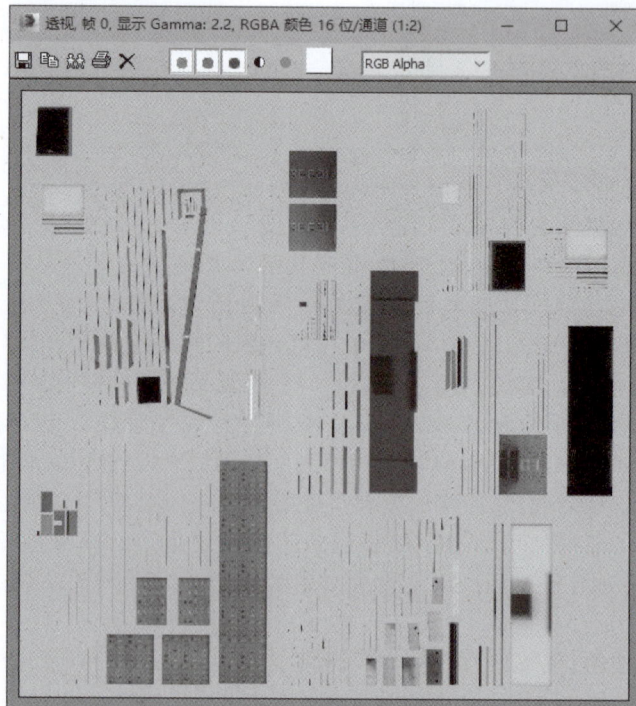

图 5-18 生成贴图烘焙

（10）可以单击对象"自动展平 UVs"修改器"编辑 UV"卷展栏中的"打开 UV 编辑器"按钮，观察 UV 坐标展开情况和烘焙贴图(注意：要在右上角的下拉列表中选取刚刚生成好的烘焙贴图)，如图 5-19 所示。

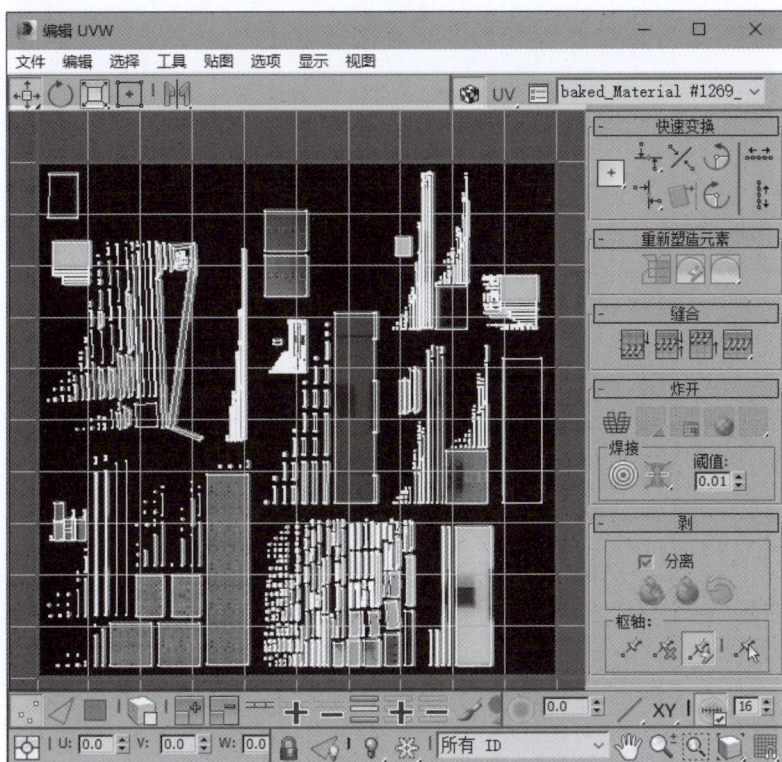

图 5-19　模型展平与贴图 UVW 编辑

【例 5-8】 将烘焙后资讯楼模型导入 Unity

资讯楼模型烘焙好后，就可以导入 Unity 中了，步骤如下。

（1）将模型导出为 FBX 文件。

（2）将模型导入 Unity 中，注意导入后，选中对象，在 Inspector 面板中的 Model 选项卡中，勾选 Swap UVs 复选框，如图 5-20 所示。这样 Unity 才能正确识别和处理 3ds Max 中的 UV 展开贴图，这一步很关键，否则就不能得到正确的贴图效果。

（3）导入资讯楼模型后效果如图 5-21 所示。

将贴图烘焙后的模型导入 Unity

5.7.3　父子化层级

1. 父子化概念

在 Unity 中父子化是一个非常重要的概念。

当一个对象 A 是另一个对象 B 的父对象时，其子对象 B 会随着父对象 A 移动、旋转和缩放。就像胳膊属于身体，旋转身体时，胳膊也会跟着旋转一样。

任何对象都可以有多个子对象，但只能有一个父对象。父子对象可以多层嵌套。

2. 父子化创建方法

可以通过在 Hierarchy 窗口中，把一个对象拖放到另一个对象之上来创建父对象，这将创建一个父子关系关联这两个游戏对象。子对象会一级级缩进显示，如图 5-22 所示。

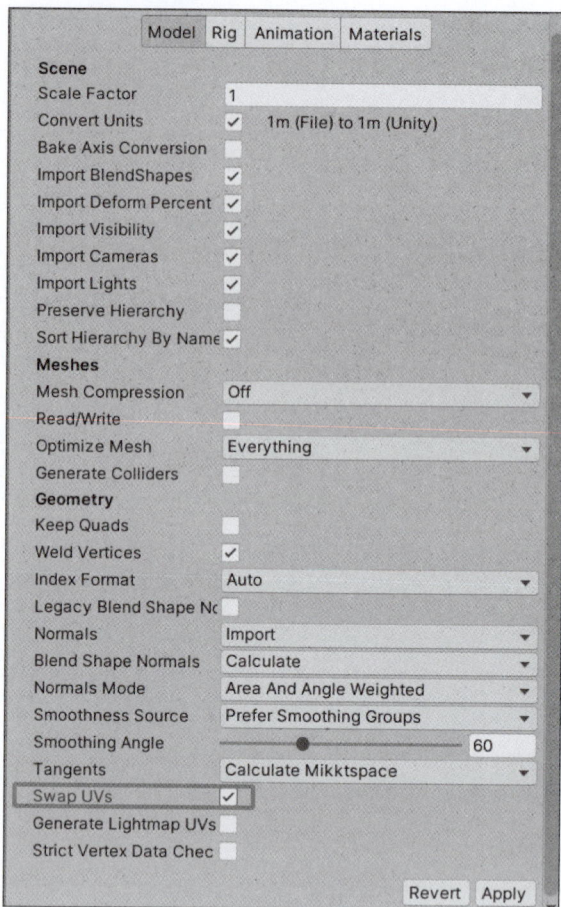

图 5-20　Swap UVs 参数

图 5-21　导入资讯楼模型到场景中效果

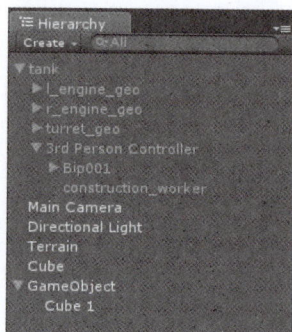

图 5-22　父子对象层级关系

一个父子层级实例,左侧带有箭头的都是父对象。在 Unity 中的场景会包含这些变换层级的集合,最外层的父对象被称作根对象,当移动、旋转或缩放一个父对象时,所有的变换也会应用于其子对象。

3. 子对象坐标系

游戏对象没有创建父对象时,默认的父对象是世界坐标系。世界坐标是所有对象的父对象,也是所有对象的根对象。

　　坐标系分为世界坐标系(World Coordinate)和局部坐标系(Local Coordinate)。当一个对象没有创建父对象时,其世界坐标和局部坐标是重合的。当该对象有父对象后,世界坐标不变,局部坐标是相对于父对象的坐标,即以父对象为坐标原点的坐标系。

　　Transform 组件中的位置、角度和大小都是局部坐标 localPosition、localEulerAngles 和 localScale,即相对于父对象的坐标,当将子对象 reset,子对象的位置将和父对象重合,如果没有父对象,将移动到世界坐标原点位置。

　　创建父子关系还可以解决坐标系不一致问题。如 Unity 使用的是左手坐标系,3ds Max 使用的是右手坐标系,从 3ds Max 导入的模型,z 轴指向就会和 Unity 不一致,在运动时就会有问题。这时,就可以将外部导入模型设置为空游戏对象的子对象,并在 Transform 面板中通过 Reset 设置与空游戏对象位置重合。这样控制导入模型的运动,就转换为控制空游戏对象的运动了。

4. 子对象的遍历

可以通过以下两种方法实现子对象的遍历。

(1) for 循环遍历。

```
for (int i = 0; i < transform.childCount; i++)
{
    print(transform.GetChild(i).name);
}
```

(2) foreach 循环遍历。

```
foreach(Transform item in transform)
{
    print(item.name);
}
```

　　代码中 transform 是父对象的 transform,脚本挂载给父对象。Unity 中的父子关系是通过 Transform 来实现的,不是通过 GameObject 实现的,这一点一定要注意。

【例 5-9】　坦克载人运动

本实例实现坦克装载第三人称角色,在山地中移动。

(1) 使用 Terrain 地形知识,创建地形。

(2) 导入坦克模型和第三人称角色,将坦克模型和第三人称角色放入地形合适位置处,如图 5-23 所示。

坦克载人
运动

图 5-23　地形场景导入坦克和第三人称角色

　　(3) 创建父子关系,坦克为父对象,第三人称角色为子对象,调整第三人称角色位置,使其刚好在坦克座舱位置,并露出半个身子。

（4）为坦克添加第 3 章编写的 MouseLook 和 SPFInput 脚本，通过键盘和鼠标控制坦克运行，观察第三人称角色跟随对象坦克运动，从而实现坦克载人运动，如图 5-24 所示。

图 5-24　坦克载人运动运行效果

5.8　实例：5×5 墙体实例进阶——骰子墙体

【例 5-10】 5×5 墙体实例进阶——骰子墙体

本实例将前面完成的 5×5 墙体中的 Cube 立方体使用 3ds Max 中创建的骰子替代。

（1）在 3ds Max 中完成骰子的建模、附材质，导出 dice01.FBX 文件。

（2）将 dice01.FBX 文件导入 Unity。

（3）创建空游戏对象 dice，x、y、z 坐标设置为（0，0，0）。将骰子设置为 dice 的子对象，x、y、z 坐标设置为（0，0，0），使骰子和空游戏对象 dice 位置重合。这一步一定要注意，不要在 Transform 面板中 Reset，因为这样会把 scale 也设置为（1，1，1）了。这是因为在 3ds Max 中制作骰子时，使用了英制，所以导入进来后，scale 值为（2.54，2.54，2.54），如果 Reset 了，就会把骰子缩小。

（4）将编辑好的 dice 拖到 Aseets 的 Resources 文件夹下 prefab 文件夹里，创建 dice 预制件。

（5）修改实例化资源语句将 Load()方法的 path 参数设置为 prefab/dice，修改后语句为 GameObject cubePrefab ＝ Resources.Load ＜ GameObject ＞("prefab/dice")；。

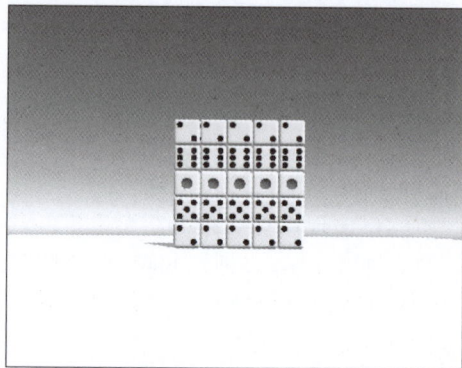

图 5-25　骰子墙体效果

（6）运行程序，观察运行效果，如图 5-25 所示。

（7）包含多种实现方法的完整代码如下。

```
public class wall: MonoBehaviour
{
    private int length = 5;
    private int startPos = -2;
    private int k = 0;
    //方法③:定义 public 类型变量,然后实例化
    //public GameObject cubePrefab;
    //方法④:定义 private 类型变量,然后序列化、实例化
    //[SerializeField] private GameObject cubePrefab;
    float time = 0;
    void Start()
    {
        GameObject plane = GameObject.CreatePrimitive(PrimitiveType.Plane);
```

```
        plane.transform.position = new Vector3(0, -0.5f, 0);
        //创建空游戏对象,作为骰子砖块的父对象,以方便后面的子对象遍历销毁
        GameObject father = new GameObject();
        father.name = "father";
        //方法②:GameObject.Find()方法,然后实例化
        //GameObject gameObject = GameObject.Find("Cube");
        //方法⑤:通过 Resources.Load<GameObject>()方法,加载资源,然后实例化
        //GameObject cubePrefab1 =(GameObject) Resources.Load("prefabs/Cube");
        GameObject cubePrefab = Resources.Load<GameObject>("prefabs/dice");
        for (int i = 0; i < length; i++)
        {
            startPos = -2;
            for (int j = 0; j < length; j++)
            {
                //方法①:GameObject.CreatePrimitive()创建
                //GameObject cube =GameObject.CreatePrimitive(PrimitiveType.Cube);
                //方法②:Find()方法,然后实例化
                //GameObject cube = GameObject.Instantiate(gameObject);
                //方法③:定义 public 类型变量,然后实例化
                GameObject cube = GameObject.Instantiate(cubePrefab);
                cube.transform.parent = father.transform;
                                         //设置砖块的父对象为空游戏对象 father
                cube.transform.position = new Vector3(startPos++, i, 0);
                cube.transform.Rotate(0, 90 * i, 0);    //每一行旋转 90°,以使每行显示不同的点数
                cube.transform.localScale = new Vector3(0.95f, 0.95f, 0.95f);
                cube.name = "cube" + k++;
            }
        }
    }

    void Update()
    {
        if (Input.GetKeyDown(KeyCode.L))
        {
            //销毁 1:foreach 循环销毁 cube
            time = 5;
            GameObject gameObject = GameObject.Find("father");
            foreach (Transform t in gameObject.transform)
            {
                GameObject.Destroy(t.gameObject, time);
                //遍历从第一块砖块开始,销毁从最后一块开始,所以销毁延迟时间要递减 0.2s
                time = time - 0.2f;
            }
            /*
            //销毁 2:do 循环销毁 cube
              time=0;
            do
            {
                GameObject gameObject = GameObject.Find("cube" + --k);
                GameObject.Destroy(gameObject,time);
                time = time + 0.2f;
            } while (k > 0);
            */
        }
    }
}
```

习题

一、选择题

1. 为更好地将三维模型导入 Unity,通常在 3ds Max 或 Maya 等软件中将建好的三维模型导出为_____格式文件。

A. MAX B. FBX C. OBJ D. 3DS

2. 实现资源的动态加载，要用到_____的 Load()方法。

A. Resources B. GameObject C. prefab D. MonoBehaviour

3. GameObject 类的 Instantiate()方法，如果要实例化的原始对象是 Assets 中的预制对象，那么实例化出来的对象的位置坐标为_____。

A.（0,0,0） B.（1,1,1）

C. Vector.Forword D. Assets 中的预制对象的位置

二、简答题

1. 什么是预制件？如何创建预制件？

2. 概述通过 Resources 类动态加载游戏对象资源（预制件）到场景中的步骤流程。

3. 列出游戏对象生命周期涉及的主要类及方法。

三、操作题

1. 创建一个骰子做的 6×6 墙体，每行按顺序显示 1～6 点（如图 5-26 所示），通过子对象的遍历实现按 L 键时骰子逐个消失。

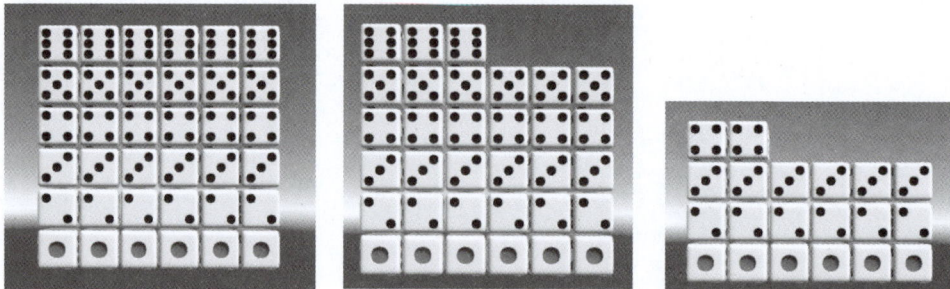

图 5-26　骰子墙体

参考代码如下。

```
public class Createdice : MonoBehaviour
{
    int startPos = -2;
    int k = 0;
    private Transform parent;
    void Start()
    {
        GameObject cube = Resources.Load<GameObject>("prefab/dice");
        //创建空游戏对象作为父对象
        parent = new GameObject("ParentObject").transform;
        for (int i = 0; i < 6; i++)
        {
            startPos = -2;
            for (int j = 0; j < 6; j++)
            {
                //设置所有实例化的骰子的父对象为空游戏对象 ParentObject
                GameObject obj = GameObject.Instantiate(cube, parent);
                obj.transform.position = new Vector3(startPos++, i, 0);
                obj.transform.localScale = new Vector3(0.95f, 0.95f, 0.95f);
                obj.name = "cube" + k++;
                switch (i)
                {
                    case 0:
                        {
                            obj.transform.Rotate(0, 180, 0);
                            break;
                        }
```

```
                case 1:
                    {
                        obj.transform.Rotate(0, 0, 0);
                        break;
                    }
                case 2:
                    {
                        obj.transform.Rotate(90, 0, 0);
                        break;
                    }
                case 3:
                    {
                        obj.transform.Rotate(-90, 0, 0);
                        break;
                    }
                case 4:
                    {
                        obj.transform.Rotate(0, 90, 0);
                        break;
                    }
                default:
                    {
                        obj.transform.Rotate(0, -90, 0);
                        break;
                    }
            }
        }
    }
}
//float time = 0;
float time = 7f;
void Update()
{
    //骰子墙依次销毁
    if (Input.GetKeyDown(KeyCode.L))
    {
        //方法一:do while 循环,从最后一个开始销毁
        //do {
        //    GameObject obj = GameObject.Find("cube" + --k);
        //    Destroy(obj, time);
        //    time += 0.2f;
        //}while (k > 0);
        //方法二:for 循环——子对象遍历,从最后一个开始销毁
        //for(int i = parent.childCount - 1; i > 0; i--)
        //{
        //    Destroy(parent.GetChild(i).gameObject, time);
        //    time += 0.2f;
        //}
        //方法三:foreach 迭代器——子对象遍历,从第一个开始销毁
        //foreach(Transform item in parent)
        //{
        //    Destroy(item.gameObject, time);
        //    time += 0.2f;
        //}
        //方法四:foreach 迭代器——子对象遍历,从最后一个开始销毁
        foreach (Transform item in parent)
        {
            print(item.gameObject.name + "  " + time);
            Destroy(item.gameObject, time);
            time = Mathf.Round((time - 0.2f) * 10) / 10;
        }
    }
}
```

2. 编写脚本,实现每帧生成一个骰子,位置随机,角度随机,等待一个随机时间后销毁。运行效果如图 5-27 所示。

图 5-27　随机生成和销毁骰子

参考代码如下。

```
public class random_die : MonoBehaviour
{
    private GameObject cube;
    void Start()
    {
        cube = Resources.Load<GameObject>("prefab/dice");
    }
    void Update()
    {
        GameObject obj = GameObject.Instantiate(cube);
        obj.transform.position = new Vector3(Random.Range(-50, 50), Random.Range(-50, 50),
Random.Range(-10, 150));
        obj.transform.eulerAngles = new Vector3(Random.Range(0, 360), Random.Range(0,
360), Random.Range(0, 360));
        obj.transform.localScale = new Vector3(5, 5, 5);
        Destroy(obj, Random.Range(0, 3f));
    }
}
```

3. 登录 Unity 的 Asset Store，下载 weapon 免费资源，实现按下按键换枪的效果（q 键或数字键 1～n）如图 5-28 所示。添加胶囊作为第一人称角色 player，使枪 playerWeapon 作为其子对象跟随角色运动。运行效果如图 5-29 所示。

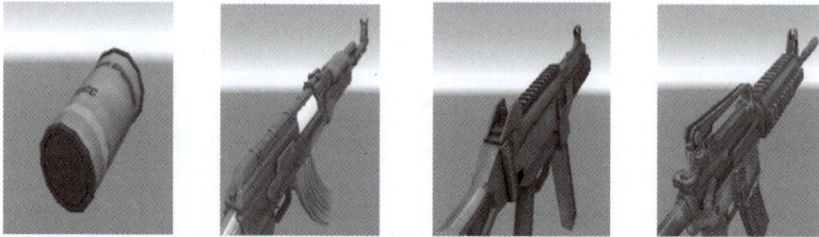

图 5-28　weapon 免费资源

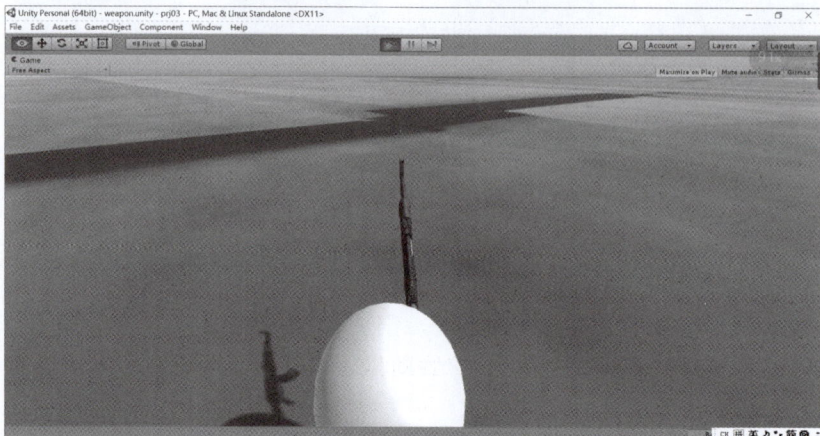

图 5-29　第一人称换枪最终效果

参考代码如下。

```
public class weapon_change : MonoBehaviour
{
    public GameObject playerRightHandBone;
    GameObject playerWeapon;
    int weaponIndex = 1;
    void Start()
    {
        playerWeapon = Instantiate(Resources.Load<GameObject>("weapon1"));
        playerWeapon.transform.parent = playerRightHandBone.transform;
        playerWeapon.transform.localPosition = new Vector3(0.2f, 0.8f, 1f);
        playerWeapon.transform.localRotation = Quaternion.Euler(-20, 0, 0);
        playerWeapon.transform.localScale = new Vector3(1f, 1f, 1f);
    }
    void Update()
    {
        if (Input.GetKeyDown(KeyCode.Q))
        {
            SwitchWeapon();
        }
    }
    void SwitchWeapon()
    {
        Destroy(playerWeapon);
        weaponIndex++;
        if (weaponIndex > 4)
        {
            weaponIndex = 1;
        }
        GameObject weaponResource = Resources.Load<GameObject>("weapon" + weaponIndex);
        if (weaponResource != null)
        {
            playerWeapon = Instantiate(weaponResource);
            playerWeapon.transform.parent = playerRightHandBone.transform;
            playerWeapon.transform.localPosition = new Vector3(0.2f, 0.8f, 1f);
            playerWeapon.transform.localEulerAngles = new Vector3(-20, 0, 0);
            playerWeapon.transform.localScale = new Vector3(1f, 1f, 1f);
        }
    }
}
```

物理引擎、碰撞器、刚体

游戏和 3D 交互项目,可以通过物理引擎模拟真实的物理运动,Unity 引擎中内置了 NVIDIA 公司功能强大的 PhysX 物理引擎。PhysX 物理引擎模拟游戏对象间的碰撞和相互间力的作用,离不开碰撞器和刚体组件。碰撞器可以模拟对运动物体的阻挡作用,刚体可以模拟物体的施加力和受力情况,物理材质描述了物体的摩擦力、弹力等物理特性,作为碰撞器的一个属性应用给游戏对象。

本章学习要点:

- 物理引擎。
- 碰撞器。
- 物理材质。
- 刚体。

6.1　物理引擎

在三维立体场景中,实现多个物体之间真实地相互作用的物理运动,是一件比较复杂的事情。通过物理引擎可以使这些工作简化,在 Unity 中集成了 PhysX 物理引擎,可以高效便捷地实现复杂运动的设计开发。

6.1.1　物理引擎概述

物理引擎是为刚体动力学(包括碰撞检测)、软体动力学和流体动力学等物理系统提供近似模拟的计算机软件,它们在计算机图形学、电子游戏、虚拟现实及其他交互式系统中有广泛的应用。

Unity 中使用最多的是刚体动力学物理引擎。物理引擎通过为刚性物体赋予真实的物理属性的方式来计算运动、旋转和碰撞反应。为每个游戏使用物理引擎并不是完全必要的,简单的"牛顿"物理运动(如加速和减速)也可以在一定程度上通过编程或编写脚本来实现。但是当游戏需要实现比较复杂的物体碰撞、滚动、滑动或者弹跳的时候(如赛车类游戏或者保龄球游戏等),通过编程的方法就比较困难了。

物理引擎使用对象属性(动量、扭矩或者弹性等)来模拟刚体行为,可以得到更加真实的效果,对于开发人员来说也比编写行为脚本更容易掌握。物理引擎的作用,就是使虚拟世界中的物体运动符合真实世界的物理定律,以使游戏更加富有真实感。物理模拟计算需要非常强大的整数和浮点计算能力,物理处理具有高度的并行性,需要多线程计算,演算非常复杂,需要消耗很多资源。

6.1.2 NVIDIA PhysX 物理引擎

Unity 内置了两种物理引擎。第一种是 3D 物理引擎,即 NVIDIA 公司的 PhysX 物理引擎,第二种是 2D 物理引擎,即 Box 2D 物理引擎。

Unity 内置的 PhysX 3D 物理引擎,是目前全球三大物理引擎之一(Intel 公司的 Havok、NVIDIA 公司的 PhysX 和 AMD 公司的 Bullet)。

PhysX,读音与 Physics 相同,是一套由 AGEIA(音译为"阿吉亚"或"奥加")公司开发的物理运算引擎。2008 年,在 Intel 收购了物理引擎界的领军者 Havok 后,NVIDIA 也收购了排名第二的 AGEIA,正式将 PhysX 划入旗下。

PhysX 可以由 CPU 计算。但因物理处理的高度并行性,需要多线程计算,演算非常复杂,需要消耗很多资源。AGEIA 推出了 AGEIA PPU 物理运算处理器。NVIDIA 收购 AGEIA 后,在 AGEIA PhysX 基础上,推出了 NVIDIA PhysX 物理加速,并将物理加速功能移植到 NVIDIA GPU 中。用户不必额外购买 PhysX 物理加速卡就能享受到 PhysX 物理加速功能。借助 CUDA 架构,NVIDIA 重新编写了 PhysX 物理加速程序,将 PhysX 物理加速引擎从 AGEIA PPU(物理运算处理器)移植到了 NVIDIA GPU 上,可以轻松完成大计算量复杂的物理模拟计算。Unity 中的 PhysX 物理引擎如图 6-1 所示。

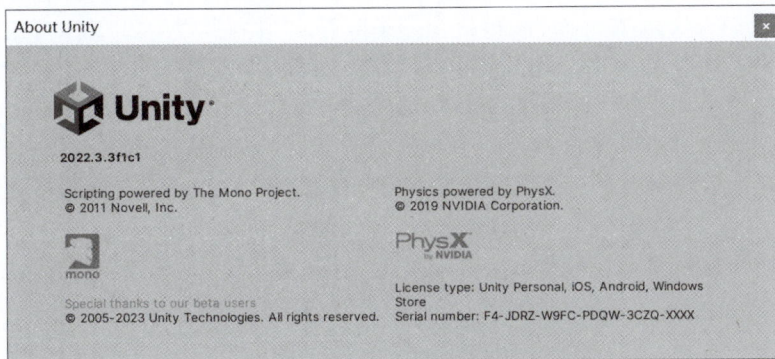

图 6-1 Unity 中的 PhysX 物理引擎

6.2 碰撞器

在 Unity 中,要对游戏对象进行物理模拟运算,需要为游戏对象添加一个刚体组件,才会受到场景中物理现象(如重力、外力)的作用。如果需要该对象与其他游戏对象进行相互作用,还需要一个碰撞器。

6.2.1 碰撞器概述

碰撞器用于检测场景中的游戏对象是否互相碰撞。最基本的功能是使得物体之间不能穿越,还可以用于检测某个对象是否碰到了另外的对象,如用于检测子弹是否碰到了敌人,然后进行一些操作。

碰撞器就是包围在游戏对象外围的虚拟区域,在 Unity 中显示为绿色线框,如图 6-2 所示(可以通过取消勾选 Mesh Renderer,关闭网格显示,只显示绿色碰撞器虚拟轮廓)。该绿色区域线框通常可能与游戏对象外形不重合,特别是对于外形形状复杂的游戏对象。在游戏运行时,该绿色区域线框不会显示出来。在计算游戏对象是否发生碰撞时,是根据该包围区域的形状,而不是由游戏对象的形状来决定的,而且一般比游戏对象的形状要简单。

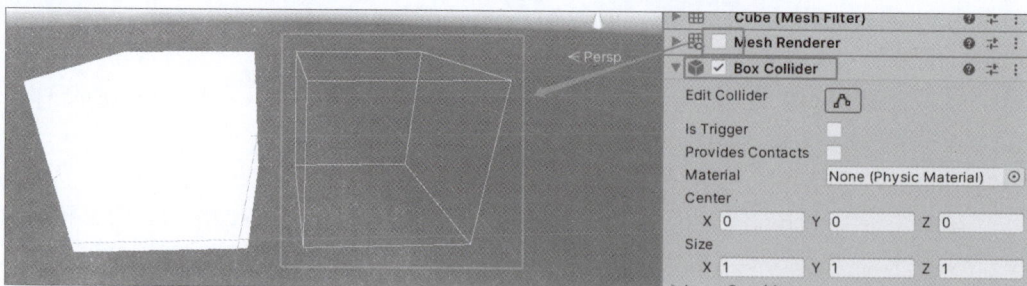

图6-2   碰撞器显示为绿色外框

6.2.2   碰撞器分类

游戏在进行碰撞检测的过程中,需要消耗很多的计算资源,所以应该尽量简化碰撞器的形状,以此来降低检测过程中的资源消耗。根据碰撞器的形状,可以将碰撞器分为三类。

1. 原始碰撞器

在 Unity 中,最简单也是处理器开销最低的碰撞器是简单形状的原始碰撞器。根据基本形状不同,提供了以下原始碰撞器组件,包括盒子碰撞器、球体碰撞器、胶囊碰撞器、网格碰撞器、车轮碰撞器、地形碰撞器 6 种类型,通过菜单 Component|Physics,可以查看这 6 种碰撞器,如图 6-3 所示。

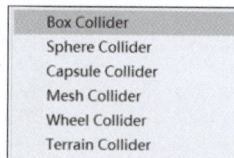

图6-3   6 种碰撞器类型

为游戏对象添加何种碰撞器,原则上一般使用与游戏对象外形接近的碰撞器。比如人物角色的外形比较接近胶囊,所以一般人物角色添加 Capsule Collider。在场景中创建的 3D 基本对象,会自带一个和自己形状相似的原始碰撞器,如图 6-4 所示。

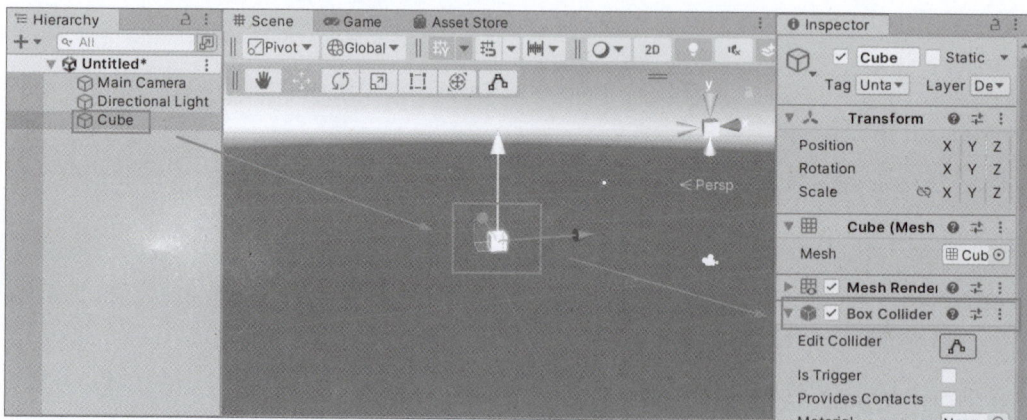

图6-4   Cube 自带一个 Box Collider

2. 复合碰撞器

复合碰撞器可以模拟游戏对象的形状,同时保持较低的处理器开销。为了获得更多的灵活性,可以在子游戏对象上添加额外的碰撞器。例如,可以相对于父游戏对象的本地轴来旋转盒体。在创建像这样的复合碰撞器时,层级视图中的根游戏对象上应该只使用一个刚体组件。

也就是说,对于由嵌套的多个对象组成的复杂对象,可以分别为子对象添加不同原始碰撞器。如 Unity 提供的布偶(Ragdoll)就是一个复合碰撞器,如图 6-5 所示是为角色添加布偶碰撞

器后的效果。布偶（Ragdoll）可以通过菜单 GameObject | 3D Object |
Ragdoll 打开 Ragdoll Wizard。在 Ragdoll Wizard 中，可以选择骨骼的各个
部分，并进行相应的设置。

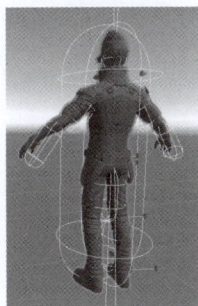

图 6-5　布偶（Ragdoll）
复合碰撞器

同时为了实现不同功能，也可以为同一个对象添加多个碰撞器。比
如添加一个用于阻挡防止穿越的网格碰撞器，再添加一个用于触发碰撞
的盒子碰撞器，后面角色动画章节中会介绍。

3. 网格碰撞器

然而在某些情况下，即使复合碰撞器也不够准确。在 3D 应用场景
中，可以使用网格碰撞器精确匹配游戏对象网格的形状。在 2D 应用场景
中，2D 多边形碰撞器不能完美匹配精灵图形的形状，但可以将形状细化，
以达到所需的任何细节级别。网格碰撞器比原始类型碰撞器具有更高的处理器开销，因此需谨
慎使用以保持良好的性能。

此外，网格碰撞器无法与另一个网格碰撞器碰撞（即当它们接触时，并不会进行碰撞检
测以执行某些操作，而是不检测不发生任何事情）。在某些情况下，可以通过在 Inspector 中
将网格碰撞器标记为 Convex 来解决此问题。此设置会产生凸包（Convex hull）形式的碰撞
器形状，该形状在将原始网格凹陷部分填充的情况下，尽量接近原始网格形状。这样既可
以使碰撞器能实现碰撞检测，在形状上也更类似原始网格。这样做的好处是，凸面网格碰
撞器可与其他网格碰撞器碰撞。因此，当有一个包含合适形状的移动对象时，便可以使用
此功能。但是，更常用的方法是将网格碰撞器用于场景静止模型，使用复合碰撞器近似得
出移动游戏对象的形状。

6.2.3　碰撞器参数

碰撞器也是一种组件，可以在 Inspector 面板中查看编辑。盒子碰撞器（Box Collider）是一
种基本的长方体形状原始碰撞器，盒子碰撞器组件面板如图 6-6 所示。

其中，按钮实现对碰撞器形状轮廓的编辑，在 Scenes 窗口的　　　　　　　　工
具栏中也有该按钮，功能是一样的。单击该按钮，盒子碰撞器的绿色碰撞盒会出现 6 个控制方
块，拖动控制方块，就可以对碰撞盒的大小位置等进行编辑，如图 6-7 所示。

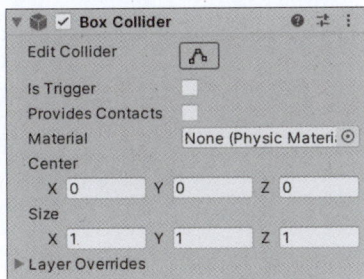

图 6-6　盒子碰撞器组件面板

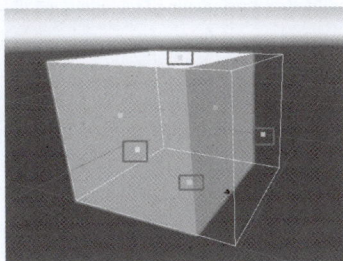

图 6-7　编辑盒子碰撞器（绿色方块为控制点）

盒子碰撞器组件各属性的功能如表 6-1 所示。

表 6-1　盒子碰撞器组件各属性的功能

属　　性	功　　能
Is Trigger	启用此属性，则该碰撞器将转换为触发器，用于触发事件，并被物理引擎忽略，不再有阻挡作用，会发生穿越

续表

属　　　性	功　　　能
Material	添加物理材质,根据物理材质特性(摩擦力、弹力等),决定该碰撞器与其他游戏对象(碰撞器)的交互运动方式
Center	设置碰撞器在对象局部空间(局部坐标系)中的位置
Size	设置碰撞器在 X、Y、Z 方向上的大小

　　胶囊碰撞器组件的 Is Trigger、Material、Center 属性的功能与盒子碰撞器一样,其他属性的功能如表 6-2 所示。其中,Radius 和 Height 属性的含义如图 6-8 所示。胶囊碰撞器适用于胶囊体和圆柱体等 3D 基本游戏对象,及第三人称角色。

表6-2　胶囊碰撞器组件各属性的功能

属　　　性	功　　　能
Radius	碰撞器的局部宽度的半径
Height	碰撞器的总高度
Direction	胶囊体在对象局部空间中纵向方向的轴

图 6-8　胶囊碰撞器 Radius 和 Height 属性

　　球体碰撞器的参数相较胶囊碰撞器,没有 Height 和 Direction 属性,其他都一样。

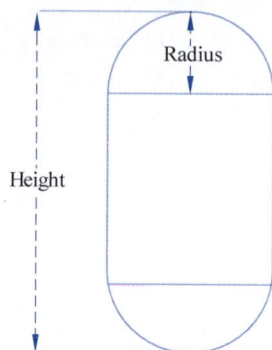

6.2.4　碰撞器添加

　　碰撞器也是一种组件,所以添加碰撞器的方式与添加其他组件的方式一样。先选中要添加碰撞器的游戏对象,然后可以通过以下三种方法添加合适的碰撞器。

　　第一种方法,通过主菜单 Component|Physics|Box Collider 添加。

　　第二种方法,在 Inspector 面板下方单击 Add Component 按钮,选择 Physics|Box Collider。

　　第三种方法,在脚本中,通过 GameObject 类的 AddComponent()方法添加,如以下代码。

```
GameObject obj = GameObject.Find ("box");
obj.gameObject.AddComponent <BoxCollider>();
```

　　AddComponent()方法可以给对象添加各种不同的碰撞器类型,该方法有两种用法,声明语句如下。第一种在使用的时候需要进行强制类型转换;第二种通过泛型实现,两种用法都有返回值。一般使用第二种泛型用法。

```
public Component AddComponent (Type componentType);              //声明语句
SphereCollider sc = gameObject.AddComponent(typeof(SphereCollider)) as SphereCollider;
                                                                //用法示例
public T AddComponent();                                        //声明语句
SphereCollider sc = gameObject.AddComponent<SphereCollider>();  //用法示例
```

　　注意,GameObject 类并没有 RemoveComponent()方法,要移除某个组件,则使用 Object.Destroy()方法。但是在 Inspector 面板的组件名上单击右键,在右键菜单中有 Remove Component 菜单项,可以通过该菜单项将不需要的组件移除。

6.3　物理材质

　　物理材质是用于调整碰撞器对象的摩擦力和反弹效果的属性集合。物理材质在计算机图形学和游戏开发中,特别是在使用物理引擎时,扮演着重要角色。它们定义了物体表面的物理特性,从而影响对象间的相互运动。

6.3.1 物理材质概述

在现实生活中,每种质地物体的物理属性是有区别的,例如,不同物体的质量、摩擦力、反弹系数等物理属性是不同的。在 Unity 开发中,需要碰撞器实现特殊的碰撞效果,例如,同样是球体,篮球撞击篮板的效果和铅球坠落到沙地的效果,是完全不一样的。实现这些效果就要有物理材质的概念,为同样的两个球体游戏对象赋予不同的物理材质,它们就分别具有了篮球和铅球的运动特性。

物理材质就是指定给物体的物理特性。在 Unity 中将物理材质的属性数值化,提供了物理材质(Physics Material)的功能,定义了物体的弹性和摩擦系数等物理属性。在实际项目开发过程中,开发者可以调节其属性以达到满意效果。

6.3.2 创建物理材质

物理材质是一种资源,而不是一种组件。这就决定了物理材质被创建保存在 Assets 文件夹中,而不是在 Inspector 面板中作为组件添加或删除。

创建物理材质的方法有以下几种。

第一种方法,选择菜单栏的 Assets|Create|Physic Material。

第二种方法,在 Project 面板的 Assets 文件夹中,单击鼠标右键,选择 Create|Physic Material。

物理材质创建完,就会显示在 Assets 文件夹中(根目录下或自己创建的子文件夹中),然后就可以将它从 Project 项目面板中通过拖动赋给场景中的一个游戏对象。

6.3.3 编辑物理材质

物理材质创建好后,可以根据实际需要依次编辑物理材质的属性参数。物理材质的属性主要包括摩擦力和弹力两种,如图 6-9 所示。摩擦力是使得相接触的两个表面不相互滑动的力。当想把物体堆在一起时,这个值很关键。摩擦力表现为两种形式:滑动摩擦力和静摩擦力。静摩擦力在物体静止时生效,它阻止物体开始运动。而当外力足够大时物体开始运动,这时滑动摩擦力将生效,它尝试使物体运动变慢。

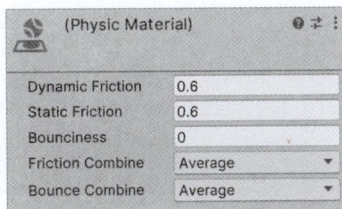

图 6-9 物理材质属性

物理材质各属性的含义如下。

(1) Dynamic Friction(滑动摩擦力):当物体移动时的摩擦力。通常为 0~1 的值。值为 0 的效果像冰;而设为 1 时,物体运动将很快停止,除非有很大的外力或重力来推动它。

(2) Static Friction(静摩擦力):当物体在表面静止时的摩擦力,它通常在物体从静止开始移动时起作用。通常为 0~1 的值。当值为 0 时,效果像冰;当值为 1 时,使物体移动将十分困难。

(3) Bounciness(表面弹力(反弹系数)):物体表面的弹力。值为 0 时,不发生反弹;值为 1 时,反弹不损耗任何能量。

(4) Friction Combine(碰撞器的摩擦力混合方式):定义两个碰撞物体的摩擦力如何相互作用。混合选项包含以下 4 种。

① Average 平均:使用两个摩擦力的平均值。

② Minimum 最小值:使用两个值中较小的一个。

③ Maximum 最大值：使用两个值中较大的一个。

④ Multiply 相乘：使用两个摩擦力的乘积。

（5）Bounce Combine（碰撞器的弹力混合方式）：定义两个相互碰撞的物体的相互反弹模式，它的混合选项种类和摩擦力混合方式一样。

6.3.4　为对象附物理材质

物理材质是赋给游戏对象的碰撞器组件的物理材质（Physics Material）属性的，所以当游戏对象没有碰撞器时，需要先为它添加一个碰撞器。

为游戏对象附物理材质有以下三种方法。

第一种方法，直接将物理材质拖到场景对应的游戏对象上。

第二种方法，将物理材质拖到碰撞器组件的物理材质属性栏中。

第三种方法，单击碰撞器组件的物理材质属性栏后的按钮，在弹出的对话框中选择需要的物理材质。

【例 6-1】　弹跳的小球（在重力影响下的反弹运动）

（1）创建一个平面 Plane 和一个球体 Sphere，播放观察小球的运动。小球静止，不会掉落下来，如图 6-10（a）所示。

（2）为球体添加刚体 Rigidbody 组件，观察小球的运动。小球受重力影响，垂直落到地面上后，静止，不会反弹，如图 6-10（b）所示。

（3）为小球添加物理材质，观察小球的运动。物理材质弹力默认为 0，小球仍然静止，不会反弹，如图 6-10（c）所示。

（4）修改物理材质的表面弹力属性，观察对弹跳的小球的运动的影响。表面弹力的值决定小球弹起的高度，将弹力值设置为最大值 1，小球最高也只能弹起不到初始位置一半的高度。

（5）修改表面弹力的混合方式为 Maximum，则小球弹起高度显著增加，基本能像无阻力影响，最高能反弹回初始高度，如图 6-10（d）所示。

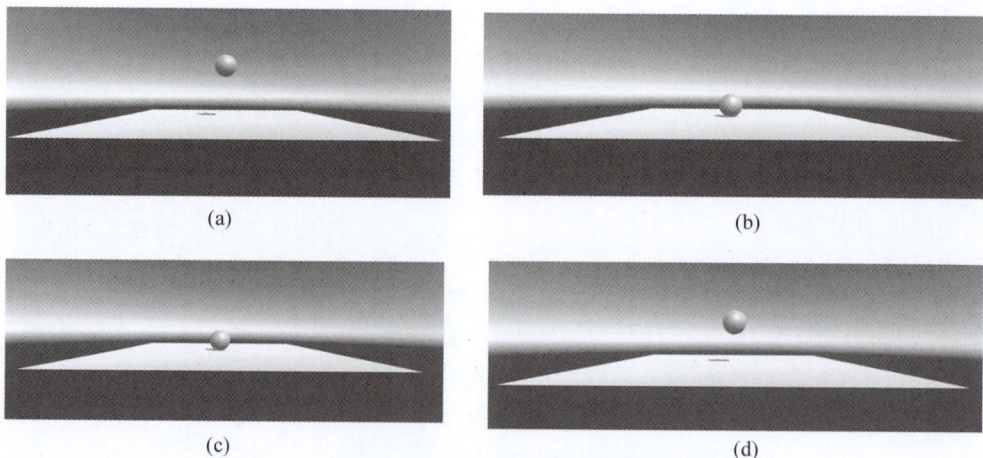

(a)　　　　　　　　　　　　　　　(b)

(c)　　　　　　　　　　　　　　　(d)

图 6-10　弹跳的小球运行效果

【例 6-2】　被墙体反弹的小球（施加力下的反弹运动）

（1）将例 6-1 场景复制出来一个新的场景，然后新建一个 Plane 游戏对象，绕 x 轴旋转 −90°，作为墙体，调整各游戏对象位置，如图 6-11（a）所示。

（2）取消小球刚体 Rigidbody 组件中的重力。

（3）为小球 z 轴正方向施加力。代码如下。

```
public int force = 100;                              //定义力的大小
void Update()
{
    if (Input.GetKeyDown(KeyCode.P))
    {
        GameObject obj = GameObject.Find("Sphere");   //找到场景中的球体 Sphere
        obj.GetComponent<Rigidbody>().AddForce(0, 0, force);
                                                      //为球体在 z 轴方向施加 force 大小的力
    }
}
```

（4）当小球没有添加物理材质，多次按 P 键，小球加速运动到墙体后，静止不动，如图 6-11（b）所示。

（5）为小球添加物理材质后，多次按 P 键，小球加速运动到墙体后，会被墙体反弹回来，如图 6-11（c）和图 6-11（d）所示。

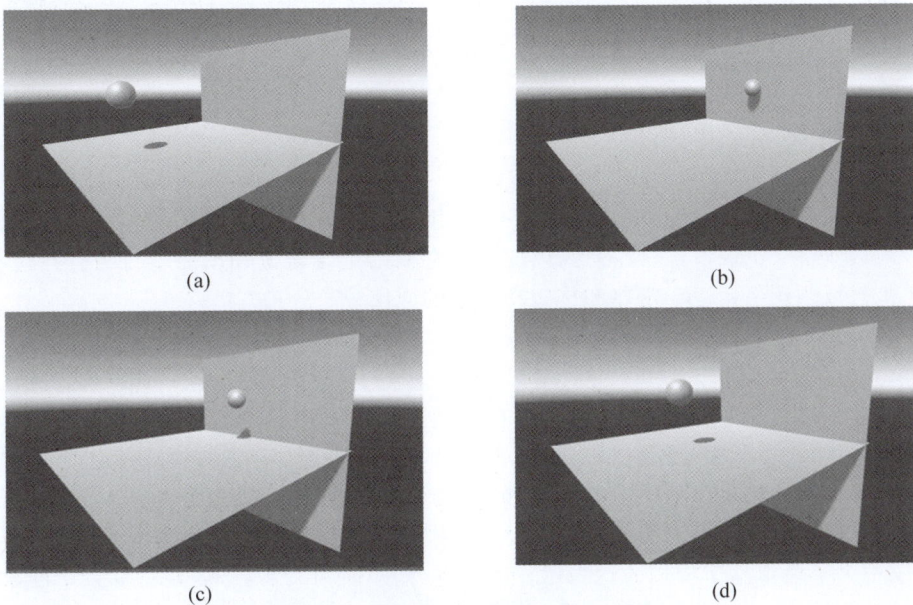

(a)　　　　　　　　　　　　　　　　(b)

(c)　　　　　　　　　　　　　　　　(d)

图 6-11　被墙体反弹的小球运行效果

【例 6-3】　沿斜面滚动的小球和立方体

（1）新建场景，创建 Plane 作为地面，创建 Cube 对象，缩放大小，旋转角度，建立一个斜向坡度，创建小球添加刚体，如图 6-12（a）所示。

（2）播放场景，小球受重力作用下落后，沿斜坡滚动。

（3）为小球添加物理材质，设置弹力属性 Bounciness 为最大值 1，弹力混合方式设置为 Maximum，观察小球落到斜坡后的变化。因为受到较大弹力的影响，小球落到斜坡上后，会弹跳着沿斜坡运动，如图 6-12（b）所示。

（4）再创建一个 Cube1，添加刚体组件，调整角度刚好放置到斜坡 Cube 上。为 Cube 斜坡和 Cube 都添加物理材质，修改 Dynamic Friction、Static Friction、Friction Combine（取极限值 0、1、Maximum、Minimum，观察效果会比较明显），观察对 Cube1 在斜坡上滑动运动的影响，如图 6-12（c）和图 6-12（d）所示。

沿斜面滚动的小球和立方体

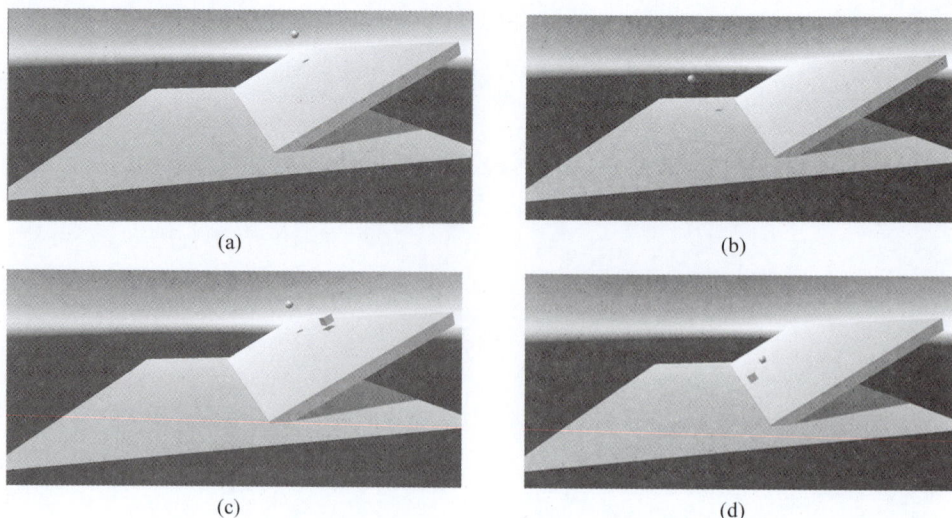

(a)　(b)

(c)　(d)

图 6-12　沿斜面运动的运行效果

6.4　刚体

在计算机图形学和游戏开发中,刚体也是常用的物理模拟对象,它们通常用于模拟不易变形的物体,如建筑物、机械零件、设备等,以便计算它们的运动轨迹和动力学行为。在这些领域,刚体的处理通常涉及牛顿运动定律和旋转动力学的应用。

6.4.1　刚体概述

在现实世界的物理学中,刚体的定义是在物理力作用下形状不会发生改变的理想化模型,即在受力之后其大小、形状和顶点相对位置都保持不变的物体。例如,铅球落到地上时其形状是基本不变的。无论施加在刚体上的外力如何,刚体任意两点之间的距离在时间上保持恒定。刚体是相对于软体和流体而言的。在虚拟世界中刚体常作为物理模拟的基本对象。

Unity 中为了模拟基于物理的行为,如运动、重力、碰撞和关节等,需要将场景中的游戏对象设置为刚体。刚体是通过为游戏对象添加 Rigidbody 组件来实现的,Rigidbody 组件在 API 中由 Rigidbody 类表示。

在 Unity 中,刚体组件提供了一种基于物理的方式来控制游戏对象的移动和位置。代替 Transform 属性,可以通过模拟物理力和扭矩来移动游戏对象,并通过物理引擎的计算来实现复杂运动结果。刚体使物体能在物理控制下运动,刚体可通过接受力与扭矩,使物体像在现实世界中一样运动。任何物体想要受重力影响,受脚本施加的力的作用,或通过 NVIDIA PhysX 物理引擎来与其他物体交互,都必须包含一个刚体组件。

刚体让物体在物理引擎控制下运动,通过力来操纵物体。它可以通过真实碰撞来开门,实现各种类型的关节及其他运动行为。与直接通过变换 transform 运动不同,有一种更加真实的效果。

通常情况下,使物体运动可以通过两种方式实现:①通过刚体操纵;②通过变换操纵。通过刚体与通过变换操纵物体,最大的不同在于刚体使用了力。

6.4.2　刚体参数

刚体组件面板如图 6-13 所示。

（1）Mass(质量)：物体的质量(任意单位)，建议一个物体的质量不要大于或小于其他物体的 100 倍。

（2）Drag(移动阻力)：当受力移动时物体受到的空气阻力，0 表示没有空气阻力，极大时使物体立即停止运动。

（3）Angular Drag(旋转阻力)：当受扭力旋转时物体受到的空气阻力，0 表示没有空气阻力，极大时使物体立即停止旋转。

（4）Automatic Center of Mass(自动质心)：通过调低物体的重心，可以使物体不易因其他物体的碰撞或作用力而倒下。若激活，Unity 会对重心位置自动进行计算，或者直接设置它，其计算基础为物体所挂载的碰撞器。

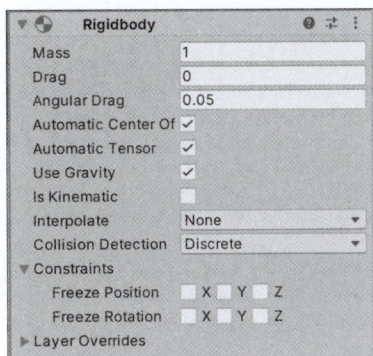

图 6-13 刚体组件面板

（5）Automatic Tensor(自动张量)：张量用来描述物体转动惯量，其数据类型为 Vector3。若激活，将通过挂载在物体对象上的碰撞器组件自动进行计算或直接设置它。

（6）Use Gravity(使用重力)：若激活，则物体受重力影响。

（7）Is Kinematic(应用运动学)：若激活，该物体不再受物理引擎驱动，而通过变换(Transform)来操作，但是保留自身的物理属性，也就是说，忽略了力对该刚体的作用。

（8）Interpolate(插值)：运用的插值算法，用于设置物理模拟的精细度。共有三个选项，分别是：不使用插值(None)，内插值(Interpolate，基于上一帧的变换来平滑本帧变换)，外插值(Extrapolate，基于下一帧的预估变换来平滑本帧变换)。

（9）Collision Detection(碰撞检测)：碰撞检测模式。用于避免高速物体穿过其他物体，却未触发碰撞。有三个模式。

① Discrete(离散碰撞检测)：在每一时间的离散点上进行碰撞检测。存在刺穿问题，会遗漏应该发生的碰撞。

② Continuous(连续碰撞检测)：在连续的时间间隔内检测，计算量大速度慢。

③ Continuous Dynamic(连续动态碰撞检测)：对 Continuous 模式的改进，速度有所提升。

（10）Constraints(刚体运动约束)：开启该属性，选择哪些轴上的移动和旋转失效。当某个复选框勾选后，其对应的轴上的移动(或旋转)运动将被锁定，不会发生对应的运动。比如 Freeze Rotation 后的 y 轴被锁定，则游戏对象在受力或碰撞后，将不会绕 y 轴旋转。

6.4.3　刚体组件添加

刚体也是一个组件，与碰撞器等其他组件的添加方法一样，有三种。

第一种方法，通过菜单 Component|Physics|Rigidbody 添加。

第二种方法，在 Inspector 面板下方单击 Add Component 按钮，选择菜单 Physics|Rigidbody。

第三种方法，通过脚本添加。

```
GameObject obj = GameObject.Find ("box");
obj.gameObject.AddComponent <Rigidbody>();
```

6.4.4　刚体的属性及方法

Rigidbody 组件在 API 中由 Rigidbody 类表示，Rigidbody 类有一些常用方法和属性。

1. 获取刚体组件 GetComponent()方法

```
public T GetComponent();
public Component GetComponent (Type type);
```

GetComponent()方法,如果游戏对象有一个类型为 type 的组件,则返回该组件,否则为空。刚体组件类型为 Rigidbody。

例如:

```
Rigidbody rig=obj.GetComponent<Rigidbody>();
```

2. 为对象添加力 AddForce()方法

```
public void AddForce(Vector3 force, ForceMode mode = ForceMode.Force);
public void AddForce (float x, float y, float z, ForceMode mode = ForceMode.Force);
```

AddForce()方法为刚体对象施加力。参数 force 表示施加的矢量力,mode 表示要施加的力的类型,为 ForceMode 枚举类型,有 4 个取值。x、y、z 分别表示沿 x、y、z 轴施加的力。

例如:

```
obj.GetComponent<Rigidbody>().AddForce(0,0,1000);
```

ForceMode 是枚举类型,定义了施加力的方式,包括以下几种模式(表 6-3)。force 基本上是一个匀速运动,后面三个是加速运动,且加速程度依次变大。

表 6-3　ForceMode 枚举值

枚 举 值	含 义
Force 均匀力	给刚体添加一个持续的力,受其质量影响
Acceleration 加速力	添加一个持续的加速度,忽略其质量
Impulse 瞬时力	添加一个瞬时力脉冲,考虑其质量
VelocityChange 快速变化的力	添加一个瞬时速度变化,忽略其质量

3. 打开和关闭重力

```
public bool useGravity;
```

useGravity 属性,设置刚体对象是否受重力影响。如果设置为 true,刚体受重力影响;如果设置为 false,刚体将不受重力影响。

例如:

```
obj.GetComponent<Rigidbody>().useGravity = true;
obj.GetComponent<Rigidbody>().useGravity = false;
```

ForceMode
力模式比较

【例 6-4】　ForceMode 力模式比较

(1) 新建场景,分别创建立方体、球体、胶囊体、圆柱体。

(2) 为立方体游戏对象创建一个 TextMeshPro 类型的文本框子对象,方法是在立方体上单击右键,在弹出菜单中选择 3D Object | Text-TextMeshPro,会弹出如图 6-14 所示的 TMP Importer 对话框。

(3) 在对话框中单击 Import TMP Essentials 按钮,编辑器会在 Assets 下自动创建 TextMesh Pro 文件夹,导入 TextMeshPro 所需资源,如图 6-15 所示。

(4) 编辑为立方体添加的 TextMeshPro 文本框子对象 Text (TMP)。首先修改文字内容为 "ForceMode.Force",调整文本框位置,设置文字大小、文字颜色等属性,如图 6-16 所示。

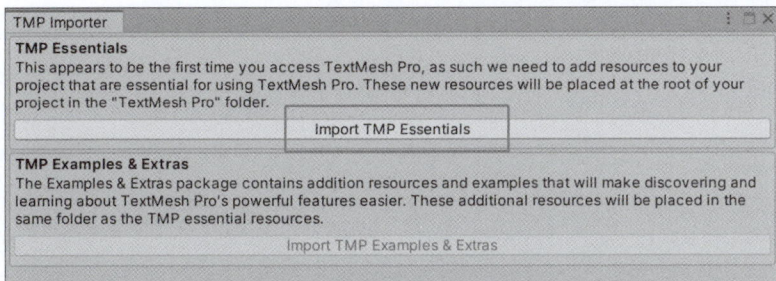

图 6-14　TMP Importer 对话框

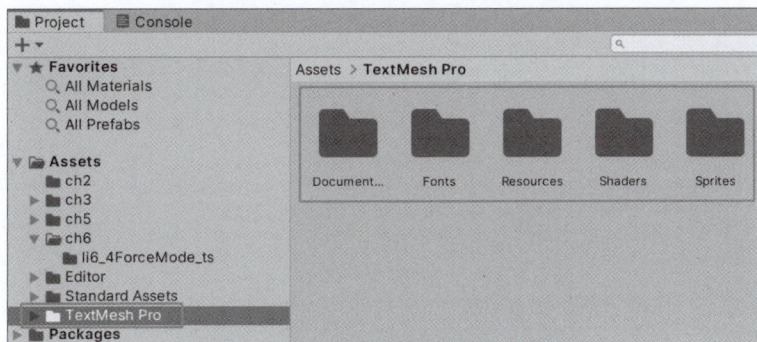

图 6-15　导入 TextMesh Pro 资源

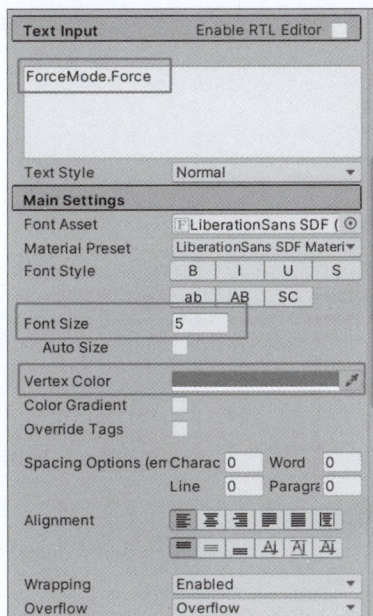

图 6-16　TextMeshPro 文本框属性设置

（5）复制三个 Text（TMP），分别拖到球体、胶囊体、圆柱体上，作为它们的子对象，调整位置，然后将文字内容分别修改为"ForceMode. Acceleration""ForceMode. Impulse""ForceMode. VelocityChange"，最终效果如图 6-17 所示。

（6）新建一个脚本 ForceMode_ts.cs，编写代码，实现为 4 个对象添加刚体组件，设置相同质量，施加水平向右的力，分别使用 4 种力模式。

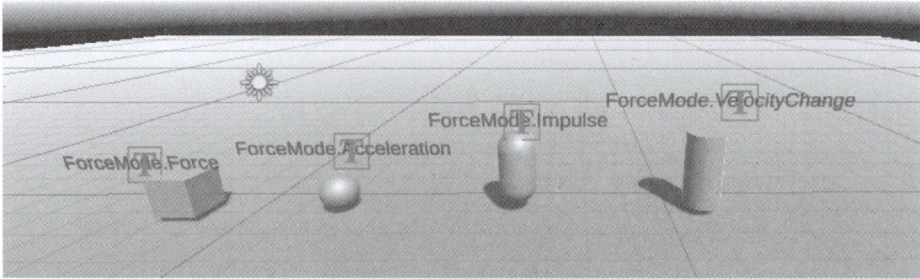

图 6-17 场景设计效果

```
public class ForceMode_ts : MonoBehaviour
{
    public GameObject A, B, C, D;                    //声明 4 个对象,对应场景中 4 个对象
    Vector3 forces = new Vector3(0.5f, 0.0f, 0.0f);  //作用力向量

    void Start()
    {
        //为 4 个游戏对象添加 Rigidbody 刚体组件
        A.AddComponent<Rigidbody>();
        B.AddComponent<Rigidbody>();
        C.AddComponent<Rigidbody>();
        D.AddComponent<Rigidbody>();
        //初始化 4 个刚体的质量,使其相同
        A.GetComponent<Rigidbody>().mass = 2.0f;
        B.GetComponent<Rigidbody>().mass = 2.0f;
        C.GetComponent<Rigidbody>().mass = 2.0f;
        D.GetComponent<Rigidbody>().mass = 2.0f;
        //使 4 个刚体不受重力影响
        A.GetComponent<Rigidbody>().useGravity = false;
        B.GetComponent<Rigidbody>().useGravity = false;
        C.GetComponent<Rigidbody>().useGravity = false;
        D.GetComponent<Rigidbody>().useGravity = false;
    }
    void Update()
    {
        //对 A、B、C、D 采用不同的作用力方式
        //此处是对物体每帧的作用力
        //要更精确地对刚体产生作用力,请把以下代码放在 FixedUpdate()方法中
        A.GetComponent<Rigidbody>().AddForce(forces, ForceMode.Force);
        B.GetComponent<Rigidbody>().AddForce(forces, ForceMode.Acceleration);
        C.GetComponent<Rigidbody>().AddForce(forces, ForceMode.Impulse);
        D.GetComponent<Rigidbody>().AddForce(forces, ForceMode.VelocityChange);
        //打印输出 A、B、C、D 每帧的速度
        Debug.Log("ForceMode.Force 作用方式下 A 每帧的速度:" + A.GetComponent<Rigidbody>().
velocity);
        Debug.Log("ForceMode.Acceleration 作用方式下 B 每帧的速度:" + B.GetComponent
<Rigidbody>().velocity);
        Debug.Log("ForceMode.Impulse 作用方式下 C 每帧的速度:" + C.GetComponent<Rigidbody>().
velocity);
        Debug.Log("ForceMode.VelocityChange 作用方式下 D 每帧的速度:" + D.GetComponent
<Rigidbody>().velocity);
    }
}
```

（7）将脚本赋给摄像机。将立方体、球体、胶囊体、圆柱体分别赋给变量 A、B、C、D,运行效果如图 6-18 所示。看到立方体匀速向右运动,球体加速运动,胶囊体快速向右移动,圆柱体更是快速地向右飞出屏幕。通过观察,知道 ForceMode 的 4 种力 ForceMode. Force、ForceMode. Acceleration、ForceMode.Impulse、ForceMode.VelocityChange 对游戏对象的加速效果依次增加,移动速度依次变快。

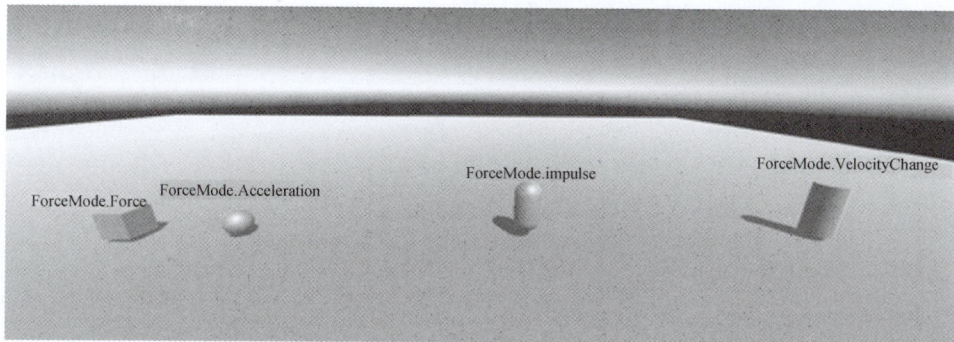

图 6-18　4 种力模式对比运行效果

6.5　实例

6.5.1　发射炮弹击倒骰子墙体

【例 6-5】　发射炮弹击倒骰子墙体

本实例在第 5 章创建墙体的基础上，创建炮弹资源，不断发射炮弹，将墙体全部击倒。

（1）参考第 5 章，导入骰子模型，创建骰子预制对象，创建脚本 shell_wall，运行搭建 6×6 骰子墙体，如图 6-19 所示。

（2）创建 3D 基本对象球体，命名为"shell"，为 shell 添加黑色材质，添加刚体，模拟炮弹。将 shell 拖到 Resources 文件夹的 prefab 文件夹中，准备好炮弹资源，如图 6-20 所示，将场景中的 shell 删除。

（3）为骰子预制对象 dice 添加碰撞器和刚体，如图 6-21 所示。

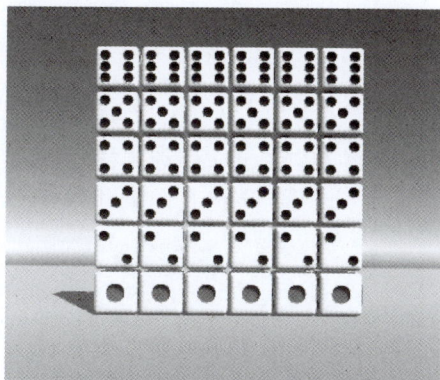

发射炮弹击倒骰子墙体

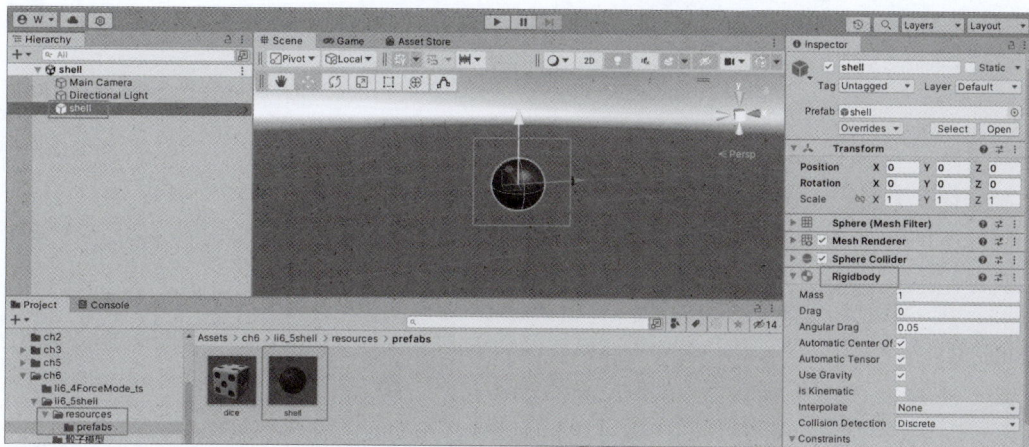

图 6-19　创建 6×6 骰子墙体

图 6-20　创建炮弹预制对象 shell

（4）创建空游戏对象 shellPos，设置 x、y、z 坐标为（0,0,−6），运行时炮弹创建出来后定位在 shellPos 位置处。

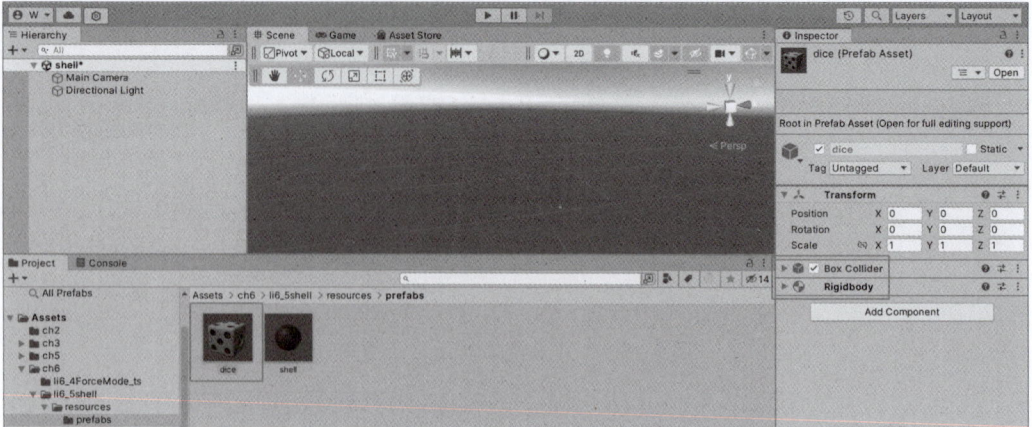

图 6-21　为预制对象 dice 添加盒子碰撞器和刚体

（5）在脚本 shell_wall 中定义 GameObject 类型变量 shell 和 shellPos。

```
GameObject shell;
public GameObject shellPos;
```

在 Start()方法中添加变量 shell 的初始化语句。

```
shell= Resources.Load<GameObject>("prefabs/shell");
```

骰子预制对象 dice 添加刚体后，受重力作用会往下掉落。在 Start()方法中创建 plane 对象作为地面，并设置 plane 的位置和大小。（如果在场景中已经创建地面，下面代码可忽略。）

```
GameObject plane = GameObject.CreatePrimitive(PrimitiveType.Plane);
plane.transform.position = new Vector3(0, -0.5f, 0);
plane.transform.localScale = new Vector3(3, 3, 3);
```

（6）在脚本的 Update()方法中，添加以下代码，实现当按 Fire1 开火键（鼠标左键或键盘左侧 Ctrl 键），在 shellPos 位置处实例化一个黑色炮弹，并沿 z 轴正方向发射出去一个 force 大小的力（需定义该变量并初始化为 1000），炮弹发射出去 1s 后销毁。

```
if (Input.GetButtonDown("Fire1"))
{
    GameObject shell01 = GameObject.Instantiate(shell);
    shell01.transform.position = shellPos.transform.position;
    shell01.GetComponent<Rigidbody>().AddForce(0, 0, force);      //给炮弹施加 z 轴正方向的力
    Destroy(shell01, 1f);
}
```

（7）将脚本赋给 Main Camera，将空游戏对象 shellPos 赋给变量 shellPos。

（8）运行测试，发射 shell 炮弹已经能够与墙体发生碰撞，如图 6-22 所示。

注：图 6-22 的运行效果将语句 Destroy (shell01,1f);注释了。

（9）将前面编写好的控制对象运动的脚本 SPFInput.cs 赋给空游戏对象 shellPos，可以改变炮弹发射的位置。

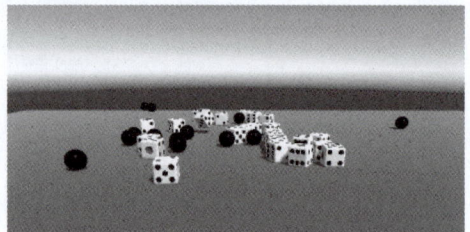

图 6-22　发射炮弹运行效果

（10）将主摄像机设置为空游戏对象 shellPos 的子对象，实现跟随玩家移动位置发射炮弹的效果。

6.5.2 层间碰撞过滤

【例 6-6】 层间碰撞过滤

当游戏对象添加碰撞器后，就有了阻挡作用。但有时希望某些对象之间消除阻挡作用，这可以通过层间碰撞过滤来实现。

（1）新建三种材质，分别设置颜色为红色、绿色、黑色。

（2）创建三个球体，分别命名为 red、green、black，分别赋予第一步创建好的材质。添加刚体组件。

（3）按 Ctrl＋D 组合键将游戏对象 red、green、black 复制 4 份，调整每个球体的位置。再创建一个 Plane 游戏对象，作地面。创建好的效果如图 6-23 所示。

（4）添加层。任意选择一个对象，在右侧 Inspector 面板中，单击 Layer 下拉列表，单击 Add Layer，如图 6-24 所示。

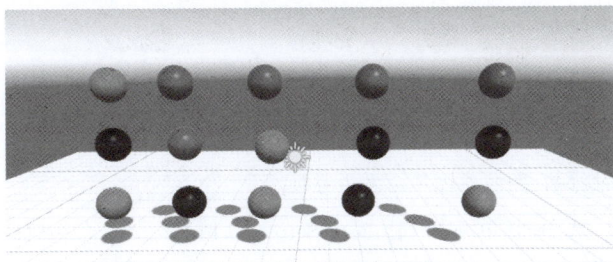

图 6-23 场景初始效果

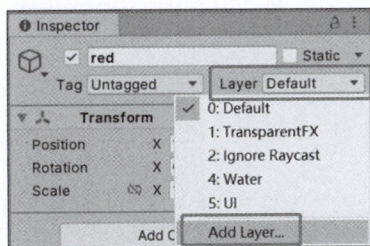

图 6-24 Layer 下拉列表

（5）打开 Tags & Layers 设置框，在 Layers 下方的空白 User Layer 文本框中输入"red""green""black"，添加三个层，如图 6-25 所示。再任意选中一个对象，在 Layer 下拉列表中可以看到刚刚添加的三个层，如图 6-26 所示。

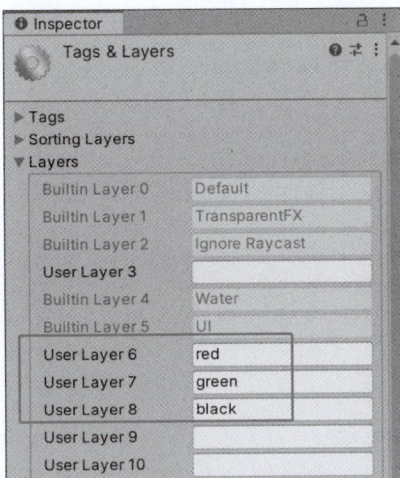

图 6-25 添加 Layer 新层

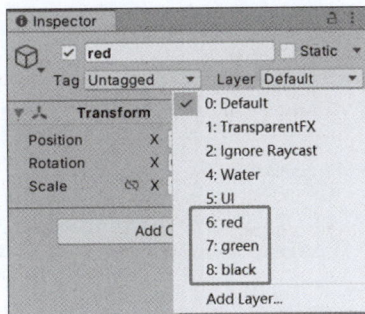

图 6-26 查看添加的新层

（6）选中 5 个红色球体，单击 Layer 下拉列表中的 red 层，将这 5 个红色球体添加到 red 层中。使用同样的方法将 5 个绿色球体添加到 green 层中，5 个黑色球体添加到 black 层中，如图 6-27 所示。

（7）运行，观察球体的移动轨迹，不同色和同色球体之间都有阻挡作用，不会发生穿越，如

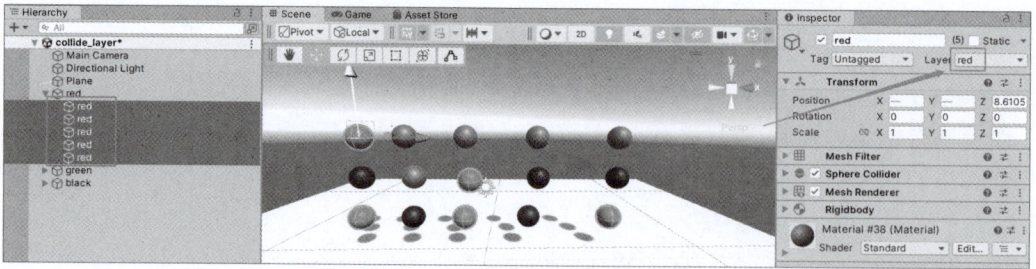

图 6-27　球体按颜色分层效果

图 6-28 所示。

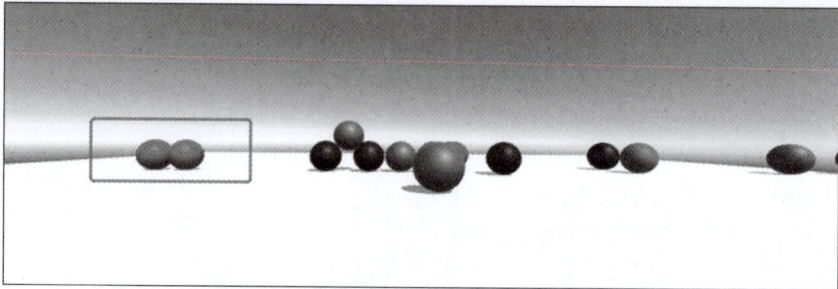

图 6-28　层间过滤前，同层球体不会发生穿越

（8）设置碰撞矩阵，过滤层间碰撞。选择菜单 Edit | Project Settings | Physics，在右侧 Layer Collision Matrix 中过滤层间碰撞，方法为取消 red 行和 red 列相交的复选框的勾选，同样地取消 green 行和 green 列相交的复选框的勾选，取消 black 行和 black 列相交的复选框的勾选，如图 6-29 所示。

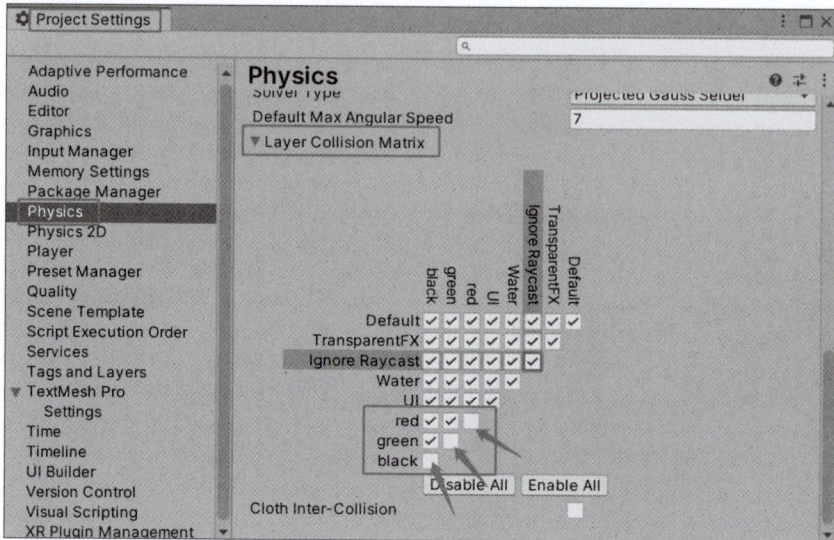

图 6-29　过滤层间碰撞

（9）运行场景，观察球体的移动轨迹，发现不同色球体之间有阻挡作用，不会发生穿越。但是同色球体因设置了碰撞的层间过滤，不再有阻挡作用，发生了穿越。如图 6-30 所示的上图中的左边两个红色球体和两个绿色球体，下图中的黑色球体和红色球体。

（10）由于黑白印刷的图片看不出来小球颜色，在小球四周添加四个字母标识小球颜色（R：红色，G：绿色，B：黑色）。再做同样的测试，未进行层间过滤的效果如图 6-31（a）所示，从左到右方框中的红色球体和黑色球体未发生穿越。设置层间过滤后的效果如图 6-31（b）所示，从左到

(a)

(b)

图 6-30 层间过滤后,同层球体发生了穿越

右方框中的绿色球体、红色球体、黑色球体分别发生了穿越。

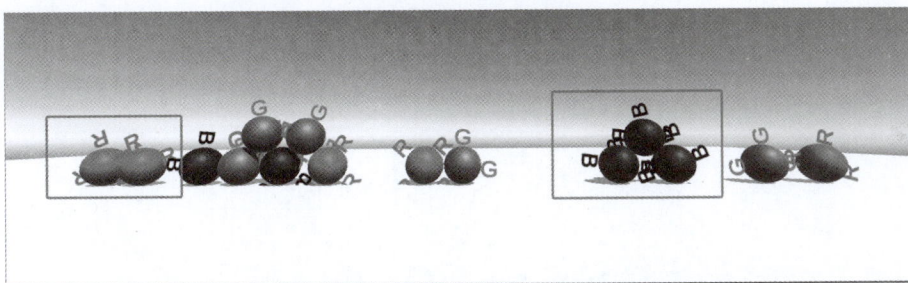

(a)

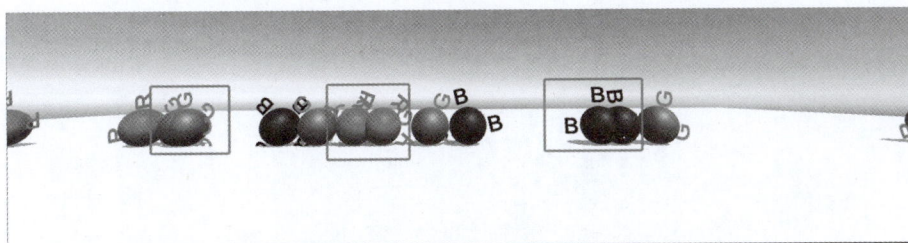

(b)

图 6-31 添加字母标识后,层间过滤前后球体穿越比较

习题

一、选择题

1. Unity 使用的物理引擎是_____。

    A. Intel 公司的 Havok
    B. NVIDIA 公司的 PhysX

    C. AMD 公司是 Bullet
    D. AMD 公司的 PhysX

2.要使对象能够受力,必须为对象添加_____组件。

    A. 碰撞器   B. 刚体   C. 触发器   D. Mesh Renderer

3. 在 Unity 中,以下_____碰撞器适合用来模拟角色对象的碰撞。

    A. Box Collider   B. Sphere Collider   C. Capsule Collider   D. Mesh Collider

4. 通过 AddForce()方法,为刚体施加均匀力时,力的模式为_____。

    A. ForceMode.Force   B. ForceMode.Acceleration

    C. ForceMode.Impulse   D. ForceMode.VelocityChange

5. 在 Unity 中,如果想要更改物体表面的滑动效果或弹力效果,应该调整_____的属性。

    A. Material   B. Texture   C. Physics Material   D. Shader

6. 以下_____不是 Unity 中的标准物理材质属性。

    A. Dynamic Friction   B. Static Friction

    C. Bounciness   D. Transparency

二、简答题

1. 概述什么是碰撞器、刚体、物理材质。

2. 概述 Unity 中实现物体移动的两种方法:物体基本变换操作(移动变换)和给物体施加力(AddForce()方法)。

三、操作题

创建一个骰子做的 6×20 墙体,发射炮弹,将墙体击倒。要求添加一个发射准心,所有功能使用代码实现。初始效果和最终运行效果分别如图 6-32 和图 6-33 所示。

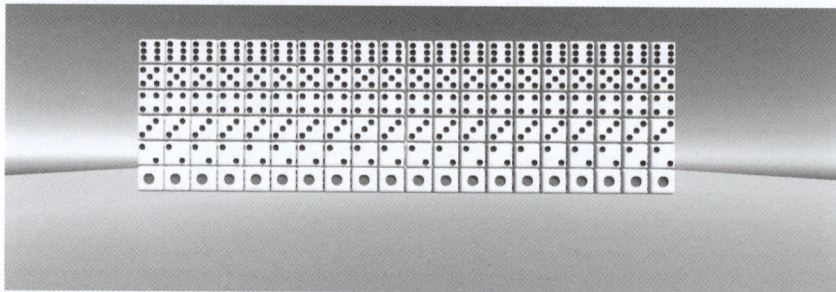

图 6-32　初始效果

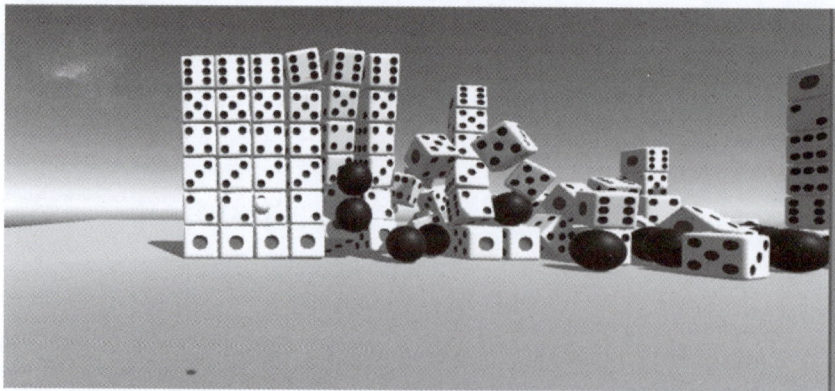

图 6-33　最终运行效果

参考代码如图 6-34 所示。

```
GameObject obj;       //获取炮弹资源"prefabs/shell"
GameObject shell;     //通过炮弹资源obj, 实例化炮弹shell
float force = 1500;
GameObject shellPos;//炮弹shell实例化后的位置参考对象
void Update () {
    //2. 炮弹击毁墙体
    if (Input.GetMouseButtonDown(0))
    {
        if(shellPos == null){
            //(1)创建shellPos对象，移除碰撞器，添加移动脚本
            shellPos = GameObject.CreatePrimitive(PrimitiveType.Sphere);
            shellPos.transform.localScale = new Vector3(0.1f, 0.1f, 0.1f);
            //shellPos放置到z轴负方向 (0, 1, -6) 位置处
            shellPos.transform.position = new Vector3(0, 1, -8);
            shellPos.name = "shellPos";
            //将shellPos上的碰撞器移除，注意没有RemoveComponent方法
            Destroy(shellPos.GetComponent<Collider>());
            //为shell添加移动脚本SPFInput.cs
            shellPos.AddComponent<SPFInput>();
            shellPos.GetComponent<SPFInput>().speed = 4;
            //(2) 设置主摄像机跟随shellPos
            //设置主摄像机为shellPos的子对象(默认主摄像机positon世界坐标不变，所以发射炮弹前后视角不变)
            Camera.main.transform.parent = shellPos.transform;
        }

        //(3)创建炮弹对象，发射，销毁
        obj = Resources.Load<GameObject>("prefabs/shell");
        shell = GameObject.Instantiate(obj);
        shell.transform.position = shellPos.transform.position;
        //为炮弹施加z轴正方向的力
        shell.GetComponent<Rigidbody>().AddForce(0, 0, force);
        Destroy(shell, 5f);
    }
```

图 6-34　参考代码

碰 撞 检 测

碰撞检测是游戏和虚拟现实等交互式开发中很重要的内容,也是交互式项目开发的重点和难点。游戏中的碰撞检测方式有很多,不同的算法之间主要是在精度和速度之间权衡。目前成功商业 3D 游戏普遍采用的碰撞检测是采用二叉空间分割树(Binary Space Partioning Tree,BSP 树)及包装盒方式。简单地讲就是采用一个描述用的正方体、球形体等包裹住 3D 物体对象整体(或者是主要部分),之后根据碰撞盒的距离、位置等信息来计算是否发生碰撞。

本章学习要点:
- 碰撞检测概念。
- 碰撞器种类。
- 碰撞检测实现方法。

7.1 碰撞检测概述

在虚拟现实游戏、计算机辅助设计与制造(CAD/CAM)、计算几何、机器人及其自动化、工程分析、车辆自动驾驶、人工智能等领域都会遇到有关碰撞检测的问题,甚至成为实现相关功能的关键问题。

7.1.1 碰撞检测概念

碰撞检测主要用于在一个二维或三维空间,有 N 个运动物体随着时间推移改变位置和姿态,判定一对或多对物体在给定时间域内的同一时刻是否占有相同区域。碰撞检测在工业设计生产、机器人运动规划、自动驾驶、计算机仿真、虚拟现实、游戏等领域有广泛的应用。在工业设计生产、机器人研究和自动驾驶中,机器人、车辆与障碍物间的碰撞检测是机器人、车辆运动规划和避免碰撞的基础,对实时性和安全性有极高的要求。在计算机仿真、虚拟现实和游戏中,对象必须能对碰撞检测做出及时响应,实时交互性和真实性是这些应用追求的目标。

碰撞检测的目的主要有三个,一是检测物体之间是否发生碰撞,二是检测发生或即将发生碰撞的部位,三是动态查询物体之间的距离。通过碰撞检测也可以预测碰撞、避免碰撞的发生,这也有很多的实际应用场景,如汽车自动驾驶中的避障、扫地机器人的避障、游戏中 AI 角色的避障等。

在 Unity 中,碰撞检测的目的主要是检测游戏对象间是否发生了碰撞,如果发生碰撞,执行哪些操作。也就是说,当主角与其他游戏对象发生碰撞时,需要及时检测到并做出实时反应,完成设定好的操作等。例如,主角开火,子弹击中敌人(碰撞检测),敌人需执行一系列的动作,这些就需要通过碰撞检测实现;主角在场景中游走,碰触到某些物体,需要做一些特殊动作或效果,也需要碰撞检测来实现。在选择碰撞器和碰撞检测算法时,要在速度和精度之间权衡。

7.1.2 碰撞检测原理

Unity 中碰撞检测是基于物理引擎进行的,通过 Collider 碰撞器组件和 Rigidbody 刚体组件来实现。Unity 使用了一个基于迭代的动态模拟物理引擎 PhysX,用于模拟刚体的运动和碰撞效果。物理引擎会根据刚体的质量、重力、速度等物理属性,结合刚体之间的碰撞信息,计算刚体的运动轨迹和碰撞效果,并将结果应用到游戏对象上。当两个带有碰撞器组件的游戏对象接近或重叠时,物理引擎会检测到碰撞,并触发相应的碰撞事件。碰撞检测基于碰撞对象体积(Collider 组件轮廓)的相交进行判断,当两个碰撞器相交时,物理引擎会认为发生了碰撞。在碰撞发生后,通过碰撞事件函数来获取碰撞信息,并进行相应的处理,例如,触发音效、获取资源、改变游戏状态等。

7.2 碰撞器种类

本节所说的碰撞器是指添加了 Collider 组件的游戏对象。根据物理特性和功能的不同,碰撞器可以分为 Static Collider(静态碰撞器)、Rigidbody Collider(刚体碰撞器)、Kinematic Rigidbody Collider(运动学刚体碰撞器)、Trigger(触发器)4 类。

7.2.1 Static Collider

StaticCollider(静态碰撞器)指的是没有附加刚体而附加了碰撞器的游戏对象。静态碰撞器在发生碰撞时会保持静止或很轻微的移动。这对于环境模型,如建筑、墙壁、道路等十分好用。当墙壁和刚体发生碰撞时不会移动,但会起到阻挡刚体、避免穿越墙壁的作用。

7.2.2 Rigidbody Collider

Rigidbody Collider(刚体碰撞器)指的是附加了刚体和碰撞器的游戏对象。刚体碰撞器因为有碰撞器组件会起到阻挡作用,因为有刚体组件会受到力的作用。如果悬空,受重力影响,会掉落下来。如果被其他的刚体对象碰撞,因受到力的作用,会发生移动、旋转,甚至翻倒。

7.2.3 Kinematic Rigidbody Collider

Kinematic Rigidbody Collider(运动学刚体碰撞器)指的是同时包含碰撞器和刚体,并且在刚体组件中激活 Is Kinematic(勾选该属性前的复选框)的游戏对象。运动学刚体碰撞器不再受物理引擎的作用,即不再受力、重力或扭矩的影响。若要移动这类游戏对象,就要修改其Transform 组件的 position 和 rotation 属性,而不是用力。它们很像静态碰撞器,不过如果想要不停地到处移动碰撞器,它们会更好用。它们碰到其他碰撞器没有反应静止不动,不会受力移动、翻转等,但是仍然会触发对应的碰撞事件函数。运动学刚体碰撞器去碰撞刚体碰撞器,能触发碰撞函数。静态碰撞器去碰撞刚体碰撞器,不能触发碰撞函数。

7.2.4 Trigger

前面三种碰撞器如果勾选了 Is Trigger 复选框,就变成了相应的 Trigger(触发器)了。触发器取消了碰撞盒的阻挡作用,保留了碰撞事件函数的功能。触发器的工作原理和碰撞器的工作原理相似,只是没有了阻挡作用。

7.3　碰撞检测实现方法

碰撞检测的底层实现原理和技术细节,可以查阅计算机图形学中的面向凸体的最近邻特征算法、GJK 算法等,空间结构分割中的空间剖分法(均匀剖分、BSP 树、k-d 树、八叉树等算法)、层次包围体树法(层次包围球树、AABB 层次树、OBB 层次树、k-dop 层次树、QuOSPO 层次树、凸块层次树、混合层次包围体树)等相关资料。层次包围体树法不同包围体对比如图 7-1 所示。

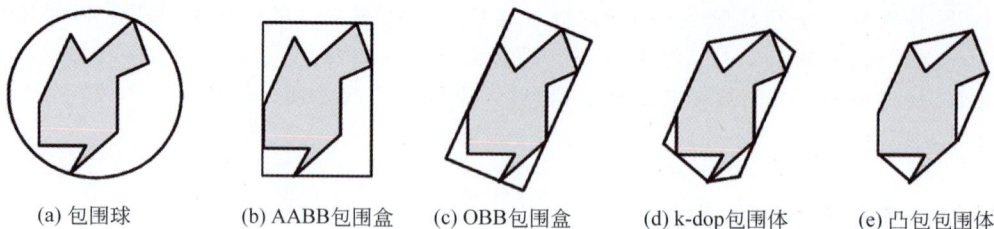

(a) 包围球　　　　(b) AABB包围盒　　(c) OBB包围盒　　(d) k-dop包围体　　(e) 凸包包围体

图 7-1　层次包围体树法不同包围体对比

Unity 中碰撞检测实现方法有实体碰撞检测、触发碰撞检测、射线碰撞检测、角色碰撞检测 4 种。这 4 种方法,实现碰撞检测的条件、具体实现、使用场景各不相同。

7.3.1　碰撞检测条件

两个物体发生碰撞,如果要检测到碰撞信息,那么其中至少有一个是 Rigidbody Collider,即必有一个物体既带有碰撞器,又带有刚体,且检测碰撞信息的脚本通常附着在带有刚体的碰撞器上。

7.3.2　实体碰撞检测

实体碰撞检测适用于两个实体碰撞器之间发生的碰撞检测,适用于两个物体的运动碰撞检测,其中至少有一个是运动的刚体碰撞器对象。该方法检测的是两个对象的接触碰撞,也就是说,这两个对象必须发生接触。两个对象的接触过程可以划分为三个阶段:①进入接触阶段;②持续接触阶段;③离开接触、分离阶段。这三个阶段代表三个事件,分别对应三个事件函数。这三个事件函数都是 MonoBehaviour 类的函数。

1. MonoBehaviour.OnCollisionEnter()

```
MonoBehaviour.OnCollisionEnter(Collision collision)
```

当该碰撞器/刚体开始接触另一个刚体/碰撞器时,OnCollisionEnter()被调用。

2. MonoBehaviour.OnCollisionExit()

```
MonoBehaviour.OnCollisionExit(Collision collision)
```

当该碰撞器/刚体停止接触另一个刚体/碰撞器时,OnCollisionExit()被调用。

3. MonoBehaviour. OnCollisionStay()

```
MonoBehaviour.OnCollisionStay(Collision collision)
```

当该碰撞器/刚体持续接触另一个刚体/碰撞器时,OnCollisionStay()被调用。

参数 collision 是 Collision 类型的变量,Collision 是对碰撞的描述,携带碰撞检测结果信息,碰撞后返回的数据信息存储在这个 Collision 中。通过它可以获得所碰撞的目标对象的属性以及碰撞点信息和碰撞速度等。Collision 中包含碰撞检测到的游戏对象和 collider 实例等。

碰撞信息描述 Collision 类的常用属性如表 7-1 所示。

表 7-1　Collision 类的常用属性

属　　性	描　　述
articulationBody	碰撞到的游戏对象的接合体（只读）。（通过接合体可以使用分层组织的游戏对象构建物理接合，例如机器人手臂或运动链）
body	碰撞到的游戏对象的 Rigidbody 刚体或 articulationBody 接合体（只读）
collider	碰撞到的游戏对象的 Collider 组件（只读）
contactCount	获取发生碰撞的两个游戏对象的接触点数量
contacts	发生碰撞时，由物理引擎产生的接触点，至少有一个。尽量避免使用该属性，因为它会产生内存垃圾。改用 GetContact 或 GetContacts
gameObject	碰撞到的碰撞器对应的 GameObject 实例（只读）
impulse	为解析处理该碰撞，而施加于发生碰撞的碰撞器对的总冲量（推动力）
relativeVelocity	这两个碰撞对象的相对线性速度（只读）
rigidbody	碰撞到的游戏对象的 Rigidbody 组件（只读）。如果碰到的游戏对象是一个没有附加刚体的碰撞器，则返回 null
transform	碰撞到的游戏对象的 Transform 组件（只读）

以上这三个碰撞事件函数都是 MonoBehaviour 的事件接口方法，任何新建的脚本都自动继承 MonoBehaviour 类，所以在脚本里面可以实现这三个接口方法。

【例 7-1】　实体碰撞检测信息测试

（1）新建场景，创建一个 Plane 地面和两个立方体，为左侧立方体添加 Rigidbody 组件，如图 7-2 所示。

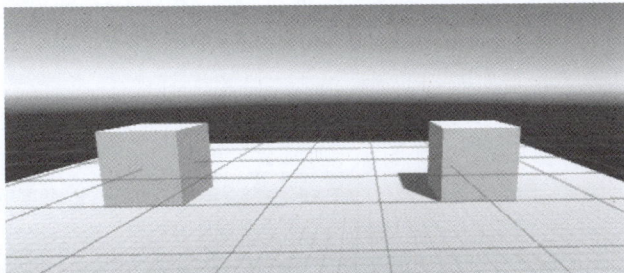

图 7-2　创建场景

（2）新建脚本 CollisionInfo.cs，添加 OnCollisionEnter 事件响应函数。

```
private void OnCollisionEnter(Collision collision)
{
    print(collision.collider);
    print(collision.contacts);
    print(collision.gameObject);
    print(collision.rigidbody);
    print(collision.relativeVelocity);
    print(collision.transform);
}
```

（3）在 Update()方法中添加如下语句。

```
GetComponent<Rigidbody>().AddForce(10, 0, 0);
```

（4）将脚本赋给左侧立方体，将该立方体刚体组件中的重力取消（取消勾选 Use Gravity 复选框），将该立方体沿 y 轴向上提起一点，使该立方体只与右侧立方体碰撞，不会与地面 Plane

碰撞。

（5）运行查看控制台输出。控制台依次输出碰撞到的右侧立方体的碰撞器、碰撞相交点、游戏对象实例、刚体、相对速度、Transform 组件等信息，如图 7-3 所示。

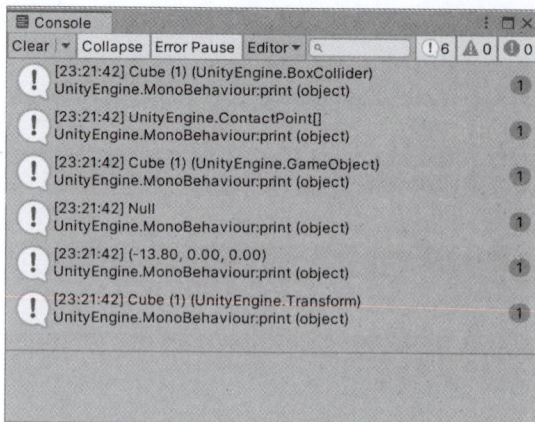

图 7-3　碰撞信息的控制台输出

【例 7-2】　简单实体碰撞检测及改进

（1）搭建简单场景，创建一个平面、一个立方体、一个球体、一个圆柱体，如图 7-4 所示。

（2）新建脚本 CollisionTest.cs，添加 OnCollisionEnter 事件响应函数。

```
private void OnCollisionEnter(Collision collision){
    if (collision.gameObject.name != "Plane") {
        Debug.Log (collision.gameObject.name);
    }
}
```

（3）将脚本 CollisionTest 添加给 Cube 对象，并为 Cube 添加 Rigidbody 刚体组件。

（4）为 Cube 添加运动脚本 SPFInput.cs。

（5）运行，按 D 键，使 Cube 向右移动，碰撞球体，触发碰撞函数，在控制台打印输出碰撞到的游戏对象的名称 Sphere。运行结果如图 7-5 所示。

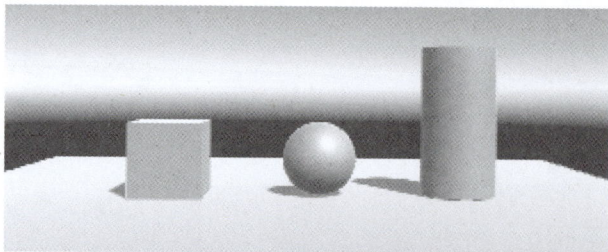

图 7-4　场景初始效果

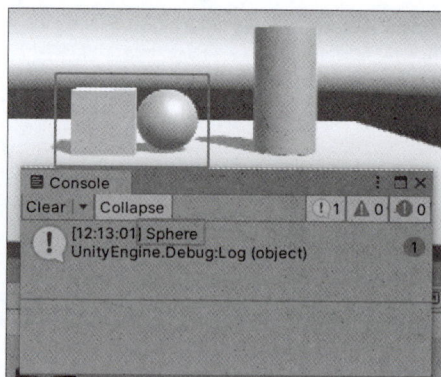

图 7-5　运行结果

（6）修改碰撞检测代码，实现碰撞到不同对象，执行不同操作。

```
public class CollisionTest: MonoBehaviour
{
    //定义三个变量
    static int k = 1;
```

```
GameObject obj;
float scale = 1;
void Start()
{
}
void Update()
{
}
private void OnCollisionEnter(Collision hit)
{
    print(hit.gameObject.name);       //打印碰撞到的对象的名称
    print("k=" + k++);                //打印碰撞次数
    string hitName = hit.gameObject.name;
                                      //获取碰撞到的对象名称,初始化变量 hitName
    trans(hitName);                   //调用 trans()方法,传递参数 hitName
}
//定义 trans()方法,实现碰撞到不同对象,执行不同操作
void trans(string hitName)
{
    obj = GameObject.Find(hitName);//根据传递进来的 hitName 参数,在场景中找到该对象
    switch (hitName)
    {                                //通过 switch-case 语句判断碰撞到的对象,执行不同操作
        case "Cube":                 //碰撞到 Cube,绕 y 轴顺时针旋转 45°
            obj.transform.Rotate(0, 45, 0);
            break;
        case "Sphere":               //碰撞到 Sphere,等比放大 10%
            scale += 0.1f;
            obj.transform.localScale = new Vector3(scale, scale, scale);
            break;
        case "Cylinder":             //碰撞到 Cylinder,使之马上销毁
            Destroy(obj);
            break;
    }
}
```

（7）保存脚本。在场景中将 Cube 复制出来一个 Cube(1)，将 Cube 上的脚本 CollisionTest.cs 和 SPFInput.cs 移除。运行场景，移动 Cube(1)，观察它碰撞到 Cube、Sphere、Cylinder 的效果。每碰撞一次 Cube，Cube 旋转 45°；每碰撞一次 Sphere，Sphere 等比放大 10％；碰撞到 Cylinder，Cylinder 消失，如图 7-6 所示。

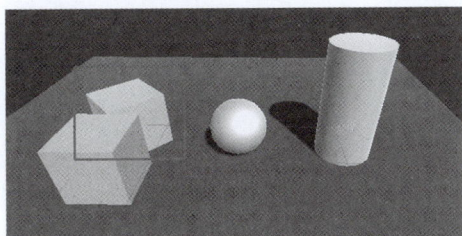

(a) 碰撞Cube

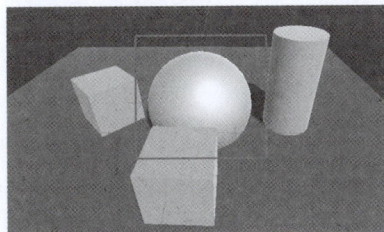

(b) 碰撞Sphere

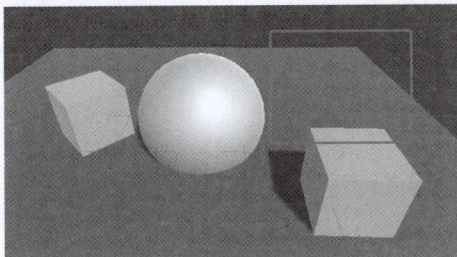

(c) 碰撞Cylinder

图 7-6 碰撞不同对象的运行结果

（8）在运行测试 Cube(1)碰撞球体的效果时，Cube(1)的运动不好控制，还会出现穿越球体的情况。这时，可以运行程序后，返回 Scene 窗口，直接在该窗口拖动 Cube(1)，去碰撞 Sphere 等对象，观察碰撞效果，如图 7-7 所示。

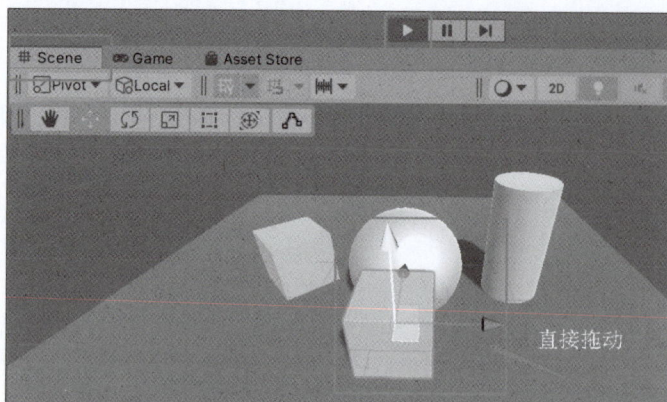

图 7-7　运行状态下，在 Scene 窗口操作移动对象 Cube（1）

7.3.3　触发碰撞检测

触发碰撞检测适用于非实体碰撞，即碰撞的两个游戏对象中至少有一个是触发器。适用于碰撞盒范围碰撞检测。与前面介绍的碰撞检测一样，该方法检测的也是两个对象的接触碰撞，也就是说，这两个对象必须发生接触。两个对象的接触过程可以划分为三个阶段：①进入接触阶段；②持续接触阶段；③离开接触、分离阶段。这三个阶段代表三个事件，分别对应三个事件函数。

1．MonoBehaviour.OnTriggerEnter

```
MonoBehaviour.OnTriggerEnter(Collider other)
```

当碰撞器 other 刚进入触发器时，OnTriggerEnter 被调用。

2．MonoBehaviour.OnTriggerExit

```
MonoBehaviour.OnTriggerExit(Collider other)
```

当碰撞器 other 离开触发器时，OnTriggerExit 被调用。

3．MonoBehaviour.OnTriggerStay

```
MonoBehaviour.OnTriggerStay(Collider other)
```

当碰撞器 other 持续碰撞接触触发器时，OnTriggerStay 被调用。

以上这三个碰撞事件函数都是 MonoBehaviour 的接口方法，任何新建的脚本都自动继承MonoBehaviour类，所以在脚本里面可以实现这三个接口方法。

参数 other 是 Collider 类型，Collider 类是所有碰撞器的基类。Collider 类继承父类Component 的成员变量 gameObject。这里的 gameObject 实例是指 Collider 组件所挂载的游戏对象实例。Collider 类的常用属性如表 7-2 所示。

表 7-2　Collider 类的常用属性

属　　性	描　　述
attachedArticulationBody	碰撞器附加的接合体
attachedRigidbody	碰撞器附加到的刚体

续表

属　　　性	描　　　述
bounds	碰撞器的世界空间包围轮廓（只读）
contactOffset	该碰撞器的接触偏移值
enabled	启用的 Collider 将与其他 Collider 碰撞，禁用的 Collider 不会发生碰撞
hasModifiableContacts	设置碰撞器的接触点是否可修改
isTrigger	设置碰撞器是不是触发器
material	碰撞器使用的物理材质
sharedMaterial	该碰撞器的共享物理材质

【例 7-3】　触发碰撞检测——三种状态测试

（1）新建场景，创建一个 Plane 地面和两个立方体，为左侧立方体添加 Rigidbody 组件，在右侧立方体的 Box Collider 组件中勾选 is Trigger 复选框，设置为触发器，如图 7-8 所示。

触发碰撞检测——三种状态测试

图 7-8　创建场景

（2）新建脚本 TriggerTest.cs，添加 OnTriggerEnter、OnTriggerStay、OnTriggerExit 事件响应函数。

```
private void OnTriggerEnter(Collider other)
{
    if (other.gameObject.name != "Plane")
    {
        print(" OnTriggerEnter ……");
    }
}
private void OnTriggerStay(Collider other)
{
    if (other.name != "Plane")
    {
        print(" OnTriggerStay ……");
    }
}
private void OnTriggerExit(Collider other)
{
    if (other.name != "Plane")
    {
        print(" OnTriggerExit ……");
    }
}
```

（3）将脚本 TriggerTest.cs 赋给左侧立方体，然后将移动脚本 SPFInput.cs 也赋给它，在 Inspector 面板中将脚本的移动速度变量 speed 设置为 1，使立方体移动速度不要过快。

（4）运行场景，按 D 键，使左侧立方体缓慢向右侧立方体移动。发现左侧立方体穿越了右侧立方体。

（5）同时在 Console 面板中观察信息输出。在左侧立方体刚接触右侧立方体、从右侧立方体中移动穿出、到离开右侧立方体的瞬间，三个状态对应了三个打印输出内容，如图 7-9 所示。

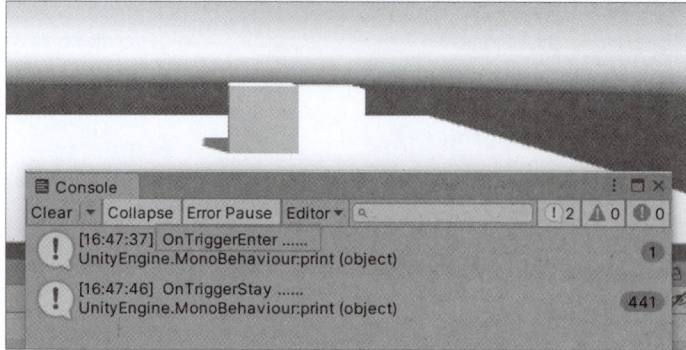

(a) 与触发器刚接触OnTriggerEnter

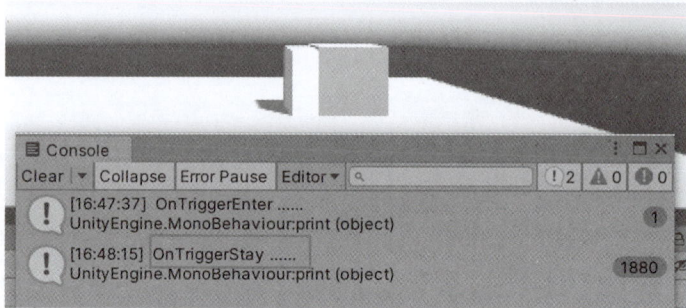

(b) 与触发器持续接触OnTriggerStay

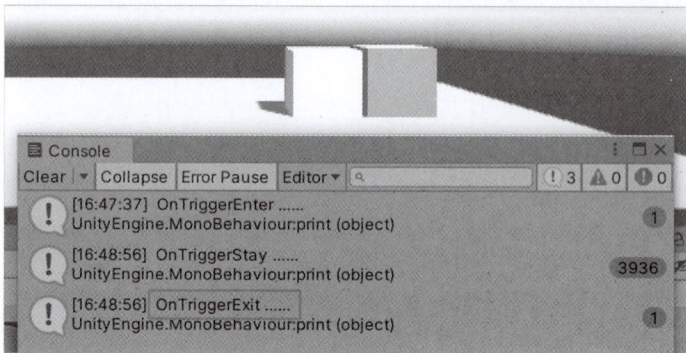

(c) 离开触发器OnTriggerExit

图 7-9　触发碰撞三种状态比较

（6）从图 7-9（c）的 Console 面板输出信息可观察到，OnTriggerEnter 和 OnTriggerExit 这两个事件只输出了一次，说明它们都是瞬时事件，对应的事件函数只被调用执行一次。OnTriggerStay 是一个持续事件，可以持续一段时间，对应的事件函数会被调用多次。以上讨论是基于刚体碰撞器从进入触发器到离开触发器一个完整过程的基础上。如果刚体碰撞器多次进入和离开触发器，OnTriggerEnter 和 OnTriggerExit 也会根据进入和离开的次数，被多次调用，如图 7-10 所示。

（7）同样地，可以运行场景后，在 Scene 窗口中操纵移动左侧立方体，更加流畅便捷，响应速度也更快一些。

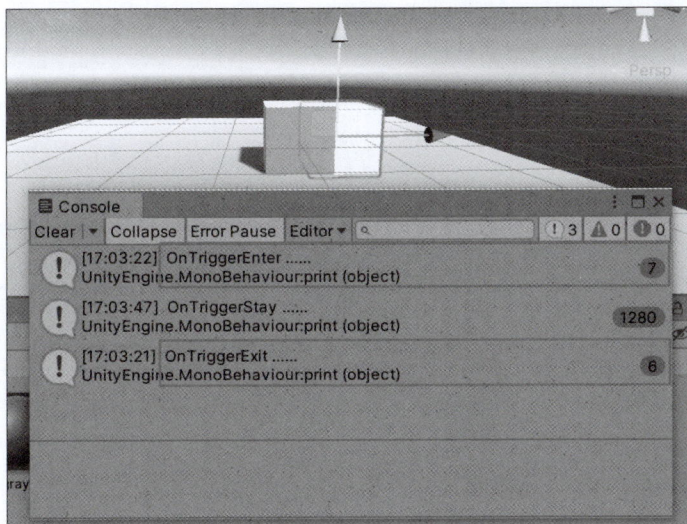

图 7-10 碰撞器多次进入和离开触发器

7.3.4 射线碰撞检测

射线碰撞检测适用于稍远距离（射线覆盖范围）的碰撞检测。射线碰撞检测，就是发射一条射线到场景中，判断它与场景中的什么对象相交，然后做相应的操作。射线碰撞检测背后的数学实现通常很复杂，但用户只需要关心射线从哪里向什么方向发射，以及碰触到对象后做什么就可以了。

1. Physics.Raycast()方法

射线碰撞检测是通过 Physics 类的 Raycast()静态方法实现的。Physics.Raycast()有 16 个重载方法。方法有 bool 类型返回值，如果射线与任何碰撞器相交，返回 true，否则返回 false。

```
public static bool Raycast (
    Vector3 origin,
    Vector3 direction,
    float maxDistance= Mathf.Infinity,
    int layerMask= DefaultRaycastLayers,
    QueryTriggerInteraction queryTriggerInteraction= QueryTriggerInteraction.UseGlobal
);
public static bool Raycast (
    Vector3 origin,
    Vector3 direction,
    out RaycastHit hitInfo,
    float maxDistance,
    int layerMask,
    QueryTriggerInteraction queryTriggerInteraction
);
public static bool Raycast (
    Ray ray,
    float maxDistance= Mathf.Infinity,
    int layerMask= DefaultRaycastLayers,
    QueryTriggerInteraction queryTriggerInteraction= QueryTriggerInteraction.UseGlobal
);
public static bool Raycast (
    Ray ray,
    out RaycastHit hitInfo,
    float maxDistance= Mathf.Infinity,
    int layerMask= DefaultRaycastLayers,
    QueryTriggerInteraction queryTriggerInteraction= QueryTriggerInteraction.UseGlobal
);
```

Physics.Raycast()方法的参数如表 7-3 所示。

表 7-3　Physics.Raycast()方法的参数

参　　数	含　　义
origin	碰撞射线在世界坐标系中的起点
direction	碰撞射线的方向
maxDistance	碰撞射线检查碰撞的最大距离。默认为无限远
layerMask	层遮罩,用于在投射射线时有选择地忽略指定碰撞体
queryTriggerInteraction	指定射线碰撞检测是否检测对触发器的碰撞
hitInfo	当方法返回 true,hitInfo 保存碰撞到的碰撞体的相关信息
ray	定义进行射线碰撞检测的射线,起点和方向

　　Raycast()方法向场景中的所有碰撞体投射一条射线,该射线起点为 Vector3 类型的 origin,方向为 direction。起点 origin 和方向 direction 也可以使用参数 ray 替换。长度为 maxDistance,默认为无限远,在 maxDistance 范围内碰撞器都会被扫描到,从而产生碰撞检测。碰撞信息保存在 hitInfo 中,hitInfo 是 RaycastHit 类型的。可以提供一个 LayerMask,以过滤掉不想与其发生碰撞的碰撞体。

　　可以通过设定 queryTriggerInteraction 的值,来控制是否对触发器产生碰撞效果。默认是使用全局的 Physics.queriesHitTriggers 的设置。QueryTriggerInteraction 有三个枚举值:①UseGlobal 是默认取值,设置射线碰撞检测使用全局 Physics.queriesHitTriggers 的设置值;②Ignore,射线碰撞检测从不报告对触发器的扫描命中;③Collider,射线碰撞检测始终报告对触发器的扫描命中,及对触发器进行射线碰撞检测。

　　Physics.Raycast()的 16 个重载方法就是对表 7-3 中参数的排列组合。参数 origin 和 direction 或 ray 是必需的,因为要指明碰撞检测射线的起始点和方向,所以最简单的 Raycast()方法是 public static bool Raycast(Vector3 origin,Vector3 direction);和 public static bool Raycast(Ray ray);。最常用的 Raycast()方法如下。

```
public static bool Raycast (
    Vector3 origin,
    Vector3 direction,
    out RaycastHit hitInfo,
    float maxDistance
);
```

例如:

```
Physics.Raycast (this.transform.position, Vector3.left, out hit, 30f);
```

　　该条语句的含义是从挂载该脚本的游戏对象中心点,发出一条水平向左的射线,扫描范围为 30m,碰撞信息保存在 hit 中。

2. RaycastHit 类

　　RaycastHit 是保存从射线碰撞点返回的碰撞信息的数据结构,RaycastHit 包含的碰撞信息如表 7-4 所示。其中比较常用的有 collider、distance、point、rigidbody、transform 等。

表 7-4　RaycastHit 包含的碰撞信息

属　　性	含　　义
articulationBody	射线检测到的接合体。如果没有检测到,返回 null
barycentricCoordinate	射线检测到的三角形的重心坐标

属　　性	含　　义
collider	射线扫描命中对象的 Collider
colliderInstanceID	射线扫描命中对象的 Collider 的实例 ID
distance	从射线原点到碰撞点的距离
lightmapCoord	碰撞点处的 UV 光照贴图坐标
normal	射线扫描命中表面的法线
point	世界空间中射线命中碰撞体的碰撞点
rigidbody	射线扫描命中的碰撞体的 Rigidbody。如果该碰撞体未添加刚体组件，返回 null
textureCoord	射线碰撞位置处的 UV 纹理坐标
textureCoord2	射线碰撞位置处的辅助 UV 纹理坐标
transform	射线命中的刚体或碰撞体的 Transform 组件
triangleIndex	射线命中的三角形的索引值

3. out 关键字

Physics.Raycast()方法中保存碰撞信息的 RaycastHit 类型的参数 hitInfo，前面必须有关键字 out。高级语言的方法参数传递有按值和按地址（按引用）两种传递方式，在 C♯中，按地址传递又分为 ref 和 out 两种方式。

ref 和 out 都是 C♯中的关键字，所实现的功能也差不多，都是使参数按照引用传递。它们的区别有以下几点。

（1）ref 传进去的参数必须在调用前初始化，out 不必。

```
int i;
Method(ref i );                          //语法错误
int i;
Method(out i );                          //通过
```

（2）ref 传进去的参数在函数内部可以直接使用，而 out 不可以。

```
public void Method(ref int i)
{ int j = i; }                           //通过
public void Method(out int i)
{ int j = i; }                           //语法错误
```

（3）ref 传进去的参数在函数内部可以不被修改，但 out 必须在离开函数体前进行赋值。ref 在参数传递之前必须初始化，而 out 则在传递前不必初始化。

（4）系统对 ref 的限制是更少一些的。out 虽然不要求在调用前一定要初始化，但是其值在函数内部是不可见的，也就是不能使用通过 out 传进来的值，并且一定要在函数内赋一个值。或者说，函数承担初始化这个变量的责任。

4. DrawRay

Debug 类的 DrawRay()静态方法的功能是在场景中绘制射线。可以设置射线的起始点、绘制方向及长度、射线颜色、射线显示持续时间、射线遮挡效果等。Debug.DrawRay()的声明语句如下。

```
public static void DrawRay(
  Vector3 start,
  Vector3 dir,
  Color color= Color.white,
  float duration = 0.0f,
  bool depthTest= true
);
```

例如：

```
Debug.DrawRay(transform.position, Vector3.forward, Color.red, 2f);
```

参数 dir 决定了绘制射线的方向和长度,如 Vector3.forward 就表示是 z 轴正方向的长度为 1m 的射线。射线颜色 color 默认为白色。射线显示持续时间 duration 默认为 0.0f 秒,表示绘制的射线只被渲染 1 帧,下一帧就不会再被渲染,即不会再显示出来。如果想持续显示,就要把 duration 设置为期望显示的秒数。参数 depthTest 是深度检测,表示绘制的射线是否会被距离摄像机更近的游戏对象遮挡,默认为 true,即会被遮挡。

```
Debug.DrawRay(transform.position, transform.forward * 5, Color.red, 5f, true);
```

执行以上语句,绘制的射线运行时在 Scene 窗口中可见。当 Game 窗口中的 Gizmos 按钮按下时(如图 7-11 所示),在 Game 视图中也可见。绘制的射线 z 轴正方向,长度为 5m,红色,持续时间为 5s,会被距离摄像机更近的游戏对象遮挡(如图 7-12 所示)。

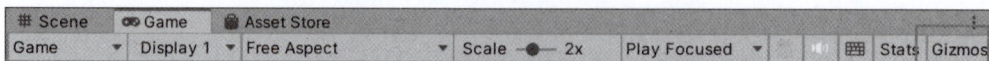

图 7-11　Game 窗口中的 Gizmos 按钮

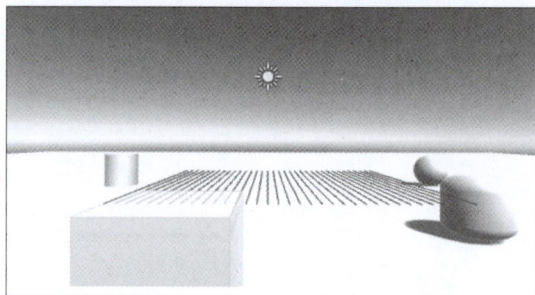

图 7-12　Scene 窗口显示绘制的射线

5. Physics 类的其他投射方法

Physics 类除了支持射线碰撞检测,还有 Linecast()、OverlapBox()、SphereCast()、Check××()等。

(1) Linecast()方法。

检测有任何碰撞体与 start 和 end 之间的线相交,则返回 true。Linecast()方法的扫描线是指定了起始点和终止点的直线,而 RayCast()方法的扫描线是指定了起始点和方向的射线。

```
public static bool Linecast (
  Vector3 start,
  Vector3 end,
  int layerMask= DefaultRaycastLayers,
  QueryTriggerInteraction queryTriggerInteraction= QueryTriggerInteraction.UseGlobal
);
```

(2) Overlap×××()方法。

OverlapBox()方法,查找并返回与给定盒体接触或位于盒体内部的所有碰撞体,方法返回值是一个 Collider 类型的数组。该方法创建一个自定义的不可见盒体,通过输出与该盒体发生接触的所有碰撞体来检测碰撞。

```
public static Collider[] OverlapBox (
  Vector3 center,                              //盒体的中心
  Vector3 halfExtents,                         //盒体每个维度长度的一半
```

```
    Quaternion orientation= Quaternion.identity,  //盒体的旋转角度,用四元数表示
    int layerMask= AllLayers,
    QueryTriggerInteraction queryTriggerInteraction= QueryTriggerInteraction.UseGlobal
);
```

OverlapBoxNonAlloc()方法,检测查找与给定盒体接触或位于盒体内部的所有碰撞体,并将它们存储到 Collider 类型的缓冲区数组 results 中。方法返回值存储检测到的碰撞体数量,即存储在 results 中的碰撞体的数量。

```
public static int OverlapBoxNonAlloc (
  Vector3 center,
  Vector3 halfExtents,
  Collider[] results,                         //用于存储结果的缓冲区
  Quaternion orientation= Quaternion.identity,
  int mask= AllLayers,
  QueryTriggerInteraction queryTriggerInteraction= QueryTriggerInteraction.UseGlobal
);
```

其他 Overlap×××()碰撞检测方法中,还有 OverlapCapsule()、OverlapCapsuleNonAlloc()、OverlapSphere()、OverlapSphereNonAlloc()等,与以上两个方法功能类似。

（3）SphereCast()方法。

当球体扫描与任何碰撞体交叠时返回 true,否则返回 false。投射球形范围（以 origin 为圆心,radius 为半径的,以 maxDistance 为高的圆柱体碰撞盒）来判断是否与场景中游戏对象（带碰撞器）相交碰撞,返回 RaycastHit 碰撞信息。

用在射线投射无法满足要求时的情况,例如,要判断角色（有空间大小尺寸）是否和一个物体发生碰撞（远距离非接触检测）。注意,对于球体与碰撞体重叠的情况,SphereCast 不会检测到碰撞体。

```
public static bool SphereCast(
  Vector3 origin,           //扫描开始处,球体的中心
  float radius,             //扫描球体的半径
  Vector3 direction,        //球体的方向,扫描范围实际是一个球形圆柱体,该参数定义了圆柱的高度
  out RaycastHit hitInfo,
  float maxDistance = Mathf.Infinity,
  int layerMask = DefaultRaycastLayers,
  QueryTriggerInteraction queryTriggerInteraction = QueryTriggerInteraction.UseGlobal
);
```

（4）Check×××()方法。

CheckBox()方法,检测给定的盒体是否与其他碰撞体重叠,如果有则返回 true。

```
public static bool CheckBox (
  Vector3 center,
  Vector3 halfExtents,
  Quaternion orientation= Quaternion.identity,
  int layermask= DefaultRaycastLayers,
  QueryTriggerInteraction queryTriggerInteraction= QueryTriggerInteraction.UseGlobal
);
```

CheckCapsule()方法,检测是否有碰撞体与世界空间中的胶囊形体积重叠,如果有则返回 true。胶囊体由中心位于 start 和 end、半径为 radius 的两个球体界定,两个球体构成胶囊体的两个末端。

```
public static bool CheckCapsule (
  Vector3 start,
  Vector3 end,
  float radius,
  int layerMask= DefaultRaycastLayers,
```

```
QueryTriggerInteraction queryTriggerInteraction= QueryTriggerInteraction.UseGlobal
);
```

CheckSphere()方法,检测是否有碰撞体与世界坐标系中由球心 position 和半径 radius 定义的球体重叠,如果有则返回 true。

```
public static bool CheckSphere (
  Vector3 position,
  float radius,
  int layerMask= DefaultRaycastLayers,
  QueryTriggerInteraction queryTriggerInteraction= QueryTriggerInteraction.UseGlobal
);
```

6. 物理投射碰撞检测性能测试

Physics 类的物理投射碰撞检测,射线碰撞检测和线段碰撞检测的开销非常小。性能开销的顺序,从小到大为 Check×××()＜Overlap×××()＜×××Cast(),其中,Check×××()系列方法的开销极小,和射线检测差不多。从投射物来看,从小到大分别是 Box ＜ Sphere ＜ Capsule。物理投射碰撞检测性能测试结果如图 7-13 所示。

测试结果:

名称	速度	GC Alloc
Raycast	1ms	-
RaycastNonAlloc	2ms	-
RaycastAllTest	2ms	273.4KB
Linecast	1ms	-
BoxCastTest	17ms	-
BoxCastNonAllocTest	18ms	-
BoxCastAllTest	20ms	1.5MB
CheckBoxTest	1ms	-
OverlapBoxTest	62ms	2.4MB
OverlapBoxNonAllocTest	24ms	-
CapsuleCastTest	162ms	-
CapsuleCastNonAllocTest	227ms	-
CapsuleCastAllTest	336ms	12.7MB
CheckCapsuleTest	1ms	-
OverlapCapsuleTest	84ms	2.1MB
OverlapCapsuleNonAllocTest	30ms	-
SphereCastTest	96ms	-
SphereCastNonAllocTest	171ms	-
SphereCastAllTest	226ms	8.8MB
CheckSphereTest	1ms	-
OverlapSphereTest	33ms	1.5MB
OverlapSphereNonAllocTest	16ms	-

图 7-13　物理投射碰撞检测性能测试结果

GC Alloc 为 heap alloc 堆内存分配,和垃圾回收无关。只要 new 了对象,就会有 heap alloc。表中 GC Alloc 记录了游戏运行时代码产生的堆内存分配,这是一个非常重要的参数,甚至比 Time 更加重要。如果这个参数有一个比较高的值或者出现在每一帧中,那么就要引起重视。以下是一些不太引起注意的地方引起的 GC 分配。

(1) GameObject.GetComponet()会引起 GC 的分配,尽量缓存组件。

(2) 执行 Object.get_name()时,如果每一帧都需要比较,可以缓存名字。

(3) 每次 foreach 循环会产生一个 enumerator。

(4) 尽可能避免使用 LINQ,部分功能无法在某些平台上使用,会分配大量 GC Alloc。

（5）协程 Coroutine，开启一个协程，至少分配 373B 的内存。

（6）字符串连接时，使用 StringBuilder 或 String.Format 来代替而不是用"＋"来进行连接。

【例 7-4】 射线碰撞检测

（1）搭建场景，创建一个 Plane、一个球体、一个立方体、一个圆柱体，添加第三人称角色，如图 7-14 所示。

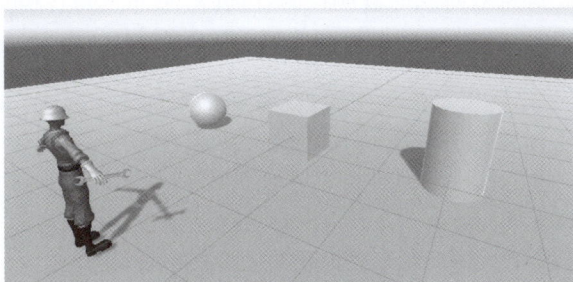

图 7-14 场景初始效果

（2）新建脚本 RayTest.cs，编写代码。

```
RaycastHit hit;
void Update()
{
    Debug.DrawRay(transform.position, transform.forward, Color.red);
    if (Physics.Raycast(transform.position, transform.forward, out hit, 10f))
    {
        Debug.Log(hit.collider.gameObject.name);
    }
}
```

（3）将脚本添加给第三人称角色。

（4）运行，第三人称角色分别跑向球体、立方体和圆柱体，观察 Console 面板的输出结果，如图 7-15 所示。

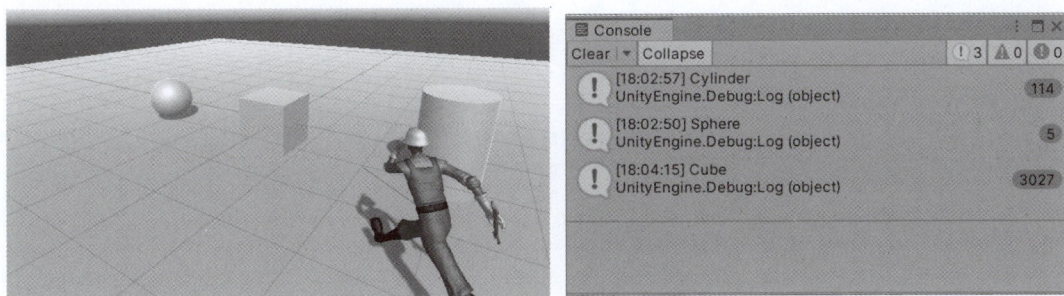

图 7-15 Console 面板的输出

（5）新建一个立方体，替换第三人称角色。为立方体添加 RayTest.cs 脚本，添加 SPFInput.cs 脚本，运行场景，移动立方体扫描场景中的三个游戏对象，观察 Console 面板的输出结果。

（6）投射射线进行碰撞检测的游戏对象，可以不是碰撞器，不是刚体，可以不添加碰撞器组件和刚体组件，可以检测出其他碰撞器。但是只能检测出碰撞器，包括触发器，没有添加碰撞器的游戏对象是不会被检测出来的。

（7）注意 Debug.DrawRay() 绘制射线的长度和方向由第二个参数设置，transform.forward 的长度是 1m，从立方体中心发出，暴露在立方体外部能被看到的只有 0.5m，所以如果想更清楚地看到绘制的红色射线，可以把长度设置为 5m，语句修改如下。

```
Debug.DrawRay(transform.position, transform.forward * 5, Color.red);
```

7.3.5　角色控制器碰撞检测

角色控制器碰撞检测,适用于 Unity 5.0 以前版本角色和 Unity 新版角色,和附加了 Character Controller 组件的游戏对象的碰撞检测,通过 OnControllerColliderHit()方法实现。

```
CharacterController.OnControllerColliderHit(ControllerColliderHit hit);
```

OnControllerColliderHit()用于角色碰撞,对象如果附加了 Character Controller 组件,则使用这个函数检测碰撞,不需要额外添加刚体组件。注意,该方法适用于 Unity 5.0 以前版本角色,5.0 以后的 Character 角色默认添加有胶囊碰撞器 Capsule Collider 和刚体 Rigidbody,使用碰撞器检测 OnCollisionEnter 即可。

参数 ControllerColliderHit 用于保存碰撞信息,如表 7-5 所示。

表 7-5　**ControllerColliderHit** 保存的碰撞信息

变　　量	含　　义
collider	被该控制器撞击的碰撞体
controller	撞击该碰撞体的控制器
gameObject	被该控制器撞击的游戏对象
moveDirection	在发生碰撞时 CharacterController 移动的方向
moveLength	角色在撞到碰撞体前行进的距离
normal	在世界空间中相碰撞的表面的法线
point	世界空间中的撞击点
rigidbody	被该控制器撞击的刚体
transform	被该控制器撞击的变换组件

【例 7-5】　角色控制器碰撞检测

（1）搭建场景,创建一个平面、一个球体、一个立方体、一个圆柱体和一个第三人称角色,如图 7-16 所示。

图 7-16　场景初始效果

（2）编写脚本。

```
private void OnControllerColliderHit(ControllerColliderHit hit)
{
    if (hit.gameObject.name != "Plane")
```

```
    {
        Debug.Log(hit.gameObject.name);
    }
}
```

（3）将脚本添加给第三人称角色。

（4）运行并观察运行结果。

（5）将第三人称角色替换为一个胶囊体，删除其上的胶囊碰撞器，添加组件 CharacterController，添加 ThirdPersonController 脚本（在 Unity 5.0 以前版本标准资源包中），添加第（2）步中的脚本，运行测试。

4 种碰撞检测方法总结：一般的实体之间碰撞使用 OnCollisionEnter()，范围触发碰撞用 OnTriggerEnter()。如果两个 gameObject 发生碰撞，要确保其中一个，通常是运动的对象，附加了 Rigidbody 组件。碰撞检测和触发检测，碰撞检测脚本可以施加给任一方的碰撞对象。射线碰撞检测脚本施加给运动的对象。触发检测，进行范围检测的对象的碰撞器的 is Trigger 复选框要勾选上。角色控制器碰撞检测是用于角色与其他碰撞器间的碰撞检测，角色碰撞检测也可以使用第一种实体间碰撞检测。

通过前面章节的学习，读者已经可以开发一个简单的射击游戏了，可参考综合实例篇中的"单机版坦克大战游戏"，进行尝试练习。

7.4 实例：对象跟踪鼠标单击位置

【例 7-6】 对象跟踪鼠标单击位置

（1）搭建场景，包含一个 Plane 和一个 Cube，如图 7-17 所示。

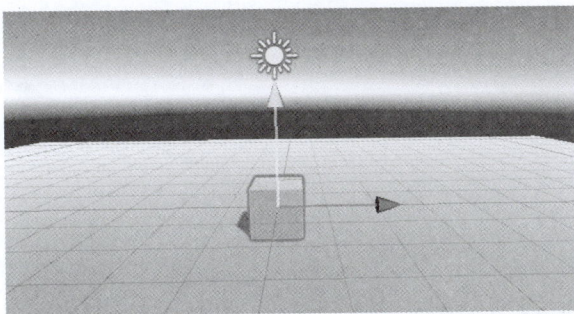

对象跟踪鼠标单击位置

图 7-17 新建场景

（2）为 Cube 添加以下代码，实现当在 Plane 地面上单击鼠标左键，Cube 移动到鼠标单击位置（控制物体移动位置），即鼠标单击到哪里，立方体移动到哪里。

```
private Vector3 target;
private bool isOver;
public float speed = 5.0f;
RaycastHit hitInfo;
void Start()
{
    isOver = true;                      //初始化开关变量,防止刚运行时,立方体往 target(0,0,0)移动
}
void Update()
{
    if (Input.GetMouseButtonDown(0))    //当单击鼠标左键
    {
        //初始化射线,射线从主摄像机发出,指向鼠标单击位置,两点确定了射线的位置和方向
```

```
        Ray ray = Camera.main.ScreenPointToRay(Input.mousePosition);
        if (Physics.Raycast(ray, out hitInfo))
        {
            if (hitInfo.collider.name == "Plane")
                                            //射线扫描到 Plane,进行响应,否则立方体不会移动
            {
                isOver = false;             //打开立方体移动开关
                target = hitInfo.point;     //获取射线与 Plane 碰撞的相交点
            }
        }
    }
    moveTo(target);
}
//定义 moveTo()方法,实现游戏对象移动到 tar 位置
void moveTo(Vector3 tar)
{
    if (!isOver)
    {
        Vector3 direction = tar - transform.position;      //获取立方体移动的方向矢量
        if (Vector3.Distance(transform.position, tar) > 0.1f)  //设置移动到目的地的精度为 0.1
        {
            float y = transform.position.y;   //保存立方体 y 轴坐标,因立方体比 Plane 高 0.5m
            //normalized,规格化后,向量保持同样的方向,但是长度变为 1.0
            //立方体向目的地移动一小段距离,长度为 direction.normalized * speed * Time.deltaTime
            transform.position += direction.normalized * speed * Time.deltaTime;
            //恢复立方体的 y 轴坐标
            transform.position = new Vector3(transform.position.x, y, transform.position.z);
        }
        else                              //当立方体距离目的地小于 0.1m,不再移动,防止在目的地附近不断抖动
        {
            isOver = true;
        }
    }
}
```

（3）平行四边形法则和三角形法则实现矢量（向量）加法运算的原理如图 7-18 所示。

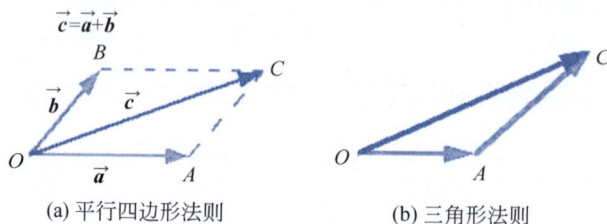

(a) 平行四边形法则　　　　　　(b) 三角形法则

图 7-18　矢量加法运算

（4）通过加法平行四边形法则推演减法运算原理,如图 7-19 左侧虚线所示。对角线平移后得到减法三角形法则。从图中可看出,知道游戏对象当前位置和要移动到的目标位置,使用目标位置减去当前位置,就可以得到要移动的矢量方向及长度。即代码 Vector3 direction = tar-transform.position; 实现的功能。

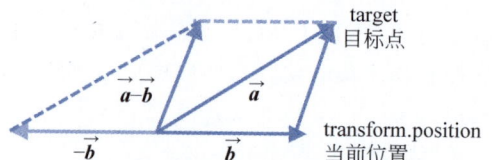

图 7-19　物体移动的矢量运算原理

（5）Vector3 类有一个静态方法 MoveTowards(),实现从 A 地点移动到 B 地点,MoveTowards()的声明语句如下。MoveTowards()方法有三个参数：current 表示移动的开始位置,target 表示移动的目标位置,maxDistanceDelta 表示每次调用移动的距离。返回值为移动后位置,即 current ＋ maxDistanceDelta 的值。

```
public static Vector3 MoveTowards (Vector3 current, Vector3 target, float maxDistanceDelta);
```

MoveTowards()方法在 Update()方法中实现,需要被多次调用才能实现,将物体从 current 位置沿直线逐渐移动到 target 位置。MoveTowards()方法计算 current 指定的点与 target 指定的点之间的位置方向,移动距离不超过 maxDistanceDelta 指定的距离。通过使用此方法计算的位置来更新每个帧的对象位置,可以平滑地将对象移向目标。使用 maxDistanceDelta 参数来控制移动的速度。

方法返回值是 current + maxDistanceDelta。如果 current 位置相比 maxDistanceDelta 更靠近 target,则返回值等于 target,移动后的新位置不会超过 target。要确保对象速度与帧率无关,可以将参数 maxDistanceDelta 的值乘以 Time.deltaTime(或者 FixedUpdate()方法中的 Time.fixedDeltaTime)。如果将 maxDistanceDelta 设置为负值,则该方法将返回 current 移动到 target 对应矢量相反方向的位置,即向相反方向移动。

(6) 使用 Vector3.MoveTowards()替换以上代码中自定义的 move()方法。替换后进行测试,可以通过设置 MoveTowards()方法的参数 maxDistanceDelta,调整立方体移动的速度。

```
float y = transform.position.y;
transform.position = Vector3.MoveTowards(transform.position, target, 0.2f);
                                            //移动速度由第三个参数设置
transform.position = new Vector3(transform.position.x, y, transform.position.z);
```

习题

一、选择题

1. 碰撞检测方法 OnCollisionEnter()的参数类型是_____,碰撞信息保存在该类中,可以通过它获取详细碰撞信息。

    A. Collision   B. Collider

    C. ControllerColliderHit   D. RaycastHit

2. 触发碰撞检测方法 OnTriggerEnter()的参数类型是_____。

    A. Collision   B. Collider

    C. ControllerColliderHit   D. RaycastHit

3. 射线碰撞检测适用于稍远距离(射线覆盖范围)的碰撞检测,以下实现从当前对象向 z 轴正方向发射射线,检测范围为 50m 的射线碰撞检测的是_____。

    A. Physics.Raycast (this.transform.position, Vector3.left, out hit, Mathf.Infinity)

    B. Physics.Raycast (this.transform.position, Vector3.forward, out hit, 50)

    C. Physics.Raycast (transform.position, newVector3(0,0,−1), out hit, 50)

    D. Physics.Raycast (transform.position, new Vector3(0,0,1), hit, 50)

4. 没有附加刚体而附加了碰撞器,只起到阻挡作用,不受力不运动的碰撞器属于_____。

    A. Static Collider   B. Rigidbody Collider

    C. Kinematic Rigidbody Collider   D. Trigger

5. 勾选了 Is Trigger 复选框的碰撞器属于_____。

    A. Static Collider   B. Rigidbody Collider

    C. Kinematic Rigidbody Collider   D. Trigger

6. 两个碰撞器,要想通过 OnCollisionEnter 检测到碰撞信息的条件是_____。

    A. 两个都是静态碰撞器   B. 一个是静态碰撞器,一个是刚体碰撞器

    C. 两个都是游戏对象   D. 一个是刚体碰撞器,一个是触发器

7. 射线碰撞检测 Physics.Raycast() 的 RaycastHit 参数前的修饰符是_____。

A. ref   B. out   C. 无   D. value

8. 以下关于 ref 和 out 关键字的说法,错误的是_____。

A. ref 传进去的参数必须在调用前初始化,out 不必初始化

B. 都是按引用传递参数

C. ref 传进去的参数在函数内部不可以直接使用,out 可以直接使用

D. ref 传进去的参数在函数内部可以不被修改,但 out 必须在离开函数体前进行赋值

9. 绘制一条以脚本挂载对象位置为起点,z 轴正方向,10m 长,绿色,持续时间 2s 的射线的语句是_____。

A. Debug.DrawRay(transform.position,transform.forward * 10,Color.green, 10f);

B. Debug.DrawRay(transform.position,transform.forward * 2,Color. green, 10f);

C. Debug.DrawRay(transform.position,transform.forward,Color. green, 2f);

D. Debug.DrawRay(transform.position,transform.forward * 10,Color. green, 2f);

10. 关于射线碰撞检测,错误的是_____。

A. 射线碰撞检测可以通过 Physics.Raycast()实现

B. 通过 RaycastHit 可以获取到 Collider、Point、transform、Rigidbody 等信息

C. Physics.SphereCast 比 Physics.Raycast()检测的范围大

D. 射线碰撞检测的两个物体必须接触才能检测到

11. 要实现从当前位置移动到目标点,如图 7-20 所示,获取移动矢量的运算是_____。

A. target－transform.position

B. target＋transform.position

C. transform.position－target

D. target

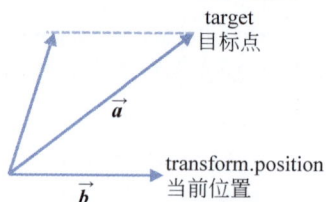

图 7-20　题 11 图

二、简答题

1. 简述碰撞检测的概念。

2. 概述 Unity 中有哪几种碰撞器。

3. 概述 Unity 中实现碰撞检测的几种方法。

三、操作题

1. 通过触发碰撞检测实现例 7-2 的效果。

2. 通过射线碰撞检测实现例 7-2 的效果。

3. 创建一个胶囊体,模拟第一人称角色,使用射线碰撞检测知识,实现角色跟随鼠标移动。

4. 创建一个胶囊体,模拟第一人称角色。再创建一个圆柱体,添加运动脚本,移动圆柱体,胶囊体向圆柱体靠近(提示:Vector3.MoveTowards())。当接触到圆柱体后,停止运动,打印输出"追上了!!!"(提示:OnCollisionEnter)。

5. 创建一个胶囊对象、一个立方体对象 Cube,胶囊对象去碰撞立方体。每碰撞一次,创建一个立方体(提示:GameObject.CreatePrimitive()方法),第一个立方体位置在(−10,0,0),后面创建的立方体依次 x 坐标位置增加 1.5。将立方体 Cube 复制出来一个 Cube1,调整 Cube1 的位置。胶囊对象去碰撞立方体 Cube 和 Cube1,同样实现以上创建立方体且 x 坐标位置增加的功能。(提示:位置坐标变量 x,需要设置为 static 类型。)

动　画　系　统

游戏引擎实现动画交互是其基本功能,Unity 提供了强大的动画设计编辑功能。Unity 4.0 以前版本使用的是旧版 Legacy 动画系统,通过脚本控制动画的播放。Unity 4.0 以后使用的是新版 Mecanim 动画系统,可以通过可视化界面编辑动画状态机实现动画的控制,还实现了模型和动画的分离,同一个动画可以赋给不同的模型或角色。

本章学习要点:
- 动画系统概述。
- 旧版动画系统。
- 新版动画系统。

8.1　Unity 动画系统概述

Unity 提供了强大的动画功能,现存两套动画系统,旧版的 Legacy 动画系统和新版的 Mecanim 动画系统。在进行动画设计时,可以在这两套动画系统间进行切换。大多数情况下建议使用 Mecanim,但 Unity 保留了旧版动画系统,在处理 Unity 4 之前的版本创建的旧内容时可能需要使用它。

8.1.1　Unity 新旧版动画系统

Legacy 动画系统是 Unity 4.0 以前使用的旧版动画系统,该动画系统主要通过脚本控制动画的播放,随着动画数量的增多,代码复杂度也随之增加。同时,动画状态之间的过渡也需要通过代码来控制,使得缺乏编程经验的游戏动画师很难对动画效果进行编辑和处理。

Unity 4.0 以后使用的是新版 Mecanim 动画系统,该动画系统提供了可视化界面,来编辑角色的动画效果,需要的代码量大大减少,使编程经验不是很丰富的动画师也可以参与到游戏开发中来。

由于 Mecanim 仅与人形角色一起运行,因此仍然需要传统旧版动画系统来为非人形角色和 Unity 中游戏对象的其他基于关键帧的动画制作动画。不过此后 Unity 开发并扩展了 Mecanim,并将其与动画系统的其余部分集成,以便能够在项目中使用动画的所有功能。因此,"Mecanim"与动画系统的其余部分之间并没有太清晰的分界线。经过不断地优化和改进,Mecanim 动画系统功能已十分强大,实现起来也更加简单高效。

8.1.2　新旧版动画系统切换

将 FBX 模型导入 Unity 后,默认是 Generic 通用动画模式。可以通过 Inspector 面板中的 Rig

选项卡中的 Animation Type 选项进行设置。Animation Type 动画类型属性有以下 4 个选项。

（1）None：无动画。

（2）Legacy：旧版动画。

（3）Generic：通用动画（非人形动画类型）。

（4）Humanoid：人形动画（两足动物动画）。

Rig 选项卡中的 Animation Type 选项如图 8-1 所示。

当使用旧版动画系统时，Animation Type 要选择 Legacy 选项，这样当把模型放置到场景中时，系统会自动为模型添加 Animation 组件，进行相关设置后，就可以通过代码控制动画的播放了。旧版动画系统模型和动画是绑定在一起的，导入的模型自带动画。

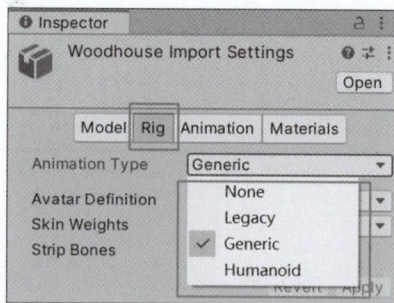

图 8-1　Rig 选项卡中的 Animation Type 选项

当使用新版动画系统时，Animation Type 要选择 Generic 或 Humanoid 选项，这样当把模型放置到场景中时，系统会自动添加 Animator 组件，然后使用 Animator Controller 动画控制器，进行动画状态的编辑设置，从而实现对动画的播放、过渡等控制。新版 Mecanim 动画系统实现了模型和动画的分离，使动画可以重用，即同一段动画可以应用到不同模型上，极大地增加了动画编辑的灵活性和简便性。

8.2　Mecanim 新版动画系统

鉴于 Legacy 动画系统的不足，Unity 推出了 Mecanim 动画系统，使得动画功能更加丰富，设计开发更加便捷。

8.2.1　Mecanim 动画系统概述

Mecanim 是集成到 Unity 中的动画软件的名称，是一个丰富而复杂的动画系统，集成了人形动画重定向、肌肉控制和动画状态机系统等。"Mecanim"这个名字来自法语单词"Mec"（法语俗语，刚强的人、硬汉），意思是"Guy"，也就是男人、家伙、小伙子等指代男性的俗称，anim 来自 animation，整体就是人形动画的意思。

Mecanim 是一套基于状态机的动画控制系统，是一个面向动画应用的动画系统。它使开发者在可视化的界面中创建动画状态机，以控制各种动画状态之间的切换。Mecanim 以其强大的动画重定向功能让不会设计动画的程序员只需要动动鼠标就能为角色创建想要的动画效果，还可以对两种以上动画进行叠加并预览该动画，而且能极大地减小代码复杂度。

Mecanim 动画系统具有以下功能。

① 为 Unity 的所有元素（包括对象、角色和属性）提供简单工作流程和动画设置。

② 支持导入的动画剪辑以及 Unity 内创建的动画。

③ 人形动画重定向，能够将动画从一个角色模型应用到另一个角色模型。

④ 对齐动画剪辑的简化工作流程。

⑤ 方便地预览动画剪辑以及它们之间的过渡和交互。使动画师与 Unity 工程师之间的工作更加独立，使动画师能够在加入游戏代码之前为动画构建原型并进行预览。

⑥ 提供可视化编程工具来管理动画之间的复杂交互。

⑦ 以不同逻辑对不同身体部位进行动画化。

⑧ 分层和遮蔽功能。

Mecanim 动画系统的架构组成如图 8-2 所示。

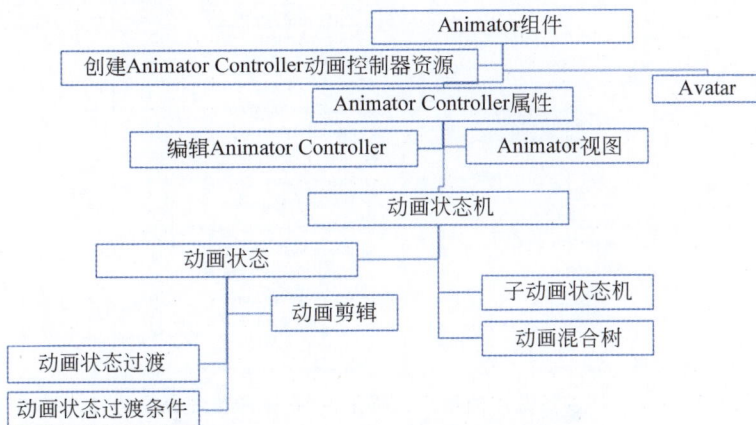

图 8-2　**Mecanim** 动画系统的架构组成

8.2.2　动画剪辑

被导入 Unity 中的 3D 动画称为动画剪辑（Animation Clip），动画剪辑是 Unity 动画的最小组成元素，动画剪辑包含一段相对完整的动画，代表了一个单独的运动，如 Walk、RunLeft、Jump、Crawl 等，并且可以通过各种方式进行操作和组合，从而产生生动的效果。

动画可能是特定模型所特有的，不能在其他模型上复用。例如，游戏中的最终 boss 巨型章鱼可能具有独特的肢体和骨骼排列，因此有自己的一组特定动画。在通常情况下，可以拥有一个动画库，这些动画能用于场景中的同一类模型。例如，许多不同人形角色使用相同的行走、奔跑、跳跃等动画。在第二种情况下，为了预览动画效果，通常采用在动画文件中使用简单占位模型的做法，或者使用只有动画数据而没有网格模型的动画文件。

外部来源的动画导入 Unity 的方式与常规 3D 文件导入方式相同。要导入的动画数据保存方式有两种，第一种是动画对象（如角色、建筑等）和所带的动画存在于同一个文件中（将在 8.3 节介绍）；第二种是动画存储在与模型对象相分离的文件中。

对于第二种情况，如 Unity 标准资源中的第三人称角色的角色模型文件存储在 Models 文件夹中，动画剪辑及其他资源文件存储在 Animation 文件夹中，资源管理器中的文件结构如图 8-3 所示。当把带有动画的 FBX 文件导入 Unity 中，会自动生成动画剪辑、Hips、Avatar 等资源，动画剪辑前的图标为 ▦ ，一个 FBX 文件可以携带多个动画剪辑。第三人称角色包含 HumanoidCrouchIdle、HumanoidIdle、HumanoidRun、HumanoidWalk 等多个动画剪辑，如图 8-4 所示。

导入多个动画时，每个动画可以在项目文件夹中以单独文件形式存在，或者以连续片段形式从 Motion Builder、Maya、3ds Max 等导出 FBX 文件，可以从单个 FBX 文件提取多个动画剪辑。例如，长时间的运动捕捉时间轴可能包含几个不同跳跃动作的动画，希望剪切其中的某些部分以用作单个动画剪辑而丢弃其余部分，当在一个时间轴中导入所有动画时，可以为每个动画剪辑选择关键帧范围，这可以通过动画模型的 Animation 选项卡中的工具来实现此目的（在 8.3 节介绍），如图 8-5 所示。

动画剪辑用于存储角色动画或者简单动画的动画数据，它是动作的基本单元，包括诸如"空闲""走路""跑步""跳跃"等，对动画动作的修改和编辑通过 Animation 视图完成。

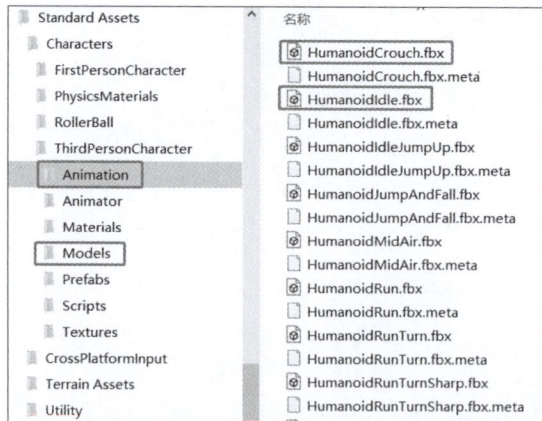

图 8-3　Unity 标准资源中的第三人称角色，在资源管理器中的文件结构

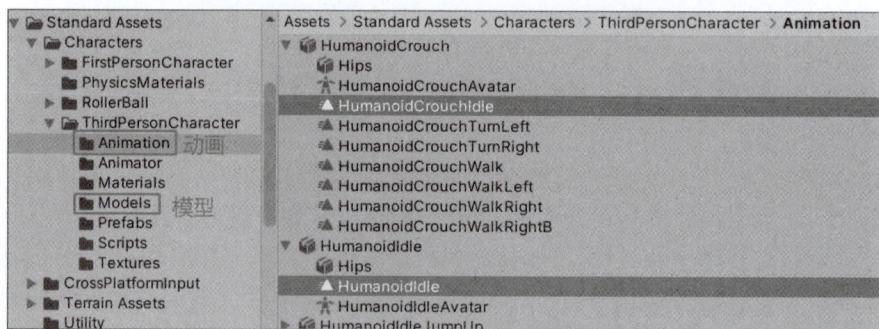

图 8-4　导入第三人称角色，分离存储的动画剪辑

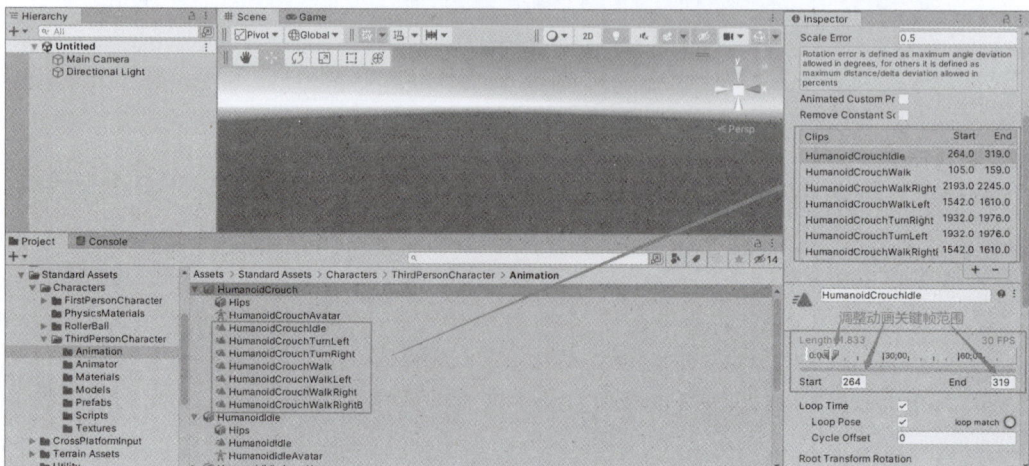

图 8-5　导入动画关键帧范围的编辑

8.2.3　Animation 视图

　　Animation 视图是一个创建、设计、编辑动画的工具窗口。在 Animation 视图中可以对已有的动画进行编辑，也可以使用 Animation 视图中的工具创建一段新的动画。一般情况下，动画是在 3ds Max、Maya、Blender 等 3D 软件中创建好随模型导入 Unity 中，但 Unity 也提供了简单动画的设计制作功能。

1. 编辑动画

Animation 视图可以对导入的动画剪辑进行编辑,选中导入进来的动画剪辑,双击即可打开 Animation 视图进行查看和编辑,第三人称角色 HumanoidRun 动画的 Animation 视图如图 8-6 所示。

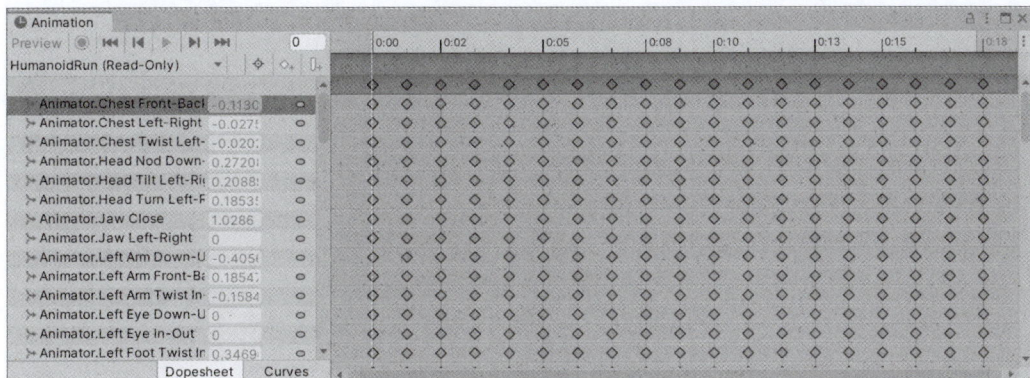

图 8-6 Animation 视图

2. 创建新动画

通过 Animation 视图也可以创建新的动画剪辑,扩展名为.anim。除了对人物运动进行动画设计,还可以对材质和组件的变量进行动画化,并使用动画事件和响应函数(在时间轴上的指定点调用这些函数)来丰富动画剪辑的功能。动画剪辑数据和模型对象是分离的,设计好的同一个动画剪辑.anim 可以应用给不同的模型对象。

【例 8-1】 Animation 视图创建动画剪辑及事件,并应用给不同的模型对象。

(1)创建 Cube 立方体。通过菜单 Window|Animation|Animation,打开 Animation 视图,单击 Create 按钮,创建一个动画剪辑文件,命名为 aa.anim,如图 8-7 所示。系统会自动创建 Animator Controller 动画控制器 Cube.controller,控制器中自动添加 aa 动画剪辑,如图 8-8 所示。系统自动为 Cube 游戏对象添加 Animator 组件,并自动将新创建的动画控制器 Cube.controller 赋予 Animator 组件的 Controller 属性,如图 8-9 所示。

Animation 视图创建动画及事件

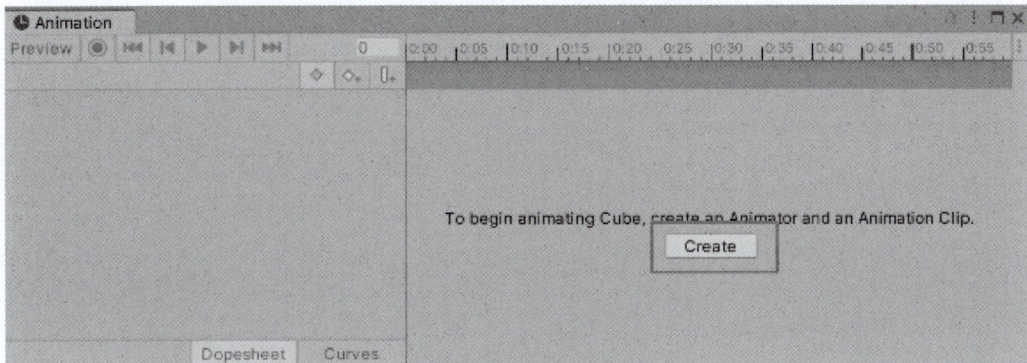

图 8-7 创建动画剪辑

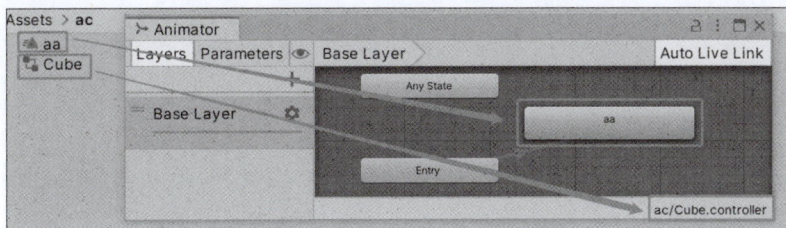

图 8-8 创建的动画剪辑 aa.anim 和动画控制器 Cube.controller

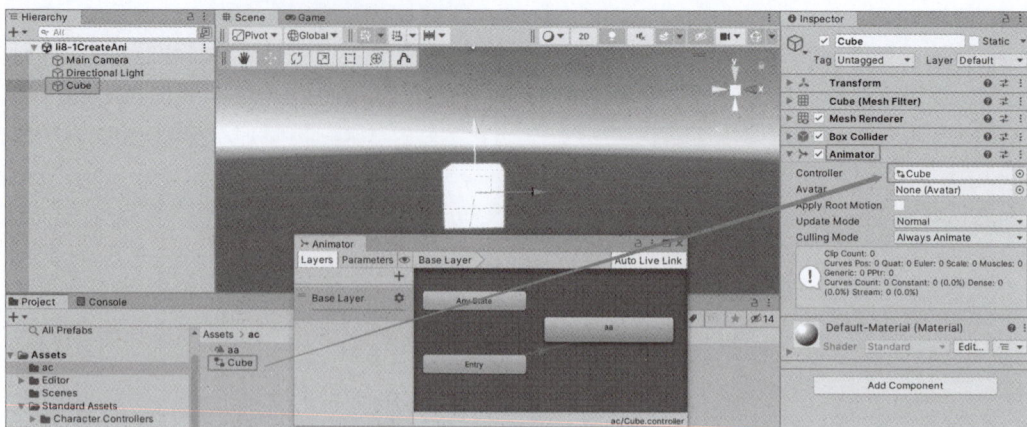

图 8-9　系统自动为 Cube 游戏对象添加 Animator 组件

（2）保存完动画剪辑，Animation 视图会发生变化。单击左侧的 Add Property 按钮，在弹出的菜单中，展开 Transform，单击 Position 和 Scale 后面的加号，如图 8-10 所示，会在 Animation 视图左侧添加 Position 和 Scale 这两个属性，可以分别为 x、y、z 轴设置关键帧动画。右侧显示的是各个属性对应的关键帧清单时间轴视图（Dopesheet 摄影表视图），可以在该 Dopesheet 视图中进行关键帧动画的编辑，添加、移动、删除关键帧等，如图 8-11 所示。

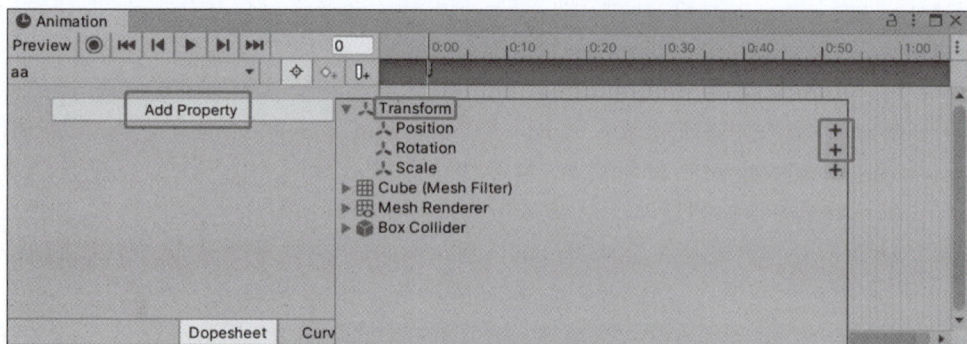

图 8-10　添加动画属性

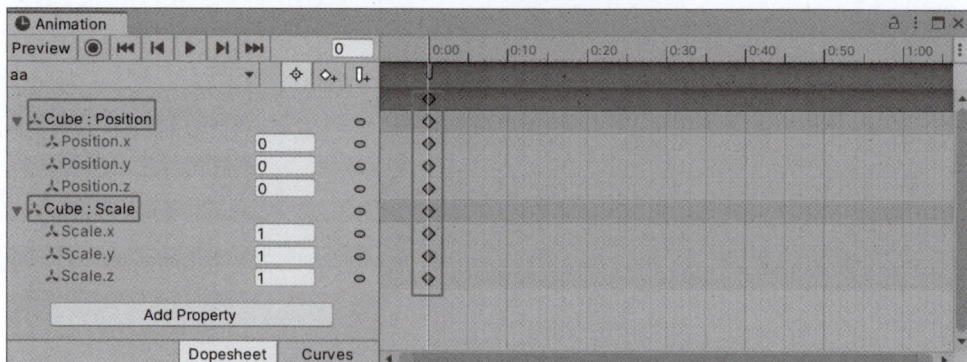

图 8-11　添加 Position 和 Scale 属性后效果

（3）创建动画的方法有两种：①动画属性的关键帧设置；②打开动画录制按钮，录制动画。下面分别使用这两种方法创建 Cube 游戏对象的缩放动画和移动动画。

（4）在 Animation 视图中为 Cube 游戏对象设计缩放动画，动画效果为将 Cube 从原始大小放大到 2 倍，然后再还原到原来大小，这需要三个关键帧实现。

① 关键帧 1 已经创建好。

② 在创建关键帧 2 之前，先在视图右侧滚动滚轮缩放时间轴，缩放到时间轴显示 2s(即 2:00)，然后在 1:00 处单击，或者在时间轴上拖动时间播放游标(白色的竖线)到 1s 处也可以。在左侧的 Scale.x、Scale.y、Scale.z 后面的文本框中输入 2、2、2，表示将 Cube 等比缩放到 2 倍大小，这样第二个关键帧就创建好了。

③ 可以重复创建关键帧 2 的方法创建关键帧 3，但是因为关键帧 3 和关键帧 1 的缩放比例是一样的，可以将关键帧 1 直接复制给关键帧 3。方法是选中关键帧 1 的 4 个菱形块，按 Ctrl＋C 组合键复制下来，然后把时间播放游标定位到 2:00 处，按 Ctrl＋V 组合键将关键帧 1 粘贴过来，关键帧 3 就创建好了，如图 8-12 所示。

单击左上角的"播放"按钮，或者 Unity 编辑器的"播放"按钮，观察测试立方体的缩放动画。

图 8-12　创建缩放动画：添加关键帧方式

（5）下面为 Cube 游戏对象设计移动动画，动画效果为 Cube 立方体向右侧移动一定距离，再移动回原来位置。按下左上角的"动画录制"按钮，移动时间轴游标到 1:00 处，分别通过两种方法：①在场景中沿 x 轴向右移动；②在 Inspect 面板中设置 Position 的 x 属性值，录制 Cube 的移动动画。在 Animation 视图中会自动记录该时间点的关键帧。

为保证 Cube 对象在第三个关键帧 2:00 时，回到初始位置，参考缩放动画第三个关键帧的制作方法，将移动第一个关键帧复制到第三个关键帧处，制作好的效果如图 8-13 所示。单击"播放"按钮，观察测试立方体的移动＋缩放动画。

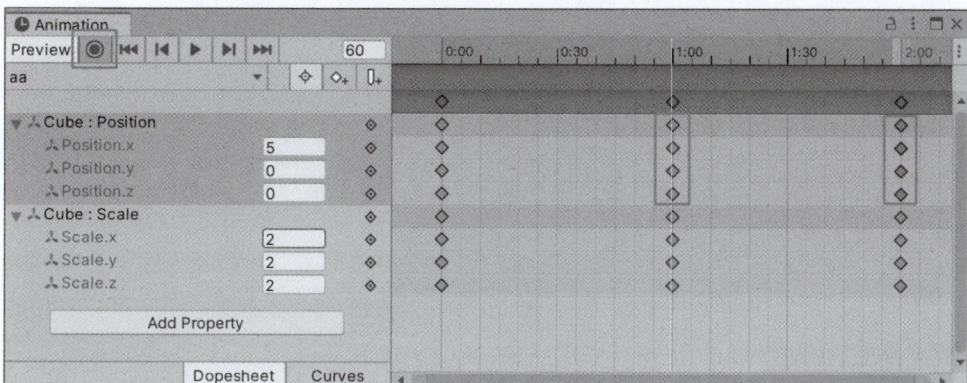

图 8-13　创建移动动画：录制动画方式

（6）为第二个和第三个关键帧添加事件。单击左上角的"移动到下一个关键帧"按钮 ▶|，移动到第二个关键帧，然后单击"添加事件"按钮，就会在时间轴下方该关键帧处添加一个事件标

记(白色矩形方块)。再次单击 ▶| 按钮,移动到第三个关键帧,单击"添加事件"按钮,为第三个关键帧添加一个事件标记,如图 8-14 所示。

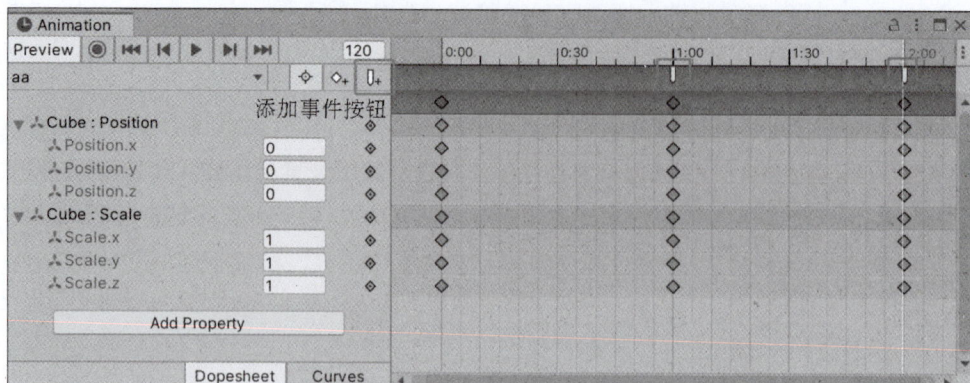

图 8-14　为第二和第三个关键帧添加事件

（7）新建脚本 aa.cs,编写事件脚本代码,定义两个 Public 类型的方法 AEvent1() 和 AEvent2(),赋给 Cube 对象。

```
public class aa : MonoBehaviour
{
    public void AEvent1(string aa)          //定义事件方法 1,形参为 string 类型
    {
        print(aa);
    }
    public void AEvent2(int i)              //定义事件方法 2,形参为 int 类型
    {
        print(i);
    }
}
```

（8）在 Animation 视图中选中事件,在 Inspector 面板 Function 后面的列表中选择可用的脚本,然后选择响应事件后要执行的方法,如果有参数,设置参数值。为第二个关键帧事件添加 AEvent1() 方法,方法参数设置为"关键帧 2 的事件:aa....",为第三个关键帧事件添加 AEvent2() 方法,方法参数设置为"60",如图 8-15 所示。

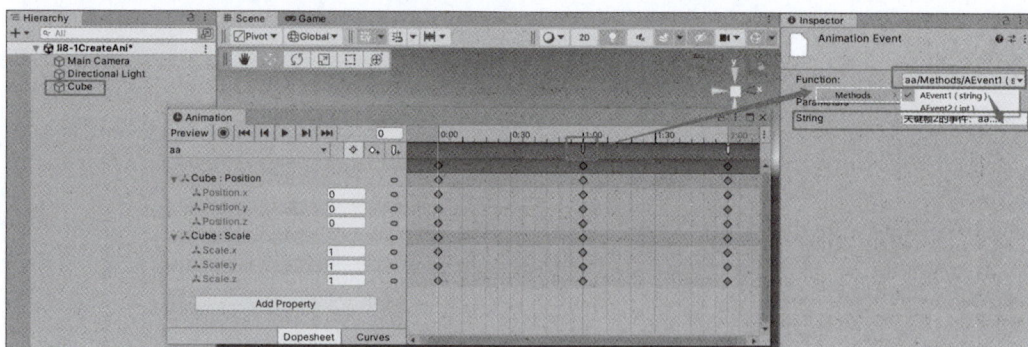

图 8-15　为第二个关键帧添加事件方法,设置参数值

（9）运行测试,查看 Console 面板输出结果,如图 8-16 所示。

（10）创建 Cylinder 圆柱体,添加 Animator 组件,为属性 controller 添加动画控制器 Cube。还要注意将脚本 aa.cs 赋给圆柱体,否则事件将不能响应对应的事件方法。选中圆柱体,打开 Animation 视图,看到动画和事件同时应用给了圆柱体对象,如图 8-17 所示。运行测试,观察

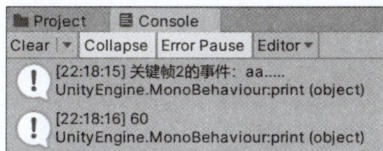

图 8-16 Console 面板输出结果

Console 面板输出。从这里可以看到创建的动画剪辑与游戏对象是分离的,同一个动画剪辑可以赋予不同的游戏对象。

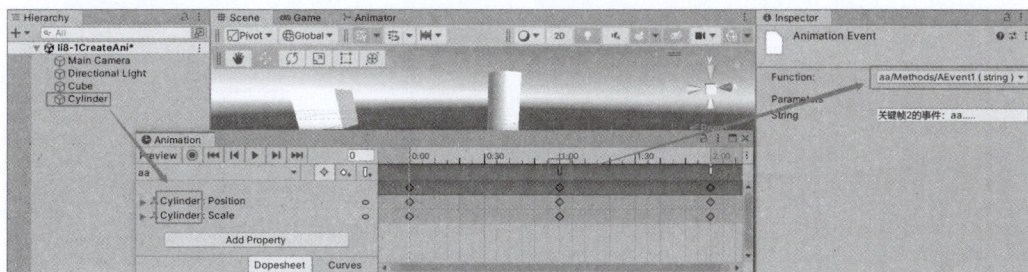

图 8-17 动画及事件应用给圆柱体对象

（11）动画编辑：①Dopesheet 关键帧清单时间轴模式,通过关键帧编辑动画；②Curve 曲线时间轴模式,通过动画曲线编辑动画（可以设置物体运动的匀速、加速、减速等）,如图 8-18 所示,不再详述,有兴趣的读者请查阅相关资料。

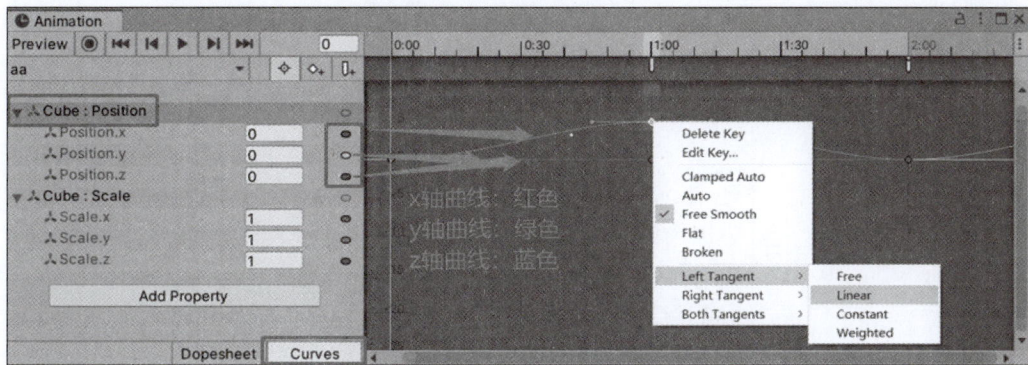

图 8-18 Curve 曲线编辑动画

8.2.4 Animator 组件

Animator 组件可以将动画分配给场景中的游戏对象。Animator 组件需要引用动画控制器（Animator Controller）,将创建好的动画控制器赋给 Animator 组件的 Animator Controller 属性。同一个 Animator Controller 资源可以被多个模型的 Animator 组件引用。如果游戏对象是具有 Avatar 的人形角色,还要分配 Avatar。

要实现游戏对象的动画添加和控制,需要为游戏对象添加 Animator 组件,添加方法与普通组件的添加方法一样。当在模型的导入设置中,将 Rig 选项卡中的 Animation Type 属性设置为 Humanoid 选项时,模型放入场景将自动添加 Animator 组件。当通过 Animation 视图为游戏对象创建新动画时,也会为游戏对象自动创建 Animator 组件。Animator 组件如图 8-19 所示。

Animator 组件的属性包括动画控制器、骨骼、更新模式、剔除模式等,各个属性的功能如表 8-1 所示。

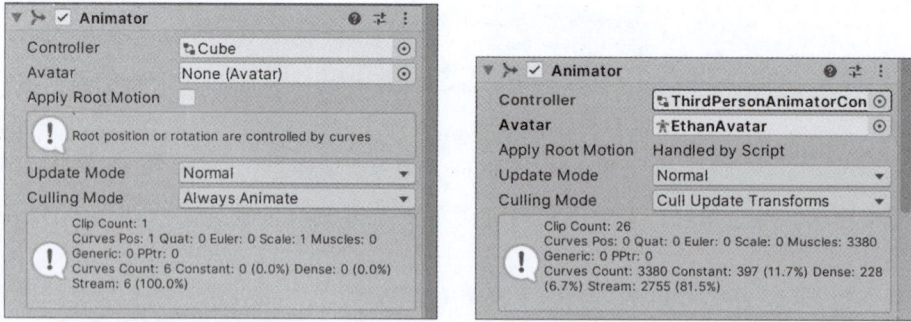

(a) 一般游戏对象　　　　　　　　　　(b) 人形角色

图 8-19　Animator 组件

表 8-1　Animator 组件的属性

属　　性	功　　能
Controller	附加到游戏对象的动画控制器 Animator Controller
Avatar	角色对象的 Avatar(如果游戏对象不是人形角色,不用添加)
Apply Root Motion	选择从动画本身(勾选复选框)还是从脚本控制角色的位置和旋转等基本运动
Update Mode	更新模式有三个选项。选择 Animator 何时更新,以及使用哪个时间标度
Normal	Animator 与 Update 调用同步更新,Animator 的速度与当前时间标度匹配。如果时间标度变慢,动画将通过减速来匹配
Animate Physics	Animator 与 FixedUpdate 调用同步更新(即与物理系统步调一致)。如果要对具有物理交互的对象(例如可推动刚体对象运动的角色)的运动进行动画化,使用此模式
Unscaled Time	Animator 与 Update 调用同步更新,但是 Animator 的动画速度忽略当前时间标度,而始终以 100％速度进行动画化。此选项可用于以正常速度对 GUI 系统进行动画化,同时将修改的时间标度用于特效或暂停游戏
Culling Mode	选择动画的剔除模式,有三个选项。通过剔除设置,可以减少运算量
Always Animate	始终进行动画化,即使在屏幕外也不要剔除
Cull Update Transforms	在渲染器中未显示时,禁用变换组件的重定向、IK(反向动力学)和写入修改
Cull Completely	在渲染器中未显示时,完全禁用动画

Animator 组件底部的信息框提供了 Animator Controller 使用的所有动画剪辑中所用数据的明细。动画剪辑包含"曲线"形式的数据,曲线表示了动画属性值如何随时间变化。这些曲线可描述游戏对象的位置或旋转、人形动画系统中肌肉的弯曲或者动画剪辑内的其他动画属性值(如材质的颜色等)。如果导入动画剪辑时在动画导入中将 Anim Compression 设置为 Optimal,将使用启发式算法来确定是使用密集还是流方法来存储每条曲线的数据。

8.2.5　Avatar 人形骨架

Mecanim 动画系统适合人形角色动画的制作,Avatar 人形骨架是在角色动画中普遍采用的一种骨架结构。由于人形骨架在骨骼结构上的相似性,用户可以将动画效果从一个人形骨架映射到另一个人形骨架,从而实现动画重定向功能。除了极少数情况之外,人形骨架均具有相同的基本结构,即头部、躯干、四肢等。Mecanim 动画系统正是利用这一点来简化骨架绑定和动画控制过程。

创建人形模型动画的一个基本步骤,就是建立一个从 Mecanim 动画系统的简化人形骨架到用户实际提供的骨架的映射,这种映射关系称为 Avatar。Avatar 是 Mecanim 动画系统中极为重要的模块,正确地设置 Avatar 非常重要。有以下两种进入 Avatar 配置模式的方法。

(1)在 Project 窗口中选择 Avatar 资源,然后在 Inspector 面板中单击 Configure Avatar 按钮。

(2)在 Project 窗口中选择 Model 资源,然后在 Inspector 面板中转到 Rig 选项卡,然后单击 Avatar Definition 菜单下的 Configure 按钮。

通过以上两种方式就进入 Avatar 的 Configure 模式,如图 8-20 所示。中间 Scene 视图中显示出当前选中模型的骨骼、肌肉、动画信息以及相关参数。右侧 Mapping 视图中显示匹配信息,在这个视图中,实线圆圈表示的是 Avatar 必须匹配的,而虚线圆圈表示的是可选匹配的。不管 Avatar 的自动创建过程是否成功,用户都需要在 Configure Avatar 界面中确认 Avatar 的有效性,即确认用户提供的骨骼结构与 Mecanim 预定义的骨骼结构已经正确地匹配起来,并已经处于 T 型姿态。

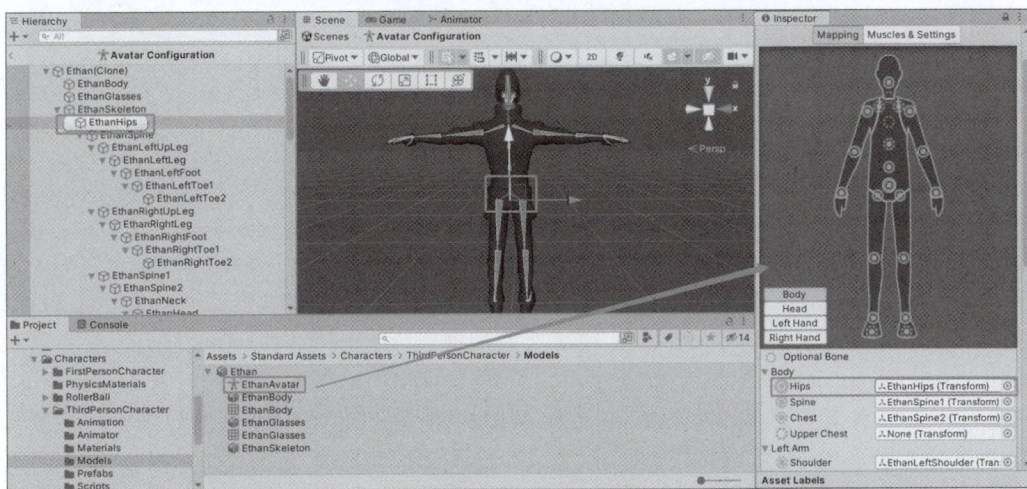

图 8-20 编辑 Avatar

在 Mecanim 动画系统中,人形动画的重定向功能是非常强大的,用户只要通过很简单的操作就可以将一组动画应用到各种各样的人形角色上。为了保证应用后的正确动画效果,必须正确地配置 Avatar。

8.2.6 动画控制器

一个角色或游戏对象的复杂动画效果,可能需要通过多段动画剪辑来实现,这就需要动画控制器来完成这些功能。动画控制器(Animator Controller)为角色或其他带动画的游戏对象组织和维护一组动画剪辑。动画控制器定义使用了哪些动画剪辑,能正确引用其中所用的动画剪辑,并使用动画状态机来控制何时以及如何在动画剪辑之间进行混合和过渡。动画控制器可以实现动画剪辑的添加、删除、切换、过渡等效果,把大部分动画相关的工作从代码中抽离出来,方便动画的设计。

动画控制器也是一种资源,可以通过以下两种方法创建,动画控制器的图标是 。

(1)系统菜单 Assets|Create|Animator Controller。

(2)在 Project 面板的 Assets 资源文件夹中单击鼠标右键,选择 Create|Animator Controller。

8.2.7　Animator 视图

1. Animator 视图概述

Animator Controller 通过动画状态机来管理各种动画剪辑和它们之间的过渡。可在 Animator 视图中创建、查看和修改动画控制器的结构。最终通过连接 Animator 组件（其中引用了动画控制器）将动画控制器应用于对象。Animator 视图就是动画控制器的一个可视化编辑窗口，如图 8-21 所示。

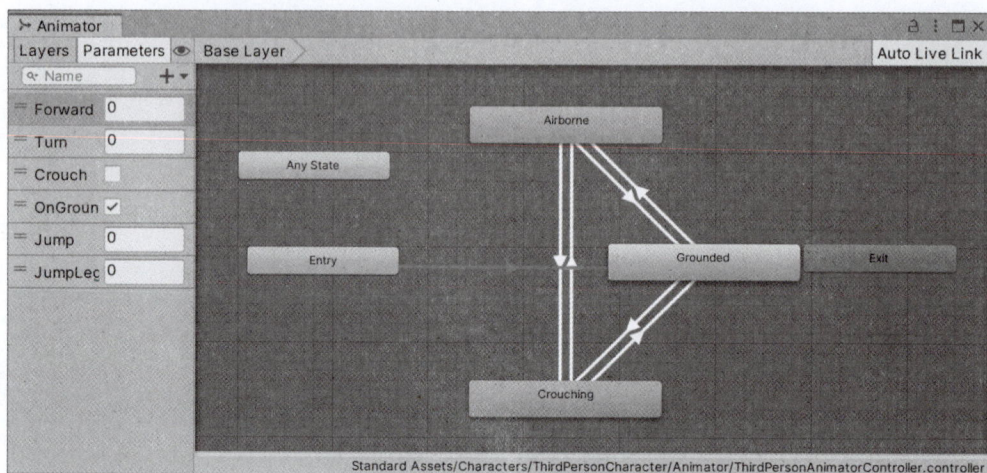

图 8-21　Animator 视图

Animator 视图包含左侧 Layers/Parameters 列表面板和右侧的动画状态网格化布局区域。左侧面板可在 Layers 视图和 Parameters 视图之间切换。Parameters 视图可以创建、查看和编辑 Animator Controller 参数。这些参数是用户定义的变量，作为动画状态机的输入，有 Trigger、Bool、Int、Float 4 种类型。要添加参数，单击加号图标，从弹出菜单中选择参数类型。要删除参数，在列表中选择参数，然后直接按 Delete 键。

左侧面板切换到 Layers 视图时，可以在动画控制器中创建、查看和编辑层。因此，可在单个动画控制器中同时运行多个动画层，每个动画层由一个单独动画状态机控制。典型应用比如在控制角色一般运动动画的基础层之上，设置一个单独层来播放角色的上身动画。添加层，单击加号图标，删除层，选择该层后直接按 Delete 键。

对动画控制器资源进行动画剪辑的创建、排列和连接等操作，在右侧网格化布局区域中实现。在网格化布局区域单击右键，可以创建新的动画状态节点、子动画状态机、混合树等。按住鼠标中键或按住 Alt/Option 键＋鼠标左键，拖曳鼠标，可平移视图。滚动鼠标滚轮，可以缩放视图大小。单击并拖动动画状态节点可重新排列动画状态机的布局。单击可选择动画状态节点，可在 Inspector 面板中进行编辑。

2. 动画状态机

添加到 Animator 视图中的动画剪辑，称为动画状态。一个动画剪辑就是一个动画状态，动画状态机就是对这些动画状态进行控制和管理的一种机制。动画状态机可视为一种控制流程图，或者是在 Unity 中使用可视化编程语言编写的简单程序。

动画状态机的重要意义在于，用户可以通过很少的代码对动画状态机进行设计和升级。每一个动画状态有一个与之关联的运动动画，只要动画状态机处于此动画状态，就会播放此运动动画。这样可以让动画设计师方便地定义动作顺序，而不必关心底层代码的具体实现。

新建一个动画控制器,通过 Animator 视图打开,可以看到一个空的动画控制器,包含一个动画入口 Entry、一个动画出口 Exit 和一个任意动画状态 Any State,如图 8-22 所示。可以往动画控制器中添加动画剪辑,方法是直接将 Assets 文件夹中的动画剪辑资源拖到 Animator 视图中即可,第一个动画剪辑显示为橙黄色,后续添加进去的动画剪辑显示为灰色。

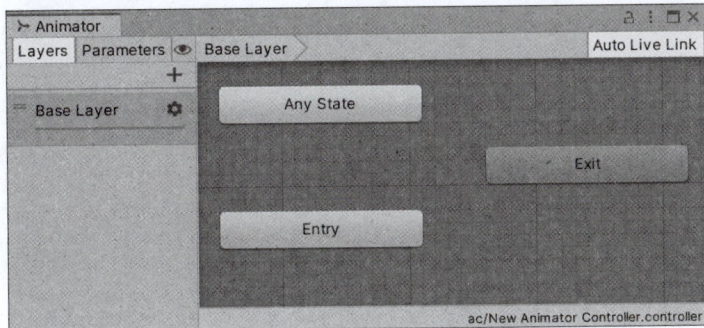

图 8-22 新建的空动画控制器

动画状态机包括动画状态、动画过渡、动画事件,而更为复杂的动画状态机,还可以包含子动画状态机、混合树等。动画状态机的状态说明如表 8-2 所示。

表 8-2 动画状态机的状态说明

名 称	说 明
State	动画状态,动画状态机中的最小单元
Sub-State Machine	子动画状态机,动画状态机可以嵌套
Blend Tree	动画混合树,特殊的动画状态单元
Any State	表示任意动画状态
Entry	本动画状态机的入口
Exit	本动画状态机的出口

3. 动画状态过渡

动画状态机提供了一种浏览角色所有动画状态的方法,并通过游戏中的各种事件(如用户输入)来触发播放对应的动画剪辑,达到需要的动画效果。一个角色可以有多种动画状态(动作),当满足一定条件时,可以从一种动画状态过渡到另一种动画状态。

1) 创建动画过渡

创建动画过渡方法,在动画状态 A 上单击鼠标右键,选择 Make Transition。然后拖动鼠标到另一个动画状态 B 上,就创建了从动画状态 A 到动画状态 B 的动画过渡,显示为方向箭头,如图 8-23 所示。

2) 编辑动画过渡

编辑动画过渡的方法是在动画过渡箭头上单击,在右侧 Inspector 面板中就可以编辑该动画过渡,可以设置过渡的时间长度和两段动画重叠的位置等。当勾选 Has Exit Time 复选框时,上一个动画播放完毕,才过渡到下一个动画,当未勾选时,动画事件发生后,不等上一个动画播放完毕,立即执行动画过渡播放下一个动画,如图 8-24 所示。

3) 动画事件(动画过渡条件)

动画过渡要由动画事件进行触发,动画事件由动画过渡条件设置,可以通过动画过渡条件控制从一个动画状态过渡到另一个动画状态。通过参数设置动画过渡条件,有 4 种参数类型:Float、Int、Bool、Trigger。Trigger 触发控制动画过渡,Bool 通过布尔类型参数触发动画过渡,Int

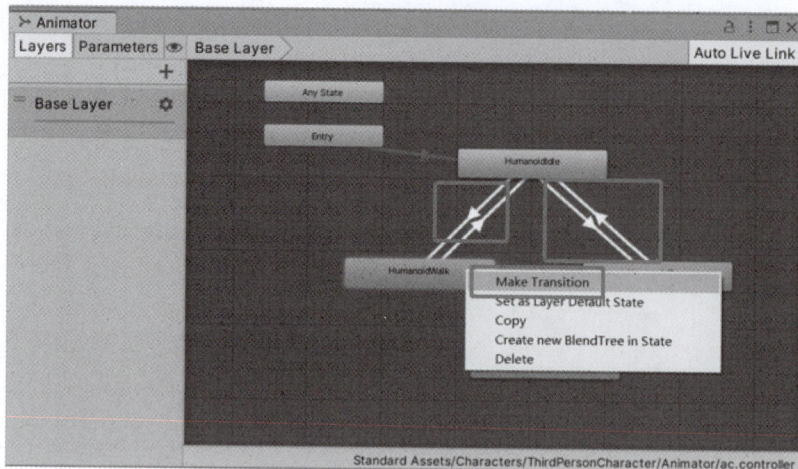

图 8-23　创建动画过渡

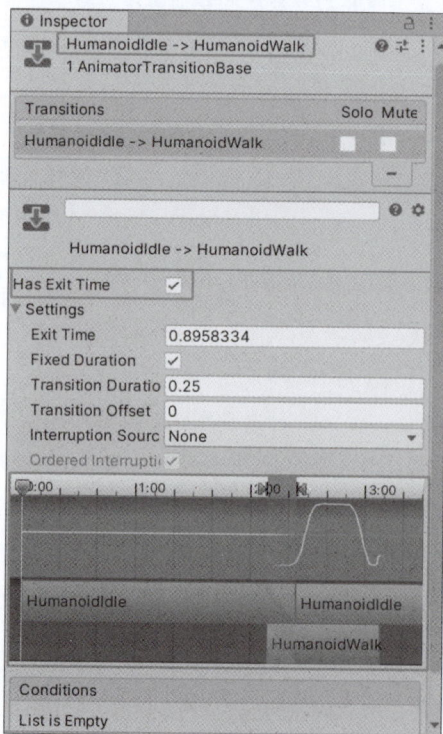

图 8-24　编辑动画过渡

和 Float 分别通过整型和浮点类型参数触发动画过渡。Trigger 默认是 false 状态,触发后转换为 true,然后会自动返回到 false。例如,一个动画过渡到跳跃动画,如果在运行期间触发动画过渡,角色将跳跃。跳跃完成后,角色恢复为上一个动作(可能是行走或跑步等状态)。也就是只触发一次,立刻回到原来动画状态。这一点和其他三种参数不同。

这 4 种参数类型分别对应 Animator 类的 4 种方法。

① SetTrigger()方法。

```
public void SetTrigger (string name);
public void SetTrigger (int id);
```

② SetBool()方法。

```
public void SetBool (string name, bool value);
public void SetBool (int id, bool value);
```

③ SetInteger()方法。

```
public void SetInteger (string name, int value);
public void SetInteger (int id, int value);
```

④ SetFloat()方法。

```
public void SetFloat (string name, float value);
public void SetFloat (string name, float value, float dampTime, float deltaTime);
public void SetFloat (int id, float value);
public void SetFloat (int id, float value, float dampTime, float deltaTime);
```

其中的参数含义如下。

name：参数名称。id：参数的 ID。value：设置的新参数值。dampTime：用 dampTime 长的时间，将设置的 float 类型的值由原来的值改变到给定的 value 值。deltaTime：给予阻尼器的增量时间，指两次执行 SetFloat()方法的时间间隔，因为该方法会每 deltaTime 执行一次，直到最终 name 的值等于 value。

下面通过两个实例了解一下 Mecanim 动画系统的设计流程。

【例 8-2】 角色动画过渡——Trigger 和 Bool 参数

（1）创建场景。

① 新建一个 Terrain 地形作为地面，导入 Character 5.2.unityPackage 资源包，导入的所有资源保存在 Assets/Standard Assets/Characters 文件夹下。将 ThirdPersonCharacter/Models 文件夹中的"Ethan"FBX 文件拖到场景中，创建第三人称角色游戏对象，如图 8-25 所示。

角色动画过渡-Trigger 参数

角色动画过渡-Bool 参数

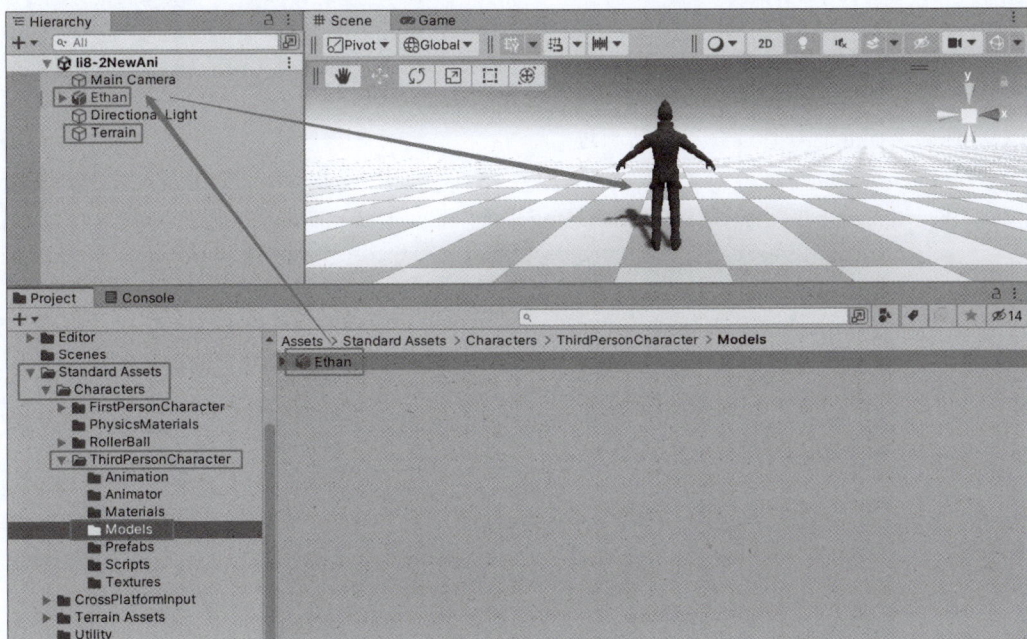

图 8-25　创建第三人称角色

② 在 ThirdPersonCharacter/Animator 文件夹中新建一个动画控制器 ac。为角色添加一个 Animator 组件，将 Animator Controller 属性设置为刚刚创建的动画控制器 ac，如图 8-26 所示。

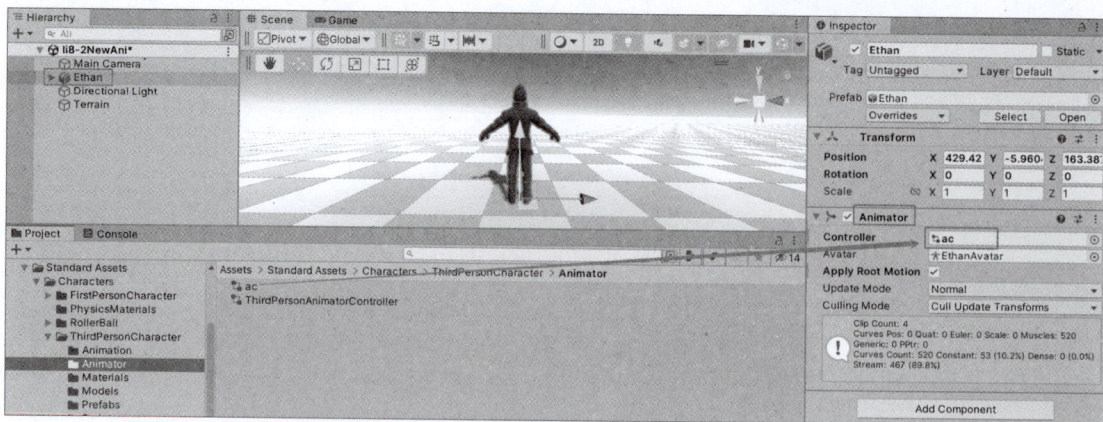

图 8-26　将新建动画控制器 ac 赋给角色 Animator 组件的 Animator Controller 属性

③ 双击 ac,打开 Animator 视图,按住视图左上角 Animator 选项卡拖动到合适位置,使该视图浮动显示,并调整到屏幕下方位置,不要遮挡 Scene 视图。

④ 将 ThirdPersonCharacter/Animation 文件夹中的 HumanoidIdle、HumanoidRun、HumanoidWalk、HumanoidIdleJumpUp 这 4 段动画剪辑拖动到 Animator 视图中,调整位置,如图 8-27 所示。

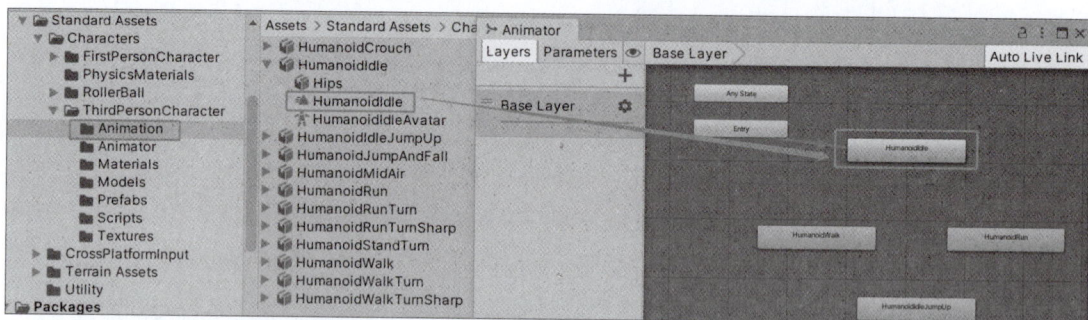

图 8-27　将动画剪辑拖动到 Animator 视图

（2）通过 Trigger 类型参数实现动画过渡。

① 在 HumanoidIdle 上单击鼠标右键,选择菜单 Make Transition,按住鼠标左键拖动到 HumanoidWalk 上松开鼠标左键,创建从 HumanoidIdle 到 HumanoidWalk 的动画过渡,如图 8-28 所示。

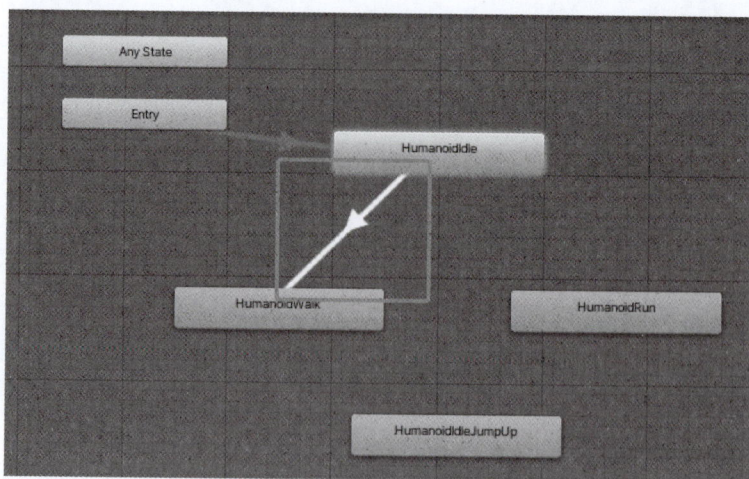

图 8-28　创建动画过渡

② 单击 Animator 视图左侧的 Parameters 选项卡,然后单击"＋"按钮,在菜单中选择 Trigger,创建一个触发器类型的参数,重命名为"idle_walk"。单击上一步创建的从 HumanoidIdle 到 HumanoidWalk 的动画过渡,在 Inspector 面板中看到过渡条件 Conditions 当前为空,如图 8-29 所示。单击下方的"＋"按钮,添加触发器参数,设置动画过渡条件,如图 8-30 所示。

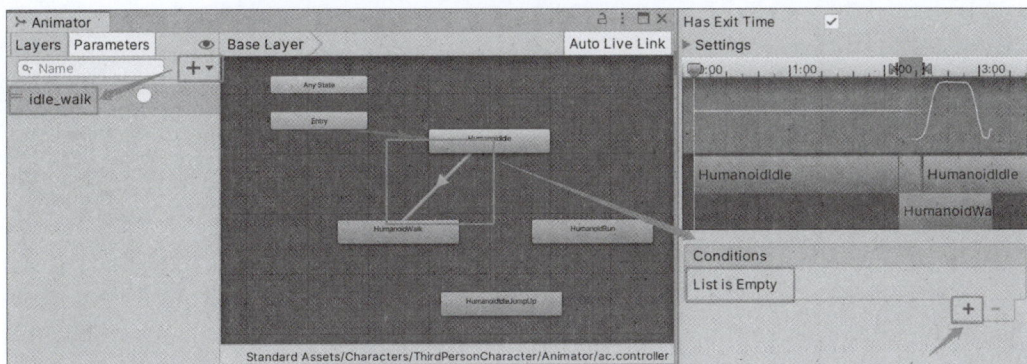

图 8-29　创建触发器类型的参数

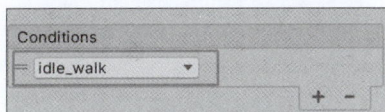

图 8-30　添加动画过渡条件

③ 下面测试动画过渡。运行程序,角色初始处于 idle 状态,位于原地微微晃动。单击参数"idle_walk"后面的圆按钮,触发动画过渡条件,角色从 idle 状态过渡到 walk 状态,如图 8-31 所示。

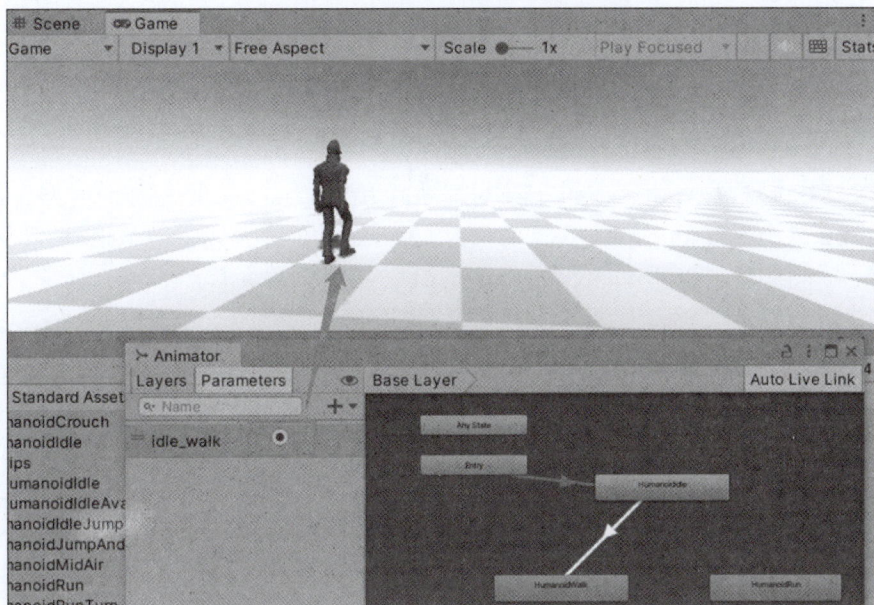

图 8-31　触发动画过渡

④ 实际项目开发时要给用户提供触发动画过渡条件的交互方式,新建脚本 new_ani.cs,编写代码。实现当按下数字键 0 时,触发动画过渡,从 idle 动画状态转到 walk 动画。把脚本 new_ani.cs 赋给角色,运行程序按下数字键 0 进行测试。

```
public class new_ani : MonoBehaviour
{
    Animator ani;                              //定义变量 ani
    void Start()
    {
        ani = GetComponent<Animator>();        //初始化变量 ani
    }
    void Update()
    {
        if (Input.GetKeyDown(KeyCode.Alpha0))  //键盘交互,按下数字键 0
        {
            ani.SetTrigger("idle_walk");       //调用 SetTrigger()方法,触发动画过渡
        }
    }
}
```

（3）通过 Bool 类型参数实现动画过渡。

① 单击 Parameters 选项卡中的"＋"按钮,创建 bool 类型参数 idle_walk_bool、idle_run_bool、idle_jump_bool、walk_ run_bool、walk_jump_bool、run_ jump_bool(6 个),创建 4 段动画剪辑两两之间的动画过渡(12 个),实现它们之间两两互相过渡,如图 8-32 所示。

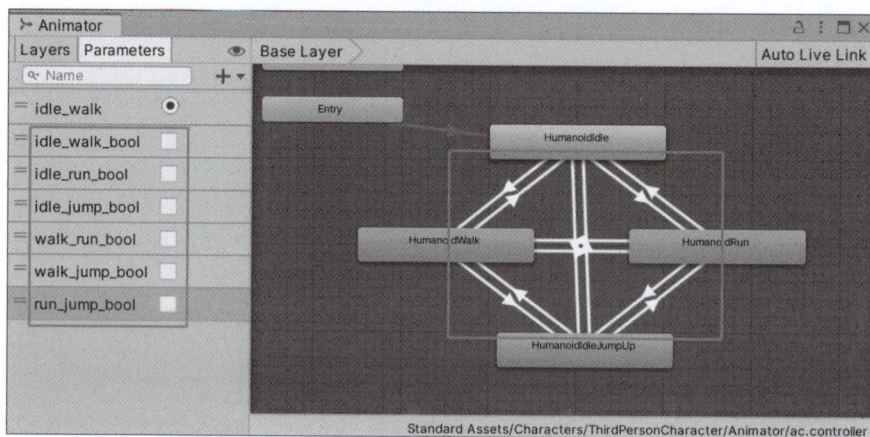

图 8-32　创建动画过渡

② 设置动画过渡条件,idle→walk 动画过渡条件为参数 idle_walk_bool 的值为 true,walk→idle 动画过渡条件为参数 idle_walk_bool 的值为 false,如图 8-33 所示。类似地,设置 idle↔run、idle↔jump、walk↔run、walk↔jump、run↔jump 之间的动画过渡条件。

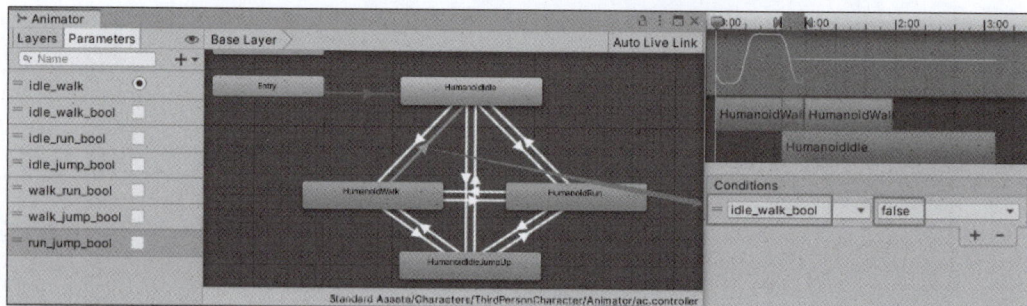

图 8-33　设置 walk→idle 的动画过渡条件

③ 修改脚本 new_ani.cs,实现按下数字键 0 跳转到 idle 动画,按下数字键 1 跳转到 walk 动画,按下数字键 2 跳转到 run 动画,按下数字键 3 跳转到 jump 动画。代码如下。运行程序,按下数字键 0、1、2、3,测试动画的过渡跳转。

```
public class new_ani : MonoBehaviour
{
    Animator ani;
    void Start()
    {
        ani = GetComponent<Animator>();
    }

    void Update()
    {
        //if (Input.GetKeyDown(KeyCode.Alpha1))
        //{
        //    ani.SetTrigger("idle_walk");
        //}
        if (Input.GetKey(KeyCode.Alpha0))              //数字键 0:idle
        {
            ani.SetBool("idle_walk_bool", false);      //walk->idle
            ani.SetBool("idle_run_bool", false);       //run->idle
            ani.SetBool("idle_jump_bool", false);      //jump->idle
        }
        if (Input.GetKey(KeyCode.Alpha1))              //数字键 1:walk
        {
            ani.SetBool("idle_walk_bool", true);       //idle->walk
            ani.SetBool("walk_run_bool", false);       //run->walk
            ani.SetBool("walk_jump_bool", false);      //jump->walk
        }
        if (Input.GetKey(KeyCode.Alpha2))              //数字键 2:run
        {
            ani.SetBool("walk_run_bool", true);        //walk->run
            ani.SetBool("idle_run_bool", true);        //idle->run
            ani.SetBool("run_jump_bool", false);       //jump->run
        }
        if (Input.GetKey(KeyCode.Alpha3))              //数字键 3:jump
        {
            ani.SetBool("walk_jump_bool", true);       //walk->jump
            ani.SetBool("run_jump_bool", true);        //run->jump
            ani.SetBool("idle_jump_bool", true);       //idle->jump
        }
    }
}
```

④ 将主摄像机设置为角色的子对象。将每一个动画过渡的 Has Exit Time 复选框取消勾选，这样动画间在跳转时就不用等待上一个动画播放完毕，而是直接跳转到下一个动画。

【例 8-3】　角色动画过渡——Int 参数和混合树

（1）通过 Int 类型参数实现动画过渡。

① 将场景另存为一个新的场景。在 Animator 视图中新建一个 int 类型参数 ani_int，如图 8-34 所示。然后把参数 ani_int 上面的 7 个参数删除，以方便下一步操作。

② 选中 idle→walk 的过渡箭头，在 Inspector 面板的过渡条件中，设置过渡条件为 ani_int 的值为 1，如图 8-35 所示。类似地，将所有过渡到 walk 的动画过渡条件设置为 ani_int 的值为 1，将所有过渡到 run 的动画过渡条件设置为 ani_int 的值为 2，将所有过渡到 jump 的动画过渡条件设置为 ani_int 的值为 3，将所有过渡到 idle 的动画过渡条件设置为 ani_int 的值为 0。

图 8-34　新建 int 类型参数 ani_int

③ 将脚本 new_ani.cs 另存为 new_ani_int.cs，修改 update() 方法中的代码，实现当按下数字键 0～3 时，调用 ani.SetInteger("ani_int", i); 方法，代码如下。

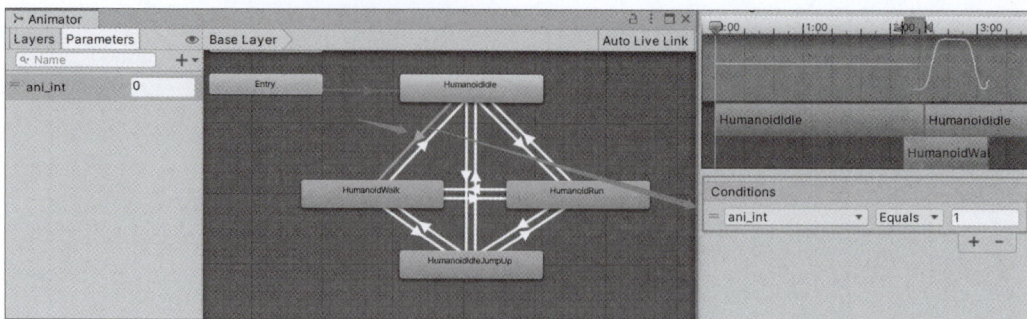

图 8-35　设置 idle→walk 的动画过渡条件

```csharp
public class new_ani_int : MonoBehaviour
{
    Animator ani;
    void Start()
    {
        ani = GetComponent<Animator>();
    }
    void Update()
    {
        if (Input.GetKey(KeyCode.Alpha0))      //数字键 0:idle
        {
            ani.SetInteger("ani_int", 0);      //过渡到 idle 动画
        }
        if (Input.GetKey(KeyCode.Alpha1))      //数字键 1:walk
        {
            ani.SetInteger("ani_int", 1);      //过渡到 walk 动画
        }
        if (Input.GetKey(KeyCode.Alpha2))      //数字键 2:run
        {
            ani.SetInteger("ani_int", 2);      //过渡到 run 动画
        }
        if (Input.GetKey(KeyCode.Alpha3))      //数字键 3:jump
        {
            ani.SetInteger("ani_int", 3);      //过渡到 jump 动画
        }
    }
}
```

④ 将角色添加的脚本替换为 new_ani_int.cs，运行程序，测试动画过渡效果。可以看到实现同样功能，使用 Bool 类型参数使用参数多，代码量大，使用 Int 类型参数，只需要一个参数就可以了，代码也简洁了很多。

（2）通过混合树实现动画过渡。

① 在 Animator 视图空白位置单击鼠标右键，选择菜单 Create State|From New Blend Tree，如图 8-36 所示。新建一个混合树，系统会自动创建一个 float 类型的参数 Blend，如图 8-37 所示。

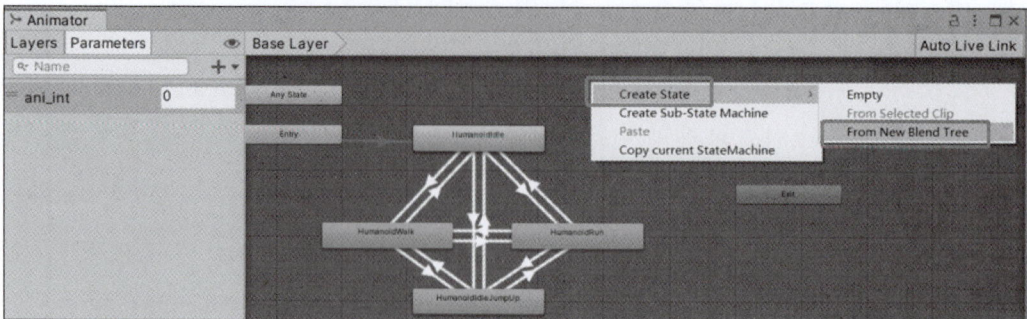

图 8-36　新建混合树菜单

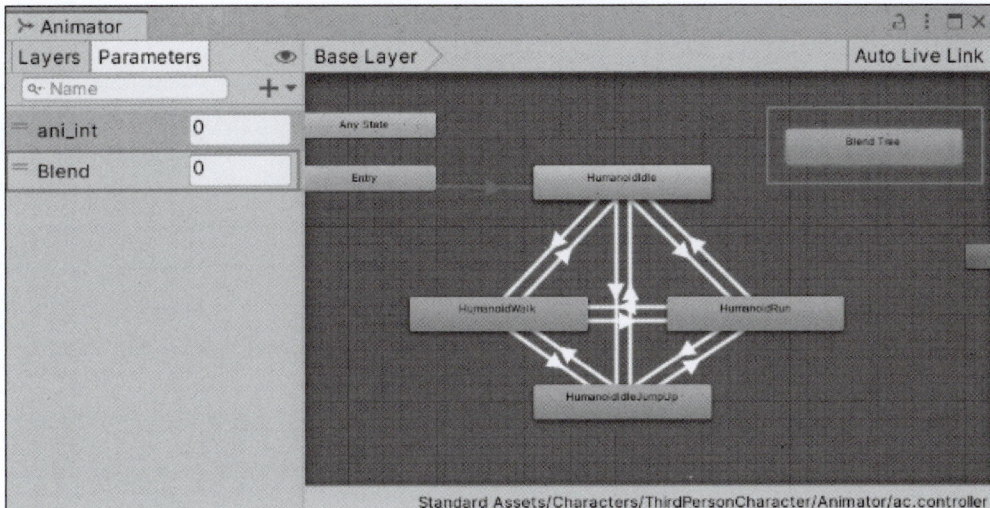

图 8-37　新建的混合树及 Blend 参数

② 双击新建的混合树,进入混合树子层级,选中混合树,在 Inspector 面板中,单击"＋"按钮,选择 Add Motion Field,添加一个动作域(即动画剪辑),使用同样的方法再添加两个,如图 8-38 所示。

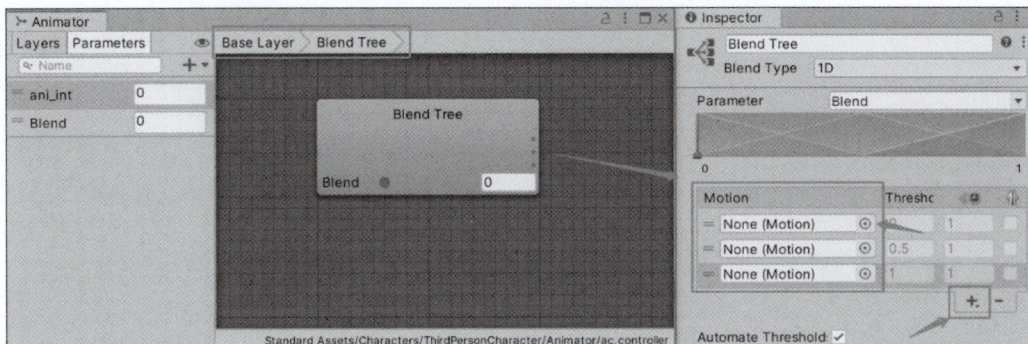

图 8-38　为混合树添加三个动作域

③ 分别单击 Motion 下面三个动作域后面的圆形按钮,在弹出的对话框中分别选择 HumanoidWalk、HumanoidRun、HumanoidIdleJumpUp 三段动画剪辑。为动作域指定好动画剪辑后,三段动画剪辑也添加到了混合树视图,并且混合树与动画剪辑间有曲线连接。拖动 Blend Tree 下方 Blend 后面的滑块,文本框中的数值在 0～1 变化,混合树与动画剪辑间的曲线颜色也随着发生变化,正在播放的动画显示为蓝色,其他动画显示为灰色,动画过渡时曲线颜色也由蓝色渐变为灰色,或者由灰色渐变为蓝色。当值为 0 时播放第一个动画,值为 0.5 时播放第二个动画,值为 1 时播放第三个动画,中间值为它们之间的动画过渡。这些值可以在右侧的 Inspector 面板中修改,如图 8-39 所示。

④ 单击 Animator 视图上方的 Base Layer,回到根层级,在 idle 和 BendTree 之间创建双向动画过渡,设置 idle→BendTree 的动画过渡条件为 Blend Geater 0,如图 8-40 所示。类似地,设置 BendTree→idle 的动画过渡条件为 Blend Less 0.1。

⑤ 修改脚本 new_ani_int.cs 的 update()方法中的代码,实现当按下数字键 0～3 时,调用 ani.SetFloat()方法,代码如下。

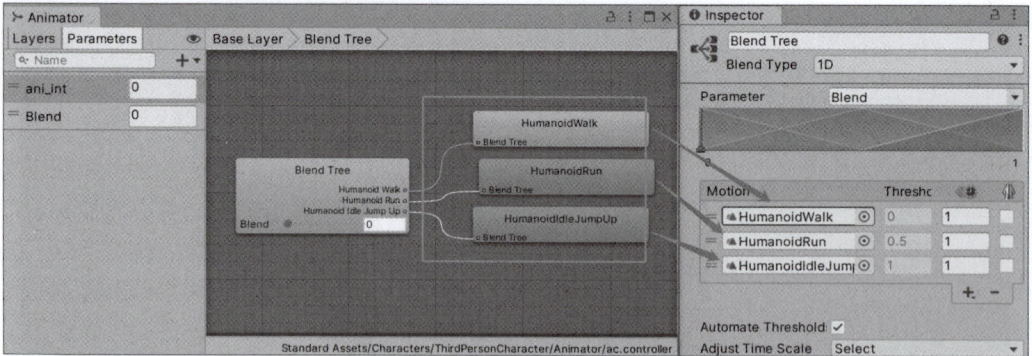

图 8-39　为动作域指定动画剪辑

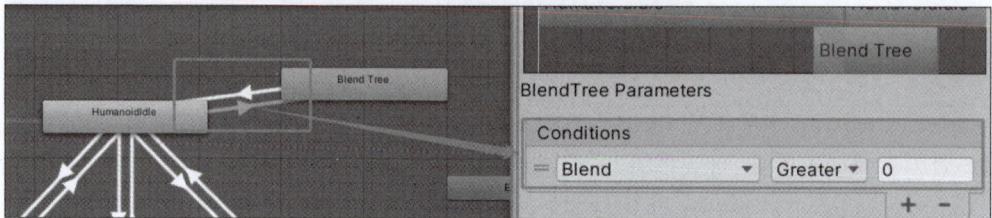

图 8-40　idle→BendTree 的动画过渡条件

```
public class new_ani_int : MonoBehaviour
{
    Animator ani;
    void Start()
    {
        ani = GetComponent<Animator>();
    }
    void Update()
    {

        if (Input.GetKey(KeyCode.Alpha0))      //数字键 0:idle
        {
            //ani.SetInteger("ani_int", 0);
            ani.SetFloat("Blend", 0f);          //过渡到 idle
        }
        if (Input.GetKey(KeyCode.Alpha1))      //数字键 1:walk
        {
            //ani.SetInteger("ani_int", 1);
            ani.SetFloat("Blend", 0.1f);        //过渡到 walk
        }
        if (Input.GetKey(KeyCode.Alpha2))      //数字键 2:run
        {
            //ani.SetInteger("ani_int", 2);
            ani.SetFloat("Blend", 0.5f);        //过渡到 run
        }
        if (Input.GetKey(KeyCode.Alpha3))      //数字键 3:jump
        {
            //ani.SetInteger("ani_int", 3);
            ani.SetFloat("Blend", 1f);          //过渡到 jump
        }
    }
}
```

⑥ 运行程序测试,发现其他都正常,但是从 walk 或 run 过渡到 jump 时,jump 动画不播放,但是从 idle 过渡到 jump 时是可以正常播放的。将 jump 动画剪辑替换为其他动画剪辑如 HumanoidCrouchWalk,则全部正常。

Mecanim 动画系统总结。Mecanim 动画系统可以通过如图 8-41 所示的 Unity 官方示意图解释如下。①从 Assets 文件夹中将动画剪辑资源（通常在角色的 Animation 文件夹中），拖动到 Animator 视图中的 Animator Controller 中。②在 Animator 视图编辑 Animator Controller，摆放动画剪辑位置，创建混合树、子动画状态机等，创建动画过渡，设置动画过渡条件等。③Animator Controller 通常存储在 Assets 文件夹中角色的 Animator 文件夹中。通过 Avatar 进行骨骼查看及骨骼对齐。④角色的 Animator 组件中的 Controller 属性对应第二步编辑的 Animator Controller，Avatar 属性对应第三步编辑的 Avatar 骨骼。

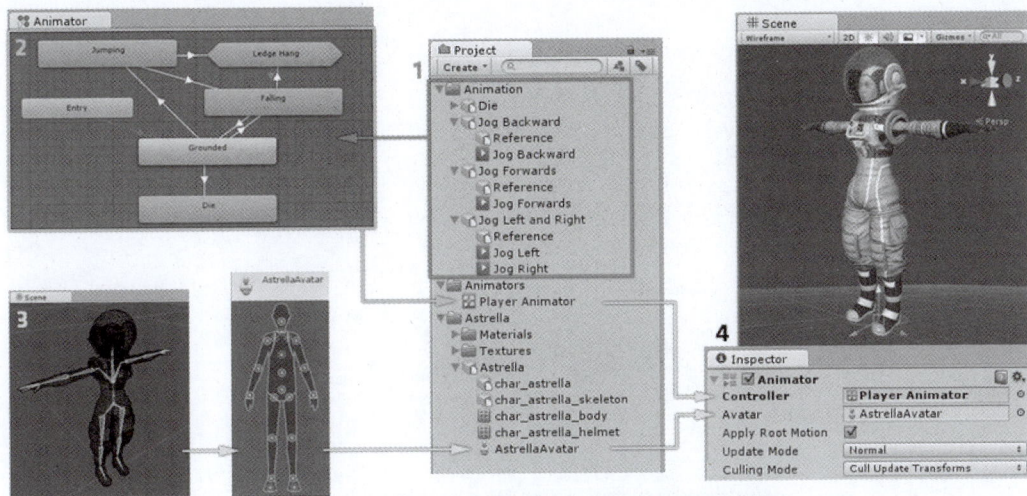

图 8-41 Unity 官网 Mecanim 动画系统示意图

8.3 Legacy 动画系统

在引入 Mecanim 之前，Unity 使用一种更简单的动画系统。为了向后兼容，该系统仍然可用。使用旧版动画系统的主要原因是可以继续直接处理旧的项目，而无须为了 Mecanim 更新该项目。建议新项目不要使用旧版动画系统了。

8.3.1 动画导入

Unity 具备简单的动画创建和编辑能力。但更多情况下，是直接导入其他软件如 3ds Max、Maya 等设计编辑好的动画文件。Legacy 旧版动画系统导入动画的常用方式有两种：①使用单个模型文件导入动画；②使用多个模型文件导入动画，如图 8-42 所示。

图 8-42 两种动画模型文件

1. 单个模型文件导入动画

制作动画的最方便途径是制作一个包含所有动画的单一模型，该方法可以极大地减小项目文件的大小。当导入该动画模型后，可以对动画进行分割，即定义每个动画由哪些帧构成，从而得到多段动画。要导入动画只需将模型放置到项目的资源文件夹中，动画就随模型自动导入。在 Project 项目资源列表中选中它，然后在 Inspector 面板中编辑导入设置，如图 8-43 所示。注意导入模型的动画类型默认为 Generic,需要先将动画类型设置为 Legacy。

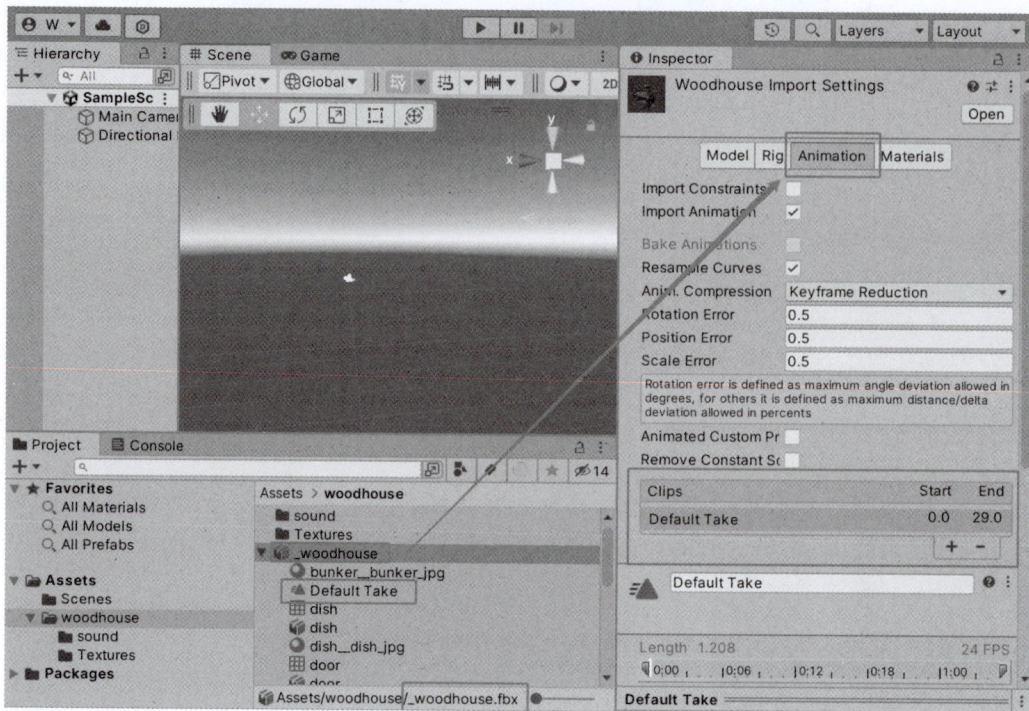

图 8-43　单个模型文件导入动画及动画编辑

2. 多个模型文件导入动画

　　导入动画的另一种方法是在模型名字后面接"@"动画命名方案,为每一个动画创建单独的模型文件,并使用这样的命名约定:"模型名称"@"动画名称".FBX(这种命名方法在 Unity 4.0 以前版本中被广泛使用)。该命名方案可以使动画文件迅速匹配到对应的角色模型上,有助于提高开发效率。但因为需要多个模型文件,会导致项目文件过多容量过大。

　　导入动画时,可以将模型和动画分别导入,即分别导入:①一个经过骨骼绑定和蒙皮处理但不带骨骼动画的角色模型 FBX 文件;②多个只有骨骼动画的 FBX 文件。导入完成后将不带动画的模型文件拖入场景或 Hierarchy 面板游戏对象列表中,在 Inspector 面板的动画组件中就可以看到导入的所有动画,如图 8-44 所示。

　　对比两种动画导入方式,单个模型文件方式,整体文件小,但是需要对导入的动画进行手工分割。多个模型文件方式,整体文件稍大,但是导入的是分割后的多段动画,无须分割,可以直接使用。

8.3.2　动画分割

　　当导入单个模型文件后,需要将导入的单个动画进行分割,动画分割在 Inspector 面板该文件的导入设置的 Animation 选项卡中进行。单击包含动画剪辑的模型,查看 Animation 选项卡,如图 8-45 所示。

1. Animation 选项卡

Animation 选项卡包含三个区域。

1) 动画资源属性

特定动画资源属性定义了整个动画资源的导入选项,这些属性适用于此模型资源中定义的所有动画剪辑和变换约束。动画资源属性如表 8-3 所示。

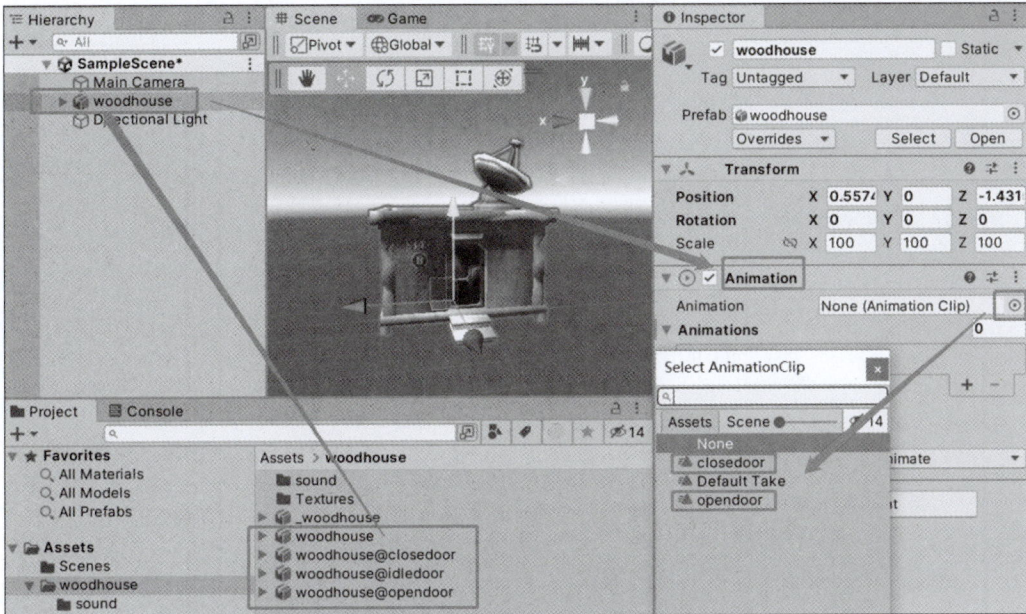

图 8-44 多个模型文件导入动画

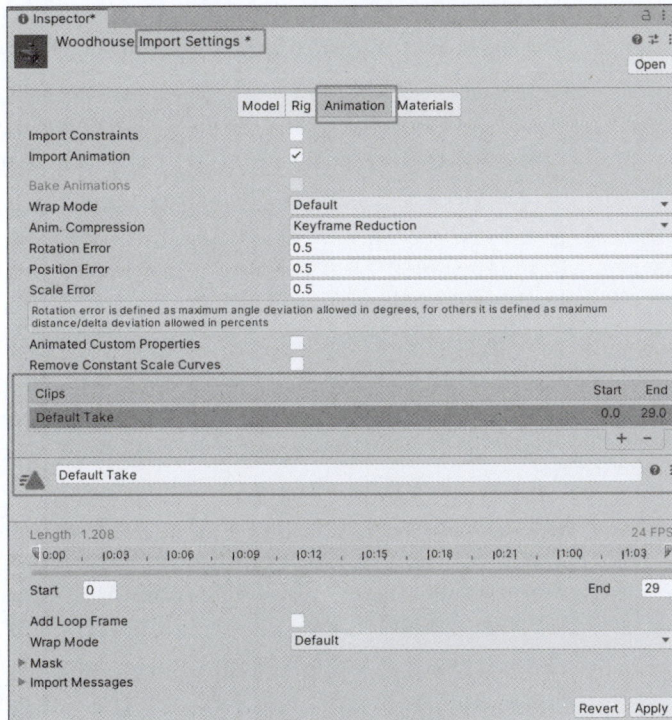

图 8-45 Animation 选项卡

表 8-3 动画资源属性

属　　性	功　　能
Import Constraints	从该模型资源导入约束
Import Animation	从该模型资源导入动画。注意：如果禁用此选项，则会隐藏此页面上的所有其他选项，并且不会导入任何动画

属　　性	功　　能
Bake Animations	烘焙通过反向动力学（IK）或模拟正向运动关键帧创建的动画。仅适用于 Maya、3ds Max 和 Cinema 4D 创建的动画文件
Resample Curves	将动画曲线重新采样为四元数值，为动画中的每一帧生成一个新的四元数关键帧。此选项仅在导入文件包含欧拉曲线时出现，该选项默认启用。禁用此选项以保持动画曲线的原始状态。只有当重新采样的动画与原始动画相比存在插值问题时，才应该禁用此选项
Wrap Mode	当导入模型时，设置模型携带动画播放的循环模式。有 5 个选项，默认为 default。①default：读取设置得更高的默认循环模式。②once：播放一次就停止。③loop：从头到尾不停循环播放。④PingPang：就是反弹的意思，就是执行完一次动作之后反过来倒序执行一次回到初始状态。即从头到尾从尾到头不停播放。⑤Clampforever：播放结束会停在最后一帧，并且会一直播放最后一帧（相当于状态不停止），表现效果和 Once 一样，但是逻辑处理上不同。注意：在现在较新版本的 Unity 中，有些循环模式已经不再支持
Anim. Compression	设置导入动画时要使用的压缩类型
Off	禁用动画压缩。在导入动画时不会减少关键帧数量，可产生最高精度的动画，但性能会降低、文件会更大、运行时内存大小将增加。通常建议不使用此选项，如果需要更高精度的动画，应启用关键帧减少（Keyframe Reduction）功能并减小允许的动画压缩误差（Animation Compression Errors）值
Keyframe Reduction	减少导入时的冗余关键帧。如果启用，Inspector 面板显示动画压缩错误（Animation Compression Errors）选项。这既影响文件大小（运行时内存），也影响动画曲线的计算方式。适用于 Legacy、Generic、Humanoid 动画类型
Keyframe Reduction and Compression	导入动画时减少关键帧并在文件中存储动画时压缩关键帧。这仅影响文件大小，运行时内存大小与 Keyframe Reduction 相同。如果启用此属性，则 Inspector 面板会显示 Animation Compression Errors 选项。仅适用于 Legacy 动画类型
Optimal	由 Unity 决定如何进行动画压缩，通过减少关键帧还是通过使用密集格式。如果启用此属性，则 Inspector 面板显示 Animation Compression Errors 选项。仅适用于 Generic 和 Humanoid 动画类型
Animation Compression Errors	仅当启用 Keyframe Reduction 、Keyframe Reduction and Compression、Optimal 压缩时可用
RotationError	设置旋转动画曲线压缩的容错度（以度为单位的角度）。Unity 使用此值来确定是否可以删除旋转动画曲线上的关键帧。这表示原始旋转值和减小值之间的最小角度：Angle(value, reduced) < RotationError，满足该条件的动画关键帧将被删除
Position Error	设置位置动画曲线压缩的容错度（百分比）。Unity 使用此值来确定是否可以删除位置曲线上的关键帧。删除条件计算原理与 Rotation Error 类似
Scale Error	设置缩放动画曲线压缩的容错度（百分比）。Unity 使用此值来确定是否可以删除缩放曲线上的关键点。删除条件计算原理与 Rotation Error 类似
Animated Custom Properties	导入被指定为可作为动画属性的任何 FBX 属性。在导入 FBX 文件时仅支持一小部分属性（例如移动、旋转、缩放和可见性等）。但是，可以借助 extraUserProperties，在导入脚本中指定标准 FBX 属性（如用户属性）来处理这些属性。在导入期间，Unity 会将所有这些指定属性传递给资源后处理器（Asset postprocessor），就像"真实"用户属性一样

2）动画剪辑选择列表

可以从此列表中选择任何动画剪辑以显示其属性并预览其动画，也可以定义新的剪辑，如图 8-46 所示。动画剪辑选择列表可执行以下任务：①从列表中选择一个动画剪辑以显示该动画剪辑的属性；②在动画剪辑预览面板中播放所选动画剪辑；③使用"添加"（＋）按钮为此文件创建新动画剪辑；④使用"删除"（－）按钮删除所选的动画剪辑。

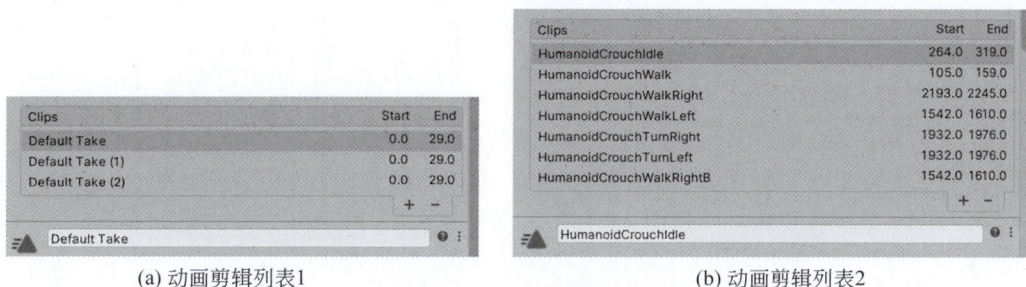

(a) 动画剪辑列表1　　　　　　　　　　　(b) 动画剪辑列表2

图 8-46　动画剪辑列表

3）动画剪辑属性

动画剪辑属性设置定义了所选动画剪辑的导入选项，如图 8-47 所示。不同动画剪辑其属性会略有不同。

(a) 普通动画　　　　　　　　　　　　　(b) 角色动画

图 8-47　动画剪辑属性

Animation 选项卡的动画剪辑属性区域显示以下特性：①所选剪辑的名称（可编辑）；②动画剪辑时间轴；③用于控制循环和运动特性的剪辑属性；④下面可展开的部分用于定义曲线、事件、遮罩和运动以及查看导入过程产生的消息。

2. 动画分割实现过程

动画分割在 Animation 选项卡中进行设置。在动画剪辑选择列表选中要分割的动画,单击"添加"(+)按钮,即可复制出来一个同样的动画剪辑,将复制出来的动画剪辑重命名,然后在动画剪辑时间轴中设置动画的起始帧和结束帧,或者在 Start 和 End 文本框中设置帧数也可以。完成后,在 Assets 资源列表中就可以看到分割后的动画。

8.3.3　Animation 组件

Legacy 动画系统通过 Animation 组件实现对动画的控制,所以需要为模型添加 Animation 组件来实现动画功能。使用 Legacy 旧版动画系统,当把模型放置到场景中,系统会自动为该模型添加 Animation 组件,Animation 组件如图 8-48 所示。可以在 Inspector 面板中对 Animation 组件的动画进行可视化编辑,也可以通过代码来实现动画控制,编写脚本获取对象的 Animation 组件,并调用相关方法控制动画的播放 Play()、停止 Stop()、过渡 CrossFade()、混合 Bleed()等操作。

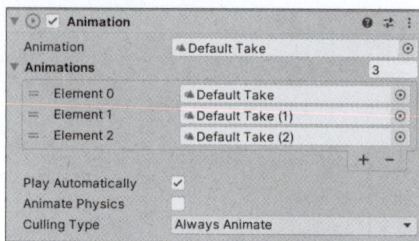

图 8-48　Animation 组件

Animation 组件包含 Animation、Animations、Play Automatically、Animate Physics、Culling Type 等属性,各属性的说明如表 8-4 所示。

表 8-4　Animation 组件的属性说明

属　　性	说　　明
Animation	默认动画,启用自动播放(Play Automatically)时,将被播放
Animations	可以从脚本访问的动画列表
Play Automatically	启动游戏时是否自动播放动画
Animate Physics	动画模型是否启用物理交互
Culling Type	设置什么情况下播放动画。 AlwaysAnimate:总是播放动画。 Based On Renderers:对象渲染到屏幕上时播放

8.4　实例:角色进出木屋动画

本节通过一个角色进出木屋动画实例了解 Legacy 动画系统实现动画设计的步骤和流程。实例完成任务:第三人称角色走到木屋门前,门自动感应后打开,角色进入木屋,门在打开 n 秒后,会自动关上。

【例 8-4】　角色进出木屋动画

1. 动画导入与分割

(1)导入资源包 woodhouse.unitypackage,或者将 woodhouse 文件夹拖到 Assets 资源中。

(2)选中导入的 _woodhouse 模型资源,在 Inspector 面板中,在 Rig 选项卡中的 Animation Type 下拉列表中选择 Legacy 选项,启用 Legacy 旧版动画系统,如图 8-49 所示。

(3)_woodhouse 模型携带有一段动画剪辑 Default Take,可以在动画预览窗口中预览动画效果。Default Take 动画保存的是一段门从打开到关闭的动画过程。现在需要将这一段动画分

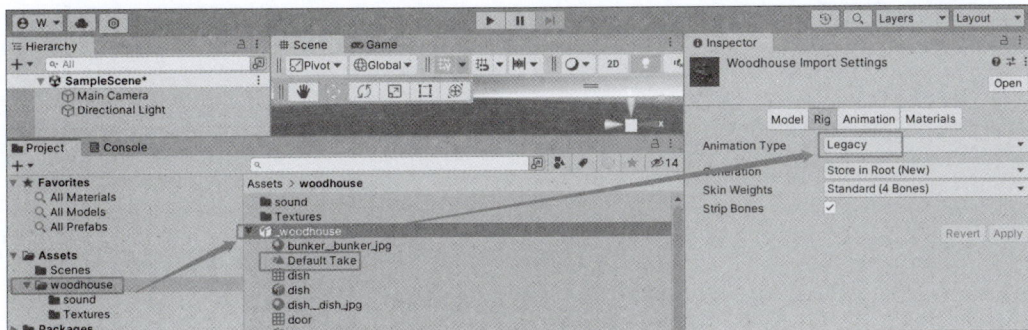

图 8-49 设置 Animation Type 为 Legacy

割为三段动画 idle、open、close,分别代表门关闭状态、打开门动画、关闭门动画。

（4）选中 _woodhouse 资源,在 Inspector 面板中切换到 Animation 选项卡,在中间的动画剪辑选择列表中单击两次"添加"（＋）按钮,将 Default Take 动画复制出来两份。然后在"动画名称"文本框中修改三段动画名称为 idle、open、close。选中第一段动画 idle,在下面的 Start 和 End 文本框中分别输入 0 和 2,设置该段动画的起始帧和结束帧。使用同样的方法,设置 open 动画的起始帧和结束帧分别为 3 和 12,设置 close 动画的起始帧和结束帧分别为 13 和 29,效果如图 8-50 所示。也可以通过拨动动画时间轴的滑块设置起始帧和结束帧。最后单击右下角的 Apply 按钮。

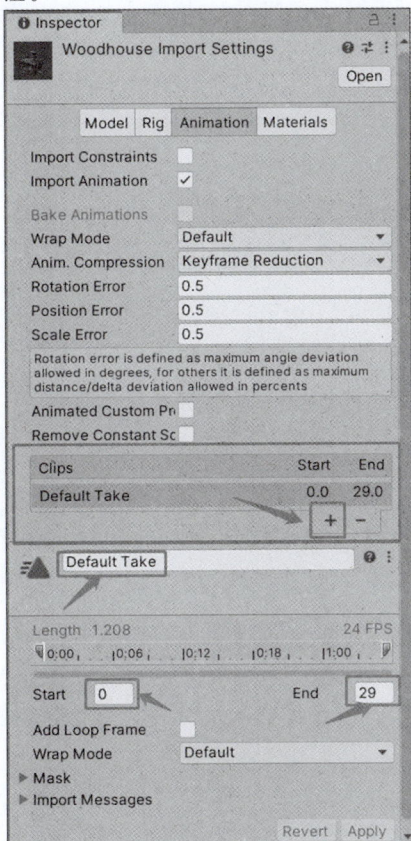

(a) 动画分割前

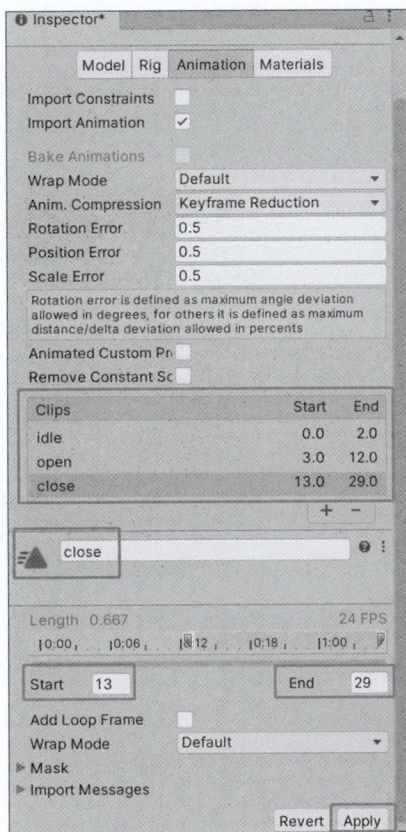

(b) 动画分割后

图 8-50 动画分割步骤及效果

2. 将木屋模型添加到场景中

（1）将动画分割好的_woodhouse 模型资源放置到场景中，y轴坐标设置为180°，使木屋模型的门对着摄像机，如图 8-51 所示。

图 8-51　将木屋模型添加到场景中

（2）木屋在动画分割前只有一段动画，将 Animations 属性后的 Size 值设置为 3，会自动添加三个 Element 属性，分别将三个分割后的动画 idle、open、close 添加给这三个动画元素，设置默认动画 Animation 属性为 idle，如图 8-52 所示。

图 8-52　木屋的 Animation 组件及分割后动画

（3）新建 Terrain 地形对象，编辑地形，添加第三人称角色，如图 8-53 所示。

（4）播放程序，角色跑到木屋前，发现会穿越门进入木屋，如图 8-54 所示。这是因为没有给木屋添加碰撞器，所以没有阻挡作用。既要保证门开后角色能够进入木屋，又要保证木屋能阻挡角色穿越进去，就不能给木屋添加 Box Collider，要为其添加网格碰撞器。

（5）选中_woodhouse 原始模型，在右侧的 Inspector 面板中，Model 选项卡中勾选 Generate Colliders，单击下方的 Apply 按钮，就可以给模型的所有网格对象添加上网格碰撞器了，如图 8-55 所示。回到场景中，会看到_woodhouse 对象的各个子对象已经添加了 Mesh Collider 碰撞器，如图 8-56 所示。

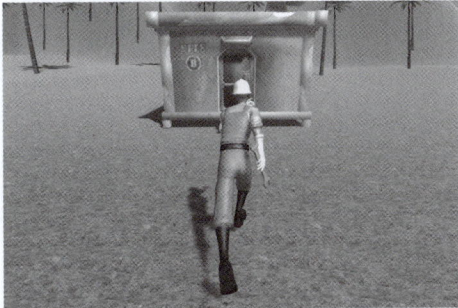

图 8-53 添加 Terrain 地形和第三人称角色

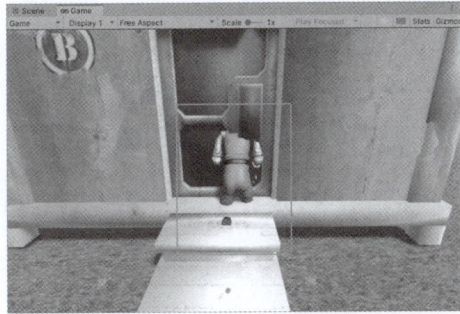

图 8-54 角色穿越木屋

图 8-55 为 _woodhouse 原始模型的 Model 选项卡中勾选 Generate Colliders

图 8-56 woodhouse 的所有子对象添加了 Mesh Collider 碰撞器

3. 脚本控制动画的播放

（1）在 woodhouse 文件夹中创建 Scripts 文件夹，在其中新建脚本 anim.cs，编写以下代码，挂载在_woodhouse 的子对象 door 上,实现门的触发碰撞检测。

```
public class anim : MonoBehaviour
{
    Animation ani;                                    //声明 Animation 类型变量 ani
    void Start()
    {
        //ani 变量初始化,获取 door 的父对象_woodhouse 的 Animation 组件
        ani = transform.parent.GetComponent<Animation>();
    }

    void Update()
    {
    }
    private void OnTriggerEnter(Collider other)       //触发碰撞检测
    {
        if (other.tag == "Player")                    //判断碰撞到的是角色
        {
            ani.Play("open");                         //通过 ani 播放 open 开门动画
        }
    }
}
```

(2) 为 door 对象添加 Box Collider 碰撞器,勾选 Is Trigger 复选框,调整碰撞盒的大小,使碰撞盒比门稍大一些,也就是拖动前后两个绿色控制方块使碰撞盒前后都伸出来一些,如图 8-57 所示。使得角色靠近门,到门前台阶处就可以碰触到 door 的触发器,触发 OnTriggerEnter 事件。

图 8-57　为 door 添加 Box Collider,并调整大小

(3) 运行程序测试,可以看到角色到门前,门可以自动打开了,如图 8-58 所示。

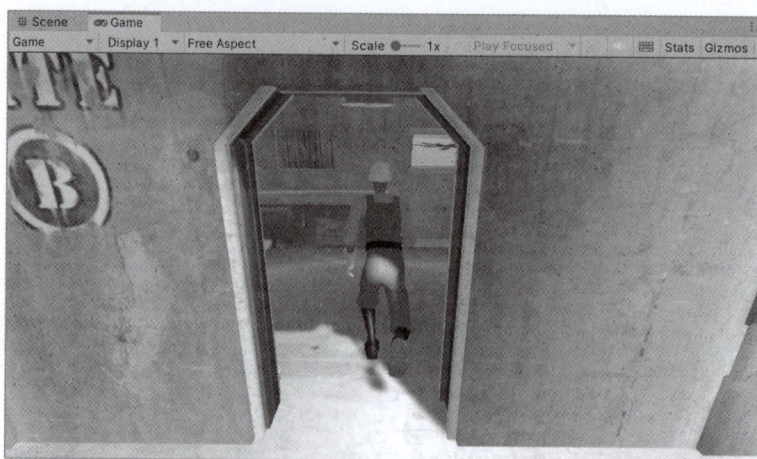

图 8-58　door 触发碰撞检测测试,门自动打开

（4）下面实现当门打开 n 秒后，自动关闭。这个功能可以通过 Time 类的 deltaTime 属性设计计时器来实现。当门打开后，开始计时，计时到达 n 秒后，播放关门动画。要记得开门后将计时器清零。由于游戏一旦运行，计时器就开始计时，会出现角色还没有跑到门前，门还未打开，却开始播放关门动画了。解决方法是设置一个开关变量 isopen，来判断门在打开状态下才进行关闭。

```
public class anim : MonoBehaviour
{
    Animation ani;
    float opentime = 0;                        //定义计时器，初始化为 0
    bool isopen = false;                       //定义开关变量，并初始化
    void Start()
    {
        ani = transform.parent.GetComponent<Animation>();
    }
    void Update()
    {
        opentime += Time.deltaTime;            //计时器计时
        if (isopen)                            //当门打开时，才判断是否计时到期
        {
            if (opentime >= 3)                 //当 3 秒计时到期，执行关门操作
            {
                ani.Play("close");             //播放关门动画
                isopen = false;                //设置开关变量
            }
        }
    }
    private void OnTriggerEnter(Collider other)
    {
        if (other.tag == "Player")
        {
            ani.Play("open");
            opentime = 0;                      //开门后，将计时器清零
            isopen = true;                     //设置开关变量
        }
    }
}
```

（5）运行游戏，观察角色跑到门前，门打开，角色进入木屋，n 秒后，门可以自动关上了，如图 8-59 所示。

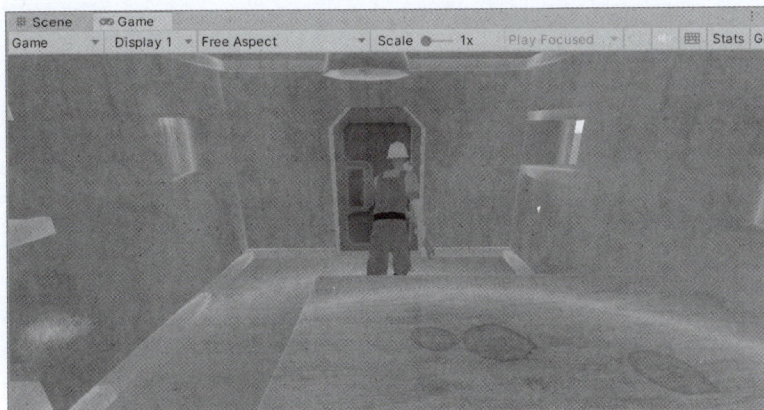

图 8-59　门打开 n 秒后自动关闭

习题

一、选择题

1. 动画控制器(Animator Controller)可以实现动画状态的添加、删除、切换、过渡等效果,动画控制器在＿＿＿＿＿＿视图中进行编辑。

    A. Animator   B. Animation   C. Inspector   D. Scene

2. 使用 Legacy 传统动画系统,携带动画的游戏对象添加的动画组件是＿＿＿＿＿＿组件。

    A. Animator   B. Animation

    C. Animator Controller   D. 都不是

二、简答题

1. 概述使用 Mecanim 动画系统创建动画的原理和流程。

2. 什么是动画剪辑、动画控制器、动画状态、动画状态机、动画过渡、混合树?

三、操作题

1. 参考例 8-2,使用 Mecanim 动画系统,通过触发器参数,实现角色从 idle 动画过渡到 walk 动画,再从 walk 过渡到 idle。

2. 参考例 8-3,使用 Mecanim 动画系统,通过 int 参数,实现角色在 idle、walk、run、jump 这 4 个动画间任意切换。

3. 使用 Mecanim 新版动画系统实现 8.4 节中的例 8-4。

提示:

① 将 _woodhouse 模型的动画类型设置为 Generic,为场景中的 _woodhouse 对象添加 Animator 组件。

② 创建 Animator Controller,并编辑。idle→open:通过触发器参数设置过渡条件;open→close,close→open:通过布尔型参数设置过渡条件,如图 8-60 所示。

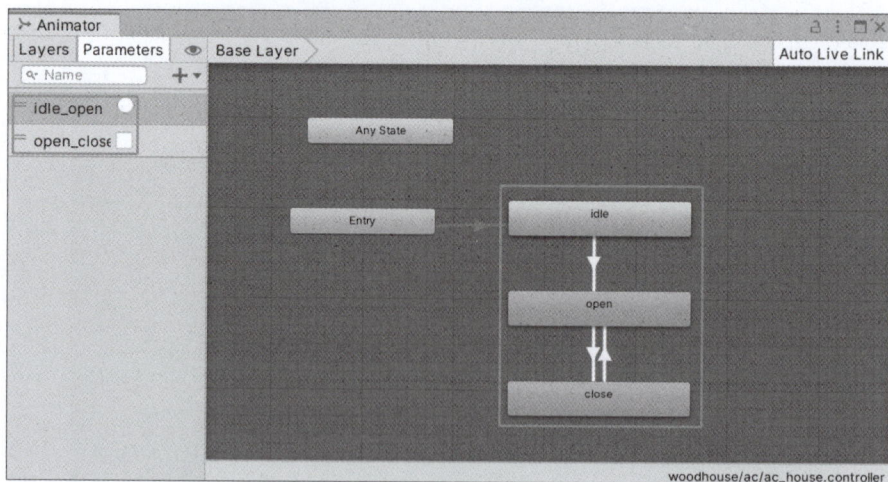

图 8-60　使用 Mecanim 新版动画系统实现动画效果提示

③ 参考代码。

```
public class anim_house : MonoBehaviour
{
    Animator animator;
```

```
    float time = 0;
    bool is_open = false;
    void Start()
    {
        animator = transform.parent.GetComponent<Animator>();
    }

    void Update()
    {
        time += Time.deltaTime;
        if (is_open & time > 3)
        {
            animator.SetBool("open_close", true);
            is_open = false;
        }
    }

    private void OnTriggerEnter(Collider other)
    {
        animator.SetTrigger("idle_open");
        animator.SetBool("open_close", false);
        is_open = true;
        time = 0;
    }
}
```

第 9 章

资　　源

在 3D 游戏和交互项目中,模型、动画和交互内容受到人们的关注,但是其他资源如音频灯光等同样重要,音频可以为游戏提供背景音和特效音,灯光可以烘托游戏氛围,使场景更加真实。材质与贴图能逼真地模拟真实世界中的物体,摄像机为用户提供观察视角,并可以从视角方面为场景实现更多视觉及显示效果。

本章学习要点:

- 音频及脚本控制音频。
- 灯光及脚本控制灯光。
- 材质贴图及脚本控制材质贴图。
- 摄像机及应用。

9.1　音频

大多数游戏需要播放背景音乐和音效,Unity 提供了音频系统以实现这些功能。Unity 的音频系统既灵活又强大,可以导入和播放各种不同的音频文件格式,并对音频文件进行编辑控制,并支持 3D 音效,还可以根据需要提供其他效果,如回声和滤波等。

9.1.1　音频概述

1. 音频作用

"如果游戏是一个人,那么策划是灵魂,程序是骨架,美术是肌肉,声音是血液。"这句话说明了游戏是一门多学科综合的艺术,一个项目和作品能够给用户带来直接影响的是美术和声音,美术是视觉体验,声音是听觉体验。所以音频是游戏设计和开发流程中不可缺少的一环,通常在游戏创作的最后阶段添加。

游戏的音频可以起到烘托游戏环境气氛、突出故事情节、辨别对象位置等作用。

2. 音频分类

游戏音频分为两类:背景音乐和环境音效。背景音乐在游戏运行过程中循环播放,一般是时间较长的音频;环境音效(特效音)一般用于游戏场景中对象发出的声音,一般是时间较短的音频,如图 9-1 所示。

9.1.2　音频系统

Unity 音频系统由音频剪辑、音频源、音频监听器、混音器等组成。

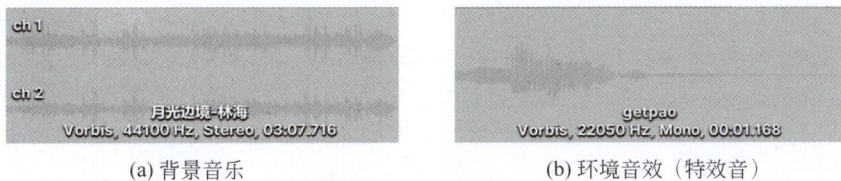

(a) 背景音乐　　　　　　　　　　　　　(b) 环境音效（特效音）

图 9-1　音频分类

1. 音频剪辑

被导入 Unity 中的音频文件称为音频剪辑（Audio Clip）。Unity 支持的音频文件格式有 Wav、Aiff、MP3、Ogg 等多种。前两种适合用作环境音效，后两种适合用作背景音乐。音频资源有压缩和不压缩两种方式。不进行压缩的音频将采用音频源文件，而采用压缩的音频文件会对音频进行压缩，压缩操作会减少音频文件的大小，但是在播放时需要额外的 CPU 资源进行解码，所以需要制作快速反应的音效时，最好使用不压缩方式，而背景音乐可以使用压缩的音频文件。任何格式的音频文件被导入 Unity 后，在内部自动转换成.ogg 格式。

Ogg 全称是 Ogg Vorbis，是一种新的音频压缩格式，类似 MP3 等音频格式，但完全免费开放，没有专利限制。同样位速率（Bit Rate）编码的 Ogg 与 MP3 相比听起来音质更好一些，对于用户来说，使用 Ogg 音频文件的显著好处是可以用更小的文件获得优越的声音质量。Ogg Vorbis 支持 VBR（可变比特率）和 ABR（平均比特率）两种编码方式，Ogg 还具有比特率缩放功能，可以不用重新编码便可调节文件的比特率。Ogg 格式可以对所有声道进行编码，支持多声道模式，多声道音乐会带来更强的临场感。

Unity 还能够导入.xm、.mod、.it 和.s3m 格式的音轨模块，这些模块使用短音频样本作为"编曲"，然后进行安排以播放曲调。音轨模块资源的使用方法与 Unity 中的其他音频资源相同，但在 Inspector 面板中无法预览音频的波形。

2. 音频剪辑的导入

音频剪辑也是一种资源，导入方法和模型、图像等资源导入方式类似。将音频文件或音频文件所在文件夹拖到 Assets 中即可。

在 Assets 面板中选中一个音频文件资源，在右侧的 Inspector 面板中会显示音频文件导入设置选项，可以对导入的音频文件剪辑进行相关设置，如强制单声道、加载是否压缩、压缩格式、采样率设置等。还可以查看音频文件导入 Unity 前后的文件大小和压缩比，如图 9-2 所示。

Load Type（加载类型）有三个选项：①Decompress On Load（场景加载时音频解压缩）；②Compressed In Memory（音频以压缩格式加载到内存）；③Streaming（流式音频）。Compression Format（压缩格式）有三个选项：①PCM（脉冲编码调制）；②Vorbis（Ogg Vorbis 压缩）；③ADPCM（自适应差分脉冲编码调制）。

3. 音频组件

现实生活中，人们听到的声音是由物体发出来的。声音被感知的方式取决于许多因素。倾听者可以粗略地分辨出声音来自哪个方向，根据音量和音色判断距离。由于多普勒效应，快速移动的声源（如坠落的炸弹或过往的警车）会随着移动而改变音高。此外，周围环境也会影响声音的反射方式，因此洞穴内的声音会产生

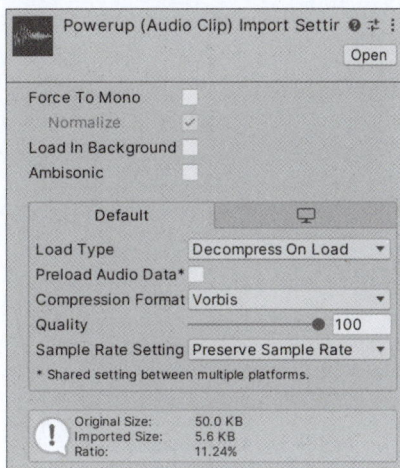

图 9-2　音频剪辑导入设置

回声,但相同的声音在露天环境中却不会产生回声。为了模拟位置的影响,Unity 要求声音源来自附加到对象的"音频源"。然后,发出的声音由附加到另一个对象(通常是主摄像机)上的"音频监听器"拾取。Unity 然后可以模拟音频源与监听器物体之间的距离和位置的影响,并相应地播放给用户。此外,还使用音频源对象和监听器对象的相对速度来模拟多普勒效应以增加真实感。

音频剪辑需要配合 Unity 的两个组件 Audio Listener 和 Audio Source 来实现音频的播放和接收。为何需要两个组件呢? 原因是将声音的发出者和接收者分离,可以很好地模拟 3D 音效。音频剪辑、音频源、音频监听三者之间的关系如图 9-3 所示。

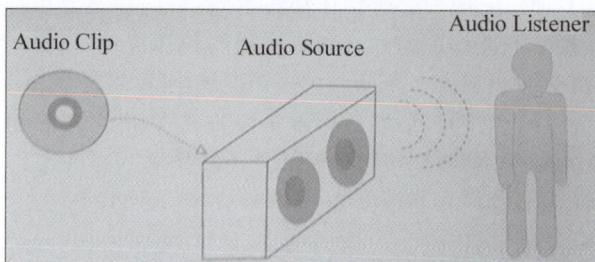

图 9-3　音频剪辑、音频源、音频监听三者之间的关系

1) 音频监听

音频监听(Audio Listener)组件是用于接收声音的组件,音频监听组件配合音频源为游戏创建了听觉体验。该组件的功能类似于麦克风,当音频监听组件挂载到游戏对象上,任何音频源,只要足够接近音频监听组件挂载的游戏对象,都会被获取并输出到计算机等设备的扬声器中输出播放。如果音频源是 3D 音效,监听器将模拟在 3D 世界声音的位置、速度和方向。

该组件默认添加在主摄像机(Main Camera)上,如果场景中需要切换不同的摄像机,那么可以在每个摄像机上添加一个 Audio Listener 组件,但其中只能有一个监听器起作用,所以没有激活的摄像机需要将 Audio Listener 组件关掉。Audio Listener 组件没有任何属性,只是标注了该游戏对象具有接收音频的作用,同时用于定位当前的接收位置,如图 9-4 所示。

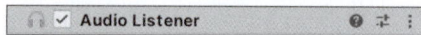

图 9-4　Audio Listener 组件

添加 Audio Listener 组件的方法为,选择 Component|Audio|Audio Listener 菜单。

2) 音频源

音频源(Audio Source)组件用于在场景中播放音频剪辑文件,通常挂载在游戏对象上。该组件负责控制音频的播放,通过组件的属性控制音频的播放方式,如是否循环、音量、音调、以 2D 或 3D 或空间混合模式播放、多普勒效应等,如图 9-5 所示。如果监听器位于一个或多个混响区内,则会将混响应用于音频源。可对每个音频源应用单独的滤波器,以获得更丰富的音频体验。Unity 支持立体声到 7.1 的扬声器系统。如果音频文件是 3D 音效,音频源也是一个定位工具,可以根据音频监听对象的位置控制音频的衰减,可通过衰减曲线控制传播距离,3D 音效设置如图 9-6 所示。

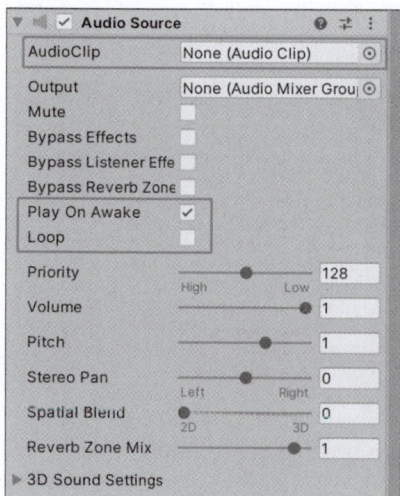

图 9-5　Audio Source 组件

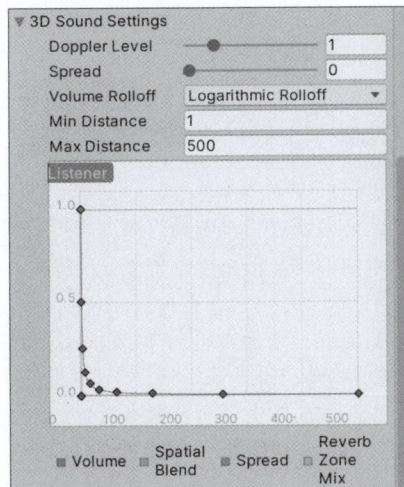

图 9-6　Audio Source 组件的 3D 音效设置

Audio Source 组件的各属性功能如表 9-1 所示。

表 9-1　Audio Source 组件的各属性功能

属　　　性	功　　　能
Audio Clip	要播放的声音剪辑文件
Output	默认情况下,音频剪辑将直接输出到场景中的音频监听器（Audio Listener）。使用此属性可以更改为将剪辑输出到混音器（Audio Mixer）
Mute	如果启用此选项,则为静音
Bypass Effects	启用/停用可快速绕过应用于音频源的滤波器效果的快捷方式
Bypass Listener Effects	启用/停用所有监听器的快捷方式
Bypass Reverb Zones	打开/关闭所有混响区的快捷方式
Play On Awake	如果启用此选项,声音将在场景启动时开始播放。如果禁用此选项,场景启动时不播放音频剪辑,需要通过脚本使用 Play() 命令播放
Loop	启用此选项可在音频剪辑结束后循环播放
Priority	设置音频源的优先级(Priority 值为 0 表示优先级最高;值为 256 表示优先级最低。默认值为 128)。对于音轨值应设置为 0,避免被意外擦除
Volume	设置声音的大小
Pitch	由于音频剪辑的减速/加速导致的音调变化量。值为 1 表示正常播放速度
Stereo Pan	设置立体声位置,中间为立体声,两端只播放左声道或右声道的单声道声音
Spatial Blend	设置 3D 引擎对音频源的影响程度,最左端为 2D 声音,最右端为 3D 声音
Reverb Zone Mix	设置路由到混响区的输出信号量。该量是线性的,范围为 0~1,但允许在 1~1.1 范围内进行 10dB 放大,这对于实现近场和远距离声音的效果很有用

　　多普勒效应（Doppler effect）是为纪念奥地利物理学家及数学家克里斯琴·约翰·多普勒（Christian Johann Doppler）而命名的,他于 1842 年首先提出了这一理论。多普勒效应是指物体辐射的波长因为波源和观测者的相对运动而产生变化。在运动的波源前面,波被压缩,波长变得较短,频率变得较高（蓝移）;在运动的波源后面,会产生相反的效应,波长变得较长,频率变得较低（红移）。波源的速度越快,所产生的效应越大。根据波红（蓝）移的程度,可以计算出波源循着观测方向运动的速度。通过多普勒效应可使项目中的声音更具真实感和空间感,比如车辆

行驶、武器发射等声音根据生源与听者的相对运动产生频率变化。

Audio Source 组件 3D 音效的属性功能如表 9-2 所示。

表 9-2　Audio Source 组件 3D 音效的属性功能

属　性	功　能
3D Sound Settings	展开,可进行 3D 音效设置
Doppler Level	设置对此音频源应用多普勒效果的程度(如果设置为 0,则不应用任何效果)
Spread	在发声空间中将扩散角度设置为 3D 立体声或多声道
Min Distance	在 Min Distance 内,声音将保持可能的最大响度。在 Min Distance 之外,声音将开始减弱。增加声音的 Min Distance 属性可使声音在 3D 世界中更响亮,而降低此属性则可以让声音在 3D 世界中更安静
Max Distance	声音停止衰减的距离。超过此距离之后,声音将保持与监听器之间距离 Max Distance 单位时的音量,不再衰减
Rolloff Mode	声音衰减的速度。此值越高,监听器必须越接近才能听到声音(这取决于衰减图)
- Logarithmic Rolloff	指数衰减。靠近音频源时,声音很大,但离开对象时,声音降低得非常快
- Linear Rolloff	线性衰减。声音大小与音频源的距离呈线性变化
- Custom Rolloff	音频源的音频效果根据曲线图的设置变化

添加 Audio Source 组件的方法为,选择 Component | Audio | Audio Source 菜单,或者在 Inspector 面板中通过 Add Component 按钮添加。

如果启用场景视图照明工具栏上的"音频"按钮,如图 9-7 所示。可以在场景视图中预览音频的播放效果及 Audio Source 组件中参数的调节效果。

图 9-7　场景视图工具栏音频开关

9.1.3　音频设置

音频设置是在宏观上对场景中的音频进行设置,打开方法: Edit | Project Settings | Audio。在实际开发过程中,可以对其中的参数进行修改设置,如图 9-8 所示。

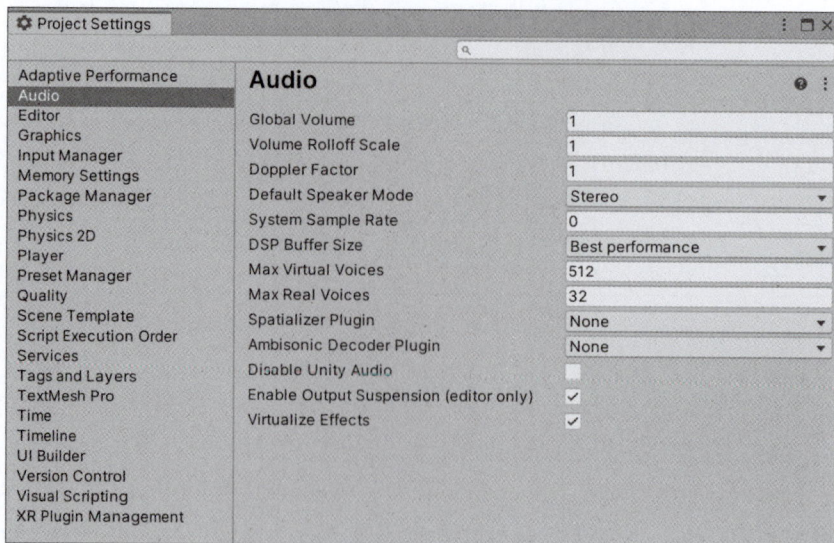

图 9-8　Project Settings 中的音频设置

音频设置参数含义如表 9-3 所示。

表 9-3　音频设置参数含义

参　　数	含　　义
Global Volume	音频的全局播放音量
Volume Rolloff Scale	设置指数衰减音频源的全局衰减系数,该数值越高,音量的衰减速度越快,反之则越慢(数值为 1 则模拟真实世界的效果)
Doppler Factor	模拟多普勒效应的效果,0 表示关闭模拟,1 表示在高速物体上多普勒效应会比较明显
Default Speaker Mode	设置 Unity 项目中的默认扬声器模式,有 Raw、Momo、Stereo、Quad、Surround、Surround5.1、Surround7.1、PrologicDTS 等选项,默认值为 2,即 Stereo 立体声模式
System Sample Rate	设置输出采样速率,设置为 0,则使用系统默认的采样率
DSP Buffer Size	调整 DSP 的缓冲区的大小,可以优化延迟和性能
Max Virtual Voices	设置音频管理系统中虚拟声音的最大数量,该值应是大于游戏中已经播放过的音频数量,否则控制台将输出警告信息
Max Real Voices	设置播放真实声音的最大数量
DisableUnity Audio	勾选该参数,将使音频系统停止工作,它会影响 MoveTexture 音频,在编辑器中音频系统仍支持预览音频剪辑

9.1.4　程序控制音频

通过脚本可以控制音频源播放不同的音频剪辑文件,修改播放音量、暂停、停止播放、循环等。保存音频剪辑的类是 AudioClip,继承自 Object 类,播放音频的组件为 AudioSource 类。通过 GameObject 对象的 GetComponent＜AudioSource＞()方法获取音频源,从而实现对音频剪辑的控制。

1. 播放

```
AudioGameObj.GetComponent<AudioSource>().Play();
```

2. 停止

```
AudioGameObj.GetComponent<AudioSource>().Stop();
```

3. 添加音频文件

```
AudioGameObj.GetComponent<AudioSource>().clip = audioclip01;
```

4. 调整音频播放音量

```
public MouseWheelSensitivity = 0.1;
AudioGameObj.GetComponent<AudioSource>().volume -= Input.GetAxis("Mouse ScrollWheel")
 * MouseWheelSensitivity;
```

【例 9-1】　木屋场景添加背景音乐

（1）打开例 8-4 创建的木屋场景,在 woodhouse 文件夹中创建 resources 文件夹,将音频资源文件夹 Audio 移动到 resources 文件夹中,如图 9-9 所示。

木屋场景添
加背景音乐

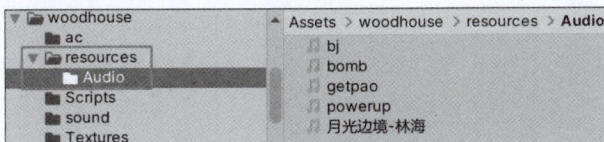

图 9-9　移动 Audio 文件夹到 resources 文件夹

（2）为 Main Camera 对象添加 AudioSource 组件，将 Assets/Audio 文件夹下的音频文件"月光边境-林海.mp3"拖到 AudioClip 属性栏中，设定音频源的音频剪辑，如图 9-10 所示。播放程序进行测试，听到背景音乐响起。修改相关属性循环、音量等，播放测试音频播放效果。

图 9-10　添加 AudioSource 组件并测试相关属性

（3）创建并编写 audio_con.cs 脚本，为木屋场景添加背景音乐，并可以切换不同背景音乐，控制音乐的播放、暂停、音量调节等。

```
public class audio_con : MonoBehaviour
{
    AudioSource as01;                              //定义 AudioSource 类型变量 as01
    AudioClip ac01;                                //定义 AudioClip 类型变量 ac01
    AudioClip ac02;                                //定义 AudioClip 类型变量 ac02
    float mouseWhellSensitivity = 0.1f;            //定义音量变化灵敏度
    void Start()
    {
        as01 = GetComponent<AudioSource>();                    //初始化 as01
        ac01 = Resources.Load<AudioClip>("Audio/bj");          //初始化 ac01
        ac02 = Resources.Load<AudioClip>("Audio/月光边境-林海"); //初始化 ac02
    }

    void Update()
    {
        if (Input.GetKeyDown(KeyCode.N))
        {
            as01.Play();                           //播放音频
        }
        if (Input.GetKeyDown(KeyCode.M))
        {
            as01.Stop();                           //停止音频播放
        }
        if (Input.GetKeyDown(KeyCode.Alpha1))
        {
            as01.clip = ac01;                      //按下数字键 1,加载音频剪辑 ac01
            as01.Play();          //注意,切换音频剪辑后,音频不会自动播放,需要通过 Play()方法播放
        }
        if (Input.GetKeyDown(KeyCode.Alpha2))
        {
            as01.clip = ac02;                      //按下数字键 2,加载音频剪辑 ac02
            as01.Play();
        }
        if (Input.GetKeyDown(KeyCode.Equals))
        {
            as01.volume += 0.1f;                   //提高音频剪辑的音量
        }
```

```
        if (Input.GetKeyDown(KeyCode.Minus))
        {
            as01.volume -= 0.1f;                    //降低音频剪辑的音量
        }
                                                    //通过鼠标滚轮调节音频剪辑的音量
        as01.volume -= Input.GetAxis("Mouse ScrollWheel") * mouseWhellSensitivity;
    }
}
```

（4）将 audio_con.cs 脚本挂载在主摄像机上，运行程序，测试通过各按键和鼠标控制音频的播放、停止、音频剪辑切换、音量增减等。

【例 9-2】 木屋场景添加开关门动画特效音

（1）打开例 9-1，将 woodhouse 中的 sound 文件夹移动到 resources 文件夹中，如图 9-11 所示。

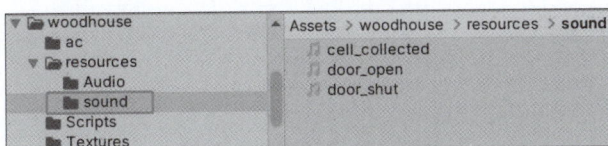

木屋场景添加特效音

图 9-11 移动 sound 文件夹到 resources 文件夹

（2）打开 anim.cs 脚本，在其中定义两个 AudioClip 类型变量 ac01 和 ac02，定义一个 AudioSource 类型变量。

```
AudioClip ac01;
AudioClip ac02;
AudioSource as01;
```

（3）在 Start()方法中添加以下几条初始化语句，初始化变量 as01、ac01 和 ac02。

```
as01 = GetComponent<AudioSource>();
ac01= Resources.Load<AudioClip>("sound/door_open");
ac02 = Resources.Load<AudioClip>("sound/door_shut");
```

（4）在 OnTriggerEnter()方法中添加语句，当门打开时，播放开门音效。

```
as01.clip = ac01;
as01.Play();
```

（5）在 Update()方法中添加语句，当门打开 n 秒后，播放关门音效。

```
as01.clip = ac02;
as01.Play();
```

（6）完整代码。

```
public class anim : MonoBehaviour
{
    Animation ani;
    float opentime = 0;
    bool isopen = false;
    AudioClip ac01;                                           //定义变量 ac01
    AudioClip ac02;                                           //定义变量 ac02
    AudioSource as01;                                         //定义变量 as01
    void Start()
    {
        ani = GameObject.Find("_woodhouse").GetComponent<Animation>();
        as01 = GetComponent<AudioSource>();                   //初始化变量 as01
        ac01= Resources.Load<AudioClip>("sound/door_open");   //初始化变量 ac01
        ac02 = Resources.Load<AudioClip>("sound/door_shut");  //初始化变量 ac02
```

```
        }
    void Update()
    {
        opentime += Time.deltaTime;
        if (isopen)
        {
            if (opentime >= 3)
            {
                ani.Play("close");
                isopen = false;
                as01.clip = ac02;          //设置音频源的音频剪辑为关门音效 ac02
                as01.Play();               //播放音频
            }
    private void OnTriggerEnter(Collider other)
    {
        ani.Play("open");
        opentime = 0;
        isopen = true;
        as01.clip = ac01;                  //设置音频源的音频剪辑为开门音效 ac01
        as01.Play();                       //播放音频
    }
}
```

（7）为 door 添加 Audio Source 组件，运行测试，角色跑到门前，门打开播放开门音效，n 秒后，门关闭播放关门音效。

（8）观察以上代码，发现 Update()方法和 OnTriggerEnter()方法中有多条相似语句。可以对代码做一些优化，定义一个 door()方法（定义三个形参，string 类型的 audio_name，bool 类型的 is_open，AudioClip 类型的 ac，注意形参 is_open 前面要有关键字 ref），把这 4 条相似语句移动到该方法中并做适当修改，然后在 Update()方法和 OnTriggerEnter()方法中调用 door()方法。优化后的代码如下。

```
public class anim : MonoBehaviour
{
    Animation ani;
    float opentime = 0;
    bool isopen = false;
    AudioClip ac01;
    AudioClip ac02;
    AudioSource as01;
    void Start()
    {
        ani = transform.parent.GetComponent<Animation>();
        as01 = GetComponent<AudioSource>();
        ac01 = Resources.Load<AudioClip>("sound/door_open");
        ac02 = Resources.Load<AudioClip>("sound/door_shut");
    }

    void Update()
    {
        opentime += Time.deltaTime;
        if (isopen)
        {
            if (opentime >= 3)
            {
                door("close", ref isopen, ac02);      //调用 door()方法
            }
        }
    }
    private void OnTriggerEnter(Collider other)
    {
        if (other.tag == "Player")
        {
            door("open", ref isopen, ac01);           //调用 door()方法
```

```
            opentime = 0;
        }
    }
    //定义一个 door()方法
    void door(string audio_name, ref bool is_open, AudioClip ac)
    {
        ani.Play(audio_name);
        is_open = !is_open;
        as01.clip = ac;
        as01.Play();
    }
}
```

（9）运行测试，开门音效如图 9-12 所示，关门音效如图 9-13 所示。

图 9-12　运行效果-开门音效

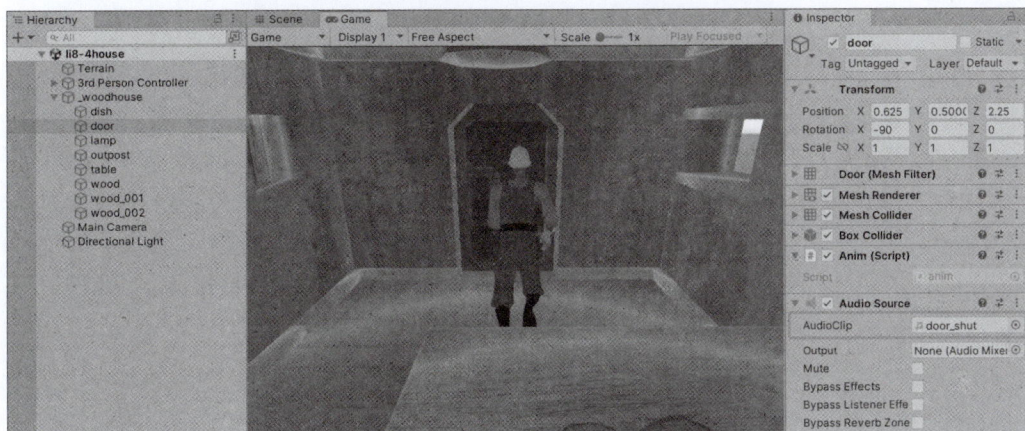

图 9-13　运行效果-关门音效

9.2　灯光

Unity 中可以实现适合各种艺术风格的逼真光照效果，光照的工作方式类似于光在现实世界中的照明情况。Unity 使用光线工作模型来获得逼真光照结果，并使用各种灯光简化模型来获得更具风格化和真实的光照效果。

9.2.1　灯光概述

灯光是模拟真实灯光的对象,如建筑内部各种灯具、舞台和电影工作时使用的灯光设备和太阳光本身。

在 Unity 中,灯光是一种特殊对象,是提供照明的光源,它不被渲染显示,但提供了照明光线的强度、方向和颜色等,从而影响周围物体表面的光泽、色彩和亮度,通常与材质、环境共同作用,增强了场景的清晰度、真实感、层次性。不同种类的灯光对象有不同的投射方法,模拟真实世界中不同种类的光源。

9.2.2　灯光分类

Unity 提供了 4 种基本灯光类型:平行光(Directional Light)、点光源(Point Light)、聚光灯(Spot Light)和面光源(Area Light)。

1. 平行光

平行光是由光源发射出相互平行的光,使用平行光可以把整个场景都照亮,可以认为平行光是整个场景的主光源,一般用于模拟太阳光或月光等户外自然光线。当新建一个 Basic(Built-in)场景时,Unity 会自动创建一个平行光。平行光对象及其灯光组件如图 9-14 所示。

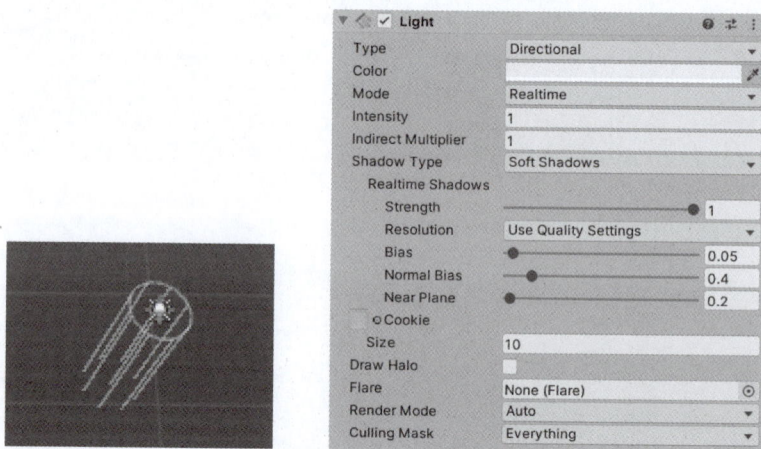

图 9-14　平行光对象及其灯光组件

2. 点光源

点光源的光线由光源中心向周围 360°发射,照射区域范围为一个球体。通常用来模拟灯泡或其他局部光源,还可以用点光源逼真地模拟火花或爆炸照亮周围环境。点光源对象及其灯光组件如图 9-15 所示。

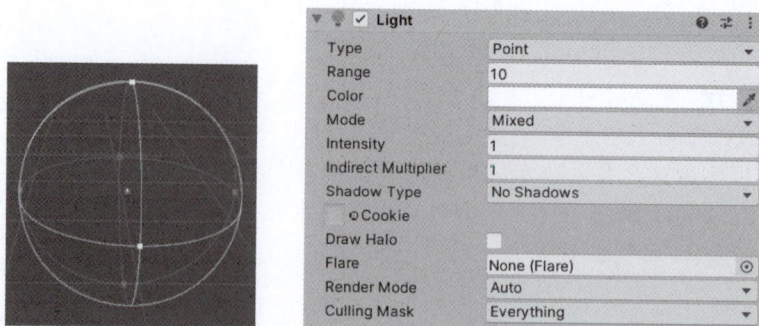

图 9-15　点光源对象及其灯光组件

3. 聚光灯

聚光灯的光线投射区范围是一个圆锥体,向一个方向发射。聚光灯可以用来模拟舞台聚光灯、手电筒、汽车前照灯和探照灯等光源的灯光。通过脚本或动画控制投射方向,移动的聚光灯可以照亮场景的一小块区域并产生舞台风格的光照效果。聚光灯对象及其灯光组件如图 9-16 所示。

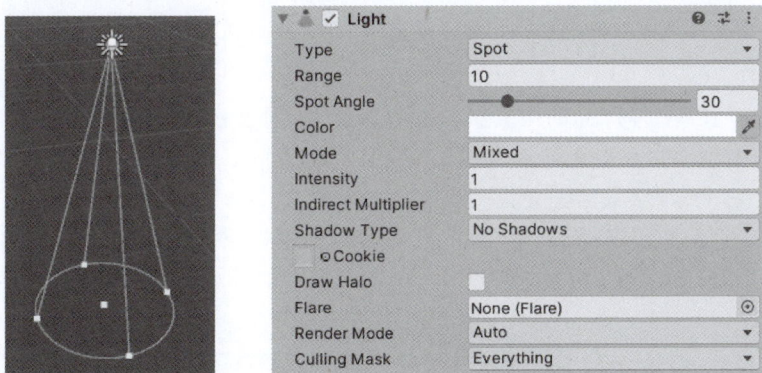

图 9-16　聚光灯对象及其灯光组件

4. 面光源

面光源可以通过两种形状来定义区域光:矩形或圆盘。区域光从该形状的一侧发出光。发出的光在该形状的表面区域的各个方向上均匀地传播。区域光提供的光照强度以距光源距离的平方反比确定的速率衰减,遵循平方反比定律。区域光照明通常用于产生真实的全局光照明效果,要同时考虑直接照明和间接照明,非常消耗处理器计算资源,因此区域光在运行时不可用,而是烘焙到光照贴图中。小的面光源可以模拟较小的光源(如室内光照),但效果比点光源更逼真。面光源对象及其灯光组件如图 9-17 所示。

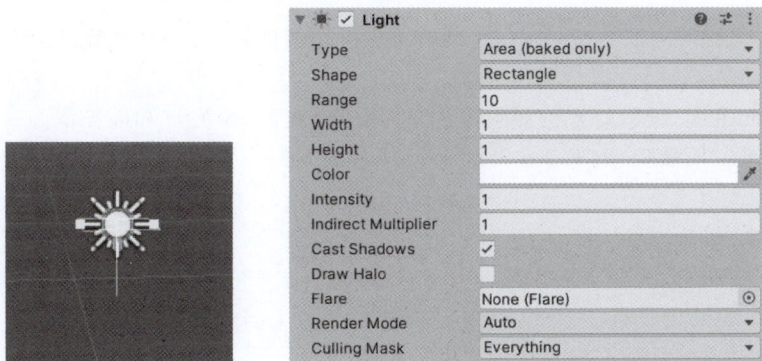

图 9-17　面光源对象及其灯光组件

9.2.3　创建灯光

1. 创建灯光

在 Unity 中可以像创建 3D 对象一样创建灯光对象,创建方法是,选择菜单 GameObject|Light|Point Light,或者在 Hierarchy 面板中选择右键菜单 Light|Point Light,并将灯光对象放置在场景中合适的位置。

平行光可以放置在场景中的任何位置,照明的亮度和范围是一样的,可以通过旋转工具调整平行光的投射方向和角度。聚光灯也有方向,但由于照射范围有限,因此聚光灯的放置位置很重要。可以通过 Inspector 面板中的 Light 组件参数或直接在场景视图中使用灯光的 Gizmos 来调整聚光灯、点光源和区域光源的形状参数。

如果启用场景视图照明工具栏上的"灯泡"开关按钮，如图 9-18 所示。可以在场景视图中预览移动灯光对象的照明效果，及观察设置灯光参数时对应的照明效果。

图 9-18　场景视图工具栏"灯泡"开关按钮

2. 灯光参数

查看图 9-14～图 9-17，灯光的主要属性参数有类型、颜色、亮度、阴影、投射范围、光斑等。

Type：灯光类型，可以选择前面讲过的 Spot、Directional、Point、Area 这 4 种灯光类型，如图 9-19 所示。

Color：灯光颜色，可以从拾色器中设置灯光的颜色，默认颜色为白色。

Mode：灯光模式，光源的 Mode 属性用于定义光源的目标用途，有三个选项 Baked、Realtime 和 Mixed，如图 9-20 所示。

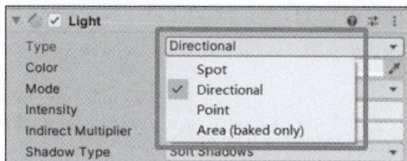

图 9-19　灯光类型

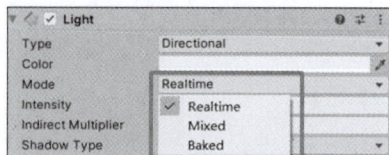

图 9-20　灯光模式

① Baked：运行之前预先计算烘焙（Baked）光源产生的光照，不会将这些光源包括在任何运行时光照计算中。

② Realtime：运行时每帧计算并更新实时（Realtime）光源的光照，不会为实时光源进行任何预先计算。

③ Mixed：运行前为混合（Mixed）光源预先执行一些计算，另一些计算则会在运行时执行。

Intensity：灯光亮度，设置灯光的亮度。

Range：灯光范围，设置灯光的照射范围，适用于点光源、聚光灯和面光源。

Shadow Type：阴影类型，有 No Shadows、Hard Shadows、Soft Shadows 三个选项，如图 9-21 所示。

添加点光源、聚光灯时，默认为 No Shadows 不投射阴影。添加平行光后，会自动打开软阴影（Soft Shadows），近处的阴影显示没有问题，但远处的阴影未显示出来，当视角移近以后，阴影才会显示出来。这是因为光线阴影渲染会占用很多资

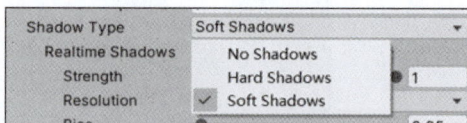

图 9-21　灯光阴影类型

源，所以为了提高实时渲染效率，采取了阴影剔除优化算法。阴影剔除的距离可以通过质量（Quality）设置面板来设置修改，通过菜单 Edit|Project Settings|Quality 打开质量设置对话框，如图 9-22 所示，默认的阴影剔除的距离 Shadow Distance 为 150m。

3. 镜头光斑

镜头光斑（Len Flare）产生的原理为，光线通过两种介质的交界处时，会产生反射和折射现象，而空气和玻璃是两种不同的介质，所以当太阳光穿过摄像机镜头时，从某个角度的反射和折射就可能形成耀斑，这种现象常见于镜头正面逆光或大角度侧光的时候。镜头光斑效果如图 9-23

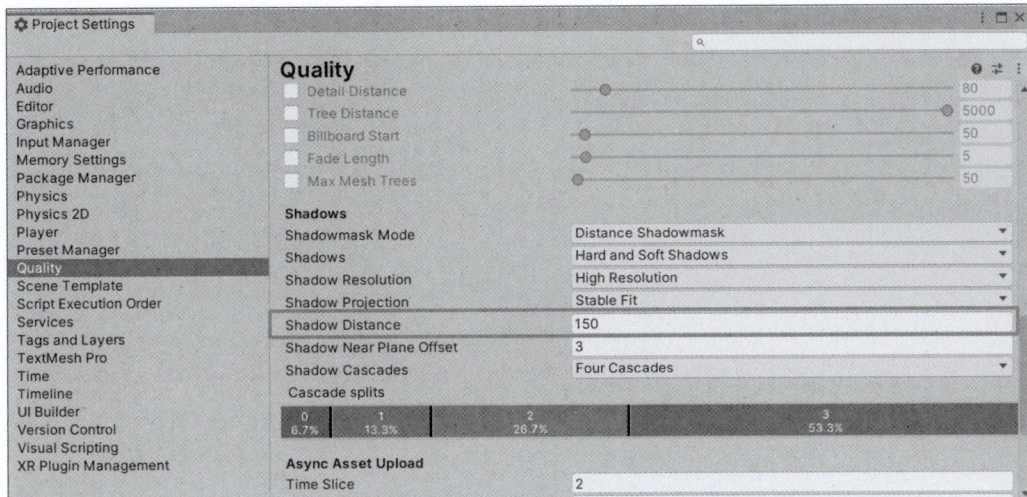

图 9-22　**Project Settings** 中的质量设置对话框

所示。

Unity 早期版本内置 Flare 资源，通过导入 Light Flares.unityPackage 包，可以导入 Unity 内置的三个 Flare 资源，如图 9-24 所示。较新版本的 Unity，可以到 Assets Store 下载相关资源包使用。

图 9-23　镜头光斑效果

图 9-24　**Unity 早期版本内置的三个 Flare 资源**

9.2.4　程序控制灯光

1. 创建灯光对象

可以直接定义创建灯光对象，也可以在定义一般游戏对象后，为其添加 Light 组件。

```
public GameObject lightobj;
lightobj = new GameObject("light");
lightobj.AddComponent<Light>();
```

2. 修改灯光对象属性

（1）对于通过 Light 定义的灯光对象，直接修改该对象的灯光属性。

```
public Light plightobj;
lightobj.Type = LightType.spot;
lightobj.Range = 4.0f;
```

（2）对于通过新建一个 GameObject 对象，添加 Light 组件创建的灯光对象，需要通过 GetComponent＜Light＞（）方法，获取到灯光组件来修改对应的灯光属性。

```
public GameObject lightobj;
...                                    //创建代码
lightobj.GetComponent<Light>().color = Color.red;
lightobj.GetComponent<Light>().intensity = 4.0f;
```

【例 9-3】 木屋场景添加灯光

（1）打开例 9-2，新建脚本 light_cont.cs，挂载到木屋_woodhouse 上。

（2）程序新建灯光对象 light_obj，在 start()方法中设置灯光属性类型 type、颜色 color、亮度 intensity、照射范围 range。

```
GameObject light_obj;
light_obj = new GameObject ("myLight");
light_obj.AddComponent<Light>();
light_obj.GetComponent<Light> ().type = LightType.Point;
light_obj.GetComponent<Light> ().color = Color.red;
light_obj.GetComponent<Light> ().intensity = 8;
light_obj.GetComponent<Light> ().range = 4;
```

（3）选中场景中木屋的子对象 door，创建一个空游戏对象 light_pos 作为 door 的子对象，并将 light_pos 调整到门的上方门檐处，如图 9-25 所示。然后修改代码，将创建的灯光对象 light_obj 的位置定位在该空游戏对象 light_pos 处。

```
public GameObject light_pos;
light_obj.transform.position = light_pos.transform.position;
```

（4）在场景的木屋旁边，创建点光源 PLight，如图 9-25 所示。然后修改代码，设置该灯光颜色为黄色。

```
public Light plight;
plight.color = Color.yellow;
```

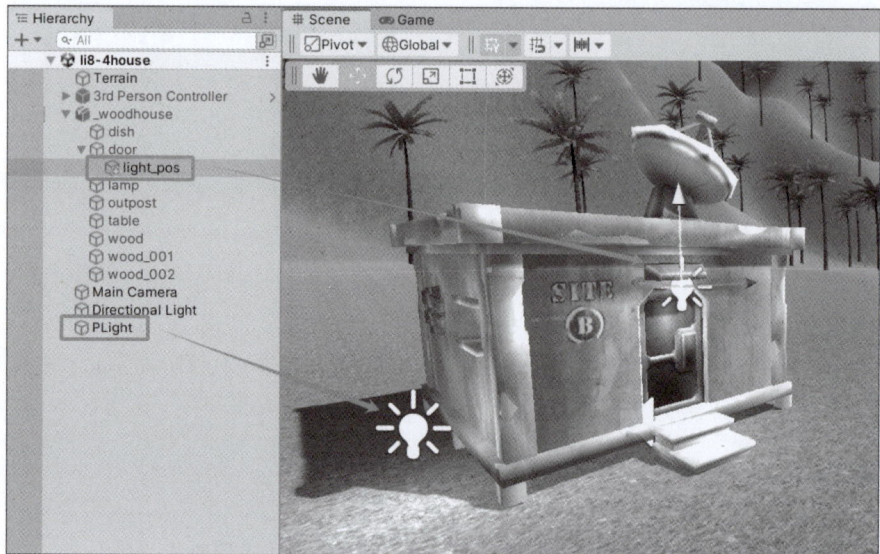

图 9-25　创建 light_pos 对象和点光源 PLight

（5）定义两个方法 changeColor()和 changeIntensity()，分别调节灯光的颜色和亮度。

```
public void changeColor(Color light_color)
{
    light_obj.GetComponent<Light>().color = light_color;
}
public void changeIntensity(float light_int)
{
    light_obj.GetComponent<Light>().intensity = light_int;
}
```

（6）完整代码如下。

```
public class light_cont : MonoBehaviour
{
    GameObject light_obj;
    public GameObject light_pos;
    public Light plight;
    void Start()
    {
        light_obj = new GameObject("myLight");
        light_obj.AddComponent<Light>();
        light_obj.GetComponent<Light>().type = LightType.Point;
        light_obj.GetComponent<Light>().color = Color.red;
        light_obj.GetComponent<Light>().intensity = 8;
        light_obj.GetComponent<Light>().range = 4;
        light_obj.transform.position = light_pos.transform.position;
        plight.color = Color.yellow;
    }
    public void changeColor(Color light_color)
    {
        light_obj.GetComponent<Light>().color = light_color;
    }
    public void changeIntensity(float light_int)
    {
        light_obj.GetComponent<Light>().intensity = light_int;
    }
}
```

（7）打开挂载在门 door 上的脚本 anim.cs，修改代码，实现当角色到门前开门时，将灯光颜色调为绿色，灯光亮度调得更亮。关门时将灯光颜色恢复为红色，灯光亮度调暗。在 door()方法中添加两条语句，调用 light_cont 脚本中定义的两个方法。

```
GameObject.Find ("_woodhouse").GetComponent<light_cont>().changeColor(lightColor);
GameObject. Find ( " _ woodhouse "). GetComponent < light _ cont > (). changeIntensity
(lightIntensity);
```

也可以通过 SendMessage()方法实现同样的功能。

```
gameObject.transform.parent.SendMessage ("changeColor",light_color);
GameObject.Find ("_woodhouse").SendMessage ("changeIntensity",light_intensity);
```

（8）还要在 door()方法中添加两个参数 Color lightColor，float lightIntensity，然后在 Update()方法和 OnTriggerEnter()方法中，添加调用 door 方法的实参"Color.red，4"和"Color.green，8"。

```
door("close",ref isopen,audio_clip_close,Color.red,4);
door("open",ref isopen,audio_clip_open,Color.green,8);
```

（9）anim.cs 脚本修改后的完整代码如下。

```
public class anim : MonoBehaviour
{
    Animation ani;
    float opentime = 0;
    bool isopen = false;
    AudioClip ac01;
    AudioClip ac02;
    AudioSource as01;
    void Start()
    {
        ani = transform.parent.GetComponent<Animation>();
        as01 = GetComponent<AudioSource>();
        ac01 = Resources.Load<AudioClip>("sound/door_open");
        ac02 = Resources.Load<AudioClip>("sound/door_shut");
    }
```

```
void Update()
{
    opentime += Time.deltaTime;
    if (isopen)
    {
        if (opentime >= 3)
        {
            door("close", ref isopen, ac02, Color.red, 4);
                                //将灯光颜色恢复为红色,灯光亮度调暗
        }
    }
}
private void OnTriggerEnter(Collider other)
{
    if (other.tag == "Player")
    {
        opentime = 0;
        door("open", ref isopen, ac01, Color.green, 8);  //将灯光颜色调为绿色,灯光亮度调亮
    }
}
void door (string audio_name, ref bool is_open, AudioClip ac, Color lightColor, float
lightIntensity)
{
    ani.Play(audio_name);
    is_open = !is_open;
    as01.clip = ac;
    as01.Play();
    //gameObject.transform.parent.SendMessage ("changeColor",light_color);
    //GameObject.Find ("_woodhouse").SendMessage ("changeIntensity",light_intensity);
    //设置灯光的颜色
    GameObject.Find("_woodhouse").GetComponent<light_cont>().changeColor(lightColor);
    //设置灯光的亮度
    GameObject.Find("_woodhouse").GetComponent<light_cont>().changeIntensity
(lightIntensity);
}
}
```

（10）运行测试,注意在运行前,要给变量 light_pos 和 plight 赋值,关门时效果如图 9-26 所示,开门时效果如图 9-27 所示,两图均为在 Scene 视图中的效果。

图 9-26　关门灯光效果

图 9-27　开门灯光效果

9.3　材质与贴图

材质与贴图是计算机图形学中的重要概念,它们通常在 3D 建模和渲染过程中使用,用于定义和描述物体表面的外观属性。材质是一个数据集,它为渲染器提供了必要的数据和光照算法,以决定一个表面如何渲染。贴图是将二维图像(纹理 Texture)通过 UV 坐标映射到三维物体表面上的过程。贴图不仅包括纹理本身,还包括如 UV 坐标、颜色、反光度等多种属性。

9.3.1 材质

1. 材质概述

现实世界是五光十色的,每种物体都有颜色,分为单一颜色(纯色)和混合颜色。材质是指定给对象的面以在渲染时按某种方式出现的数据信息,主要用于描述对象如何反射和传播光线,为对象表面加入色彩、光泽、纹理和不透明度等,它包含基本材质属性和贴图。

物体通过材质表现出独特的外观特色:光滑/粗糙、光泽/暗淡、自发光、反射/折射、半透明/透明等。物体材质的最终渲染效果与以下因素有关:对象的材质特性,光源(如灯光的亮度、颜色等),环境(如反射、光线追踪材质对环境的反射,透明材质的反射、折射等),所使用的渲染器等。

2. 创建材质

Unity 中材质是一种资源,可以在 Assets 面板中新建并编辑材质,或者从外部导入已经创建好的材质。

创建材质的方法有以下两种:①主菜单 Assets|Create|Material;②Assets 面板的右键菜单 Create|Material。

材质资源的扩展名为 .mat,材质创建好后,可以编辑材质,设置材质的颜色贴图及其他属性等。然后将材质赋给对象,为对象赋材质的方法有,直接将材质拖动到场景的对象上,或拖到 Hierarchy 面板的对象名称上,或拖到该对象的 Inspector 面板下方空白处。

3. 材质类型

在 Unity 中材质与着色器(Shader)之间有着密切的关系,同时使用材质和着色器来定义场景和对象的外观。着色器包含着定义了属性和资源使用种类的代码,材质包含对 Shader 对象的引用。如果 Shader 对象定义材质属性,则材质还可以包含数据(如颜色或纹理等)。

材质可以调整属性和分配资源。用户可以选择用于任何特殊材质的着色器,只需在检视面板中展开 Shader 下拉列表,选择需要的着色器,如图 9-28 所示。着色器决定了材质的特性和可用的属性,这些属性可以是颜色、滑块、纹理、数字或向量等。在场景中如果已经将材质应用到一个活动对象,会实时看到属性的更改应用到对象。

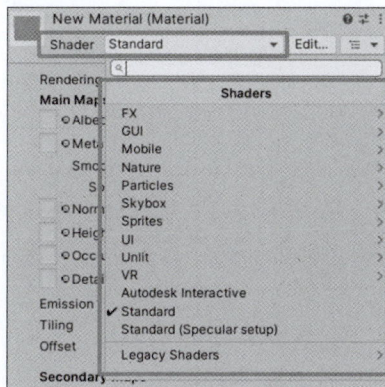

图 9-28 材质的"着色器"下拉列表

9.3.2 着色器

1. 着色器概述

着色器程序,通常称为着色器,是在 GPU 上运行的程序。在 Unity 中,着色器分为三大类,每个类别的用途不同,使用方式也不同。

① 作为图形管线一部分的着色器:是最常见的着色器类型,其执行一些计算来确定屏幕上像素的颜色,在 Unity 中,通常是通过 Shader 对象使用这种类型的着色器。

② 计算着色器:在常规图形管线之外,在 GPU 上执行计算。

③ 光线追踪着色器:执行与光线追踪相关的计算。

在 Unity 中,当使用的着色器属于图形管线的一部分,会用到 Shader 类的实例,Shader 类的实例称为 Shader 对象。Shader 对象是 Unity 使用着色器程序的特定方式,它是着色器程序和其他信息的封装器,包含着色器程序、更改渲染状态的 GPU 上设置指令,以及如何使用它们的信息。允许在同一个项目中定义多个着色器程序。

2. 渲染管线

目前,图形渲染都是按照一定的运行流程来进行的,这种运行流程称为渲染管线。图形数据从管线的一端输入,经过各个图形处理模块的处理,最终在管线末端输出,并把需要显示的内容输出到显示器上。它就像一个加工工厂的流水线,原料(图形顶点等数据)被送往车间的流水线上,经过一定的加工流程(图形处理模块),直到生产出需要的产品(显示器上显示的效果)。了解渲染管线的流程,是编写着色器的基础。

渲染流程一般采用硬件加速,在 GPU 层级,可以继续对该流程细化。渲染管线可以分为固定渲染管线和可编程渲染管线两种。旧式的渲染管线是一种固定渲染管线,这种渲染管线的功能是固定的,只能通过调用它的接口来实现特定的功能,由于灵活度不高,所以很多预想的效果都不能实现。随着技术的发展,传统的固定渲染管线已经被可编程渲染管线取代。用于控制渲染管线的技术称为可编程着色器技术,该技术使用着色语言实现渲染的操作。由于这种可编程性,开发人员可以更灵活方便地根据需要自定义渲染效果而不再受固定渲染管线的限制,从而实现了更多的渲染效果。可编程渲染管线可以对"顶点处理器"和"片元处理器"进行编程来自定义效果,这两个部分的程序分别被称为"顶点着色器"和"片元着色器"。

3. 着色器语言

Unity 内置的材质都是由着色器语言(Shader Language)编写实现的。Unity 提供了已经封装着色器功能的 API 来方便用户编写着色器,同时支持 Direct3D 的 HLSL、OpenGL 的 GLSL 和 CG 语言。

Direct3D 的 HLSL(High Level Shader Language,高级着色器语言)是由微软开发的一种类似于 C 语言语法的着色器语言,它只能运用于 Windows 操作系统平台上,只能供 Direct3D 使用。

OpenGL 的 GLSL(OpenGL Shading Language,OpenGL 着色器语言)也称为 GLslang,它是由 OpenGL 组织建立的一种以 C 语言为基础的高级着色器语言,由于 OpenGL 的跨平台性,使得该语言能够运行于各种操作系统平台上,包括 Windows 平台、Mac 平台、Linux 平台、iOS 平台和 Andriod 平台等。对于移动设备应用的开发,一般采用 OpenGL 的子集 OpenES 中的 GLSL 开发。

CG 语言(Computer Graphic Language)是由 NVIDIA 公司开发的针对 GPU 编程的高级着色器语言,CG 极力保留了 C 语言的大部分语义,并使开发者从硬件细节中解脱出来。

ShaderLab 语言,是 Unity 专门用于组织着色器代码的一种语言,除了 ShaderLab 提供的功能外,还可以调用 CG 或 HLSL 的着色器代码。使用 ShaderLab 要比使用 CG 或 HLSL 更为简单。但要注意,表面着色器、顶点和片元着色器是用 CG 语言或 HLSL 编写的,而固定功能着色器则是完全使用 ShaderLab 着色器语言编写的。

4. Legacy 内置着色器

在引入基于物理的标准着色器之前,Unity 提供了 80 多种内置着色器,每种着色器都有不同的用途。这些着色器仍然包含在 Unity 中,用于实现向后兼容,如图 9-29 所示。建议在新项目中使用基于物理的标准着色器。早期 Unity 版本的每个标准安装包都有一个内置着色器的库,如图 9-30 所示。

5. 基于物理的标准着色器

Unity 标准着色器是一个包含一整套功能的内置着色器,用于渲染真实世界的对象,如石

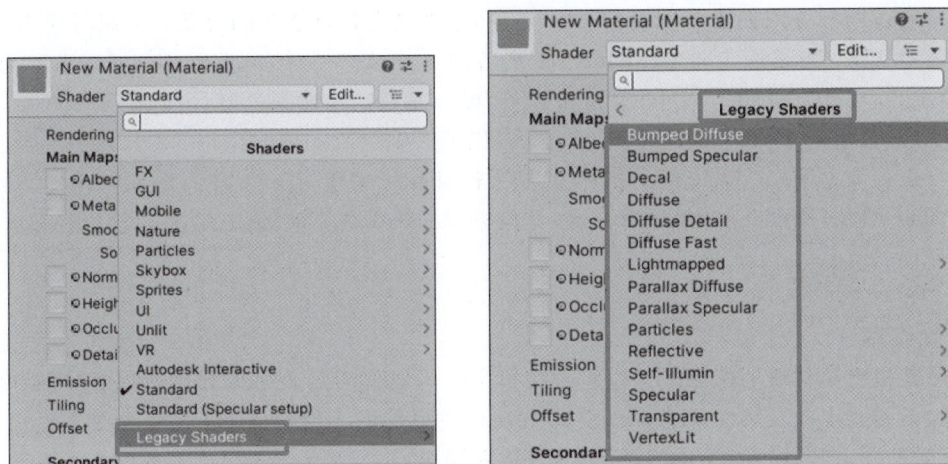

图 9-29　Unity 内置着色器 Legacy Shaders

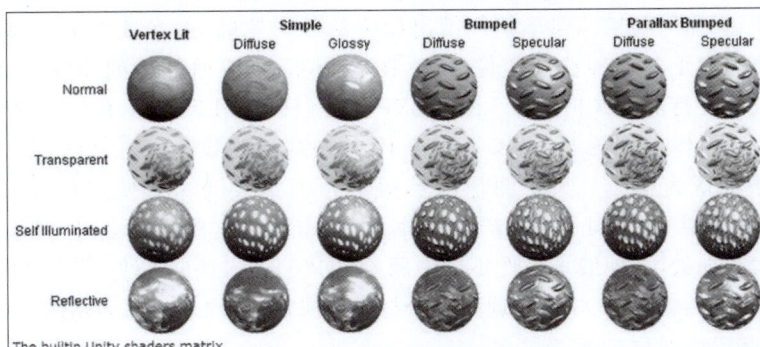

图 9-30　Unity 内置着色器库

头、木头、玻璃、塑料和金属,并支持各种着色器类型和组合。只需在材质编辑器中使用或不使用各种纹理属性和参数即可启用或禁用此着色器的功能。

标准着色器还包含一种称为基于物理着色(Physically Based Shading,PBS)的高级光照模型。基于物理着色以一种模仿现实的方式模拟材质和光照之间的相互作用。PBS 应用于实时图形渲染,在光照和材质需要以直观而逼真的状态共存的情况下,这种光照模型的效果最佳。基于物理着色是为了创建一种用户友好的方法,使场景在不同光照条件下实现一致、合理的外观。PBS 模拟了光在现实中的表现,而不使用可能有效或无效的多个临时模型。它遵循物理学原理,包括能量守恒(对象反射的光绝不会多于接收的光)、菲涅耳反射(所有表面在掠射角处具有更高的反射率)以及表面如何遮挡自身等。

标准着色器在设计时就考虑了硬表面,能够处理大多数现实世界的材质,如石头、玻璃、陶瓷、黄铜、银或橡胶等,甚至对于皮肤、头发和布料等非硬质材质也表现得很不错。通过标准着色器,可将大量着色器类型(如漫射、镜面反射、凹凸镜面反射、反射)组合到同一个可处理所有材质类型的着色器中。这样做的好处是,在场景的所有区域都使用相同的光照计算,从而在使用该着色器的所有模型中提供逼真、一致且可信的光照和着色分布。标准着色器光照数学实现方案,对漫反射组件使用 Disney 模型,对镜面反射使用 GGX 模型,并采用 Smith 联合 GGX 和 Schlick 菲涅耳近似法。

6. 自定义着色器

用户可以使用 Unity 提供的各种内置着色器,也可以自己创建新的着色器。

可以通过两种方式创建着色器 Shader 对象,分别具有各自类型的资源:①编写代码来创建一个着色器资源,这是一个带有.shader 扩展名的文本文件;②使用 Shader Graph 创建一个 Shader Graph 资源。Shader Graph 是一个工具,能够直观地构建着色器,可以在图形框架中创建并连接节点,而不必手写代码,Shader Graph 提供了所做更改的即时反馈,对于不熟悉着色器创建的用户来说非常简单。无论使用哪种方式创建 Shader 对象,Unity 在内部都以相同的方式表示该 Shader 对象。Shader 对象可以嵌套,其信息按照子着色器和通道的结构进行组织。

9.3.3 贴图

1. 贴图概念

贴图是指定给材质的图像。可以将贴图指定给构成材质的大多数属性,可以影响对象的颜色、纹理、不透明度以及表面质感等。根据指定材质属性的不同,贴图可以分为纹理贴图、法线贴图、反射贴图、凹凸贴图、不透明贴图、立方体贴图等。

2. 纹理概念

通常情况下,对象的网格几何形状仅给出粗略的外形轮廓,大多数细节由纹理提供。纹理就是应用于网格表面上的标准位图图像,可以在 Photoshop 等软件中创建纹理,然后将其导入 Unity。Unity 纹理支持的图像格式有 BMP、EXR、GIF、HDR、IFF、JPG、PICT、PNG、PSD、TGA、TIFF 等。在 3D 项目中,图像导入 Assets 文件夹中默认为纹理。在 2D 项目中,图像导入 Assets 文件夹中默认为精灵。只要图像满足指定大小要求,Unity 便可以导入并优化图像,Unity 也可以导入多层 Photoshop PSD 或 TIFF 文件,导入后这些文件会自动展平,这样就不会在游戏中造成大小损失,这种展平操作不影响原始的 PSD 或 TIFF 文件。

图像导入 Unity 中,称为纹理,纹理指定给材质的属性,该纹理就称为贴图。

3. 将纹理指定给材质的某个属性

有两种方法可以将一个纹理应用到一个材质的属性。方法一,将纹理从资源面板中拖动到方形纹理贴图上面;方法二,单击 Select(选择)按钮,如图 9-31 所示,然后从出现的对话框中选择纹理。

4. 纹理类型

图像导入 Unity 中后,根据用途的不同,可以创建为不同类型,支持的纹理类型如图 9-32 所示。使用 Texture Type 属性可选择要从源图像文件创建的纹理类型,Texture Import Settings 窗口中的其他属性将根据此处设置的纹理类型而变化。

图 9-31 选择纹理贴图按钮

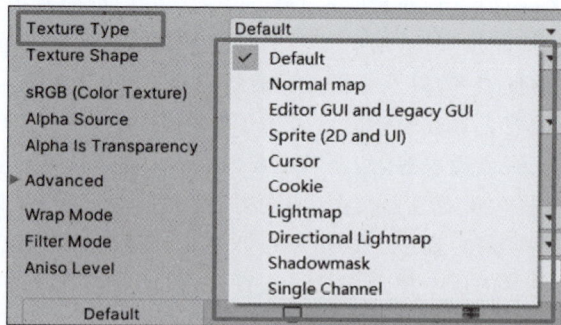

图 9-32 纹理类型

纹理包括 Default、Normal map 等类型,下面是对各种纹理类型的概要介绍。在不同的应用场景,需要将导入 Unity 中的图像设置为不同的纹理类型,以实现正确的图像应用。其中,

Default、Normal map 等常用于材质的属性。

Default：默认的纹理类型，普通图像，可以应用在多种场合。

Normal map：法线贴图。

Editor GUI and Legacy GUI：GUI 编辑器用到的 UI 贴图。

Sprite(2D and UI)：图像精灵，主要用于 2D 游戏中，把一张大的图分割成一张张小图，大的图叫图集 Atlas，小的图叫精灵 Sprite，可以通过精灵名字来使用精灵。

Cursor：鼠标（光标）贴图，在 Project Settings 的 Player 设置中，将 Default Cursor 设置为 Cursor 类型的纹理，可以将游戏项目的鼠标光标显示样式设置为该 Cursor 纹理的图像显示样子。

Cookie：对纹理资源进行格式化，适合在内置渲染管道中用作轻量 cookie。

Lightmap：光照贴图或者叫烘焙贴图，通过烘焙贴图，可以节省计算资源，提高游戏运行效率。

Directional Lightmap ：直接光照贴图。

Shadowmask：阴影遮罩贴图，可以更低的性能成本提供更低保真度的阴影。

Single Channel：单通道贴图，适用于单通道灰度贴图应用场景。

5. 精灵

精灵是一种可以在 Unity 项目中使用的 2D 资源，但它也可以在 3D 场景中使用，精灵与标准纹理类似，可以通过一些技术管理精灵纹理，以提高开发效率。3D 项目中将导入的图像的 Texture Type 设置为 Sprite，该图像就转换为精灵纹理，此时在 Project 面板中观察，该精灵图像的图标前面会出现一个三角，展开后显示一个子对象。

精灵与非精灵纹理的不同是，Project 面板中的精灵纹理能直接用鼠标拖入场景视图或层级面板中成为一个精灵游戏对象，而非精灵纹理不能作为一个对象添加到场景中。

如果开发的是 2D 项目或者希望导入的图片默认是 Sprite 精灵类型的，可以通过菜单 Edit | Project Settings | Editor，将 Default Behaviour Mode 的 Mode 选项值设置为"2D"，如图 9-33 所示。

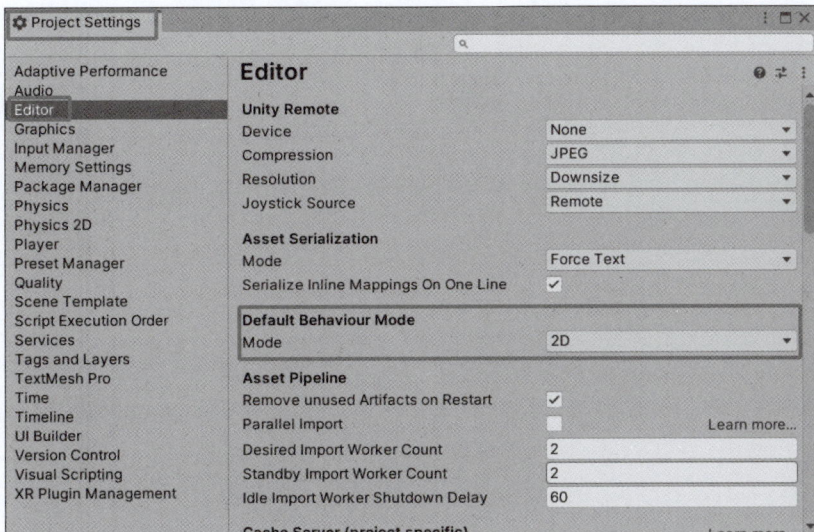

图 9-33 将 **Default Behaviour Mode** 的 **Mode** 设置为"2D"

9.3.4 程序控制材质与贴图

可以在编辑器中，编辑材质、更换材质纹理贴图和 UI 组件属性的精灵贴图，也可以在 C♯

脚本中动态加载材质纹理贴图及精灵贴图。C♯脚本中，Material 类表示材质，Texture 类是纹理，Sprite 类是精灵。

1. 2D 图像对象 Image 动态加载精灵贴图

```
Image img;
Sprite img_sprite;
img = GameObject.Find("Image").GetComponent<Image>();
img. Sprite = img_sprite;
```

2. 动态加载材质纹理贴图

```
Material chargemeter_mat;
Texture chargemeter_mat_texture;
chargemeter_mat = GameObject.Find("chargeMeter").GetComponent<Renderer>().material;
chargemeter_mat.mainTexture = chargemeter_mat_texture;
```

能量源动态显示精灵贴图

【例 9-4】　能量源动态显示精灵贴图

（1）打开例 9-3，导入能量柜 generator 模型、能量源 powerCell 模型和 Texture 图片文件夹等资源文件，如图 9-34 所示。

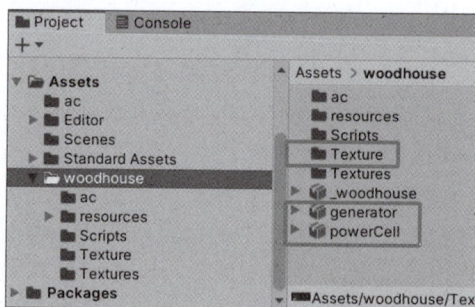

(a)

(b)

图 9-34　导入各种资源文件

（2）将能量源 powerCell 模型拖到场景中，创建一个能量源实例 powerCell，并调整到合适位置。

（3）新建脚本 powercell.cs，挂载给能量源实例 powerCell，在 Update( )方法中编写代码，实现能量源的自转效果，进行测试，如图 9-35 所示。

```
public class powercell : MonoBehaviour
{
    float rspeed=50f;                                    //定义能量源自转速度
    void Update()
    {
        transform.Rotate (0, rspeed * Time.deltaTime, 0);    //能量源绕 y 轴以速度 rspeed 自转
    }
}
```

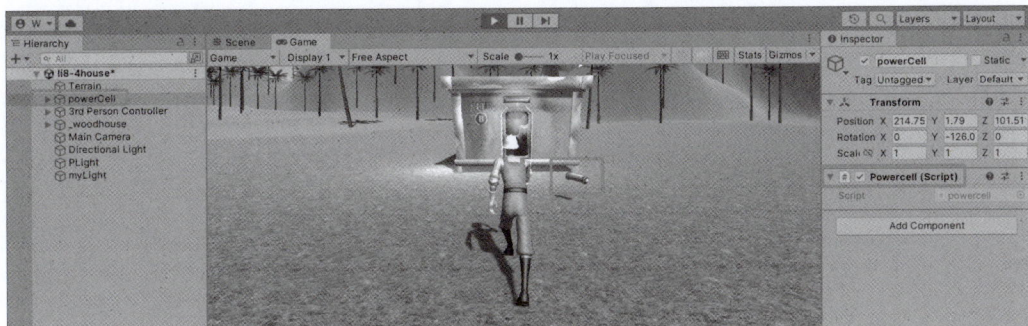

图 9-35　能量源实例 powercell 的自转测试

（4）在 Hierarchy 面板中，选择右键菜单 UI|Image，创建一个 Image 对象，系统会自动创建一个 Canvas 画布对象和 EventSystem 事件对象，Image 对象创建在该画布中。下面需要为 Image 对象设置 Source Image 属性，该属性要添加的纹理对象为 Sprite 类型，所以要将前面导入的 Texture 文件夹中的几个电池纹理的类型设置为 Sprite 类型，如图 9-36 所示。然后把 Image 对象的 Source Image 属性设置为 hud_charge0，如图 9-37 所示。

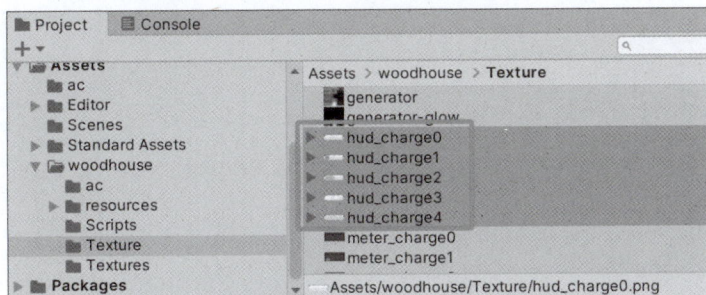

图 9-36　修改电池充电过程的 5 幅纹理为 Sprite

图 9-37　把 Image 对象的 Source Image 属性设置为 hud_charge0

（5）把 Scene 视图上方工具栏中的 2D 按钮打开，将 Scene 视图从 3D 模式切换为 2D 模式，在 Hierarchy 面板中双击 Canvas 对象，使其最大化显示，然后使用 Scene 视图左侧工具栏中的 ▣ 工具，调整 Image 对象的大小，并将其放置到 Canvas 画布的右上角，在 Game 视图中观察 UI 与 3D 场景的叠加效果，如图 9-38 所示。

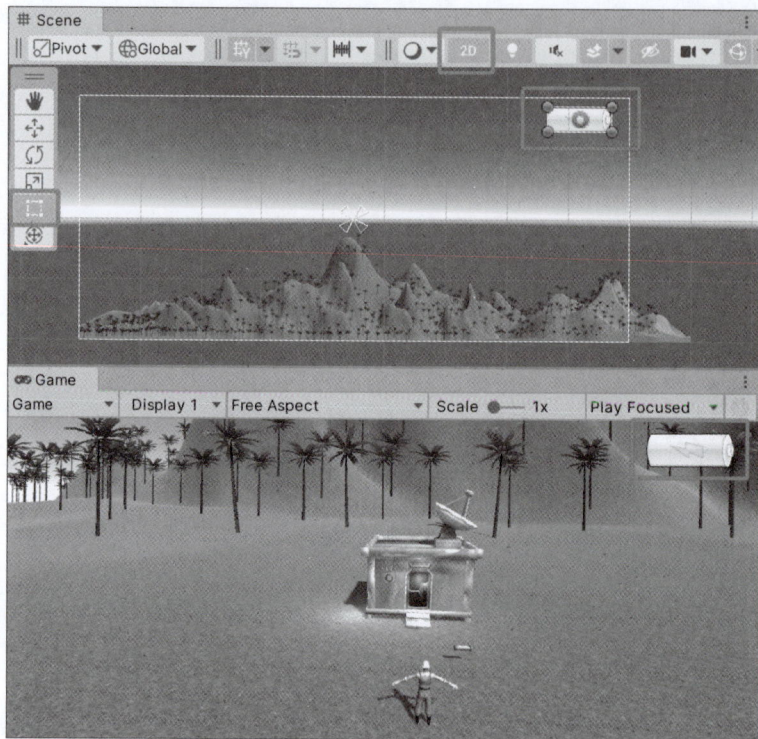

图 9-38　调整 Image 对象大小和位置

（6）为 powerCell 添加 Capsule Collider 胶囊碰撞器，调整碰撞器的方向和大小，并设置为触发器，如图 9-39 所示。

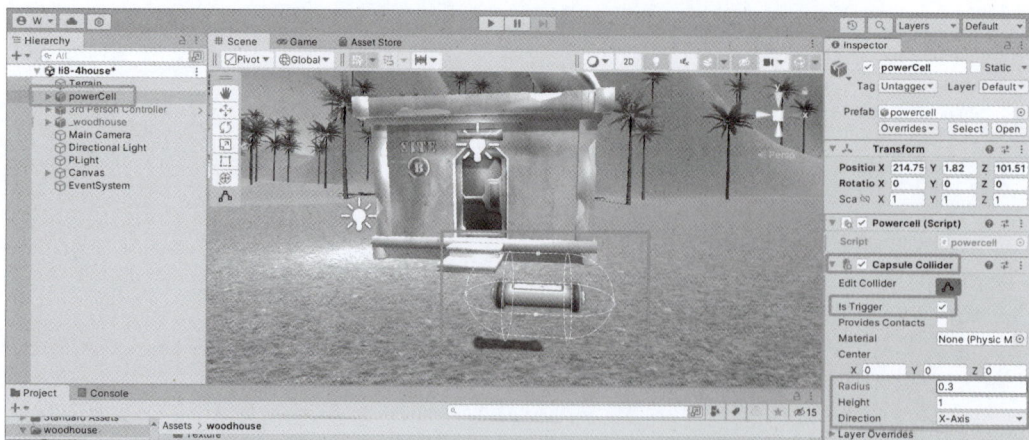

图 9-39　为 powercell 添加 Capsule Collider 胶囊碰撞器

（7）修改脚本 powercell.cs，定义静态变量 charges，保存获取的能量源数量。定义 OnTriggerEnter(Collider other) 方法，检测到能量源对象与角色发生碰撞，将 charges 加 1，并销毁能量源对象。

```
public static int charges=0;
private void OnTriggerEnter(Collider other)              //触发碰撞检测
{
    charges++;                                          //碰撞检测,获取能量源数量加 1
    Destroy(gameObject, 0.3f);                          //销毁能量源对象
}
```

(8) 在 resources 文件夹中创建 Sprite 文件夹,然后将 Texture 文件夹中的 hud_charge0 ～
hud_charge4 这 5 幅精灵图片移动到 Sprite 文件夹中,
如图 9-40 所示。

(9) 修改脚本 powercell.cs,要在代码中操作 UI
对象,需要添加"using UnityEngine.UI;"语句,定义
Image 变量 charge_img,定义 Sprite 精灵数组 charge_
imgs,在 Start()方法中初始化 charge_img 变量和
charge_imgs 数组,注意通过加载资源初始化数组,要
调用 Resources 类的 LoadAll()方法。

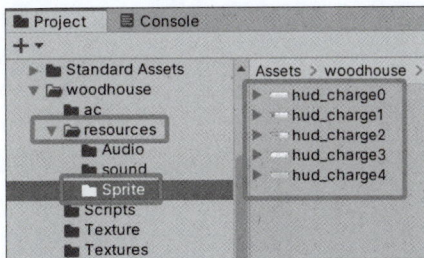

图 9-40　移动电池精灵到 resources 文件夹

```
using UnityEngine.UI;
Image charge_img;                                       //定义变量 charge_img
Sprite[] charge_imgs;                                   //定义数组变量 charge_imgs
void Start()
{
    charge_img = GameObject.Find("Image").GetComponent<Image>();
                                                        //初始化 charge_img 变量
    charge_imgs = Resources.LoadAll<Sprite>("Sprite");  //初始化 charge_imgs 数组
}
```

(10) 在 OnTriggerEnter()方法中添加语句,实现将数组中的图片精灵赋值给 Image 对象
charge_img 的 Image 组件的 sprite 属性,当获取数组中的精灵图片时,要先把数组下标后移 1
位,即++charges。

```
charge_img.sprite = charge_imgs[++charges];
```

(11) 导入音频文件 cell_collected.wav 到 Resources 文件夹中的 sound 文件夹,为 powercell
添加 AudioSource 组件,设置 Audioclip 属性为 cell_collected.wav,取消 Play On Awake 复选框的
勾选,以在游戏运行之初,不播放特效音。在 powercell.cs 脚本的 OnTriggerEnter()中添加播放
音频的代码。

```
gameObject.GetComponent<AudioSource>().Play();
```

(12) 完整代码如下。

```
using UnityEngine;
using UnityEngine.UI;
public class powercell : MonoBehaviour
{
    float rspeed = 50f;                                 //定义能量源自转速度
    public static int charges = 0;                      //定义数组下标
    Image charge_img;                                   //定义 Image 对象 charge_img
    Sprite[] charge_imgs;                               //定义 Sprite 数组
    void Start()                                        //初始化变量 charge_img 和 charge_imgs
    {
        charge_img = GameObject.Find("Image").GetComponent<Image>();
        charge_imgs = Resources.LoadAll<Sprite>("Sprite");
    }
    void Update()
    {
```

```
        transform.Rotate(0, rspeed * Time.deltaTime, 0);      //能量源绕 y 轴以速度 rspeed 自转
    }
    private void OnTriggerEnter(Collider other)
    {
        if (other.tag == "Player")
        {
            gameObject.GetComponent<AudioSource>().Play();//播放音效
            charge_img.sprite = charge_imgs[++charges];      //修改 charge_img 的精灵贴图
            Destroy(gameObject, 0.3f);                        //销毁能量源对象
        }
    }
}
```

（13）运行测试，当角色碰撞上能量源后，为 Image 对象充电一格，效果如图 9-41 所示。

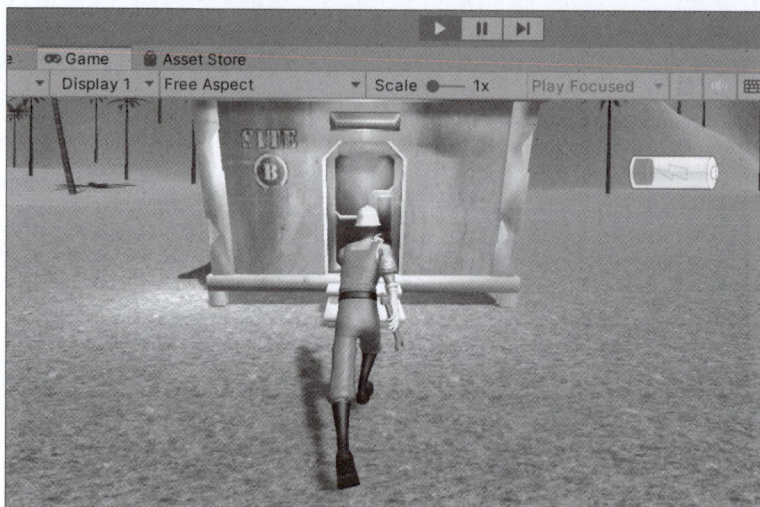

图 9-41　获取能量源充一格电的运行效果

（14）在 resources 文件夹中创建 Prefab 文件夹，将实例 powerCell 拖到 Prefab 文件夹中，创建能量源预制对象，在场景中再创建三个能量源实例对象 powerCell（1）～ powerCell（3）。并调整位置到角色正前方，以方便测试，如图 9-42 所示。

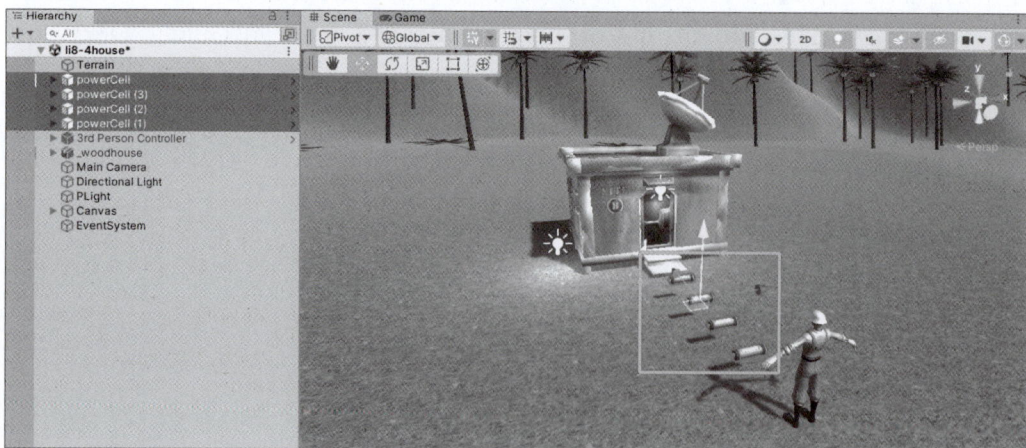

图 9-42　再添加三个能量源

（15）修改脚本 ainm.cs，实现只有当 charges 变量值大于或等于 4 时，角色才可以进入木屋（即播放开门动画），木屋门上方的灯由红色变为绿色。

```
private void OnTriggerEnter(Collider other)
{
    if (other.tag == "Player" && powercell.charges >= 4)   //添加开门条件：charges 大于或等于 4
    {
        opentime = 0;
        door("open", ref isopen, ac01, Color.green, 8);
    }
}
```

（16）运行测试，当不满足 charges 变量值大于或等于 4 的条件时，门未打开，由于碰撞器的阻挡，角色在门前徘徊，无法进入。当 charges 变量值大于或等于 4 时，门打开，木屋门上方的灯由红色变为绿色。

【例 9-5】 能量柜动态显示材质中贴图

（1）打开例 9-4，确认能量柜 generator 模型和模型所需图片素材 generator.jpg 和 generator-glow.png，及 meter_charge0.png～meter_charge4.png 这 5 幅图片资源，已经正确导入项目中。

（2）将 generator 模型拖到场景中，创建一个 generator 能量柜，模型的仪表板背对摄像机视角，将 y 轴坐标设置为 180，将模型旋转过来，正对视角，如图 9-43 所示。

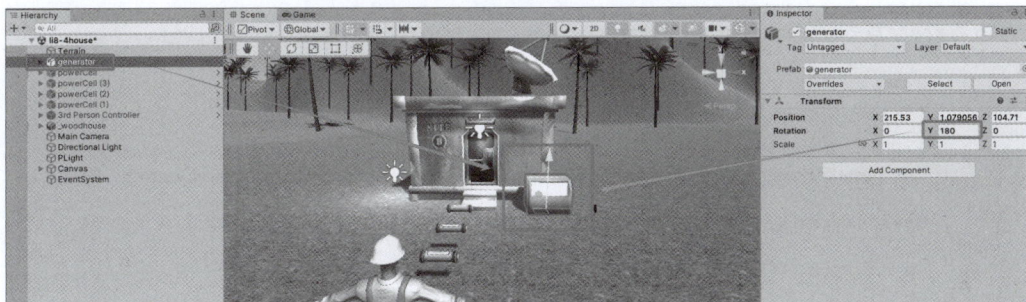

图 9-43　创建能量柜并正对视角

（3）发现能量柜的材质贴图丢失，首先在 Project 面板的 Assets/Woodhouse 文件夹中选中 generator 模型，在 Inspector 面板的 Material 选项卡中，将 Location 设置为 Use External Materials（Legacy）。然后在 Hierarchy 面板中先后选中 generator 对象的子对象 generator 和 chargeMeter，在 Inspector 面板中展开对应的材质 generator 和 charge0，将它们的贴图重新指定为 generator.jpg 和 meter_charge0.png，即可将贴图恢复，如图 9-44 所示。

图 9-44　恢复能量柜的材质贴图

（4）在 resources 文件夹中创建 Texture 文件夹，将 5 幅图片 meter_charge0.png～meter_charge4.png 移动到 Texture 文件夹中。

（5）修改脚本 powercell.cs。定义 Material 类型变量 chargemeter_mat，定义纹理 Texture 类型数组 chargemeter_mat_imgs。

```
Material chargemeter_mat;
Texture[] chargemeter_mat_imgs;
```

在 Start()方法中初始化变量 chargemeter_mat 和 chargemeter_mat_imgs。

```
chargemeter_mat = GameObject.Find("chargeMeter").GetComponent<Renderer>().material;
chargemeter_mat_imgs = Resources.LoadAll<Texture>("Texture");
```

在 OnTriggerEnter()方法中,实现动态修改子对象 chargeMeter 的材质 charge0 中的纹理贴图(mainTexture 属性)。

```
chargemeter_mat.mainTexture = chargemeter_mat_imgs[charges];
```

(6) 完整代码如下。

```
public class powercell : MonoBehaviour
{
    float rspeed = 50f;
    public static int charges = 0;
    Image charge_img;
    Sprite[] charge_imgs;
    Material chargemeter_mat;                        //定义变量 chargemeter_mat
    Texture[] chargemeter_mat_imgs;                  //定义变量 chargemeter_mat_imgs
    void Start()
    {
        charge_img = GameObject.Find("Image").GetComponent<Image>();
        charge_imgs = Resources.LoadAll<Sprite>("Sprite");
        //初始化变量 chargemeter_mat
        chargemeter_mat = GameObject.Find("chargeMeter").GetComponent<Renderer>().material;
        //初始化变量 chargemeter_mat_imgs
        chargemeter_mat_imgs = Resources.LoadAll<Texture>("Texture");
    }

    void Update()
    {
        transform.Rotate(0, rspeed * Time.deltaTime, 0);
    }
    private void OnTriggerEnter(Collider other)
    {
        if (other.tag == "Player")
        {
            gameObject.GetComponent<AudioSource>().Play();
            charge_img.sprite = charge_imgs[++charges];
            //动态修改 chargeMeter 的纹理贴图
            Destroy(gameObject, 0.3f);
        }
    }
}
```

(7) 运行测试,效果如图 9-45 所示。

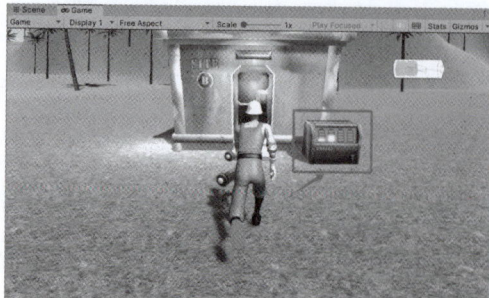

图 9-45　获取能量源后,能量柜仪表板的动态更新(分别为充满二格电和四格电)

9.4　摄像机

9.4.1　摄像机概述

正如电影及动画中使用摄像机向观众展示故事一样，Unity 中的摄像机也用于向玩家展示游戏世界。每款三维游戏中都有摄像机概念的存在，它相当于用户的眼睛，通过摄像机，才能观看到游戏的世界。Unity 场景是一个三维空间，由于观察者的屏幕是二维屏幕，需要捕捉三维视图并将其"二维平面化"以进行显示，这就是通过摄像机来实现的。Unity 编辑器里 Game 窗口中的画面就是由 Scene 视图中的摄像机捕获的。

在游戏场景中至少需要有一台摄像机，当在 Unity 中新建一个场景时，都会有一台默认的主摄像机（Main Camera）。场景中也可以有多个摄像机，多个摄像机可以提供分屏或创建高级自定义效果。还可以为摄像机设置动画，或通过物理方式控制它。

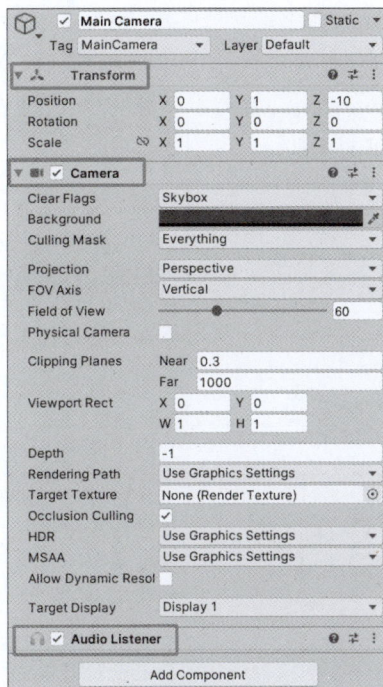

图 9-46　摄像机包含的组件

9.4.2　摄像机属性

1. 摄像机组件

摄像机和灯光一样，在场景中是作为对象存在的，只提供观察视角，不被渲染。摄像机包含多个组件，因此摄像机的组件属性也能通过脚本代码来控制。同时，可以像普通游戏对象一样对摄像机进行控制。

摄像机默认包含 Transform、Camera、Audio Listener 等组件。Audio Listener 组件没有任何属性，如图 9-46 所示。

2. 属性

摄像机的 Camera 组件中包含众多属性，如表 9-4 所示是摄像机 Camera 组件的主要属性说明。

表 9-4　Camera 组件主要属性

属　　　性	说　　　明
Clear Flags 清除标记	确定将清除屏幕的哪些部分，使用多个摄像机来绘制不同游戏元素时，这会很方便。每个摄像机在渲染场景时会存储颜色和深度信息，当没有物体填充时，默认会显示出天空盒，在该属性中可以设置其他显示方式。简单地说，就是设置画面中没有对象图形的部分采用何种方式来填充，包括"显示天空盒"（Skybox）、"显示固定颜色"（Solid Color）、"只使用深度信息"（Depth only）和"不清除"（Don't Clear）。当需要对多个摄像机进行叠加时非常有用
Background 背景	在绘制视图中的所有元素之后，但没有天空盒的情况下，填充剩余屏幕的颜色
Culling Mask 消隐遮挡	选择要被该摄像机绘制出来的层（Layer），当取消一个层时，该层的对象将不会被该摄像机所绘制

续表

属　　性	说　　明
Projection 投影	设置摄像机的两种投影方式："透视"(Perspective)和"正交"(Orthographic)。透视就是实现近大远小的效果,正交就是没有近大远小的透视效果,如图 9-47 和图 9-48 所示
Field of View(Size) 视野	当投影方式设置为 Perspective 时,该属性显示为 Field of View(视野);当投影方式设置为 Orthographic 时,该属性显示为 Size(尺寸)。Field of View 用于设置摄像机的镜头角度大小(视野),Size 用于设置摄像机视口的大小
FOV Axis FOV 轴	当投影方式设置为 Perspective 时,有该属性,设置视野轴。Horizontal:摄像机使用水平视野轴。Vertical:摄像机使用垂直视野轴
Physical Camera 物理摄像机	勾选此复选框可为此摄像机启用 Physical Camera 属性。启用后,Unity 将使用模拟真实摄像机属性的属性(Focal Length、Sensor Size 和 Lens Shift)计算 Field of View
Clipping Planes 剪裁平面	裁剪平面。设置摄像机从开始到结束渲染的距离。Near 设置摄像机渲染的最近点,Far 设置摄像机渲染的最远点。这两个数值都是参照摄像机局部坐标系 Z 轴方向的。近裁剪平面以及远裁剪面和以摄像机定义的平面构成了摄像机的平截头体,也可以称为视见体,物体在该视见体中时会被渲染,当在视见体外时会被剔除,这种原理也被称为"平截头体剔除"
Viewport Rect 视口矩形	归一化视口矩形。设置这个摄像机所渲染的内容在游戏屏幕上所占的区域。共有 4 个参数(取值为 0~1),表示摄像机视图的左下角位置的 X、Y 坐标和表示摄像机视图大小的 W(宽度)和 H(高度),如图 9-49 所示
Depth 摄像机深度	摄像机深度。摄像机在渲染顺序上的位置。当有多台摄像机时,需要对这些摄像机进行深度排列。数值越小,深度越深,深度较深的摄像机视图会被深度较浅的摄像机视图所覆盖。此设置往往需要"规范化的视口矩形"属性和"消隐遮挡"属性配合使用,如图 9-50 所示
Rendering Path 渲染路径	定义摄像机绘制场景的 4 种方法:"使用玩家设置"(Use Player Settings),使用在玩家设置(Player Settings)面板中设置的方法;"顶点光照"(Legacy Vertex Lit),在该摄像机视图中的对象都采用顶点着色渲染;"前向光照"(Forward),所有对象每种材质渲染只渲染一次;"延迟光照"(Deferred Lighting),所有物体将在无光照的环境中被渲染一次,然后在渲染队列尾部将物体的光照一起渲染出来(能够产生实时阴影以及多阴影效果)
Target Texture 目标纹理	用于渲染纹理(Render Texture)的视图输出
HDR 高动态范围渲染	启用/禁用高动态范围渲染(High Dynamic Range rendering)功能。该功能需要配合 Image Effect 中的 Tonemapping 来实现
MSAA 多重采样抗锯齿	启用/禁用多重采样抗锯齿
DynamicResolution 动态分辨率渲染	启用/禁用动态分辨率渲染
Target Display 目标设备	定义要渲染到的外部设备。值为 Display 1~Display 8

摄像机的两种投影方式:"透视"(Perspective)和"正交"(Orthographic)。透视摄像机如图 9-47 所示,正交摄像机如图 9-48 所示。

摄像机的上下分屏效果如图 9-49 所示,摄像机不同深度设置效果如图 9-50 所示。

图 9-47 透视摄像机

图 9-48 正交摄像机

图 9-49 两台摄像机规范化视口
矩形实现上下分屏

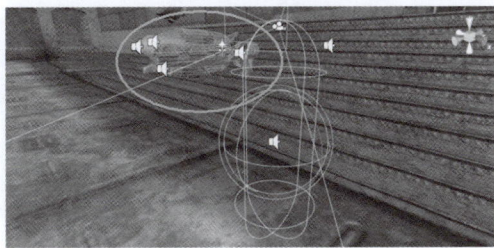

图 9-50 两台摄像机不同深度实现障碍物
后的武器显示在障碍物之前

9.4.3 多摄像机

场景中可以包含多台摄像机,如果采用多摄像机,那么每个摄像机所捕获的内容可以在画面中的不同层次上或者不同位置上显示,例如,可以实现多玩家在同个屏幕上的分屏(如多人赛车)。当场景中有多个摄像机时,渲染效果与每个摄像机的 Depth 属性和 Viewport Rect 有关。

1. Depth:摄像机深度

摄像机在渲染顺序上的位置。当有多台摄像机时,需要对这些摄像机进行深度排列。数值越小,深度越深,深度较深的摄像机视图会被深度较浅的摄像机视图所覆盖,Main Camera 主摄像机的 Depth 为-1。此设置往往需要配合"规范化的视口矩形"属性和"消隐遮挡"属性使用。

2. Viewport Rect:视口矩形

Viewport Rect 设置摄像机所渲染的内容在游戏屏幕上所占的区域。总共有 4 个参数,分别表示摄像机视图的左下角位置的 X、Y 坐标(屏幕左下角坐标为(0,0),右上角坐标为(1,1)),以及摄像机视图的尺寸的 W(宽度)和 H(高度),4 个参数的取值范围遵循归一化设置,即取值范围为 0~1。

9.5 实例

9.5.1 多摄像机分屏——导览小地图

【例 9-6】 多摄像机分屏——导览小地图

(1)打开第 13 章的单机版坦克大战实例,创建一个新的摄像机 Camera_mini,参数设置如图 9-51 所示。使之渲染的视图位于屏幕左下方,并覆盖主摄像机视图。然后调整摄像机 Camera_mini 的视角为俯视整个 Terrain 地形。

多摄像机分屏-导览小地图

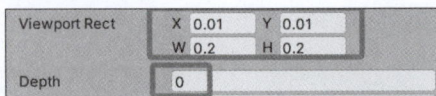

图 9-51　摄像机 Camera_mini 的参数设置

（2）运行后渲染效果如图 9-52 所示。

图 9-52　多摄像机分屏（导览小地图）运行效果

9.5.2　第一人称和第三人称视角切换

【例 9-7】　第一人称和第三人称视角切换

（1）本实例功能为实现坦克大战的第一和第三人称视角切换。

（2）打开例 9-6，在场景中新建一个摄像机 Camera_first，depth 值设置为－2，作为第一人称视角。主摄像机 Main Camera 提供第三人称视角。

（3）修改 start.cs 脚本，当游戏运行，初始化时将 Camera_first 也设置为 Player 的子对象（因摄像机 Camera_first 的 depth 值小，初始显示主摄像机 Main Camera 的视角）。

```
GameObject.Find("Camera_first").transform.parent = Player.transform;
GameObject.Find("Camera_first").transform.localEulerAngles = new Vector3(0, 0, 0);
GameObject.Find("Camera_first").transform.localPosition = new Vector3(0, 7, -20);
```

（4）新建一个脚本 camera_con.cs，编写代码，切换主摄像机的激活状态。

```
public class camera_con : MonoBehaviour
{
    bool is_active = false;
    public GameObject camera_obj;            //定义变量 camera_obj,将主摄像机赋给该变量
    void Update()
    {
        if (Input.GetKeyDown(KeyCode.V))     //按 V 键,切换主摄像机的激活状态
        {
            is_active = !is_active;
            camera_obj.SetActive(is_active); //设置主摄像机的激活状态
        }
    }
}
```

（5）将脚本 camera_con.cs 挂载到摄像机 Camera_first 上，设置变量 camera_obj 为 Main Camera 主摄像机。运行测试，效果如图 9-53 所示。

第一人称和
第三人称
视角切换

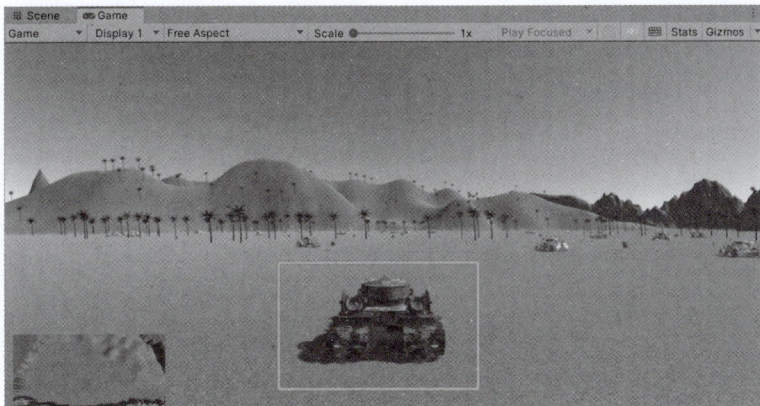

(a) 第三人称视角

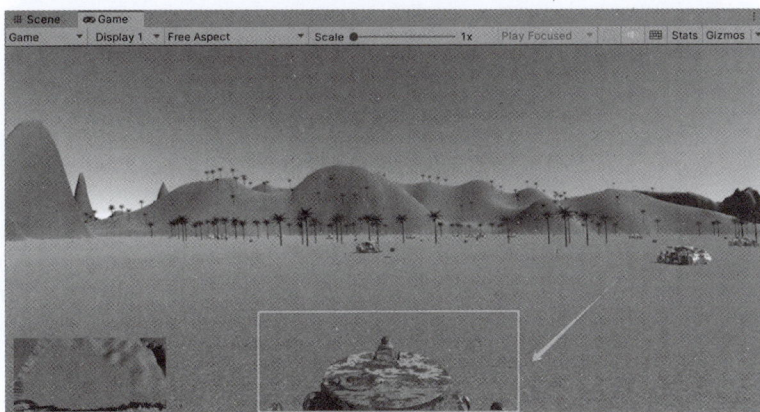

(b) 第一人称角色

图 9-53 运行效果

习题

一、选择题

1. 音频监听组件(Audio Listener)默认添加在_____上。

    A. 平行光   B. 主摄像机   C. 世界坐标   D. 空游戏对象

2. 现有一个空游戏对象 light_obj,下面_____语句可以创建一个灯光对象。

    A. light_obj＝new Light("Point Light");

    B. light_obj＝new GameObject("Light");

    C. light_obj.AddComponent<Light>();

    D. light_obj.GetComponent<Light>();

3. 获取游戏对象 sun 的材质的语句是_____。

    A. GameObject.Find("sun").GetComponent<Material>();

    B. GameObject.Find("sun").GetComponent<Renderer>().material;

    C. GameObject.Find("sun").Material;

    D. GameObject.Find("sun").Material();

二、简答题

1. 概述 Unity 中灯光类型和灯光的主要属性。

2. 概述 Unity 中实现音频监听和播放的两个组件及使用方法。

3. 概述 Unity 中如何在代码中实现修改游戏对象的颜色？如何修改游戏对象的材质图案？

三、操作题

1. 参考例 9-1 和例 9-2 为第 13 章的坦克大战游戏添加背景音乐和特效音。

2. 参考例 9-6 和例 9-7 为坦克大战添加分屏的画中画效果，并实现第一人称和第三人称视角的切换。

3. 将例 9-3 中的调节灯光颜色和亮度功能，合并到一个方法中，按要求修改优化代码。

4. 参考例 9-4 和例 9-5，实现按下数字键 1～4，为场景中游戏对象变换不同颜色。

5. 参考例 9-4 和例 9-5，实现按下数字键 1～4，为场景中游戏对象变换不同纹理图案。

第 10 章

UI 设 计

一个完整的项目,离不开与用户交互,所以 UI 设计是项目开发中不可或缺的一个组成部分。Unity 提供了三个 UI 系统,可以使用它们为 Unity 编辑器和 Unity 项目创建 UI。Unity 早期提供了基于代码的传统 GUI 开发工具,为提高开发便捷性和效率,其他第三方公司开发了 NGUI 等可视化 UI 插件。Unity 4.6 版本推出了原生的可视化 UI 工具 UGUI。UIToolkit 作为 Unity 的下一代 UI 系统,从 2018 版本推出,到 2021.2 版本内嵌入 Unity,未来将逐步替换掉现有的 UGUI 系统。

本章学习要点:

* 传统 GUI(IMGUI)。
* NGUI。
* UGUI。
* UIToolkit。

10.1 传统 GUI:IMGUI

传统 GUI 是 Unity 早期提供的基于代码的 GUI 开发工具。

10.1.1 GUI 概述

GUI 是图形用户界面(Graphical User Interface)的简称,又叫图形用户接口。Unity 最初提供的 GUI 界面设计必须通过脚本编写来实现,设计和修改相对来说都比较麻烦,效率较低。该 GUI 现在被称为 IMGUI(Immediate Mode Graphical User Interface,立即模式 GUI),它是一个代码驱动的 UI 工具包,这里的立即模式是指 IMGUI 使用 OnGUI 函数以及实现该函数的脚本来绘制和管理 UI 用户界面。

IMGUI 的绘制是通过创建脚本并定义 OnGUI 函数来执行的,所有的 GUI 绘制都应该在该函数中执行或者在一个被 OnGUI 调用的函数中执行。

10.1.2 IMGUI 实现

Unity 传统 GUI 的实现有两种形式:①GUI 对象;②脚本和 OnGUI 函数。

1. GUI 对象

GUI 对象包括 GUI Text 和 GUI Texture。GUI Text 是 GUI 文本对象,生成的文本对象叠加在 3D 场景中。GUI Texture 是 GUI 贴图纹理对象,可以生成二维贴图对象叠加在 3D 场景中。它们现在分别被 Text-TextMeshPro 文本对象和 Sprite 精灵纹理对象替代。

2. 脚本和 OnGUI 函数

Unity 对内置的传统 GUI 的绘制和对事件的响应都是在一个名为 OnGUI 的函数中实现的，它与 Update 函数的工作原理类似，只是它负责的是 GUI 的绘制和响应渲染事件及 GUI 相关控件事件，它可能每帧被调用多次，以清晰地显示各种 UI 元素。

【例 10-1】　IMGUI 测试

（1）本实例通过 IMGUI 实现 UI 设计，测试 IMGUI 各项功能的实现。

（2）新建一个场景，然后新建一个脚本 GUITest.cs，挂载给主摄像机。

（3）打开 GUITest.cs，编写以下代码。

```csharp
public class GUITest : MonoBehaviour
{
    public Texture2D img1;
    public Texture2D img2;
    private string uname = "";
    private string pwd = "";
    private float len = 300;
    private int winFlag = 0;
    private Rect winRect;
    void Start()
    {
        winRect = new Rect(0, 0, 400, 200);
    }
    void OnGUI()
    {
        GUI.Label(new Rect(10, 10, 80, 80), img1);
        GUI.Label(new Rect(100, 60, 150, 20), "user");
        uname = GUI.TextField(new Rect(170, 60, 120, 20), uname);

        GUI.Label(new Rect(100, 100, 150, 20), "Password");
        pwd = GUI.PasswordField(new Rect(170, 100, 120, 20), pwd, '*');
        if (GUI.Button(new Rect(120, 140, 80, 30), "Login"))
        {
            print("click Login!!!");
        }
        if (GUI.Button(new Rect(220, 140, 80, 30), "Register"))
        {
            winFlag = 1;
        }
        if (winFlag == 1)
        {
            winRect = GUI.Window(0, winRect, winFun, "Register window");
        }
        if (GUI.Button(new Rect(320, 140, 30, 30), img2))
        {
            print("click image button!!!");
        }
        GUI.DrawTexture(new Rect(90, 220, len, 8), img2);
        if (GUI.Button(new Rect(100, 240, 120, 30), "Add Blood"))
        {
            if (len < 300)
            {
                len += 10;
            }
        }
        if (GUI.Button(new Rect(250, 240, 120, 30), "Subtract Blood"))
        {
            if (len > 0)
            {
                len -= 10;
            }
        }
```

```
    }
    void winFun(int winID)
    {
        GUI.DragWindow(new Rect(0, 0, 400, 20));
    }
}
```

(4) 运行测试，在 user 文本框中输入用户名，在 Password 文本框中输入密码。单击 Login 按钮，控制台打印输出 "click Login!!!"；单击图像按钮，控制台打印输出 "click image button!!!"；单击 Register 按钮，弹出 Register window；移动该窗口到右侧，单击 Add Blood 按钮，血量条增加；单击 Subtract Blood 按钮，血量条减少。运行效果如图 10-1 所示。

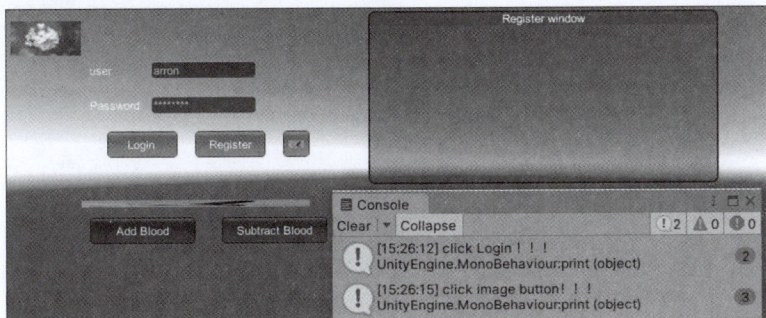

图 10-1　IMGUI 运行效果

10.2　NGUI

Unity 发展早期，第三方公司为 Unity 开发了多个可视化 UI 插件，NGUI 是其中使用最为广泛的插件之一。

1. NGUI 概述

NGUI 插件是一个功能强大的 UI 系统，其事件处理通过编写 C♯ 脚本实现。NGUI 是一个严格遵守 KISS 原则的 Unity 框架，该框架代码干净简洁，对于开发人员来说，可以将更多的时间和精力放在内容开发上，以更好地提高开发效率。（KISS 是 "Keep It Simple, Stupid" 的首字母缩写，也称 "懒人原则"，指在代码设计当中应注重简约的原则。）

2. 导入 NGUI 包

使用 NGUI 设计界面，需要先导入 NGUI.unitypackage 包，导入后会在主菜单中添加一个新的菜单项 NGUI，如图 10-2 所示。

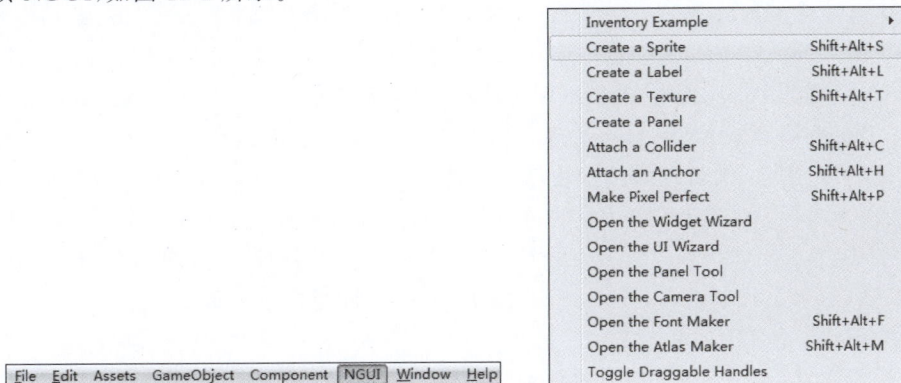

图 10-2　NGUI 菜单项

下载的 NGUI 包版本不同，打开的 NGUI 菜单项也会有一些差别，如图 10-3 所示。

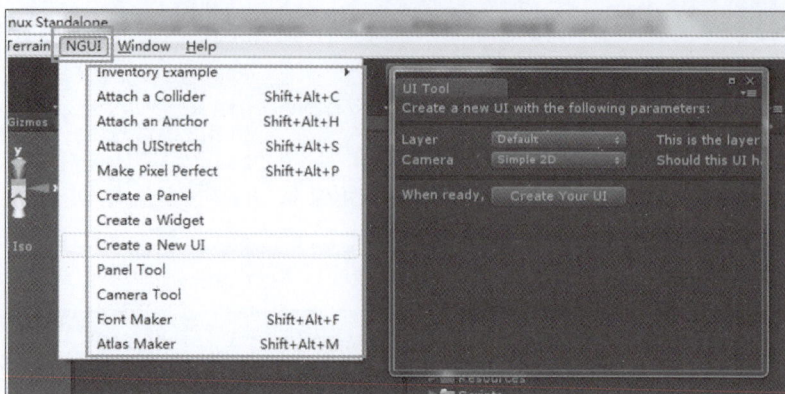

图 10-3　不同版本的 NGUI 菜单项

10.3　UGUI

10.3.1　UGUI 概述

1. 什么是 UGUI

UGUI 是 Unity 提供的一套原生的可视化 GUI 开发工具，从 Unity 4.6 版本开始内置到 Unity 编辑器中。UGUI 是一个基于游戏对象和组件的 UI 系统，使用组件和游戏对象来排列、定位和设置用户界面的样式。UGUI 可以提供 2D 和 3D 样式的 UI 效果，Unity 官方 UI 教程案例 3D 透视效果如图 10-4 所示。

2. UGUI 组成

UGUI 由 Canvas 和 EventSystem 组成。Canvas 画布包含各种构成 UI 的控件，EventSystem 事件系统，实现各种控件的事件响应，以与用户进行交互。

当创建 UI 控件时，系统会自动创建一个 Canvas 和一个 EventSystem。创建的所有 UI 控件为 Canvas 的子对象，UI 控件需要在 Canvas 中才能被渲染，并叠加在 3D 场景前面。Canvas 也是一个控件，在一个场景中可

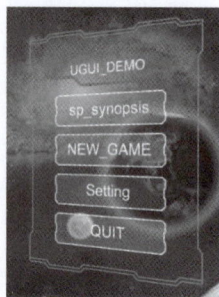

图 10-4　Unity 官方教程案例

以创建多个 Canvas。UGUI 与用户的交互通过 EventSystem 实现，可以在编辑器中可视化交互实现，也可以通过编写代码实现。

UGUI 自带有丰富的控件，包括 Text（文本框）、Image（图像框）、Raw Image（原图像框）、InputField（输入框）、Button（按钮）、Toggle（选择框）、Slider（滑动条）、Scrollbar（滚动条）、Scrollbar View（滚动视图）、Dropdown（下拉列表）、Panel（面板）等。其中，Image 用于显示 Sprite 精灵，Raw Image 用于显示 Texture 纹理。所有控件都是基于组件设计的，可以在 Inspector 面板中灵活地添加、删除、编辑组件。另外，Mask 和 Rect Mask 2D 用于蒙版剪裁，不能创建为游戏对象，只能作为组件添加给其他 UI 控件对象。

如图 10-5 所示，图 10-5(a)为主菜单 Component|UI 中的各种 UI 组件，可以添加给 UI 控件对象，图 10-5(b)为主菜单 GameObject|UI 或 Hierarchy 面板右键菜单 UI 中的各种 UI 控件，可以在场景中创建各种 UI 对象。

另外还要注意，要在 Scene 视图中预览及编辑 UI 控件，需要在 Scene 视图上方的工具栏中，

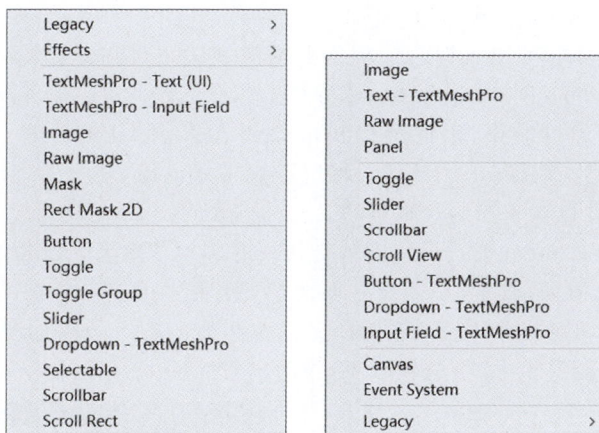

Legacy	▶
Effects	▶
TextMeshPro - Text (UI)	
TextMeshPro - Input Field	
Image	
Raw Image	
Mask	
Rect Mask 2D	
Button	
Toggle	
Toggle Group	
Slider	
Dropdown - TextMeshPro	
Selectable	
Scrollbar	
Scroll Rect	

Image	
Text - TextMeshPro	
Raw Image	
Panel	
Toggle	
Slider	
Scrollbar	
Scroll View	
Button - TextMeshPro	
Dropdown - TextMeshPro	
Input Field - TextMeshPro	
Canvas	
Event System	
Legacy	▶

(a) UI组件   (b) UI控件

图 10-5　UGUI 组件及控件菜单

单击 2D 按钮,将 Scene 视图从 3D 模式切换为 2D 模式。

10.3.2　Canvas 画布

1. Canvas 概述

Canvas(画布)是一个覆盖在 3D 场景前面的渲染区域,所有要显示的 UI 元素都应该位于 Canvas 之内,游戏运行时,这些 UI 元素始终显示并遮挡 3D 场景所有游戏对象。画布是一个带有 Canvas 组件的游戏对象,构成 UI 元素的所有控件都必须是 Canvas 的子对象。

初始场景中还没有画布时,使用菜单 GameObject|UI,创建新的 UI 控件,会自动创建画布。画布区域在 Scene 视图中显示为一个矩形框,这样可以轻松预览、定位和编辑 UI 控件,以避免频繁切换到 Game 视图查看 UI 效果。

画布中的 UI 控件,按照它们在画布层次结构中出现的顺序绘制。首先绘制第一个 UI 控件,然后绘制第二个 UI 控件,以此类推。如果两个 UI 控件重叠,则在画布层次结构中下面的 UI 控件 a 显示在上面 UI 控件 b 的上方,即控件 a 会遮挡控件 b。要修改控件之间显示遮挡效果,只需通过拖动控件,对画布层次结构中的控件重新排序即可。还可以通过使用 Transform 组件的 SetAsFirstSibling()、SetAsLastSibling()和 SetSiblingIndex()方法,从脚本控制控件的显示顺序。

Canvas 对象包括 Rect Transform、Canvas、Canvas Scaler、Graphic Raycaster 4 个组件。Rect Transform 设置画布的大小位置等,Canvas 设置画布渲染模式等,Canvas Scaler 设置 UI 缩放模式等,Graphic Raycaster 是射线投射器,捕获用户交互的 UI 对象等。

2. Canvas 组件及渲染模式

创建的 Canvas 对象包含一个 Canvas 组件,Canvas 组件代表了 UI 控件对象布局和渲染的抽象空间。画布有三种渲染模式,通过 Render Mode 属性进行设置,可实现画布中 UI 控件在屏幕空间或世界空间中的不同渲染效果。

1) Screen Space-Overlay(屏幕空间-叠加)

画布自适应屏幕尺寸,当调整屏幕大小或更改分辨率时,画布将自动调整大小以匹配屏幕尺寸的变化。UI 元素叠加在 3D 场景对象之上,画布的 RectTransform 组件参数属性不能调整,不需要摄像机。画布的 Screen Space-Overlay 模式设置如图 10-6 所示。

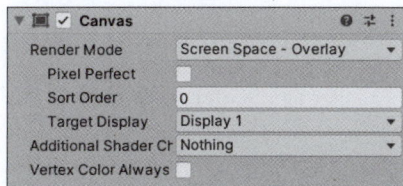

▼ ■ ✓ **Canvas**	❓ ⇄ ⋮
Render Mode	Screen Space - Overlay ▼
Pixel Perfect	☐
Sort Order	0
Target Display	Display 1 ▼
Additional Shader Ch	Nothing ▼
Vertex Color Always	☐

图 10-6　画布的 Screen Space-Overlay 模式

2）Screen Space-Camera（屏幕空间-摄像机）

该模式类似于"屏幕空间-叠加"模式，但在此渲染模式下，画布被放置在 Render Camera 属性指定的摄像机前面 Plane Distance 属性给定的距离，画布的 Rect Transform 组件属性也不能调整。UI 控件由该摄像机渲染，因此摄像机的设置会影响 UI 的外观。如果摄像机设置为 Perspective，UI 控件（绕 y 轴旋转一定角度）将以透视方式渲染，并且透视变形量可以通过摄像机的 Field of View 属性设置来控制。画布的 Screen Space-Camera 模式设置如图 10-7 所示。

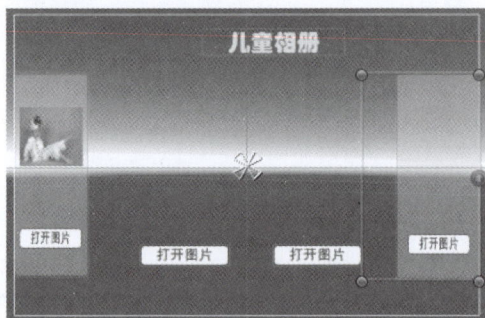

通过 Screen Space-Camera 模式可以实现带透视的 3D UI 效果。以儿童相册为例，如图 10-8 所示是 Scene 窗口设计效果，其中，左侧及右侧两幅照片所在的 Panel 在 y 轴有角度地旋转，并设置了 4 个按钮，可以切换照片的打开和关闭。儿童相册的运行效果如图 10-9 所示，所有照片为打开状态，左侧和右侧照片为 3D 透视效果，像两扇打开一半的门。

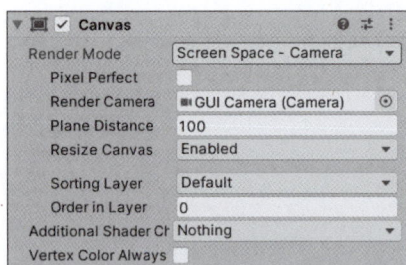

图 10-7　画布的 Screen Space-Camera 模式 | 图 10-8　儿童相册的 Scene 窗口设计效果

3）World Space（世界空间）

在此渲染模式下，画布对象被渲染为场景中的平面对象，其行为与场景中的其他游戏对象一样，画布的大小和方向可以使用 Rect Transform 组件手动设置，UI 元素将根据放置在 3D 场景中的位置，及与其他游戏对象的深度关系进行渲染，而不再总是位于场景游戏对象的前面，其他场景对象可以在画布的后面、前面或穿过。这种模式适用于 UI 控件为 3D 世界的一部分的游戏场景。画布的 World Space 模式设置如图 10-10 所示。

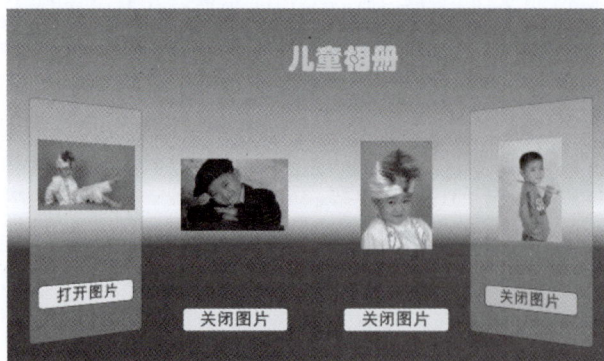

图 10-9　儿童相册的 Game 窗口运行效果 | 图 10-10　画布的 World Space 模式

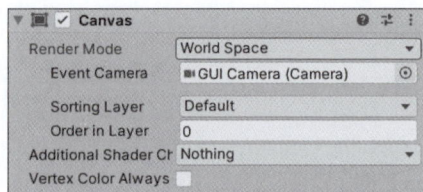

画布的三种渲染模式的官方对比图如图 10-11 所示。

3. Canvas Scaler 组件及缩放模式

Canvas Scaler 组件用于控制画布中 UI 控件的整体比例和像素密度，这种缩放会影响画布中的所有 UI 对象，包括字体大小和图像边框等。在实际开发中，通常用来做整体 UI 屏幕适配，适配时还会用到 Rect Transform 组件中的锚点属性。

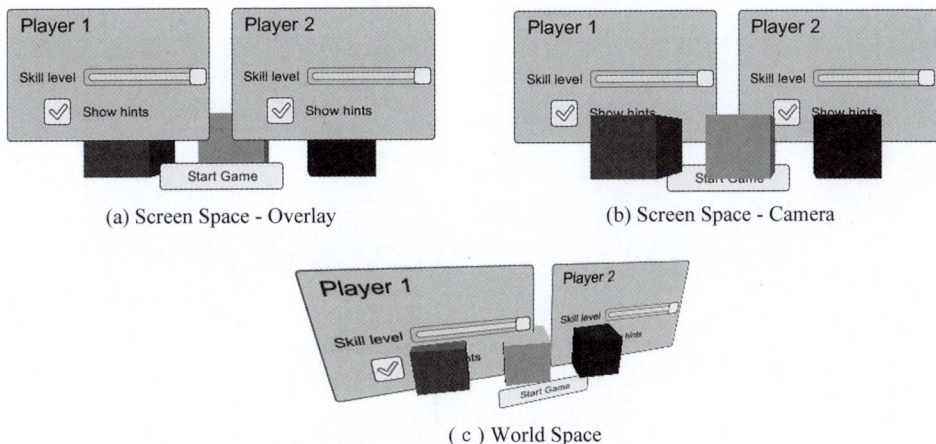

(a) Screen Space - Overlay   (b) Screen Space - Camera

（c）World Space

图 10-11　画布的三种渲染模式对比

画布的缩放模式与画布的渲染模式相关。当画布渲染模式为 Screen Space-Overlay 和 Screen Space-Camera 时，画布不可通过 Rect Transform 组件手动设置大小，而是通过缩放模式自动进行设置的。缩放模式由 UI Scale Mode 属性进行设置，有 Constant Pixel Size、Scale With Screen Size、Constant Physical Size 三种选项。当画布渲染模式为 World Space 时，画布可以通过 Rect Transform 组件手动设置大小，缩放模式只有一种 World 模式。注意：其中最重要的缩放模式是 Scale With Screen Size，这种模式是目前大多数游戏中进行 UI 屏幕适配所采用的模式。

1）Constant Pixel Size 缩放模式

Constant Pixel Size(恒定的像素大小)模式不根据屏幕分辨率调整 Canvas 的缩放，以 UI 控件的像素值×Scale Factor 对应真实屏幕的像素点进行渲染。当 Scale Factor 值为 1 时，屏幕显示为 UI 控件的给定像素大小。画布的 Constant Pixel Size 缩放模式如图 10-12 所示。

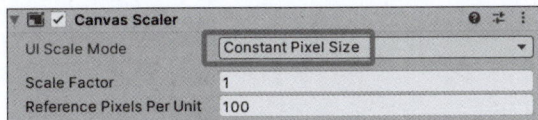

图 10-12　画布的 Constant Pixel Size 缩放模式

Scale Factor：画布的缩放比例。默认情况下为 1，表示正常大小。

Reference Pixels Per Unit：每个 UI 单位代表的像素数量。对于 Sprite 精灵图片，如果导入时具有 Pixels Per Unit 设置，则该属性值是用来覆盖 Sprite 导入设置中的 Pixels Per Unit 值，即该属性值决定了渲染时每个 UI 单位包含多少个像素。

Reference Pixels Per Unit 属性测试。画布中创建 Image 并赋值一张图片，图片导入设置中 Pixels Per Unit 默认为 100，当 Canvas Scaler 中 Reference Pixels Per Unit 值为 100 时，单击 Image 组件中的 Set Native Size 按钮，查看此时画布中图片的大小。然后将 Canvas Scaler 中 Reference Pixels Per Unit 的值设置为 200，再次单击 Image 组件中的 Set Native Size 按钮，查看此时画布中的图片比原来大了一倍。

画布的 Constant Pixel Size 缩放模式下，Image 控件在不同分辨率下的渲染效果对比如图 10-13 所示，图片在两种分辨率下会保持图片自身固定的像素大小不变，而不会去匹配适应屏幕分辨率的变化。

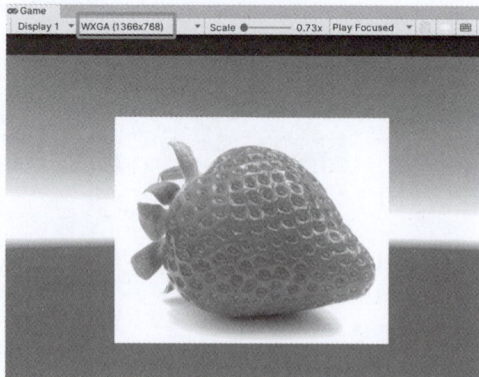

(a) 1920×1280　　　　　　　　　　　　　　　　(b) 1366×768

图 10-13　Constant Pixel Size 缩放模式：Image 控件在不同分辨率下的渲染效果对比

2）Scale With Screen Size 缩放模式

Scale With Screen Size(随屏幕尺寸缩放)模式根据真实屏幕的宽高比来缩放画布,画布及其中的 UI 控件大小会按比例发生变化,以始终保持与屏幕的相对比例和位置关系。画布的 Scale With Screen Size 缩放模式如图 10-14 所示。

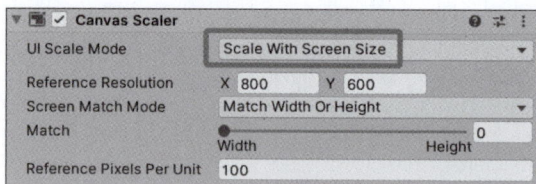

图 10-14　画布的 Scale With Screen Size 缩放模式

Reference Resolution：参考分辨率,设置 UI 的设计尺寸,默认为 800×600,这个值是开发项目时设计图的依据,一般设置为 1920×1080(16：9,也可以根据需要设置为 18：9 或更宽)。

Screen Match Mode：屏幕匹配模式,当 Reference Resolution 的宽高比与真实屏幕(Game 窗口工具栏中可以设置)的宽高比不一致时,设置画布调整宽高比以匹配真实屏幕宽高比的方式。有 Match Width or Height、Expand、Shrink 三个选项。

① Match Width or Height 模式,根据真实屏幕的宽高比按指定的 Match 值来缩放画布。Match：决定画布按宽高比缩放的权重值,当 Match=0 时,按宽度进行画布的等比缩放,即保持画布的宽度不变,高度按真实屏幕的宽高比例进行缩放；当 Match=1 时,按高度进行画布的等比缩放,如图 10-15 所示。一般情况下这个值非 0 即 1,一般不用中间值。

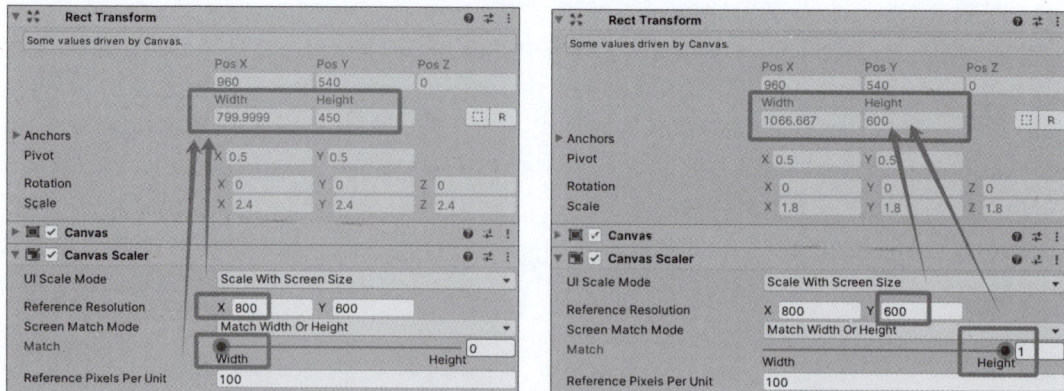

图 10-15　Screen Match Mode：Match Width or Height 模式

②　Expand 模式，水平或垂直扩展画布大小，按真实屏幕宽高比例，放大画布直至宽或高中值较小的一个与 Reference Resolution 设置的值重合停止，因此画布的尺寸永远不会小于 Reference Resolution 设置的参考尺寸，如图 10-16 所示。

③　Shrink 模式，水平或垂直裁剪画布区域，按真实屏幕宽高比例，放大画布直至宽或高中值较大的一个与 Reference Resolution 设置的值重合停止，因此画布的尺寸永远不会大于 Reference Resolution 设置的参考尺寸，如图 10-17 所示。

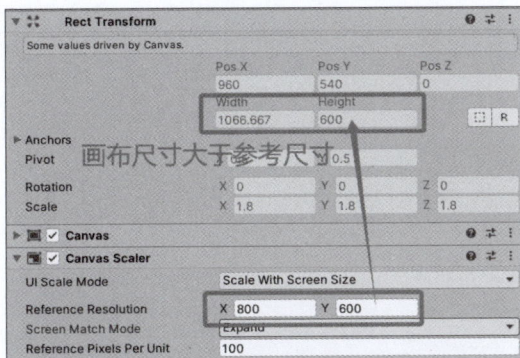

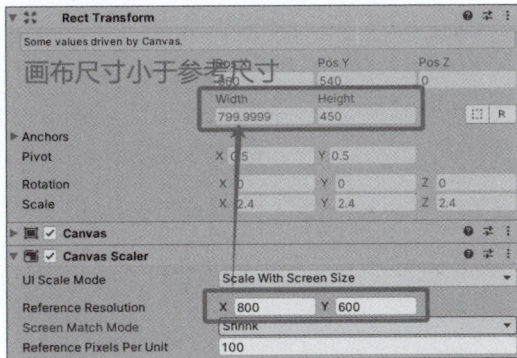

图 10-16　**Screen Match Mode：Expand 模式**　　　图 10-17　**Screen Match Mode：Shrink 模式**

画布的 Scale With Screen Size 缩放模式下，Image 控件在不同分辨率下的渲染效果对比如图 10-18 所示，图片在两种分辨率下会按比例改变图片自身大小，以匹配适应屏幕分辨率的变化，即 Image 控件在不同分辨率屏幕中的渲染效果一模一样保持不变。这样开发的游戏项目在不同分辨率的真实屏幕中可以自适应屏幕的大小比例，以使在任何终端设备中的渲染显示效果保持一致。

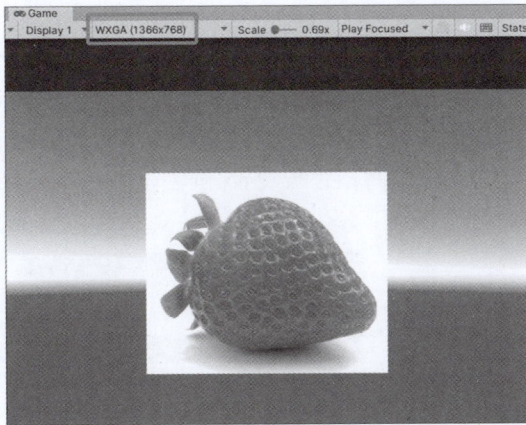

(a) 1920×1280　　　　　　　　　　　　　　　(b) 1366×768

图 10-18　**Scale With Screen Size 缩放模式：Image 控件在不同分辨率下的渲染效果对比**

3）Constant Physical Size 缩放模式

Constant Physical Size（恒定的物理尺寸）缩放模式比较难理解，不常用。该模式与 Constant Pixel Size 模式本质相同。Constant Pixel Size 通过逻辑像素大小调节来维持缩放，Constant Physical Size 通过物理大小调节来维持缩放。使用这种模式必须指定一个像素转换物理大小的因数，运行时通过具体设备的 DPI（Dots Per Inch，Dots 是屏幕物理点，以对角线计算）计算最终的画布像素大小和缩放比例。画布的 Constant Physical Size 缩放模式如图 10-19 所示。

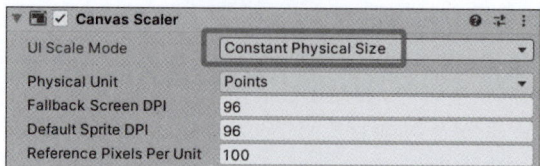

图 10-19　画布的 Constant Physical Size 缩放模式

4）World 缩放模式

World 模式用于控制画布中 UI 控件的像素密度。属性 Dynamic Pixels Per Unit 和 Reference Pixels Per Unit 的含义与 Constant Pixel Size 缩放模式类似。画布的 World 缩放模式如图 10-20 所示。

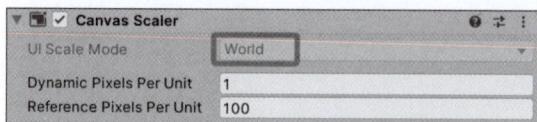

图 10-20　画布的 World 缩放模式

10.3.3　UI 控件的布局和定位

调整 UI 控件的位置大小及布局，可以通过 Rect Tool 工具和 Rect Transform 组件来实现。

1. Rect Tool 工具

在 Scene 视图中调整 UI 控件对象的位置大小等，是通过工具栏中的 Rect Tool 矩形工具来实现的，如图 10-21 所示。

矩形工具可用于移动、调整大小和旋转 UI 控件。调整 UI 控件的操作方法如下：①单击 4 个蓝色小圆组成的矩形内的任意位

图 10-21　Rect Tool 工具

置并拖动来移动 UI 控件；②拖动矩形框四角的蓝色小圆，可以调整 UI 控件的大小；③将鼠标光标移动悬停到矩形框四角蓝色小圆的外侧，当鼠标光标右下角出现旋转符号（两个组成圆形的箭头）时，可以单击并向任一方向拖动以旋转控件，如图 10-22 所示。

当旋转 UI 控件时，控件将绕着该控件的轴心点（图 10-22 中心的空心圆）旋转。该轴心点的位置可以通过移动进行设置，轴心点默认在控件中心位置（Center），当在 Scene 视图上方工具栏中将其设置为 Pivot 时，如图 10-23 所示，空心圆即可进行移动，以调整轴心点的位置。

图 10-22　Rect Tool 工具操作方法

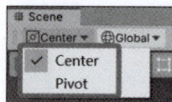

图 10-23　枢轴设置

2. Rect Transform 组件

每个 UGUI 控件都有一个 Rect Transform 组件（继承自 Transform 组件），可以将 Rect Transform 组件所属的控件对象看作一个矩形区域，可以调节该矩形区域的锚点，相对锚点的位置、宽高、轴心点、旋转、缩放等属性。下面将 Rect Transform 组件的属性分为如图 10-24 所示的 5 个区域分别介绍。

1）位置大小

PosX、PosY、PosZ：设置控件轴心点相对于锚点的位置坐标（与控件轴心点位置和锚点位置设置相关），通常对应 2D 控件，PosZ 设置为 0。Left、Top、Right、Bottom：控件的 4 个顶点围成

的边框相对 4 个锚点围成的边框的位置。Width、Height：控件的宽和高。该区域的属性会随着锚点自定义设置和锚点预设的不同而显示不同的属性组合。

2）Anchors

Anchors：锚点，其作用是设置控件位置的参考点，每个控件有 4 个锚点，由于 4 个锚点围成的边框始终是矩形，所以只需记录两个锚点位置即可确定矩形，这可以通过分别设置锚点的 X 方向和 Y 方向上的最大值和最小值实现。采用范围为 0～1 的归一化取值，屏幕左下角归一化坐标为(0,0)，右上角归一化坐标为(1,1)。

3）Pivot

Pivot：轴心点位置，配合旋转使用，也会影响 PosX、PosY 属性的值，采用范围为 0～1 的归一化取值。

4）旋转和缩放

Rotation：旋转角度，只对 z 轴有用。

Scale：缩放，调整控件的大小。

5）Anchor Presets 锚点预设

在 Unity 中进行 UI 设计时，编辑器中屏幕窗口大小与游戏运行及发布后屏幕窗口大小不一致，当屏幕大小变化时，UI 控件的大小及位置如何随之变化，UGUI 通过锚点设置来实现。根据锚点 X 和 Y 坐标位置的不同，可以设置控件距离屏幕边界的尺寸（大小自动做相应的调整），以在运行时根据终端显示屏幕的大小，控制控件在屏幕上的位置和大小。

锚点预设是锚点设置的一些快捷预设方式。锚点预设可以分为 5 个区域，如图 10-25 所示。

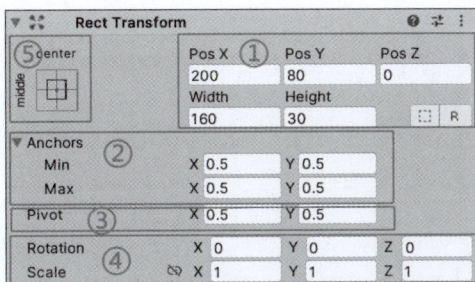

图 10-24　Rect Transform 组件属性分区图

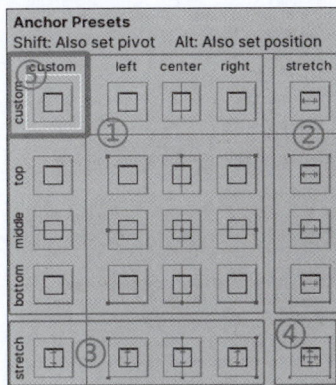

图 10-25　锚点预设的 5 个区域

其中，1 区不会改变控件的大小，4 个锚点聚集在一起；2 区会自动调整控件的宽度；3 区会自动调整控件的高度，4 个锚点两两聚集在一起；4 区会自动调整控件的宽度和高度，4 个锚点分散在屏幕四角；5 区通过拖动控件的 4 个锚点，自定义锚点位置，这种方式会保持控件到 4 个锚点边框的尺寸不变，调整控件大小以保持控件在屏幕上的比例大小（无论屏幕大小怎么变化）。

锚点预设 1 区～ 4 区中的按钮，对应的属性组合，如图 10-26～图 10-29 所示，锚点预设 5 区自定义调整锚点位置（在 Scene 视图中直接拖动锚点，或者在 Rect Transform 组件的 Anchors 属性中设置），对应的属性组合如图 10-30 所示。

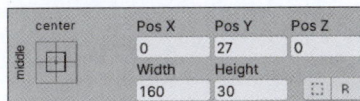

图 10-26　锚点预设 1 区中按钮对应属性

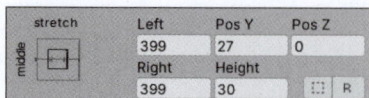

图 10-27　锚点预设 2 区中按钮对应属性

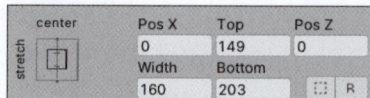

图 10-28　锚点预设 3 区中按钮对应属性

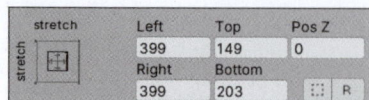

图 10-29　锚点预设 4 区中按钮对应属性

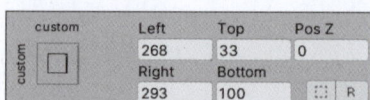

图 10-30　锚点预设 5 区自定义锚点对应属性

10.3.4　常用控件

UGUI 的控件是基于游戏对象和组件进行设计的。创建一个 UI 控件元素,就在场景中创建了一个 UI 游戏对象,所以应用于游戏对象的操作基本也适用于 UI 控件对象。UI 控件也是基于组件的,每一个 UI 控件都由通用组件(如 Rect Transform 组件、Canvas Renderer 组件)和特殊组件(如 Text 组件、Image 组件、Button 组件等)组成。UGUI 的常用控件有 Text 控件、Image 控件、Button 控件、Panel 控件、Slide 控件、Scroll View 控件等。进行 UI 设计时,可以直接使用 Unity 提供的这些控件,也可以通过添加不同组件设计更复杂多样、效果更丰富的控件对象。

1. Text 文本框控件

Text 文本框的作用是显示文本信息,在需要显示文本的 UI 设计中都需要用到该控件。Text 除了单独使用,还作为 Button、Dropdown、InputField 的子对象使用,以显示这些控件上的文本信息。

构成 Text 的主要组件是 Text 组件,Text 组件属性如图 10-31 所示。通过这些属性可以输入要显示的文本内容,设置文本的字体、样式、大小、行间距。设置是否支持富文本,富文本是带有标记标签的文本,增强文本的显示效果。文本的水平和垂直对齐方式,设置是否以当前所显示的文字中获得的最大长宽(而不是字体的长宽)进行对齐。文字横向溢出处理方式,可以选择 Warp(隐藏)或者 Overflow(溢出);文本纵向溢出的处理方式,可以选择 Truncate(截断)或者 Overflow(溢出),忽略 Font Size 设置的文字大小,自适应改变文字大小以适应文本框的大小。设置文本的颜色、材质。设置是否可以被射线检测,通常情况下可以关闭,因为文本最好只用来显示。

Unity 从 2021 版本开始使用功能更丰富的 TextMeshPro 替代原有的旧版文本网格体,所以旧版的 Text 控件及其相关的 Button、Dropdown、InputField 控件,被新版的 Text-TextMeshPro 取代,但 Unity 仍然保留了对旧版 Text 的支持。TextMeshPro-Text(UI)组件属性如图 10-32 所示。

2. Image 和 Raw Image 图片框控件

UGUI 用 Image 控件显示图片,这里的图片是 Sprite 精灵,必须使用 Sprite 类型的纹理图片为属性 Source Image 赋值,如图 10-33 所示。如果要显示默认类型的纹理图片,要使用 Raw Image 控件,如图 10-34 所示。

Image 提供了 Simple、Sliced、Tiled、Filled 4 种效果。

(1) Simple:普通类型,注意如果没有勾选 Preserve Aspect 复选框,图片将会按照 Image 控件的大小进行缩放,填满 Image 控件;如果勾选了,图片将保持原来的比例,不会拉伸变形,如图 10-35 所示。

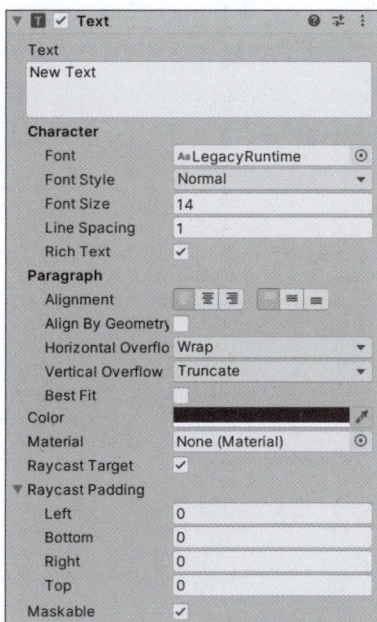

图 10-31　Text 组件属性

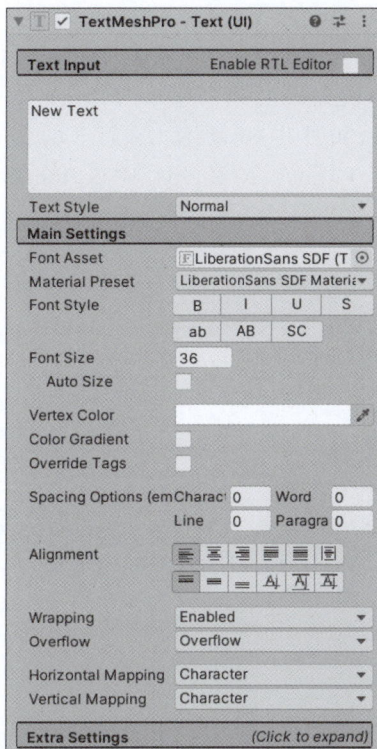

图 10-32　TextMeshPro-Text(UI)组件属性

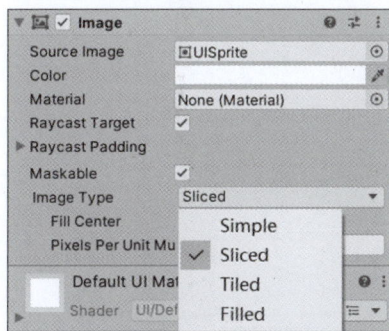

图 10-33　Image 组件属性

图 10-34　Raw Image 组件属性

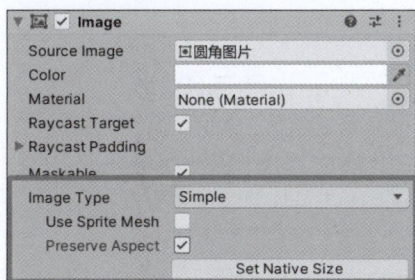

图 10-35　Image Type：Simple 类型

（2）Sliced：是切片的意思，也就是说它只是原图的一个部分。Sliced 使用的部分是九宫格中间的那部分，这中间部分的区域设置由 Border 属性设置。

　　选中 Image 控件,把 Image Type 设置为 Sliced,如果 Source Image 中的图片没有进行九宫格设置,则会出现错误提示：This Image doesn't have a border,如图 10-36 所示。

　　九宫格设置需要找到 Source Image 中的图片资源文件,在 Inspector 面板中单击 Sprite Editor 按钮,如图 10-37 所示。在打开的 Sprite Editor 窗口中,编辑 Border 属性,分别设置图片的 L(Left)、T(Top)、R(Right)、B(Bottom)属性值,如图 10-38 所示。

图 10-36　Image Type：Sliced 类型

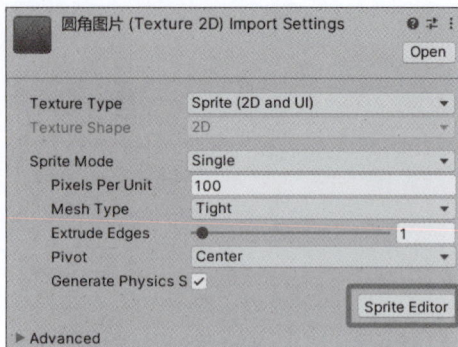

图 10-37　精灵图片的属性面板

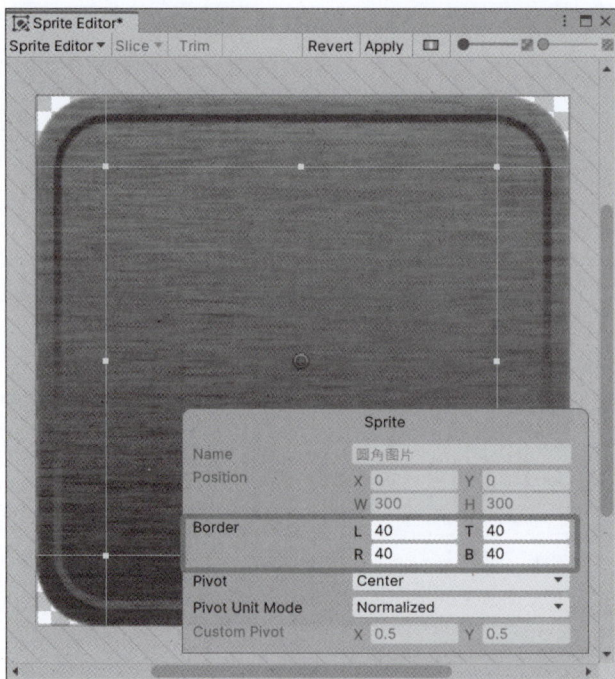

图 10-38　Sprite Editor 窗口-Border 属性

　　这样设置以后,当调整 Image 控件的大小时,只有中间部分进行放大缩小,四角和边沿部分将维持原来的大小。未进行 Border 属性设置的 Image 控件显示效果如图 10-39 所示,进行了 Border 属性设置的 Image 控件显示效果如图 10-40 所示。

　　(3) Tiled：平铺。会保留资源图大小,重复平铺填满 Image 控件,还可以通过 Pixels Per Unit Multiplier 叠加设置平铺数量,如图 10-41 所示。Pixels Per Unit Multiplier 设置为 2 的平铺效果,如图 10-42 所示。

　　(4) Filled：填充。这个类型的用途比较多,可以作进度条等,修改 Image 组件下方的 Fill

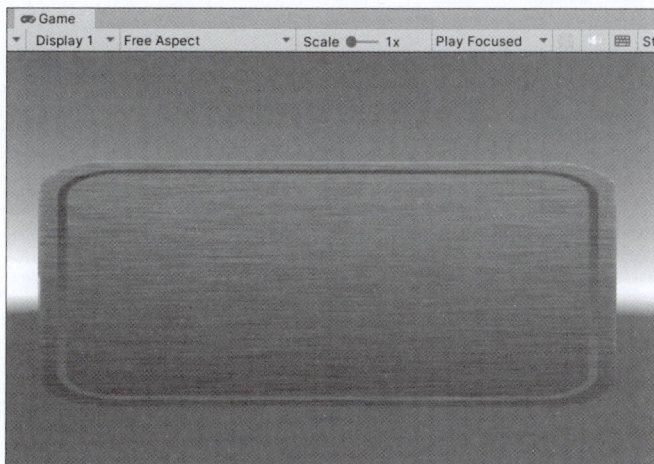

图 10-39　未进行 **Border** 属性设置的 **Image** 控件

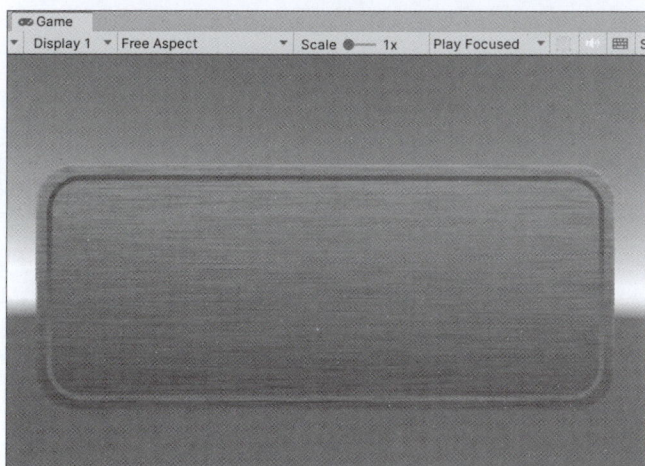

图 10-40　进行了 **Border** 属性设置的 **Image** 控件

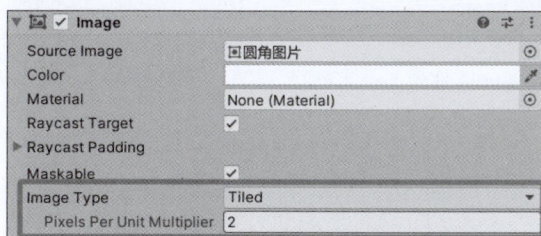

图 10-41　**Image Type**：**Tiled** 类型

Method、Fill Origin 和 Fill Amount 属性就可以了，如图 10-43 所示。Radial 360 填充方式，从 Bottom 填充 0.811 的填充效果，如图 10-44 所示。Fill Method 属性有 5 个可选值，如图 10-45 所示。

3. Button 按钮控件

　　UGUI 里，Button 控件主要响应用户的交互操作，Button 控件由两个对象组成——Button 对象和一个 Text 子对象，所以 Button 控件有基于 TextMeshPro 的 Button，也有基于 Text 的旧版按钮 Button（Legacy）。两种 Button 控件的结构如图 10-46 所示。Button 对象包含 Image 和 Button 等组件，Text 对象包含 Text 等组件。这样设计充分体现了 Unity 的组件化设计风格，存在的问题是当用户想选择编辑 Button 对象时，容易不小心选中 Text 对象。

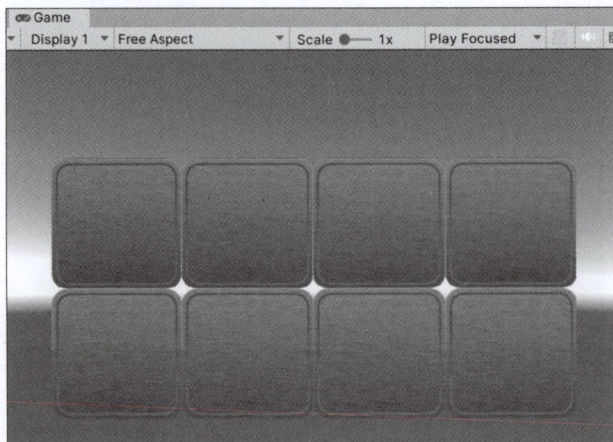

图 10-42　平铺效果

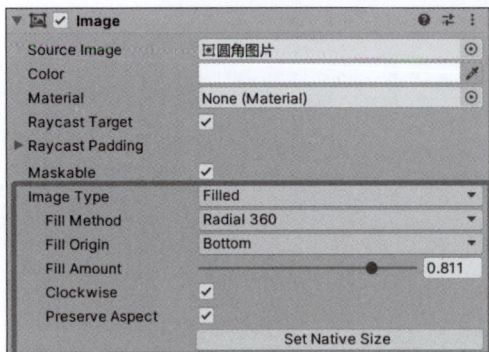

图 10-43　Image Type：Filled 类型

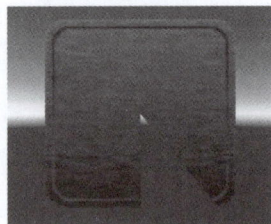

图 10-44　Filled 效果

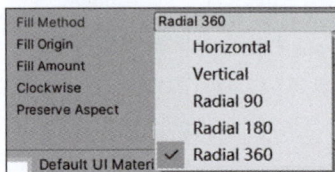

图 10-45　Fill Method 属性的 5 个可选值

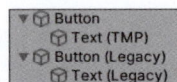

图 10-46　两种按钮控件的层级结构

Button 对象包含 Image 和 Button 等组件，Image 组件设置按钮的显示外观，Button 组件主要执行 Transition 和事件两个操作。

（1）Transition：可选择 ColorTint（改变颜色）、SpriteSwap（更换贴图）或 Animation（自定义动画），如图 10-47 所示。使用起来简单方便，也能利用动画定义更丰富的表现。

（2）事件：也是所见即所得的，在 OnClick 里面可以添加多个事件操作，可以选择对应的目标对象、要执行的操作和参数等。目标对象可以是任意 Object，例如，其他 GameObject 或者 Project 里的 Assets。操作可以是需要设置的参数或调用的方法。参数分为 Dynamic 和 Static，Dynamic 能将控件的参数单向绑定到目标参数，Static 则将目标参数设置成预设值。用法简单，事件响应也可以通过程序实现。

4. Panel 面板控件

Panel 控件是一个容器，可以将界面控件元素进行分组。在一个 Canvas 中可以创建多个 Panel 面板容器。Panel 控件与 Image 控件类似，主要由一个 Image 组件构成，Source Image 属性

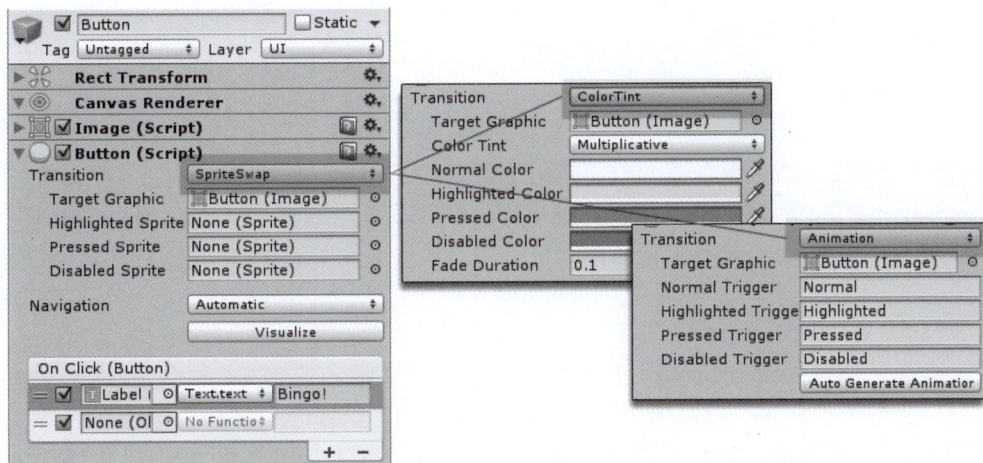

图 10-47　Button 组件的 Transition 属性的三个选项

是一个白色半透明的精灵图片 Background，Panel 渲染为一个白色半透明矩形区域，里面可以放置各种其他 UI 控件，如图 10-48 所示有三个按钮放置在 Panel 容器中。

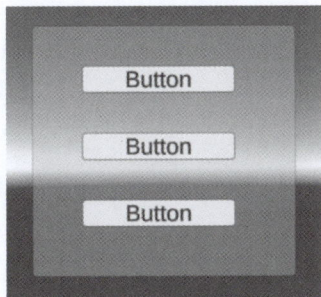

图 10-48　Panel 控件

其他控件在后面通过实例进行讲解，UI 控件的一些应用示例如图 10-49 所示。

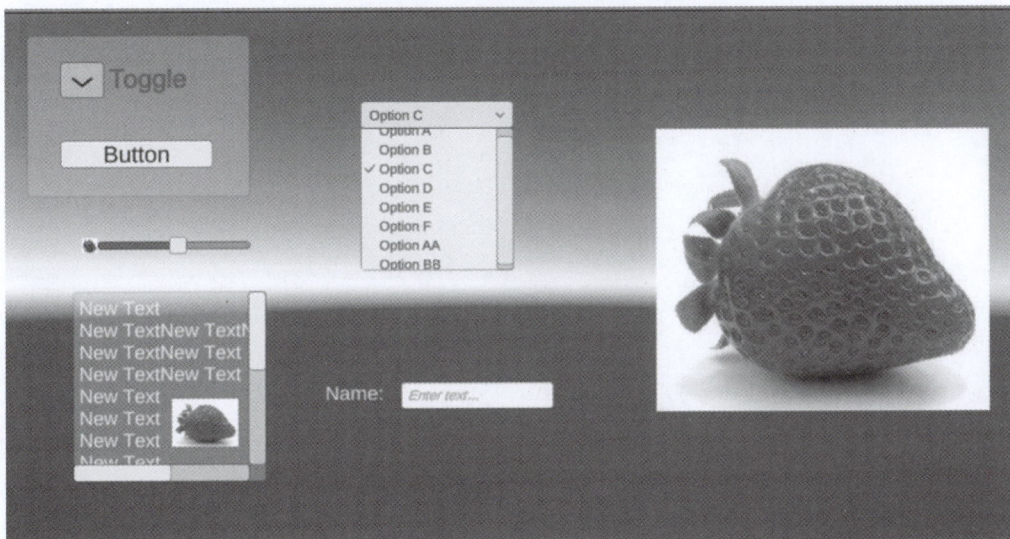

图 10-49　UI 控件应用示例

10.3.5 事件系统

1. Event System

Event System(事件系统)是一种根据用户输入(键盘、鼠标、触摸或自定义输入),向应用程序中的 UI 对象发送事件与用户进行交互的方式。创建 UGUI 控件后,Unity 会同时创建一个名为 EventSystem 的游戏对象,用于控制各类事件。事件系统由几个协同工作的组件组成,这些组件没有公开太多功能,这是因为事件系统被设计为实现事件系统模块之间通信的管理器和协调器。

2. Event System Manager

Event System Manager(事件系统管理器)负责管理协调构成事件的所有元素,包括当前处于活动状态的输入模块、当前被视为"选定"的 UI 控件对象及许多其他高级事件系统概念。每次更新事件发生,系统都会收到调用,查看并找出应用于此更新的输入模块,然后通过委托交给模块进行处理。

事件系统管理器也是一个组件,如图 10-50 所示。主要包括三个属性:①First Selected(首先选择的 UI 游戏对象);②Send Navigation Events(是否允许发送导航事件-移动/提交/取消);③Drag Threshold(设置用于拖动的软区域阈值)。

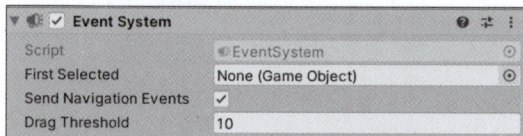

图 10-50　事件系统管理器组件

3. Input Module

Input Module(输入模块)是事件系统响应事件行为的主要逻辑所在,其作用包括:①处理输入;②管理事件状态;③将事件发送到场景对象。事件系统中同时只能有一个输入模块处于激活状态,并且它们必须与事件系统组件位于同一游戏对象上。

事件系统自带两个输入模块:①Standalone Input Module 用于响应标准输入;②Touch Input Module 用于响应触摸操作(现在已经合并到 Standalone Input Module,建议不再单独使用),如图 10-51 所示。

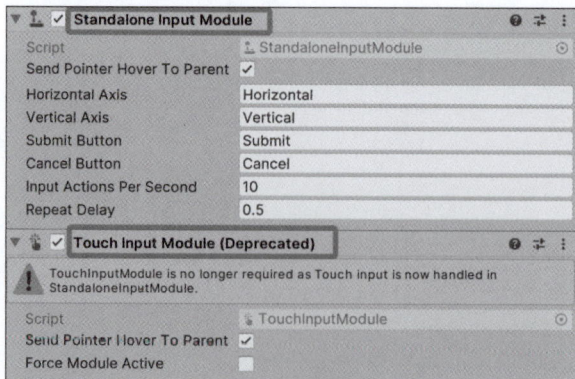

图 10-51　Event System 自带的 Input Module

这两个输入模块封装了对 Input 模块的调用,根据用户操作触发各种事件触发器(Event Trigger)。开发者可以编写自己的 Input Module,用来封装各种外部设备的输入,然后添加给

Event System 即可。

4. Graphic Raycaster

Unity 中默认存在三种投射器。

（1）Graphic Raycaster：图形射线投射器，用于 UI 控件。

（2）Physical 2D Raycaster：物理 2D 射线投射器，用于 2D 物理游戏对象。

（3）Physical Raycaster：物理射线投射器，用于 3D 物理游戏对象。

UGUI 系统与用户交互，检测用户操作的是哪一个控件，是通过 Graphic Raycaster 图形射线投射器来实现的，其工作原理与在碰撞检测章节中的物理射线碰撞检测类似。Graphic Raycaster 射线投射器用于确定鼠标指针所在位置。输入模块通常使用场景中配置的射线投射器来计算交互设备的位置。

Graphic Raycaster 组件是加载给 Canvas 对象的，如图 10-52 所示。包括三个属性：①Ignore Reversed Graphics（是否忽略远离射线投射器的 UI 图形控件）；②Blocking Objects（将阻挡 UI 图形控件的对象类型，有 None、2D、3D、All 这 4 个选项）；③Blocking Mask（将阻挡 UI 图形控件的 Mask 对象类型，有 Nothing、Everything 及其他几个场景分层选项）。

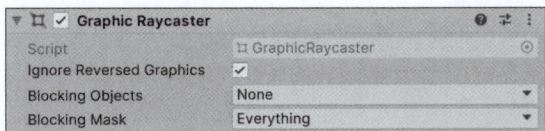

图 10-52　Canvas 的 Graphic Raycaster 组件

如果在场景中配置了 2D/3D Raycaster，为避免非 UI 游戏对象从输入模块接收消息，只需编写一个实现事件接口之一的脚本并附加到场景对象上即可。

Event System Manger 统一管理多个 Input Module 和各种 Raycaster。它每一帧调用多个 Input Module 处理用户操作，也负责调用多个 Raycaster 用于获取用户单击的 UGUI 控件以及 2D 和 3D 对象。

5. Event Trigger

UGUI 控件往往只提供一个自带事件，按钮的单击事件如图 10-53 所示。

控件要响应更多基本事件，需要在 Inspector 面板最下方单击 Add Component 按钮，添加 Event Trigger 组件。单击 Event Trigger 组件下方的 Add New Event Type 按钮添加事件。Event Trigger 组件包含 Pointer Enter、Pointer Exit、Pointer Down、Pointer Up、Pointer Click、Move、Drag、Drop、Scroll、KeyDown、KeyUp、Select、Deselect 等事件。可以在 Event Trigger 中添加多个事件，每个事件都可以添加多个操作，用法和控件自带事件一致。为控件添加 Pointer Enter 事件的效果如图 10-54 所示。

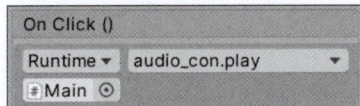

图 10-53　按钮的单击事件

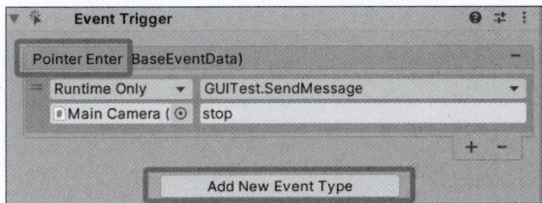

图 10-54　按钮的 Point Enter 事件

【例 10-2】　丛林木屋场景添加动画名称文本框

本实例实现功能为，为例 8-4 的丛林木屋场景添加文本框控件，显示当前播放的动画名称。

（1）打开例 8-4 场景，在 Hierarchy 面板创建 Canvas 对象，然后在 Canvas 上单击鼠标右键，创建一个空游戏对象，作为 Canvas 的子对象。将空游戏对象命名为"ani_name"，作为一会儿要创建的 Image 和文本框的容器。设置 ani_name 对象的锚点预设和大小位置等，如图 10-55 所示。

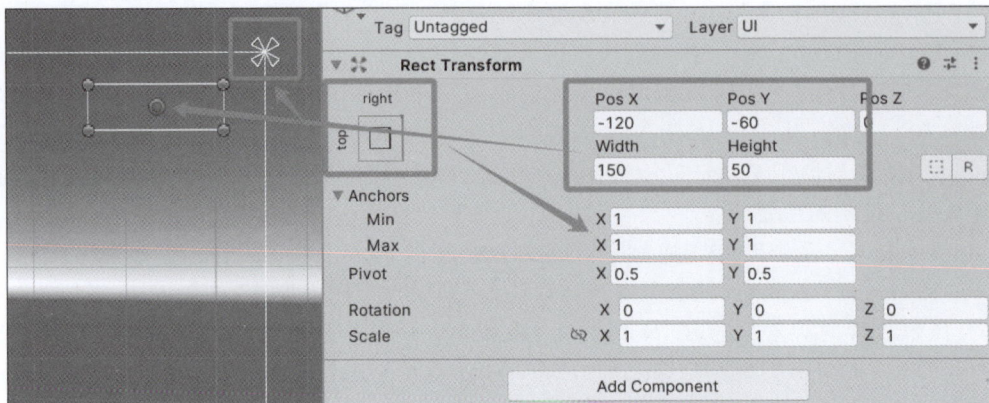

图 10-55　创建 ani_name 空游戏对象

（2）在 ani_name 空游戏对象上单击鼠标右键，创建 Image 子对象，重命名为"Image_bj"，调整大小与 ani_name 一致，设置颜色为半透明的玫红色，如图 10-56 所示。

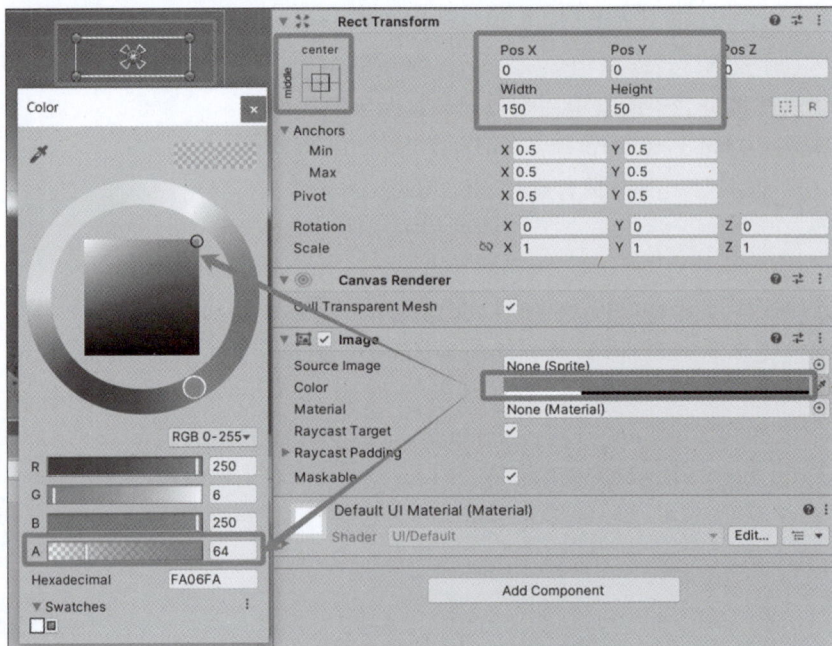

图 10-56　创建 Image_bj 图片对象

（3）在 ani_name 空游戏对象上单击鼠标右键，创建 Text-TextMeshPro 文本框子对象，会弹出一个 TMP Importer 对话框，单击中间的 Import TMP Essentials 按钮，如图 10-57 所示，会自动导入 TextMesh Pro 文本插件，在 Project 面板的 Assets 资源中添加 TextMesh Pro 文件夹。

（4）将新建的文本框控件命名为"ani_name_text"，调整文本框的大小及位置，在输入框中输入"动画名称：close"，Font Size 设置为 18，水平垂直度设置为中对齐，如图 10-58 所示。已创建的 UI 控件对象的层级结构如图 10-59 所示。查看文本框效果，发现显示的中文为空心方框，原

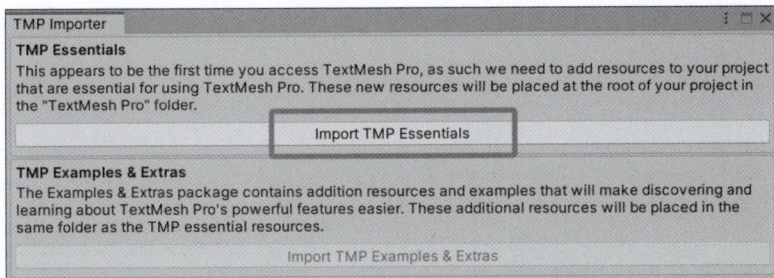

图 10-57　创建 ani_name 空游戏对象

因是默认提供的字体不支持中文，需要导入中文字体。

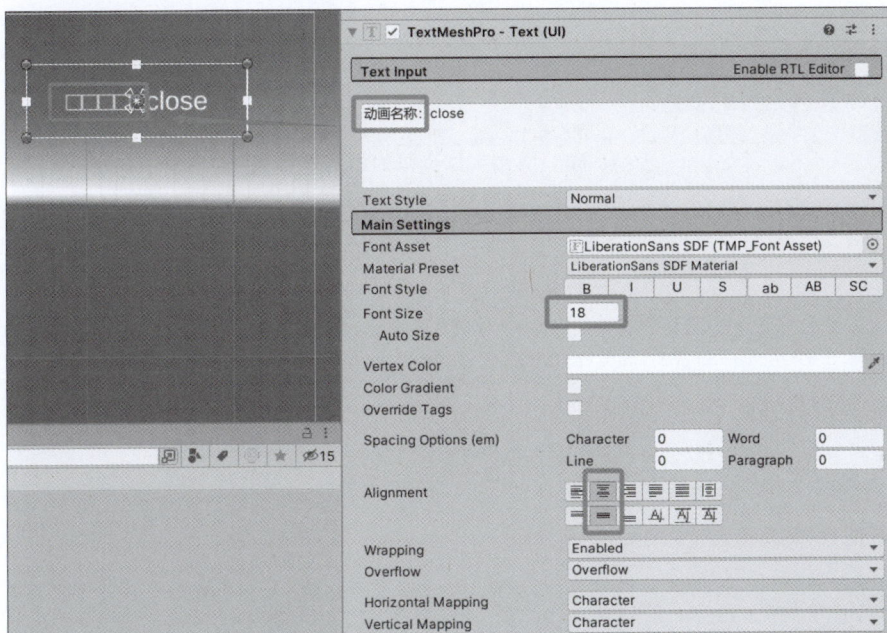

图 10-58　创建 ani_name 空游戏对象

（5）下载字体，将字体文件 HanYiQiHei-55Jian-Regular-2.ttf 导入 Unity 的 Project 面板中，选中该字体文件，右键菜单选择 Create | TextMeshPro | Font Asset，在同目录下创建 HanYiQiHei-55Jian-Regular-2 SDF.asset 资源。然后选择 ani_name_text 文本框，在 Inspector 面板中，单击 Font Asset 后面的小按钮，打开 Select TMP _FontAsset 对话

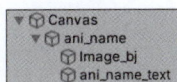

图 10-59　UI 控件对象的层级结构

框，选择刚刚创建添加进来的 HanYiQiHei-55Jian-Regular-2 SDF.asset 中文字体资源，再查看文本框中的中文，已经正常显示了，如图 10-60 所示。

（6）将脚本 anim.cs 复制一份，命名为"anim102"，将 door 上挂载的脚本替换为 anim102.cs，打开该脚本，在 Start()方法前，新建一个 TextMeshProUGUI 类型的文本框 ani_name_text，系统会自动导入"using TMPro;"语句。

```
TextMeshProUGUI ani_name_text;
```

然后在 Start()方法中，初始化文本框 ani_name_text。

```
ani_name_text = GameObject.Find("ani_name_text").GetComponent<TextMeshProUGUI>();
```

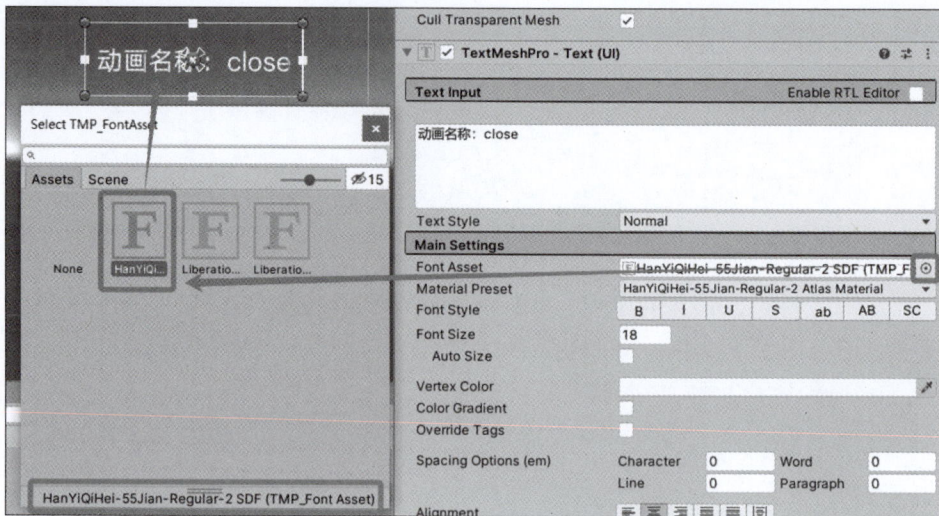

图 10-60　中文字体资源的添加及设置

修改 door()方法,添加两个形参 string 类型的文本框显示文字 ani_name 和 Color 类型的文本框文字颜色 ani_name_color。添加两条语句,分别设置文本框 ani_name_text 的文字内容和文字颜色。

```
ani_name_text.text = ani_name;
ani_name_text.color = ani_name_color;
```

为两处调用的 door()方法添加实参。

```
door("close", ref isopen, "动画名称:close", Color.white);
door("open", ref isopen, "动画名称:open", Color.green);
```

(7) 完整代码如下。

```
using TMPro;                              //TextMeshProUGUI 类型的文本框,需要用到 TMPro命名空间
using UnityEngine;

public class anim102 : MonoBehaviour
{
    Animation ani;
    float opentime = 0;
    bool isopen = false;
    TextMeshProUGUI ani_name_text;   //新建 TextMeshProUGUI 类型的文本框 ani_name_text
    void Start()
    {
        ani = transform.parent.GetComponent<Animation>();
            //初始化 ani_name_text
        ani_name_text = GameObject.Find("ani_name_text").GetComponent<TextMeshProUGUI>();
    }

    void Update()
    {
        opentime += Time.deltaTime;
        if (isopen)
        {
            if (opentime >= 3)
            {
                door("close", ref isopen, "动画名称:close", Color.white);
                                                                  //关门动画添加两个实参
            }
        }
```

```
    }
    private void OnTriggerEnter(Collider other)
    {
        if (other.tag == "Player")
        {
            opentime = 0;
            door("open", ref isopen, "动画名称:open", Color.green);    //开门动画添加两个实参
        }
    }
    void door(string audio_name, ref bool is_open, string ani_name, Color ani_name_color)
    {
        ani.Play(audio_name);
        is_open = !is_open;
        ani_name_text.text = ani_name;          //设置文本框 ani_name_text 的文字内容
        ani_name_text.color = ani_name_color;   //设置文本框 ani_name_text 的文字颜色
    }
}
```

（8）运行测试，运行效果如图 10-61 所示，图 10-61（a）为开门动画效果，图 10-61（b）为关门动画效果。为使文字显示更清晰，可以把文字加粗，并缩小字间距。

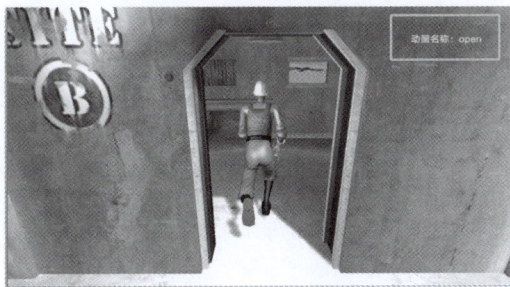

(a) 开门动画效果   (b) 关门动画效果

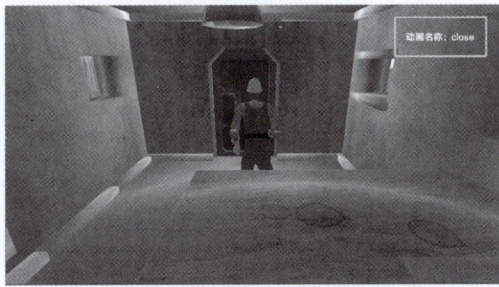

图 10-61　运行效果

【例 10-3】　为角色动画过渡添加控制按钮

本实例将为例 8-3 中的角色动画添加 4 个控制按钮，实现按钮控制角色动作之间的切换。

（1）将例 8-3 另存为例 10-3。打开例 10-3，创建一个按钮，命名为"btn_idle"。将该按钮的文本框子对象的文字设置为"idle"，为更形象化，再添加一个 Image 子对象，显示一幅 idle 剪影图，如图 10-62 所示，左侧为按钮对象的层级结构。

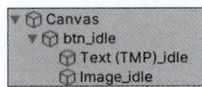

(a) 按钮对象的层级结构   (b) 按钮设计效果

图 10-62　按钮 btn_idle 设计效果

（2）打开角色 Ethan 上挂载的脚本 new_ani_int.cs，定义一个方法，设置角色动画过渡有限状态机中的参数 Blend 的值。

```
public void setF(float value)
{
    ani.SetFloat("Blend", value);    //设置动画有限状态机中的参数 Blend
}
```

（3）为按钮 btn_idle 添加单击事件。在按钮的 Inspector 面板 Button 组件下方，单击 OnClick 事件右下角的"＋"按钮，添加一个单击事件操作命令。将 Ethan 角色对象从 Hierarchy 面板拖到左下角的目标对象框（或者单击对象框后面的小圆圈按钮，从弹出的 Select Object 对话框中选择 Ethan 角色）。然后单击右侧的下拉列表，依次选择 new_ani_int 脚本和该脚本中的 SetF()方法，在下拉列表下方的文本框中输入要传递给 SetF()方法的实参的值 0，如图 10-63 所示。

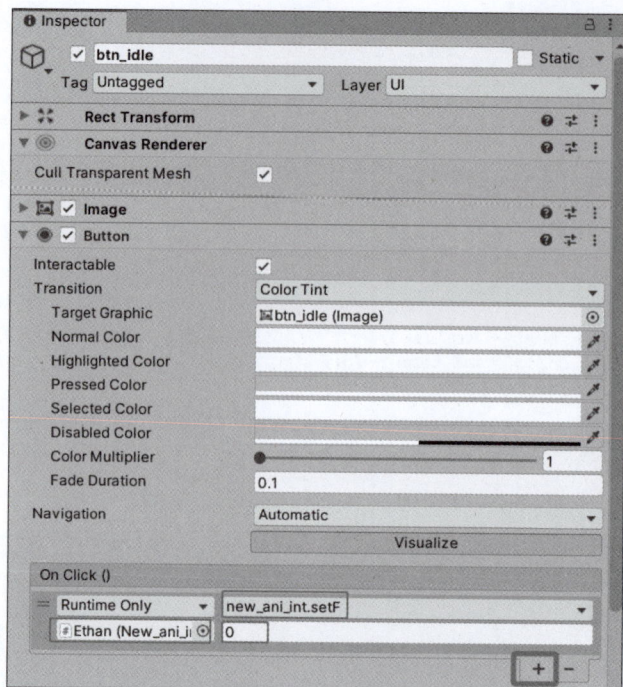

图 10-63　按钮 btn_idle 的单击事件设置

（4）选中按钮 btn_idle，按三次 Ctrl＋D 组合键复制出来三个按钮，分别修改名称为 btn_walk、btn_run、btn_crouchwalk。在 Rect Transform 组件中将 4 个按钮的 Pos Y 的值分别设置为 200、120、40、－40，使 4 个按钮上下依次排列。依次修改按钮文本框子对象显示文字为"walk""run""crouchwalk"，依次修改 Image 子对象的精灵图片为 walk、run、crouchwalk，按钮单击事件中的实参分别设置为 0.1、0.5、1。设置后的按钮效果如图 10-64 所示。

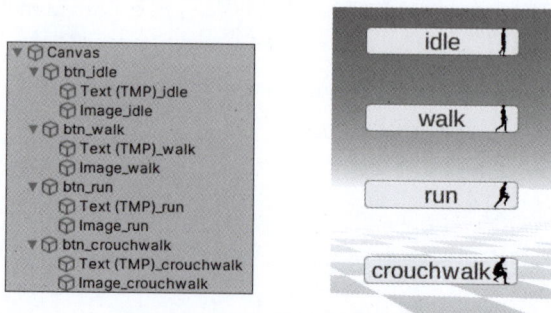

图 10-64　4 个按钮的设计效果

（5）运行测试，当按下 btn_idle、btn_walk、btn_run、btn_crouchwalk 4 个按钮，角色的运动效果分别如图 10-65 所示。

（6）为方便对 4 个按钮进行统一管理，把它们放到一个容器中，这个容器可以是空游戏对象，也可以是 Panel 控件。

【例 10-4】　多场景间跳转

本实例实现在场景目录、丛林木屋、角色动画三个场景间流畅跳转。

（1）角色动画和丛林木屋两个场景分别在例 10-2 和例 10-3 中创建好了，下面创建场景目录场景，该场景没有 3D 对象，只有 UI 设计。

(a) idle

(b) walk

(c) run

(d) crouchwalk

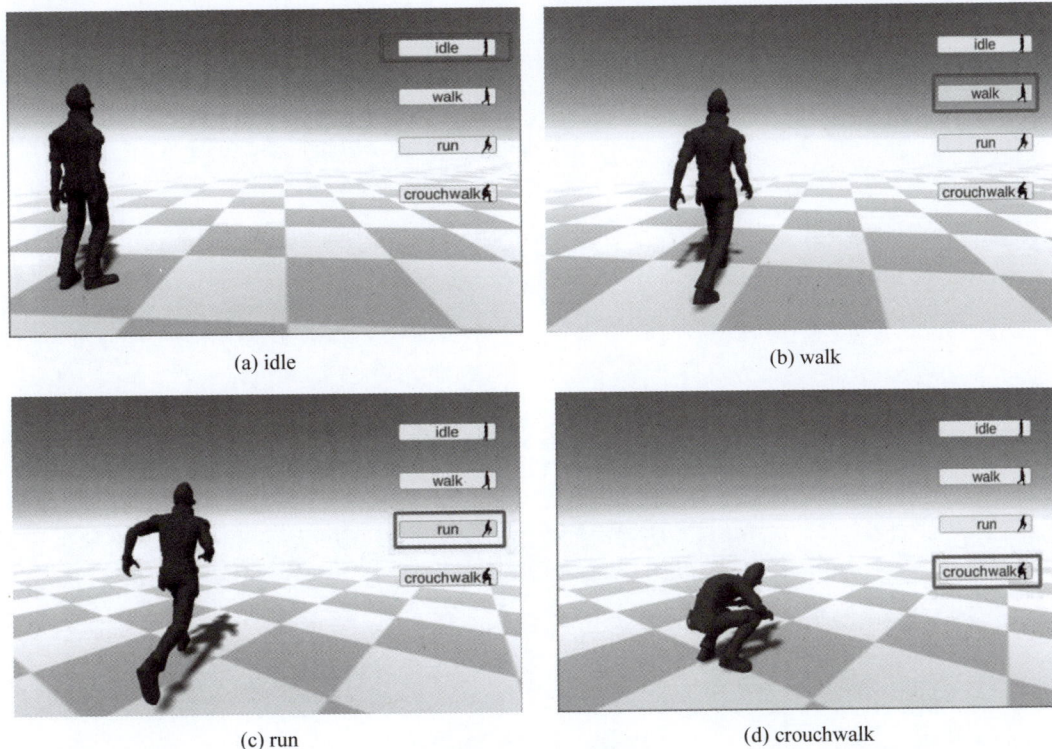

图 10-65　运行效果

（2）运行例 10-2 和例 10-3，截取运行效果图分别保存为 UI01_ani 和 UI02_house，导入 Unity 中，设置为 Sprite 精灵，作为切换按钮的精灵图片，如图 10-66 所示。

图 10-66　准备按钮图片

（3）新建场景，命名为"10-5UI00"。新建一个按钮，命名为"btn_ani"，调整大小，把文本框移动到右侧，修改文字为"角色动画"，绿色，Font Size 为 40，水平垂直都是居中对齐，为按钮添加一个 Image 子对象，图片设置为 UI01_ani。复制 btn_ani 按钮，命名为"btn_house"，调整位置，修改文字为"丛林木屋"，图片为 UI02_house。再创建一个按钮，命名为"btn_exit"，放在右下角，文字修改为"退出"。最终效果如图 10-67 所示。

（4）新建一个脚本命名为 UI.cs，编写 4 个方法 UI00()、UI01()、UI02()、quit()，分别实现加载三个场景和退出游戏。代码含义见下一步骤。

```
using UnityEngine;
using UnityEngine.SceneManagement;
public class UI : MonoBehaviour
{
```

```
public void UI00()
{
    SceneManager.LoadScene("li10-5UI00");  //通过场景名称加载场景 10-5UI00
                                            //LoadScene()方法参数:
                                            //1. int 场景索引 sceneBuildIndex
                                            //2. string 场景名称 sceneName
}
public void UI01()
{
    SceneManager.LoadScene(1);             //通过场景索引号加载场景角色动画
}
public void UI02()
{
    SceneManager.LoadScene(2);             //通过场景索引号加载场景丛林木屋
}
public void quit()
{
    Application.Quit();                    //退出应用程序(游戏项目)
}
}
```

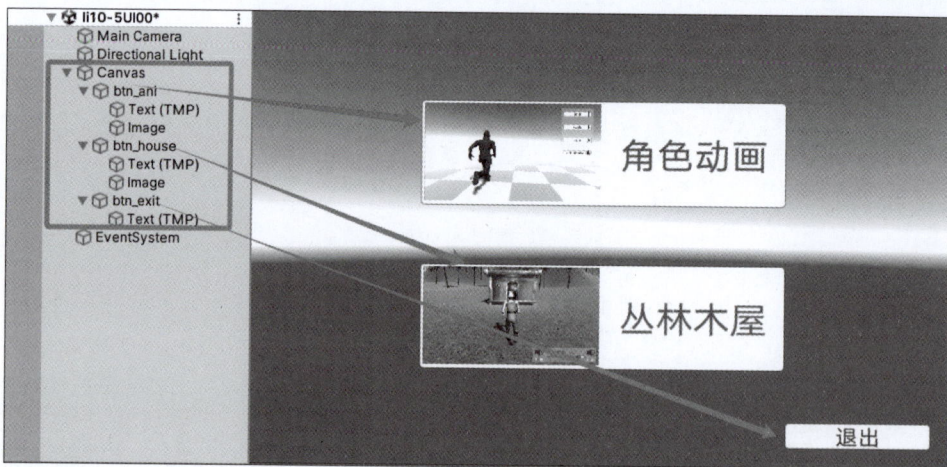

图 10-67　三个按钮设计效果

（5）场景的加载，通过 UnityEngine.SceneManagement 命名空间的 SceneManager 类的 LoadScene()方法实现，该方法有 6 个重载方法，可以通过场景名称或场景索引号进行加载。要实现运行时场景动态加载，需要将场景添加到 Build Settings 窗口中。选择菜单 File | Build Settings，打开 Build Settings 窗口。在 Project 面板中找到 li10-3NewAni、li10-4house、li10-5UI00 三个场景，分别拖动到 Senses In Build 下面的方框中，在右侧会显示数字 0~2，这些数字就是每个场景对应的场景索引号，如图 10-68 所示。加载场景时可以使用场景名，也可以使用其后面对应的索引号。

（6）Application 类的 Quit()方法，实现退出应用程序。在开发状态下，无法测试该方法的功能，需要游戏项目发布为可执行应用程序后，进行测试。

（7）为三个按钮 btn_ani、btn_house、btn_exit 分别添加单击事件操作对应的方法 UI01()、UI02()、quit()，如图 10-69 所示。

（8）为了切换跳转到角色动画和丛林木屋两个场景后，可以再跳转到目录场景，在角色动画和丛林木屋场景中添加"返回"按钮，并添加按钮的单击事件，调用 UI00()方法（注意要把 UI.cs 脚本赋给场景中的某一个游戏对象）。

（9）运行测试三个场景间的跳转，如图 10-70 所示。

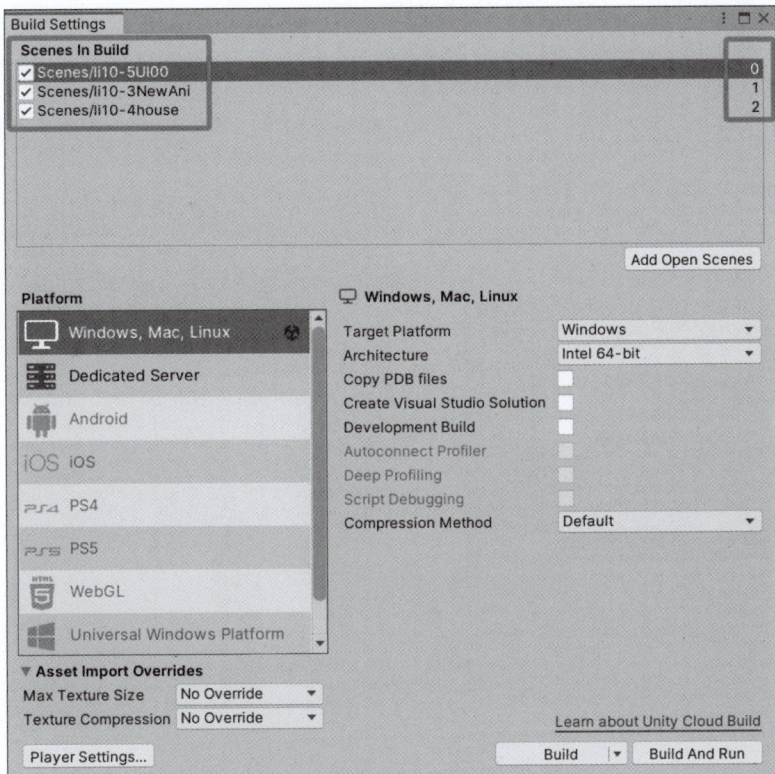

图 10-68　Build Settings 窗口添加场景

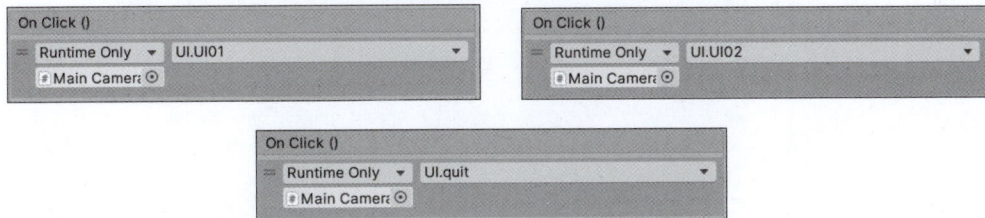

图 10-69　为三个按钮添加单击事件

【例 10-5】　UI 控件控制立方体旋转

（1）新建场景，创建一个立方体，保持默认设置，调整观察视角，然后选中主摄像机，单击菜单 GameObject|Align With View，将摄像机对齐调整好的视角。

（2）新建一个文本框，放到屏幕中上方，文本内容为"Welcome to Unity World"，Font Size 为 36，水平垂直方向居中对齐。新建一个滑动杆，稍微放大一点儿，放到屏幕右侧中间位置。效果如图 10-71 所示。

（3）新建脚本 cube_rotate.cs，编写代码，新建一个 float 类型变量 Cube_angle 存储立方体 y 轴的角度，初始值为 0。定义一个方法 cube_rot()，实现 Cube_angle 的值随着滑动杆滑块的移动而改变，从而改变立方体 y 轴的角度，连续看起来，就是滑动杆滑块控制立方体旋转起来。

UI 控件控制
立方体旋转

```
public class cube_rotate : MonoBehaviour
{
    float Cube_angle = 0;                    //声明变量 Cube_angle
    public void cube_rot(float angle)        //定义 cube_rot()方法
    {
        Cube_angle = angle * 360;            //滑块的值×360，传递给变量 Cube_angle
```

```
        transform.localEulerAngles = new Vector3(0, Cube_angle, 0);   //更新立方体的 y 轴角度
    }
}
```

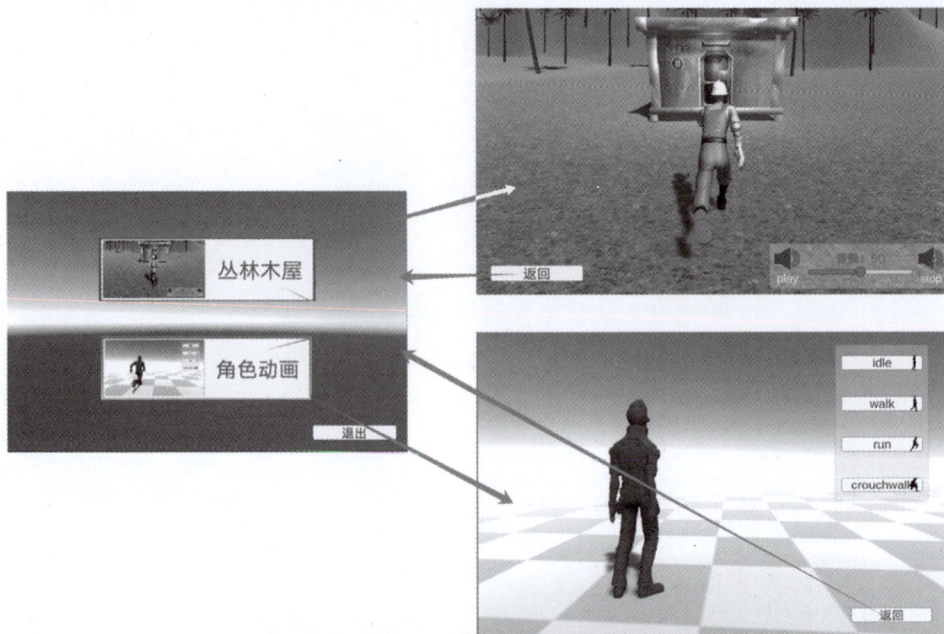

图 10-70　多场景跳转测试

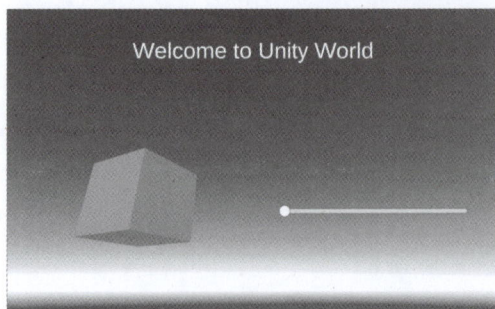

图 10-71　场景及 UI 设计效果

（4）将脚本 cube_rotate.cs 赋给立方体，为滑动杆添加 On Value Change 事件，调用 cube_rotate 脚本的 cube_rot()方法。

（5）运行测试，移动滑动杆的滑块，可以看到立方体随之旋转起来。效果如图 10-72 所示。

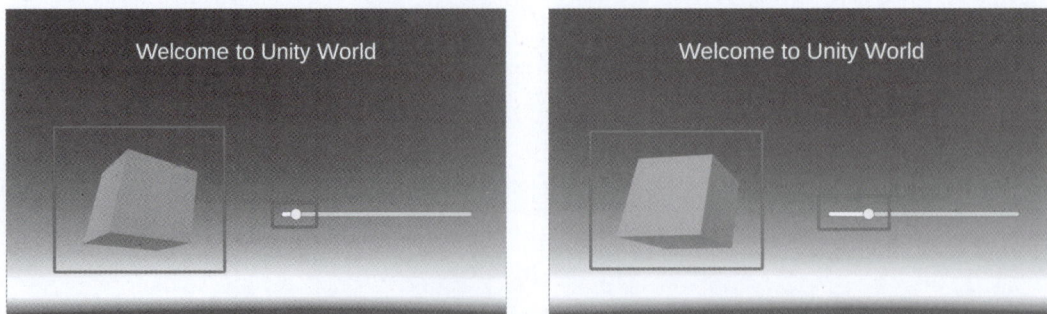

图 10-72　立方体随着滑动杆移动而旋转

【例 10-6】 布局管理器应用

本实例学习和实践 UGUI 的三种布局管理器 Horizontal Layout Group（垂直布局管理器界面）、Vertical Layout Group（水平布局管理器）、Grid Layout Group（网格布局管理器）的使用，效果如图 10-73 所示。

(a) Horizontal Layout Group　　(b) Vertical Layout Group　　(c) Grid Layout Group

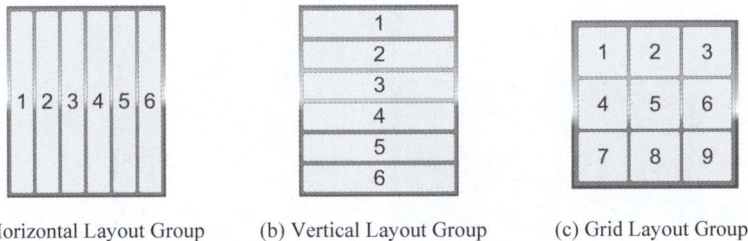

图 10-73　三种布局管理器效果

（1）新建场景，新建 6 个按钮，显示文字分别为数字 1～6，调整位置，效果如图 10-74 所示。

（2）新建一个 Panel 对象，命名为 Panel1，调整大小，然后选中所有 6 个按钮拖动到 Panel1 上，成为 Panel1 的子对象，如图 10-75 所示。

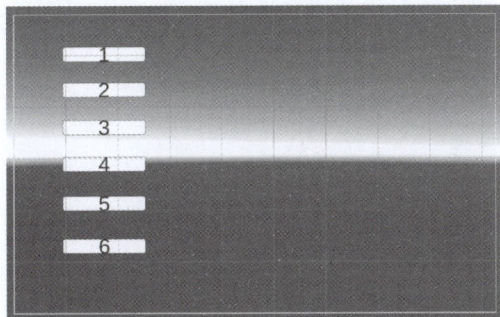

图 10-74　6 个按钮初始效果

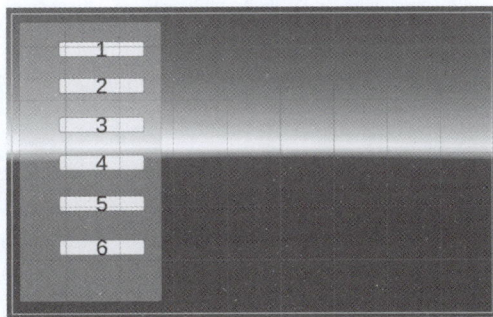

图 10-75　6 个按钮成为 Panel 子对象

（3）在 Panel1 对象的 Inspector 面板下方单击 Add Component 按钮，为 Panel1 添加 Vertical Layout Group 组件，将 Child Alignment 属性设置为 Middle Center，按钮会移动到 Panel1 的中心位置，将 Control Child Size 和 Child Force Expand 后面的 Width 和 Height 复选框都勾选上，6 个按钮会自动填充 Panel，通过 Padding 中的 Left、Right、Top、Bottom 属性设置 6 个按钮与 Panel 边框的距离，通过 Spacing 属性设置 6 个按钮中间的间距，效果如图 10-76 所示，6 个按钮在垂直方向上均匀排列。

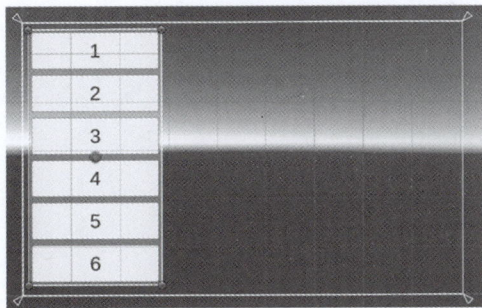

图 10-76　添加 Vertical Layout Group 组件后效果

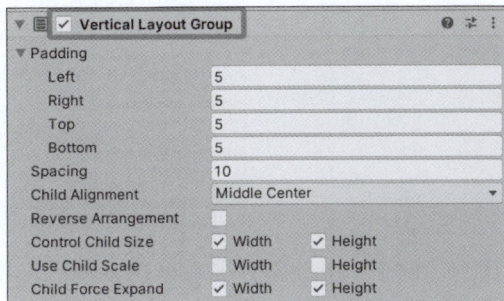

（4）复制 Panel1 为 Panel2，调整位置到右上角，删除 Panel2 的 Vertical Layout Group 组件，添加 Horizontal Layout Group 组件，设置属性如图 10-77 所示，6 个按钮在水平方向上均匀排

列。Horizontal Layout Group 组件属性中，勾选 Reverse Arrangement 属性，可以使 Panel2 中的 6 个按钮倒序排列。

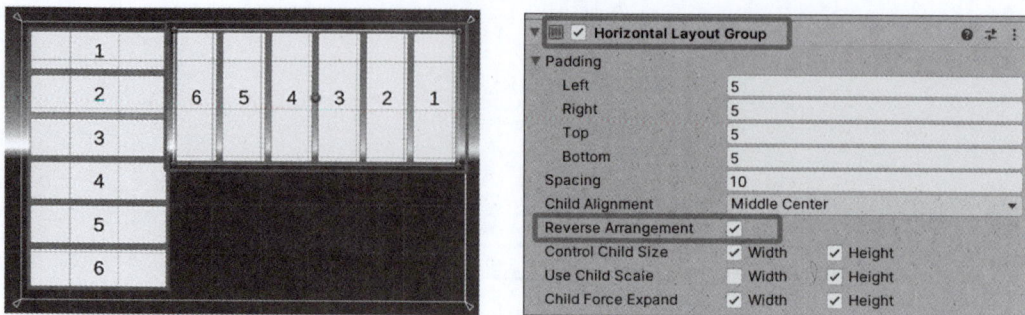

图 10-77　复制 Panel2 和添加 Horizontal Layout Group 组件后效果

（5）复制 Panel1 为 Panel3，调整位置到右下角，删除 Panel3 的 Vertical Layout Group 组件，添加 Grid Layout Group 组件，可以设置网格的大小 Cell Size、网格间距 Spacing、网格与容器的间距 Padding、网格从哪里开始排列 Start Corner、首先排满哪个轴 Start Axis、当所在容器大小变化时网格子对象的对齐方式 Child Alignment、是否约束行数或列数 Constraint 等，如图 10-78 所示，6 个按钮网格状分布在 Panel3 中。

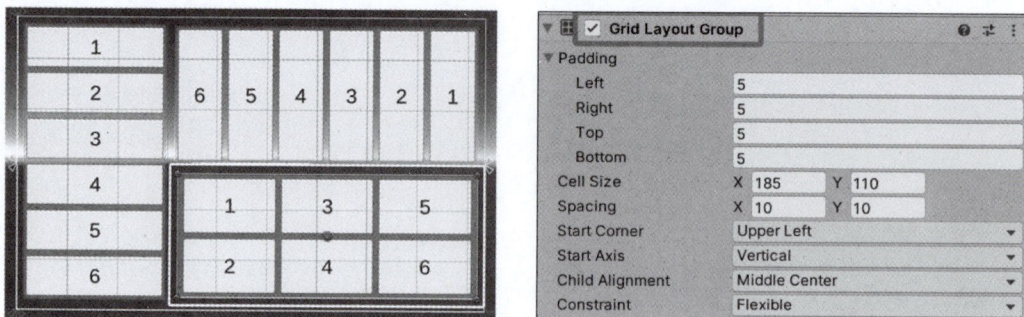

图 10-78　复制 Panel3 和添加 Grid Layout Group 组件后效果

（6）最终效果如图 10-79 所示。在实际应用中，布局管理器可以嵌套使用，以设计出更复杂丰富的 UI 效果。

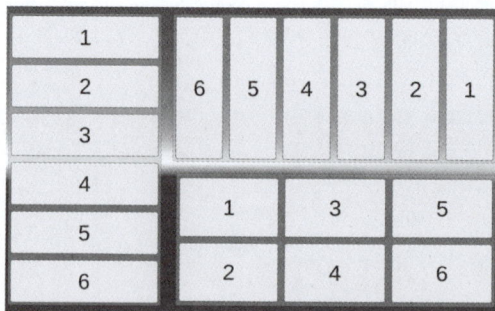

图 10-79　三组布局管理器最终效果

【例 10-7】　滚动视图实现背包系统

游戏项目中的剧情介绍、背包系统等可以通过滚动视图进行设计，本实例介绍滚动视图的应用，滚动视图是通过 Scroll View 控件来实现的。

（1）新建场景，创建一个 Scroll View，它由三个子对象 Viewport、Scrollbar Horizontal、

Scrollbar Vertical 组成,如图 10-80 所示。Viewport 有一个子对象 Content,在滚动视图中要显示的对象,就添加给 Content。当 Content 中显示内容超出 Scroll View 的半透明区域时,Scrollbar Horizontal 和 Scrollbar Vertical 就会显示出来,通过拖动水平和垂直滑块来查看要显示的完整内容。一般 Content 的大小范围会超出 Viewport 的范围,如图 10-81 所示。

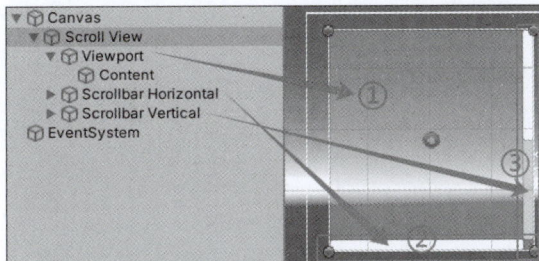

图 10-80　滚动视图 Scroll View 的组成

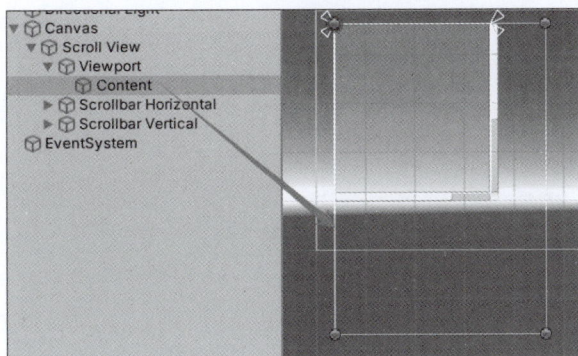

图 10-81　Content 子对象的大小范围

(2) Scroll View 对象最主要的组件是 Image 和 Scroll Rect。Image 组件提供了半透明的背景,可以通过修改 Image 组件的 Source Image 属性修改背景图片。Scroll Rect 组件的 Viewport、Horizontal Scrollbar、Vertical Scrollbar、Content 4 个属性对应了图 10-82 中的 4 个子对象,如图 10-82 所示。

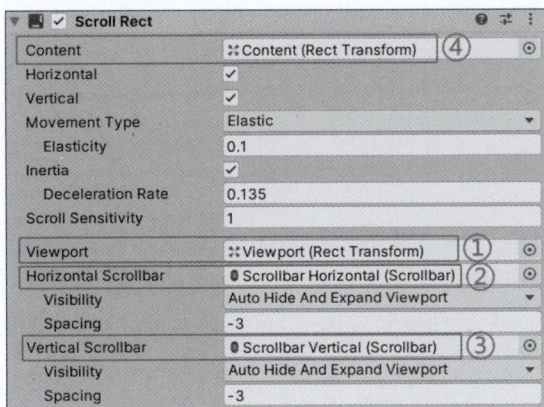

图 10-82　Scroll View 对象的 Scroll Rect 组件

(3) Viewport 对象的大小不可调,由 Scroll View 对象的大小确定。Viewport 的主要组件有 Image 和 Mask,如图 10-83 所示。Image 组件显示外观,一般不进行修改。Mask 组件起到遮罩的作用,就是把 Content 子对象超出 Viewport 显示范围之外的区域剔除掉不显示,要显示超出区域内容,通过水平滚动条和垂直滚动条来实现。

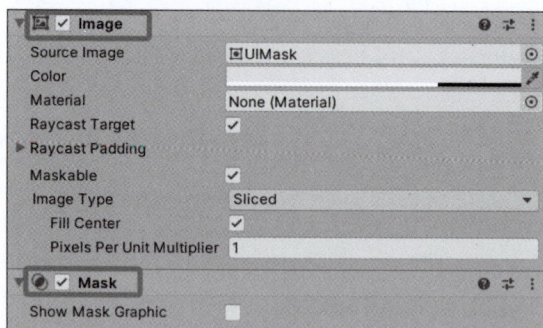

图 10-83　Viewport 的 Image 和 Mask 组件

（4）滚动视图要显示的内容在 Content 中进行设计。首先为 Content 添加一个 Grid Layout Group 布局管理器,属性设置如图 10-84 所示。

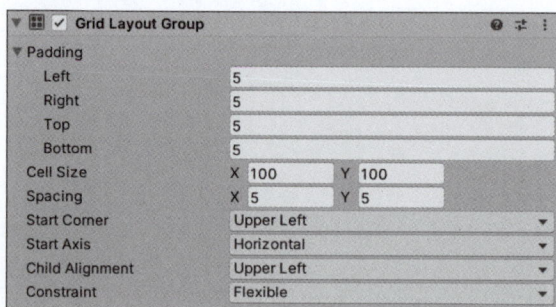

图 10-84　为 Content 添加一个 Grid Layout Group 组件

（5）为 Content 添加一个子对象:按钮 Button1,为 Button1 再添加一个子对象 Image,并在 Hierarchy 面板中将 Image 放在文本框的上方,然后为 Image 的 Source Image 属性指定一张精灵图片 🌑,将文本框中的文字内容设置为1,调整文字大小,效果如图 10-85 所示。按钮的大小为 Content 的 Grid Layout Group 组件中 Cell Size 设置的 100×100。

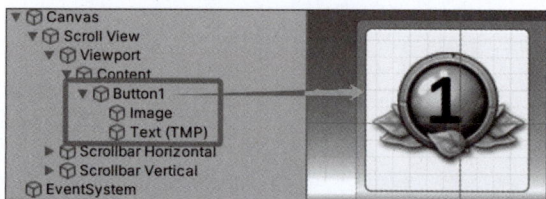

图 10-85　为 Content 添加一个子对象:按钮 Button1

（6）将按钮 Button1 复制出来多个,填满 Content,修改各个按钮显示图片和文本框内容,将 Viewport 的 Mask 组件取消勾选,使其暂时不起作用,设计效果如图 10-86 所示。

（7）将 Viewport 的 Mask 组件重新勾选上,运行测试,拖动水平滚动条和垂直滚动条,最终效果如图 10-87 所示。

【例 10-8】　Button 按钮单击事件响应的三种方法

UGUI 控件的事件响应除了可以在编辑器中进行可视化编辑,还可以通过代码来实现。下面通过修改例 10-4,分别介绍这三种方法。注意检查场景中的 EventSystem 对象正常,不能缺失。

方法一:编辑器中可视化编辑,为按钮的 Button 组件添加 On Click 事件,然后添加对象,调用对象上脚本的方法,具体步骤参见例 10-4。

按钮单击
事件响应的
三种方法

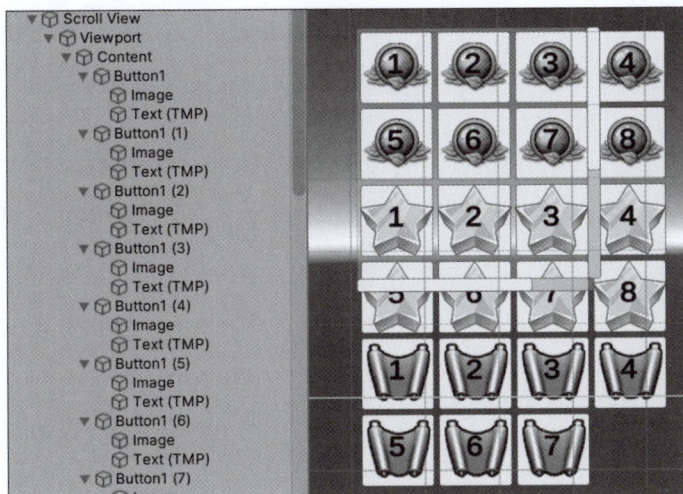

图 10-86 Content 添加更多按钮的设计效果

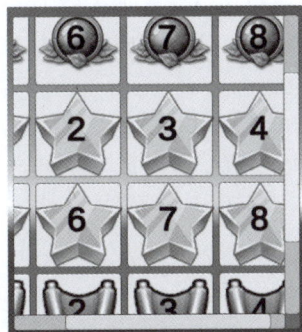

图 10-87 滚动视图最终效果

方法二：通过代码为按钮添加事件监听器，可通过回调函数和 Lambda 表达式实现。

（1）将例 10-4 另存为例 10-8，移除按钮 btn_ani 和 btn_house 的单击事件，移除后效果如图 10-88 所示。

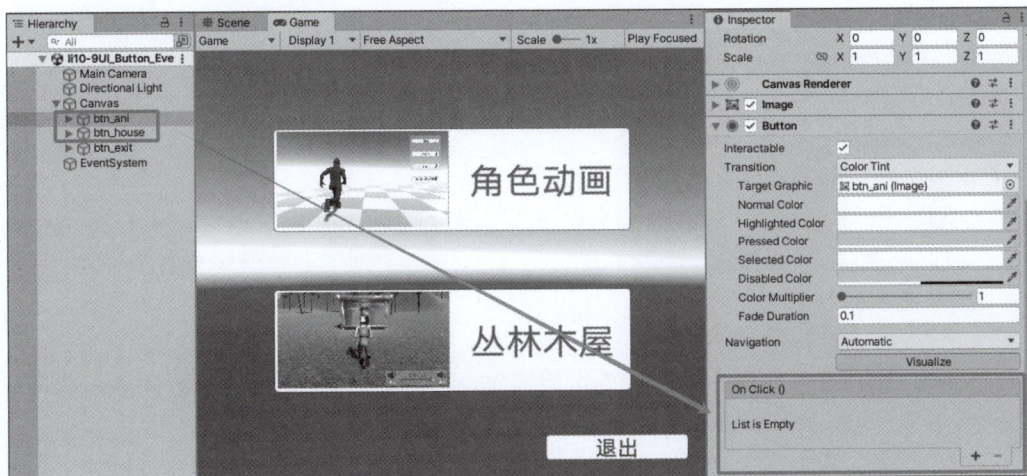

图 10-88 移除按钮 btn_ani 和 btn_house 的单击事件

（2）新建脚本 UI_ButtonEvent.cs，将 UI.cs 脚本中的三个方法 UI01()、UI02()、quit()复制给 UI_ButtonEvent.cs。

```
public class UI_ButtonEvent : MonoBehaviour
{
    private void UI01()
    {
        SceneManager.LoadScene(1);
    }
    private void UI02()
    {
        SceneManager.LoadScene(2);
    }
    public void quit()
    {
```

```
            Application.Quit();
        }
    }
```

（3）将 Main Camera 上挂载的 UI.cs 脚本移除，挂载上 UI_ButtonEvent.cs 脚本。

（4）在 UI_ButtonEvent.cs 脚本中添加以下代码。声明按钮变量 btn_UI，在 Start()方法中编写代码，首先判断场景中是否有 btn_ani 按钮，如果有，通过语句 btn_UI= GameObject.Find("btn_ani").GetComponent＜Button＞();获取该按钮，然后给按钮添加事件监听器 btn_UI.onClick.AddListener(UI01);，这里 onClick 是单击事件，AddListener()方法添加监听器，参数 UI01 是前面已经定义好的回调函数，当单击事件发生时，自动调用 UI01()方法。对于按钮 btn_house，实现方法类似，不过这里使用了 Lambda 表达式。

```
Button btn_UI;
void Start()
{
    if (GameObject.Find("btn_ani") != null)
    {
        btn_UI= GameObject.Find("btn_ani").GetComponent<Button>();
        btn_UI.onClick.AddListener(UI01);       //按钮添加事件监听(回调函数实现)
    }
    if (GameObject.Find("btn_house") != null)
    {
        btn_UI= GameObject.Find("btn_house").GetComponent<Button>();
        btn_UI.onClick.AddListener(() =>
        {
            SceneManager.LoadScene(2);
        });                                     //Lambda 表达式
    }
}
```

（5）运行测试，两个按钮可以正常实现跳转。

方法三：脚本实现接口 IPointerClickHandler 中的 OnPointerClick（也可以是 OnPointerUp、OnPointerDown、OnPointerEnter、OnPointerExit 等）。注意：脚本要挂载到对应的控件上，不用全部挂载，只挂载到一个控件上即可。

（1）把方法二的代码全部注释。

（2）修改 UI_ButtonEvent.cs 脚本的类声明语句，使类 UI_ButtonEvent 在继承 MonoBehaviour 的同时，实现 IPointerClickHandler 接口。

```
public class UI_ButtonEvent : MonoBehaviour, IPointerClickHandler
```

（3）实现 IPointerClickHandler 接口，需要实现 OnPointerClick 回调函数（或者根据功能需求，实现 OnPointerUp、OnPointerDown、OnPointerEnter、OnPointerExit 等回调函数）。代码如下。OnPointerClick 有一个 PointerEventData 类型的参数 eventData，表示鼠标指针事件，有 eventData.pointerPress 鼠标按下、eventData.pointerEnter 鼠标指针进入、eventData.pointerDrag 鼠标拖动、eventData.pointerClick 鼠标单击等鼠标事件。

```
public void OnPointerClick(PointerEventData eventData)  //实现 OnPointerClick()抽象方法
{
    if (eventData.pointerPress.name == "btn_ani")        //判断按下的是哪个按钮
    {
        UI01();
    }
    if (eventData.pointerPress.name == "btn_house")      //判断按下的是哪个按钮
    {
```

```
        UI02();
    }
}
```

（4）将 UI_ButtonEvent.cs 赋给按钮 btn_ani 或 btn_house，将主摄像机上的脚本 UI_ButtonEvent.cs 移除，或设置为非激活状态。

（5）运行测试，两个按钮可以正常实现跳转。

10.4　UI Toolkit 基础

UI Toolkit 是开发 Unity 新项目的首选 UI 工具，但是它也缺少 UGUI 和 IMGUI 的一些功能。IMGUI、UGUI 和 UI Toolkit 这三个 UI 系统，会在 Unity 中长期共存，用户在开发项目时，可以根据所开发项目的 UI 类型及项目需要支持的功能，来选择使用哪个 UI 工具。

10.4.1　UI Toolkit 概述

UI Toolkit 的前身是 UIElement，发布于 Unity 2018。起初它用于开发 Editor 编辑面板中的 UI。自 Unity 2019 起，UIElement 正式支持运行时 UI，并且更名为 UIToolkit，以 Package 包的形式存在。

自 Unity 2021.2 起，UI Toolkit 被官方内置在 Unity 中，和 UGUI 的地位一致，UI Toolkit 作为下一代 UI 系统，设计之初目标就很明确，就是未来逐渐替换掉现有的 UGUI 系统。现有的 UGUI 系统从 2014 年自 Unity 4.6 开始至今服务于太多项目，UGUI 使用上基本可以，但最大的问题是效率低、打开慢、卡顿等，导致不得不花很多时间去优化 UI 系统。

10.4.2　UI Toolkit 组成

UI Toolkit 的开发灵感来自标准 Web 技术，如果有开发网页或应用程序的经验，使用 UI Toolkit 进行 UI 设计将会很简单。UI Toolkit 由 UI Document、UI Toolkit、UI Builder、EventSystem 4 部分组成。在后面的实例中会一一进行介绍。

10.5　项目发布

Unity 开发的项目可以发布到多个平台，较早 Unity 版本，PC 版和 Web 网页版可以直接发布，其他发布平台需要安装相应的插件。Unity 2022 支持 PC 版直接发布。

Unity 项目 PC 端可以发布为 Windows 平台、Mac 平台和 Linux 平台，发布的游戏可以在任何一台不联网的对应类型的 PC 上运行。PC 版 Unity 项目的发布步骤如下，以例 10-4 多场景间跳转为例。

（1）选择菜单 File|Build Settings，打开 Build Settings 对话框，将发布项目需要的场景 li10-5UI00、li10-3NewAni 和 li10-4house 拖动到 Scenes In Build 方框中，在 Platform 中选中 Windows、Mac、Linux 发布平台，单击 Player Settings 按钮，如图 10-89 所示。

（2）打开 Project Settings 对话框，如图 10-90 所示。在左侧栏选择 Player，在右侧框中单击 Default Icon 和 Default Cursor 后面的 Select 按钮，设置发布后的项目图标和鼠标指针外观，如图 10-90（a）所示。注意 Default Icon 的图片类型为 Sprite，Default Cursor 的图片类型为 Cursor，设置好的效果如图 10-90（b）所示。还可以在 Resolution and Presentation 组中的 Resolution 的

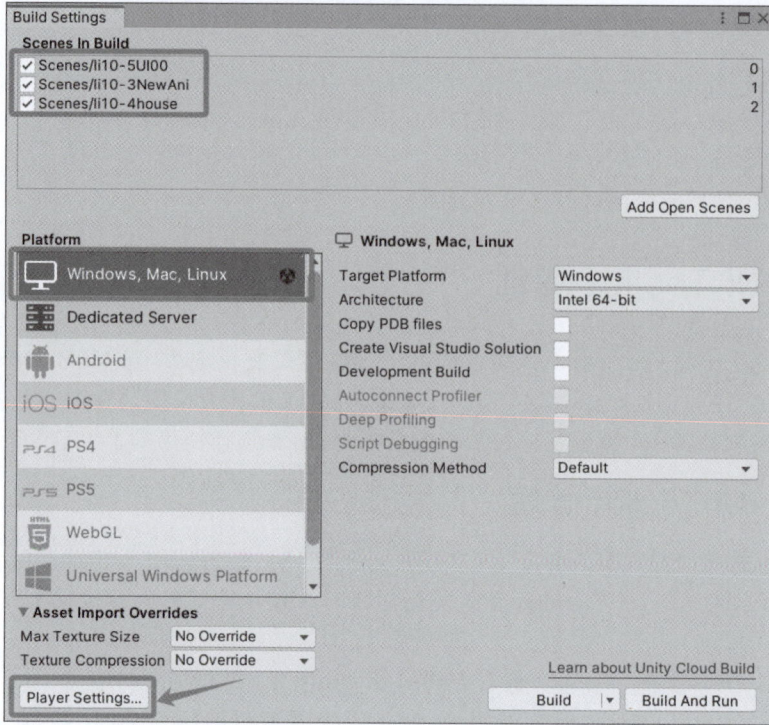

图 10-89　**Build Settings** 对话框

Fullscreen Mode 属性后面的列表中选择设置发布项目的屏幕大小,有 4 个选项,默认为 Fullscreen Window,如图 10-90(c)所示。

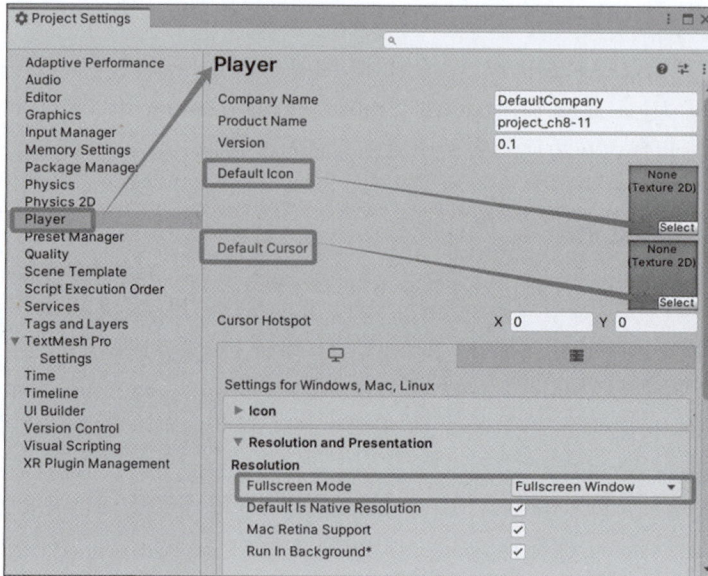

(a) Project Settings对话框

图 10-90　**Player Settings** 项目发布设置

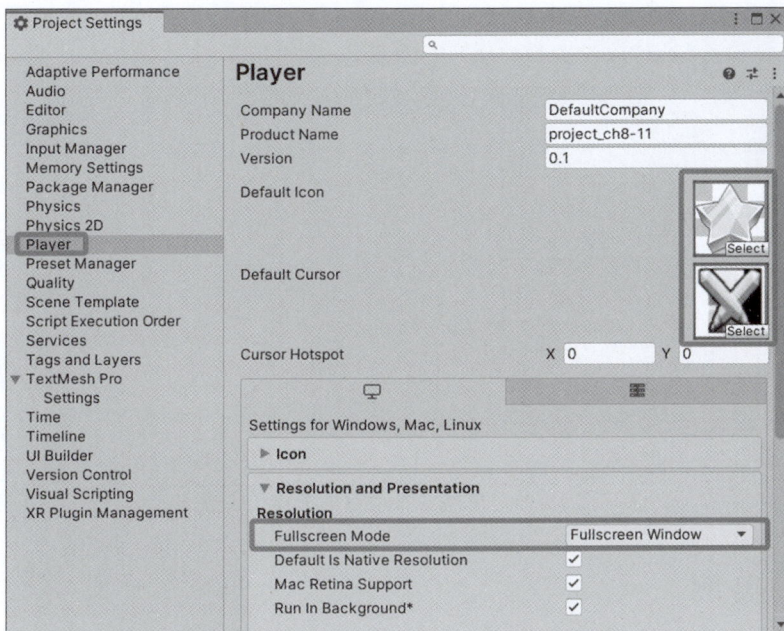

(b) Default Icon和Default Cursor设置后效果

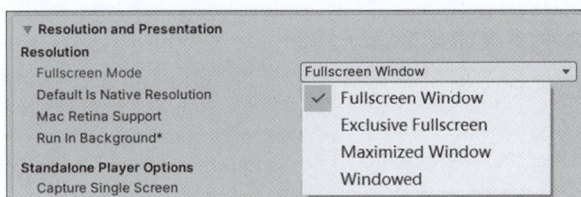

(c) 项目发布屏幕大小设置

图 10-90　（续）

（3）设置好后，关闭 Project Settings 对话框。然后单击 Build Settings 对话框右下角的 Build 按钮，在打开的资源管理器中选择发布项目的文件夹，系统开始发布项目。项目发布完成，可以在发布文件夹中查看发布的项目文件，发布的.exe 文件会以项目名进行命名，.exe 文件前的图标也已经修改为前面设置的图标，如图 10-91 所示。

（4）双击发布文件夹中的 project_ch8-11.exe，运行游戏，测试游戏功能及场景间的切换等，如图 10-92 所示。

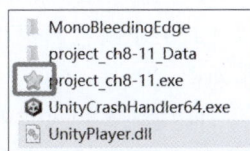

图 10-91　资源管理器中发布项目的文件结构

图 10-92　发布项目测试

早期 PC 版游戏在发布后,可以选择是全屏或窗口模式运行。Windowed 前的复选框,可以选择:①勾选,窗口运行,可以设置窗口大小;②不勾选,全屏运行,如图 10-93 所示。

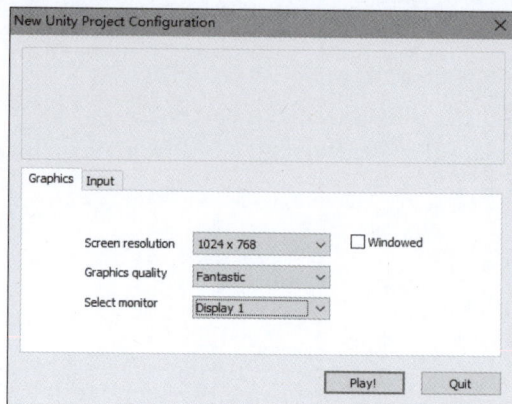

图 10-93　早期发布项目屏幕窗口设置

10.6　实例

10.6.1　为丛林木屋添加背景音乐控制

【例 10-9】　为丛林木屋添加背景音乐控制

本实例为例 9-2 中的丛林木屋添加背景音乐 UI 控制,通过按钮控制播放和暂停,通过滑动杆实现音量控制。

(1) 打开例 9-2,创建一个 Panel 容器,命名为"Panel_audio_bj",调整大小,放到屏幕右下角,锚点预设为不拉伸,4 个锚点汇集在右下角。创建一个按钮,作为 Panel 的子对象,命名为"btn_Play",将按钮调整为正方形,移动到 Panel 的左侧,按钮文本框文字设置为"play",并移动到按钮的下方,按钮的 Image 组件的 Source Image 设置为播放音频的小喇叭精灵图片 audio_volume,设计效果如图 10-94 所示。

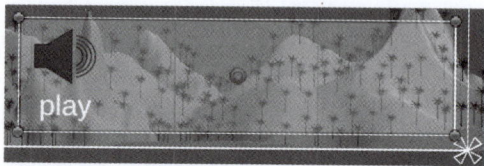

图 10-94　"播放"按钮 btn_Play 设计效果

(2) 打开脚本 audio_con.cs,在 Update()方法后面定义 play_audio()方法和 stop_audio()方法。

```
public void play_audio()                        //play_audio()方法
{
    as01.Play();
}
public void stop_audio()                        //stop_audio()方法

{
    as01.Stop();
}
```

(3) 为按钮 btn_Play 添加单击事件,目标对象选择挂载 audio_con.cs 脚本的 Main Camera,然后选择 audio_con.cs 的 play_audio(),如图 10-95 所示。

(4) 将按钮 btn_Play 复制出来一份,修改名称为"btn_Stop",调整按钮位置、按钮图片、按钮文字及单击事件操作调用的方法等,如图 10-96 所示。

图 10-95 "播放"按钮 btn_Play 单击事件设计

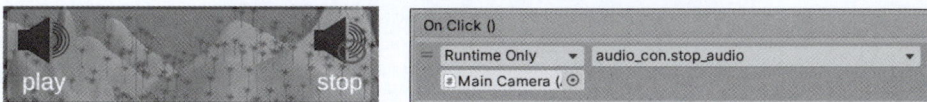

图 10-96 "停止"按钮 btn_Stop 设计效果

（5）创建一个 Slider 滑动杆来调节背景音乐的音量。Slider 控件由三个子对象 Background、Fill Area、Handle Slide Area 组成，保持背景颜色（Background）的白色默认颜色，调整填充区域（Fill Area）的颜色为绿色，调整滑动块（Handle Slide Area）的颜色为红色（滑块也可以设置为其他形状的精灵贴图），把 Slider 控件的 Slider 组件中的 Value 属性值设置为 0.5，滑块移动到中间位置。

为 Slider 再创建一个文本框子对象 Text（TMP）_volume，显示 0~100 范围的音量大小。初始文本内容为"音量：50"，文本颜色为红色，Font Size 为 20，Alignment 在水平和垂直方向都对齐，调整文本框位置到 Slider 上方，滑动杆 Slide 的层级结构和整体设计效果如图 10-97 所示。

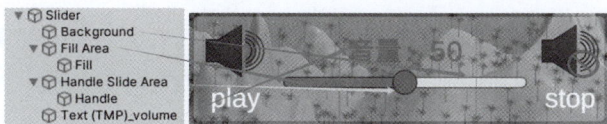

图 10-97 音量控制滑动杆 Slide 的设计效果

（6）打开脚本 audio_con.cs，定义 change_volume()方法。

```
public void change_volume(float volume)
{
    as01.volume = volume;        //把音频源的音量值设置为形参 volume 的值
                                 //根据音量值修改滑动杆上方文本框中的文字内容
    GameObject.Find("Text (TMP)_volume").GetComponent<TextMeshProUGUI>().text = "音量:"
+ Mathf.Round(volume * 100);
}
```

（7）为 Slider 添加 On Value Changed 事件，目标对象选择挂载 audio_con.cs 脚本的 Main Camera，然后选择 audio_con.cs 脚本中的 change_volume()方法，注意滑动杆滑块的值要动态地传递给 change_volume()方法，在选择 audio_con.cs 脚本中的方法时，要在弹出的菜单上方动态参数区域选择 change_volume()方法，如图 10-98 所示。

（8）运行测试，单击 btn_Stop 按钮，背景音乐暂停播放，单击 btn_Play 按钮，背景音乐继续播放。拖动滑动杆的滑块到文本框显示为"音量：70"，音乐的音量随着滑块的位置变化，音源 Main Camera 的 Audio Source 组件中的 Volume 属性值也随着变化为 0.7031，如图 10-99 所示。

10.6.2 UI Tookit 入门案例

【例 10-10】 UI Tookit 入门案例

（1）新建场景，在 Hierarchy 面板中选择右键菜单 UI Toolkit|UI Document，新建一个 UI Document 对象，在 Project 面板中也会自动创建一个 UI Toolkit 文件夹，对象 UI Document 的 UI Document 组件的 Panel Settings 属性值自动设置为 Project 面板中 UI Toolkit 文件夹中的 PanelSettings.Asset 资源文件，如图 10-100 所示。

UI Toolkit
入门案例

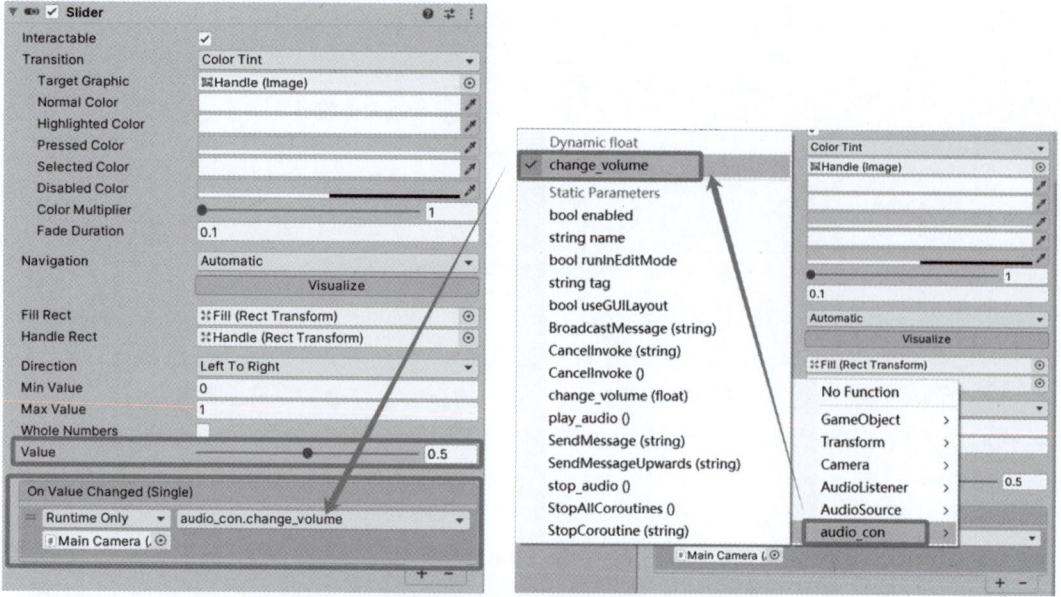

图 10-98　添加 Slider 的 On Value Changed 事件

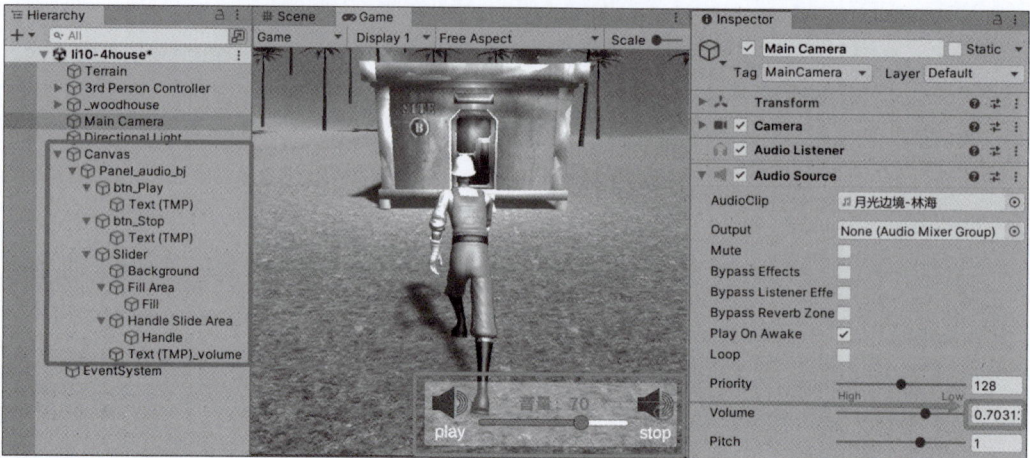

图 10-99　运行测试效果

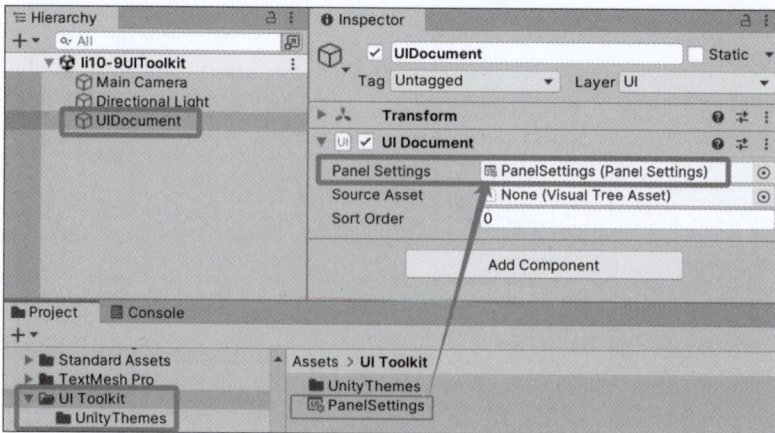

图 10-100　创建 UI Document 对象

UI Document 组件包括以下属性。

Panel Settings：定义一些全局的配置，如字体、样式等信息，在创建 UI Document 对象时，会自动创建 PanelSettings.asset 文件。

Source Asset：待显示的页面资源，在 Project 中创建好 uxml 类型的资源后，赋予该属性，对 UI Document 对象的编辑就通过该属性对应的 uxml 资源来完成。

Sort Order：排序顺序，当有多个 UI Document 对象时，序号越小的越先显示（在底部），序号越大的越后显示（在顶部），即序号大的遮挡序号小的。

（2）在 Project 的 UI Toolkit 文件夹中，右键菜单选择 Create|UI Toolkit|UI Document，创建一个 uxml 类型的 UI Document，命名为"MyUXMLTemplate.uxml"，后面将通过在 UI Builder 中对 MyUXMLTemplate.uxml 的编辑来实现对 UI Document 对象的编辑（UI Toolkit 实现 UI 设计的原理）。

（3）将 Hierarchy 面板中的 UI Document 对象的 Source Asset 属性，设置为上一步创建的 MyUXMLTemplate.uxml，如图 10-101 所示。

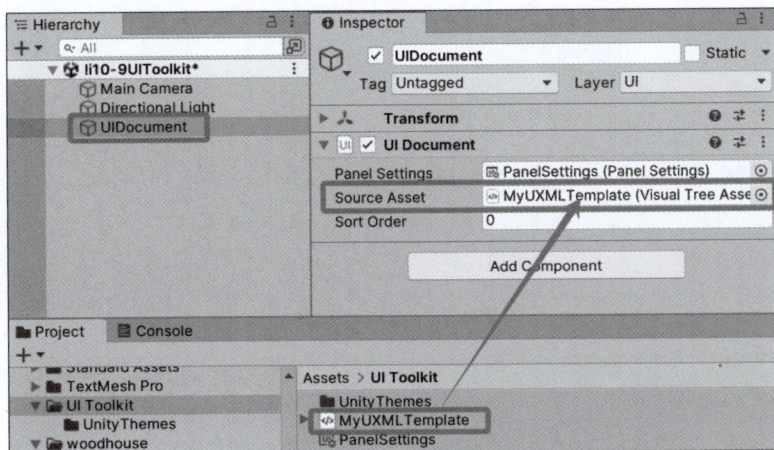

图 10-101　设置 UI Document 对象的 Source Asset 属性

（4）双击 Project 面板中的 MyUXMLTemplate，打开 UI Builder 窗口，可以在里面编辑 UI 元素，如图 10-102 所示。

UI Builder 窗口由 5 部分组成。

StyleSheets：样式窗口，用于管理控件样式，可以创建和添加样式。

Hierarchy：UI 控件层级窗口，用于管理 UI 控件，前面创建好的 MyUXMLTemplate.uxml 对象已经添加到 Hierarchy 窗口，选中 MyUXMLTemplate，可以在右侧的 Inspector 窗口中看到默认的 Canvas 大小为 350×450。

Library：UI 容器和控件库，Standard 选项卡，包括 Container 容器库、Controls 控件库、Numeric Fields 数值字段库，如图 10-103 所示。在 Project 选项卡中可以查看本项目中的 UI 容器和控件资源文件。

Viewport：预览窗口，滚动鼠标滑轮可以放大和缩小预览窗口大小，按鼠标中键或滚轮拖曳，可以调整预览窗口的位置，单击 Viewport 窗口右上角的 Preview 按钮，可以查看运行状态的 UI。

Inspector：监视器窗口，用于配置容器和 UI 控件的属性。

（5）从 Containers 容器库中拖动一个 VisualElement 到 Hierarchy 中，或者直接拖到

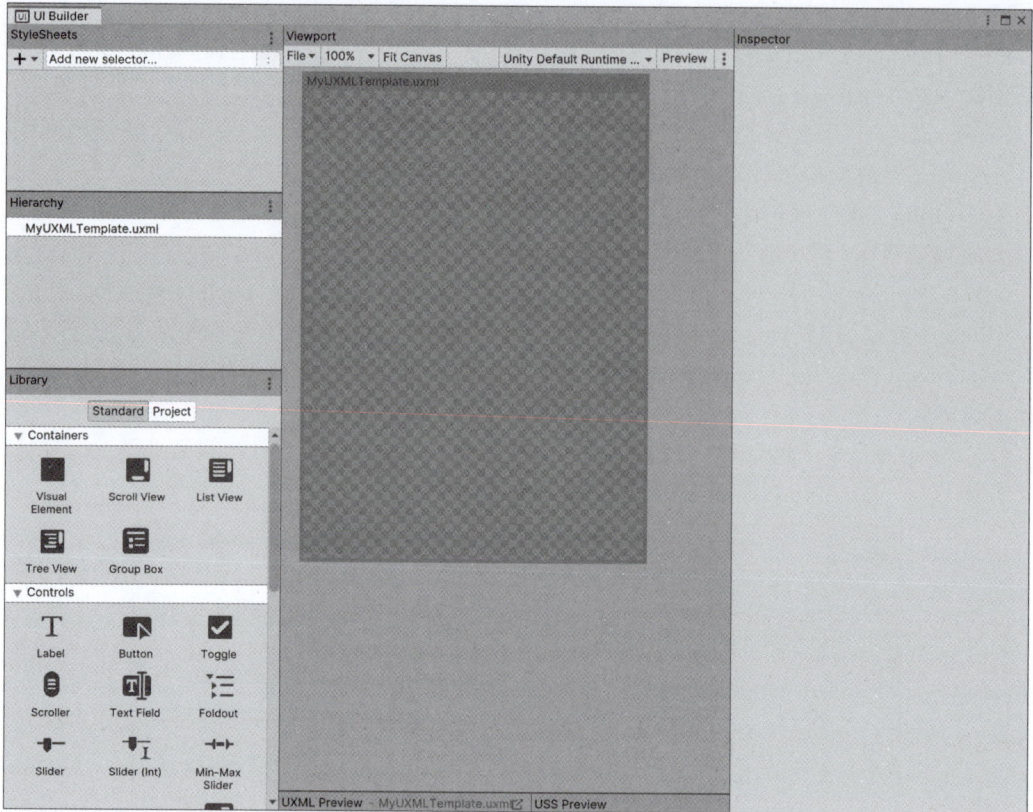

图 10-102　UI Build 窗口

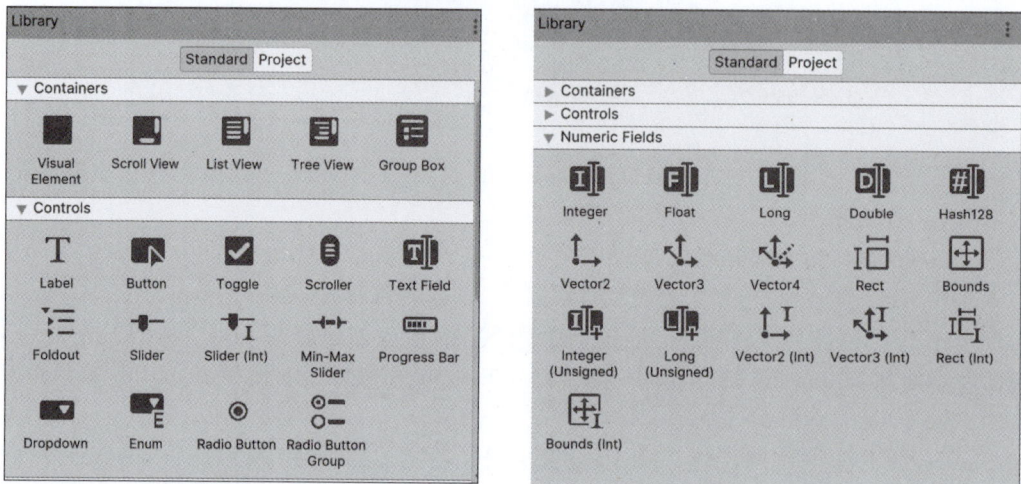

图 10-103　Library 的 Container 库、Controls 库、Numeric Fields 库

Viewport 预览视图中,如图 10-104 所示。

（6）在 Inspector 窗口中设置 VisualElement 对象的 Size 中的 Width 为 50%,Height 为 50%,Position 中的 Left 为 25%,Top 为 25%,将 VisualElement 对象的大小设置为 Canvas 容器的一半,并在居中位置放置,如图 10-105 所示。如果 Height 设置后无效,则再创建一个 VisualElement 容器对象,将 Height 属性也设置为 50%,就可以得到图中效果。

（7）设置 VisualElement 对象的颜色,设置 Background 的 Color 为半透明黑色,设置好后,在

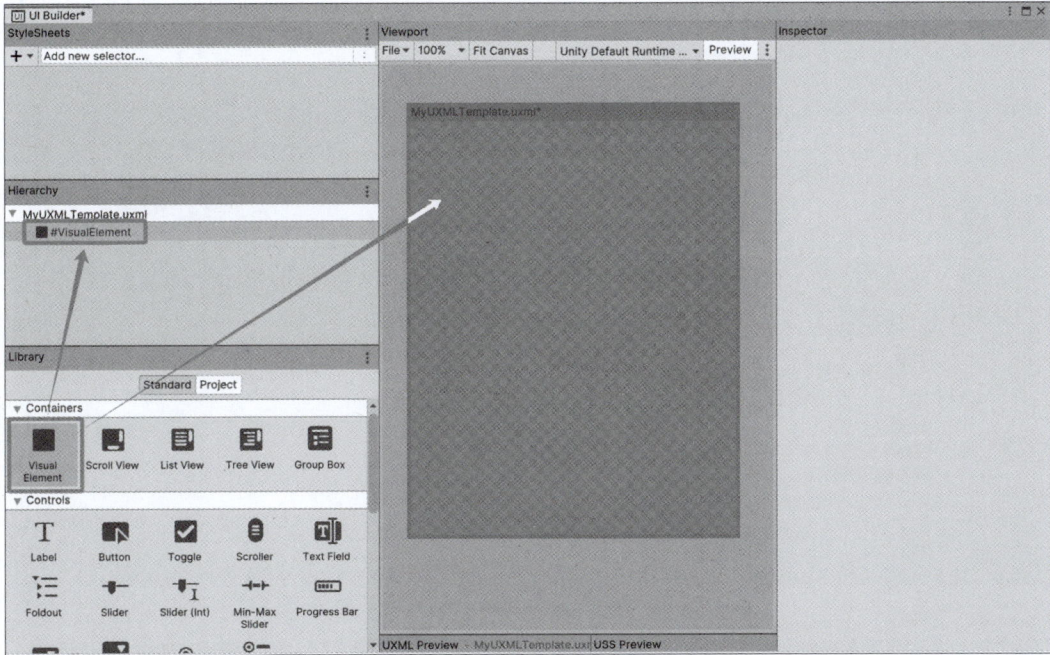

图 10-104 创建 VisualElement 对象

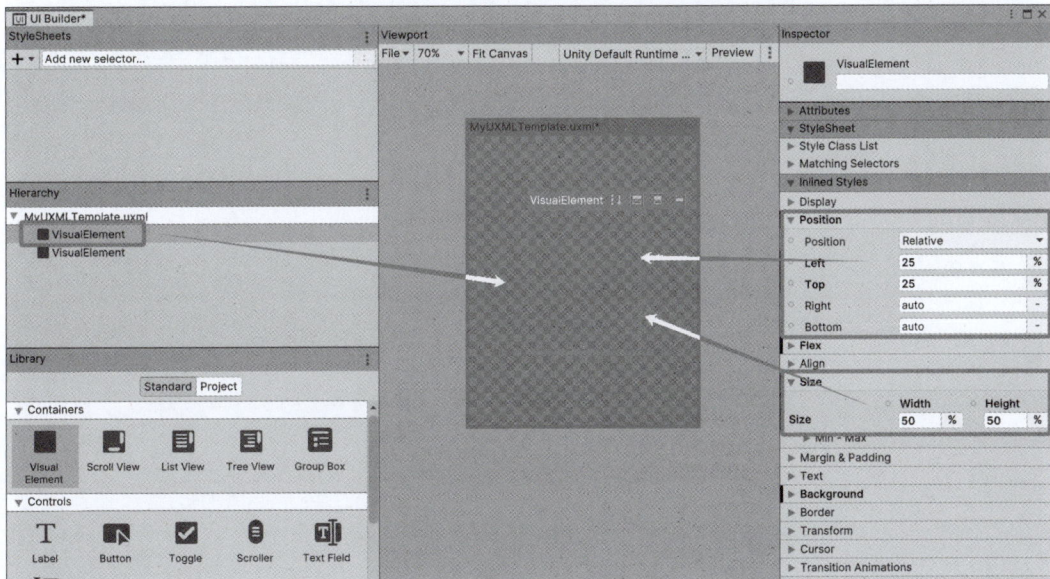

图 10-105 设置 VisualElement 对象的大小和位置

Game 窗口中可以预览到设计效果,如图 10-106 所示。

(8) 新建一个 Label 控件,在 Hierarchy 面板中,拖动到 VisualElement 对象上,作为 VisualElement 对象的子对象。在 Inspector 面板中修改 Label 对象的名字为"counterText",Size 的 Width 为 50%,Height 为 10%,Position 的 Left 为 25%,Top 为 30%,Text 中 Color 设置为白 色,Align 的水平和垂直方向都对齐,如图 10-107 所示。

(9) 新建一个 Button 控件,在 Hierarchy 面板中,拖动到 VisualElement 对象上,作为 VisualElement 对象的子对象。在 Inspector 面板中,修改 Button 对象的名字为"counterButton",

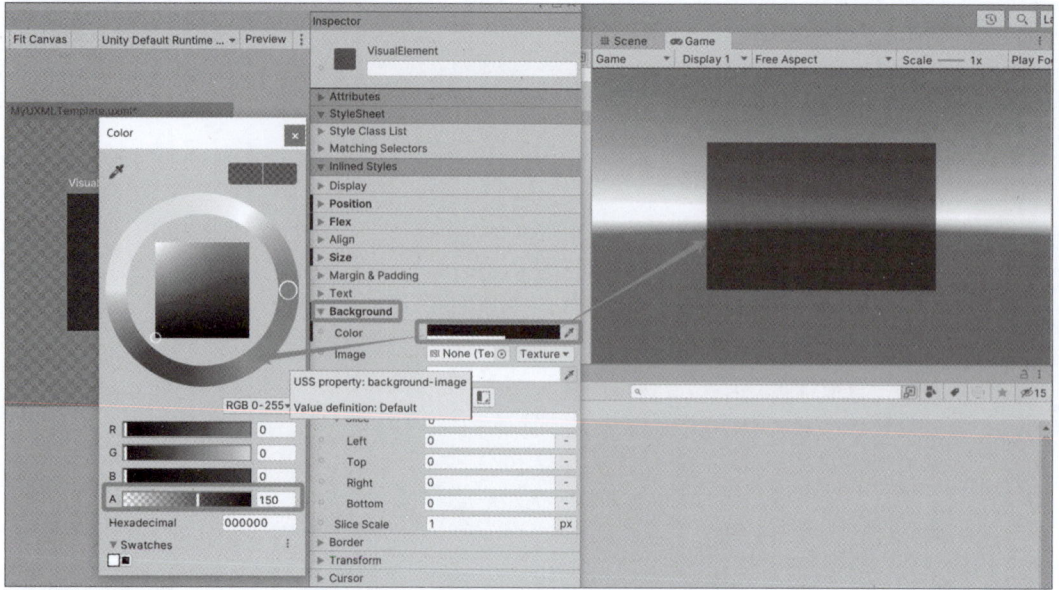

图 10-106　设置 VisualElement 对象的颜色

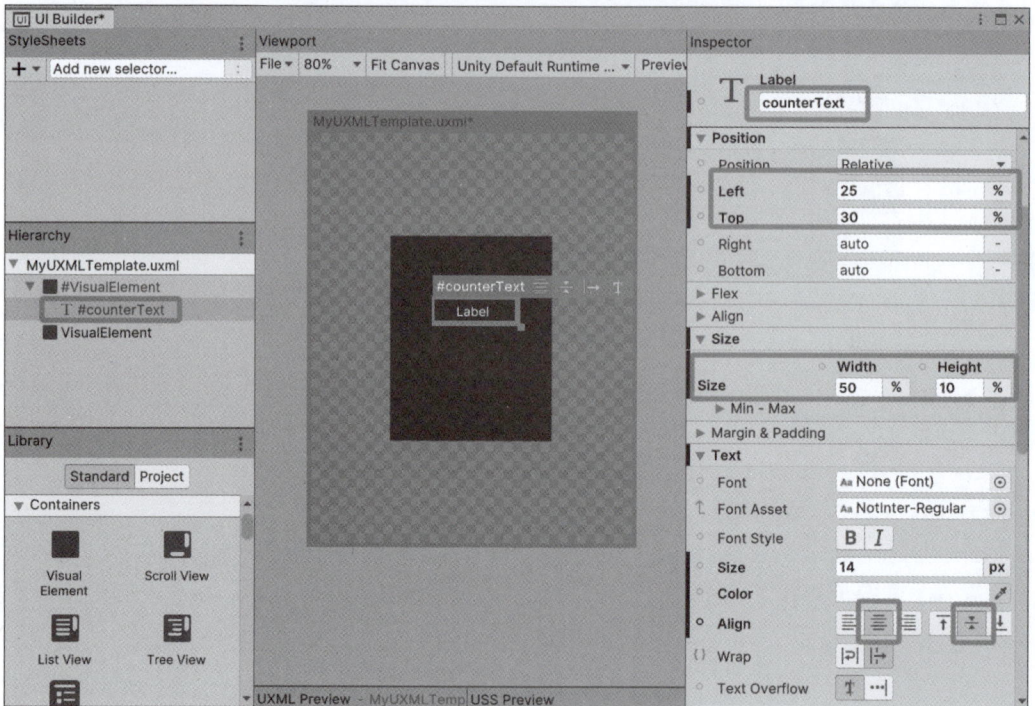

图 10-107　新建 Label 对象及属性设置

Size 的 Width 为 50％，Height 为 10％，Position 的 Left 为 25％，Top 为 40％，Text 中 Color 设置为白色，Align 的水平和垂直方向都对齐，如图 10-108 所示。

（10）按快捷键 Ctrl＋S 保存 MyUXMLTemplate.uxml，或者关闭 UI Build 时保存。然后回到编辑器，新建一个脚本 UICounter.cs，挂载到 UI Document 对象上，编写以下代码。先声明三个变量 counterText、counterButton 和 count。然后在脚本的 OnEnable()方法中，通过语句 var root ＝ GetComponent＜UI Document＞().rootVisualElement；获取 UI Document 对象的根容

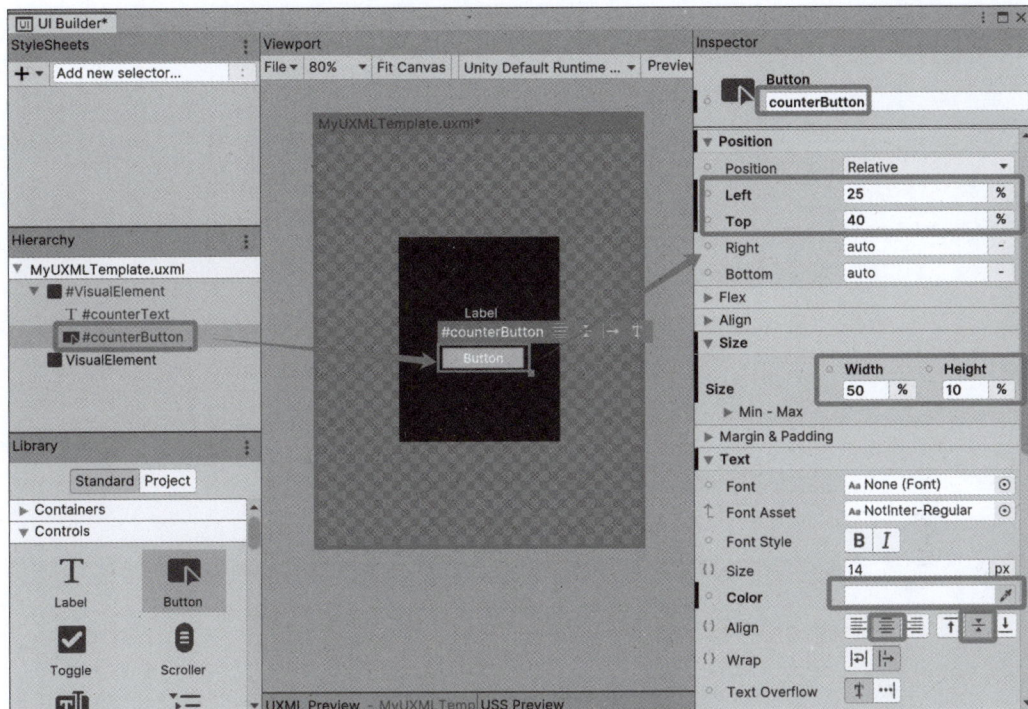

图 10-108　新建 Button 对象及属性设置

器,然后通过 root 的 Query()方法,查找 Label 类型对象 counterText 和 Button 类型对象 counterButton,这里一定要注意控件名称要与 UI Builder 窗口中的控件名称一致,否则会找不到指定对象。通过按钮的 RegisterCallback()回调函数,注册按钮的单击事件,当按钮单击事件发生,调用 Counter()方法。Counter()方法实现的功能是变量 count 加 1,然后更新 counterText 显示的文本信息。

(11) 完整代码如下。

```csharp
using UnityEngine;
using UnityEngine.UIElements;
public class UICounter : MonoBehaviour
{
    Label counterText;                           //声明 Label 类型变量 counterText
    Button counterButton;                        //声明 Button 类型变量 counterButton
    public int count = 0;                        //声明变量 count,记录计数的变化

    private void OnEnable()
    {
        //获取 UI Document 的根容器赋给变量 root
        var root = GetComponent<UIDocument>().rootVisualElement;
        counterText = root.Query<Label>("counterText");
                                                 //查找指定名称的对应类型的 UI 控件
        counterButton = root.Q<Button>("counterButton");
                                                 //查找指定名称的对应类型的 UI 控件
        //通过回调函数注册按钮单击事件
        counterButton.RegisterCallback<ClickEvent>(ev => Counter("UI"));
    }
    void Counter(string ss)                      //定义按钮单击事件响应方法
    {
        count++;                                 //count 自增 1
        counterText.text = $"Count:{count} + {ss}";  //更新 counterText 的文本信息
    }
}
```

（12）运行测试,效果如图 10-109 所示。如果单击按钮没有反应,有可能是第二个 VisualElement 遮挡了按钮,将该 VisualElement 适当下移,即可正常操作按钮了。

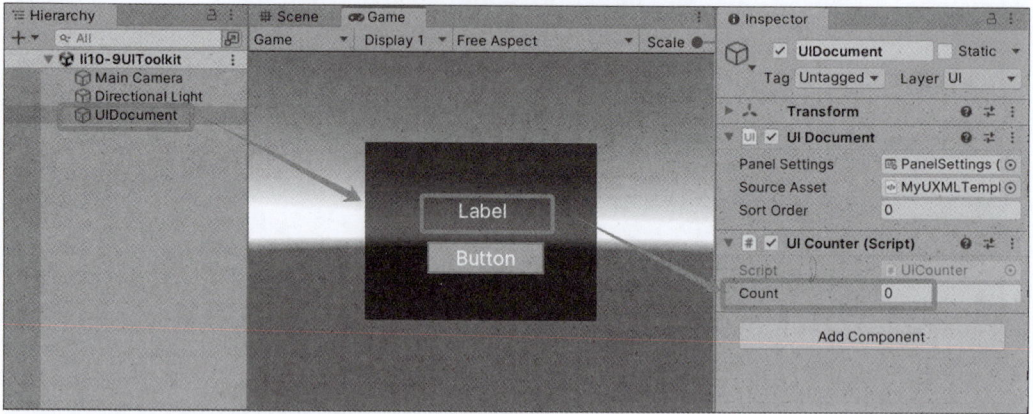

(a) 初始状态

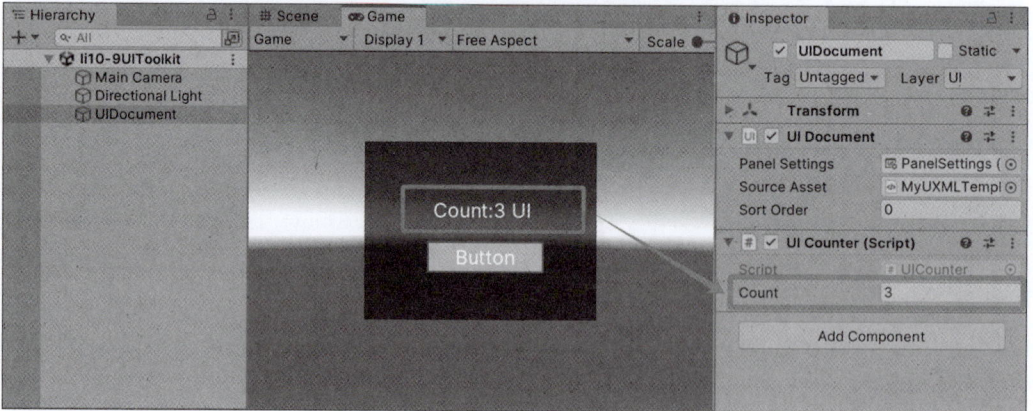

(b) 单击按钮三次后效果

图 10-109　运行测试效果

习题

一、选择题

1. 在画布中创建一个 Button 控件,它默认带一个_____控件类型的子对象。

    A. Text　　　　　　　B. Panel　　　　　　　C. Slider　　　　　　　D. Scrollbar

2. UGUI 的所有控件对象都包含的组件是_____。

    A. Text　　　　　　　B. Rect Transform　　C. Image　　　　　　　D. Renderer

3. UGUI 的事件响应是通过_____对象实现的。

    A. Canvas　　　　　　B. EventSystem　　　　C. OnGUI　　　　　　　D. UI

二、简答题

1. 概述 UGUI 的作用和组成。

2. 概述 UGUI 主要包括哪些控件。

3. 概述 Button 控件的使用方法和流程。

4. 概述为按钮添加事件响应的三种方法。

5. 概述 Canvas 组件三种渲染模式的特点及区别。

6. 概述 UI Toolkit 实现 UI 设计的原理和流程。

三、操作题

1. 将例 8-3 中的键盘交互控制动画过渡,修改为按钮交互控制动画过渡。提示:参考例 10-3,界面设计参考效果如图 10-110 所示。

图 10-110　按钮交互控制动画过渡界面效果

2. 参考例 10-5,通过滑动杆控制立方体由大变小,由小变大。

3. 参考例 10-9,设计 UI 效果,实现通过按钮和滑动杆,控制背景音乐的播放、停止、调节音量大小等。

4. 参考例 10-6 和例 10-7,设计一个滚动视图,视图左侧显示文本框,右侧显示网格排列的一组按钮。(提示:滚动视图的 Content 对象的水平布局管理器中嵌套网格布局管理器。)

AI 设 计

为了增加难度和趣味性,游戏中除了有玩家控制的角色,还会有计算机控制的角色。这些计算机控制角色的实现,就要用到人工智能（Artificial Intelligence,AI）。当然,AI 在游戏中的作用不仅是创建非玩家角色,还可以实现更多的功能。

本章学习要点:

- 游戏中的 AI。
- AI 漫游技术。
- 导航寻路技术。

11.1　游戏中的 AI

游戏中的人工智能有多种体现和实现方法,游戏 AI 涉及的算法也多样化。

11.1.1　游戏中的 AI 体现

游戏中的 AI 主要体现在以下几个方面。

（1）AI 玩游戏:棋牌类游戏中的 AI,竞技类游戏中的 AI,游戏中的 NPC 行为控制,创建一个 Robot 和玩家一起玩游戏等。

（2）AI 生成游戏内容:地图关卡的自动生成,游戏场景剧情的自动生成、推演等。

（3）AI 对玩家建模:对玩家游戏内的行为进行建模,通过分析游戏内玩家的行为、情感等信息,对玩家进行用户画像,从而改善游戏的沉浸感。

11.1.2　游戏 AI 算法

游戏 AI 涉及的技术和算法众多,常见的有以下几种。

（1）有限状态机:有限状态机(Finite State Machine,FSM)是指有限个状态以及在这些状态间转换的数学模型,用于跟踪对象的当前状态,状态间有明确定义的转换。有限状态机是游戏的基础,可以应对大部分的简单逻辑流程控制,复杂的逻辑可能会扩展到分层有限状态机。

（2）导航寻路:这个是游戏中很普遍的一种 AI,如网格地图（Tiled）、导航图（NavMesh）等,用到图的最短路径算法,使用最多的是 A * 算法。

（3）行为树:这个是目前大型游戏中 NPC 应用最多,尤其是一些大型 Boss,其行为树已经相当复杂。

（4）模糊逻辑:这种技术上升到智能层面,已经不再是绝对的是非,而是存在了一定的权重和不确定性。

（5）集群控制：这种在即时战略游戏（Real-Time Strategy Game，RTS）中应用很多，如多个单位的集群 AI，追随、分离、规避等。

11.2 AI 漫游技术

可以通过有限状态机实现 AI 漫游。通常计算机控制的角色，在场景中漫游，会有几种状态，角色在计算机控制下，自动在这几种状态间转换，这种 AI 漫游可通过有限状态机实现。分析例 11-1 中的 AI，计算机控制的敌人有漫游、避障、攻击三种状态，其状态转换如图 11-1 所示。

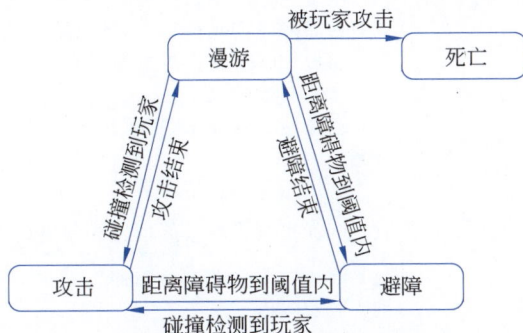

图 11-1 敌人有限状态转换图

如果不考虑设计模式，有限状态机可以简单地通过 if-else 语句实现。有限状态机的状态转换有着明显的逻辑关系，当前状态和输入条件，决定了输出的状态，具体实现可以参考例 11-1 的代码。

11.3 射击游戏 AI 漫游实现

本节设计了一个带有 AI 的射击游戏框架，实际应用时用项目模型把简单模型替换掉即可。

【例 11-1】 射击游戏 AI 漫游

1. 场景搭建

在场景中创建以下模型和对象。

（1）摄像机 Main Camera。

（2）平行光 Directional Light。

（3）地面 Plane。

（4）4 面墙体 Wall（Wall-f、Wall-b、Wall-l、Wall-r），设置游戏边界。

（5）玩家（胶囊或立方体）Player。

（6）玩家发射的子弹（球体）Sphere。

（7）敌人（长方体）Enemy。

（8）敌人发射的火球（橙色球体）Fireball。

（9）空游戏对象（产生新敌人）Controller。

（10）几个静态创建的敌人 Static Enemy，用于测试。

2. 脚本功能

实例共有 6 个脚本，各脚本的功能如表 11-1 所示。

表 11-1　脚本功能

序号	脚　本	挂载对象	功　能
1	RayShooter	Main Camera	(1) 按下鼠标左键,射线碰撞检测 (2) 射中敌人,调用脚本 ReactiveTarget 中的 ReactToHit()方法 (3) 未射中敌人,显示球体指示器,n 秒后销毁 (4) 隐藏屏幕光标、射击准星(＊)可视化
2	ReactiveTarget	Enemy	(1) 公有 ReactToHit()方法启用协程 Die()方法 (2) 协程 Die()方法,推倒敌人(绕 x 轴旋转),n 秒后销毁 (3) 销毁后,将 Enemy 的激活状态 alive 置为 false
3	WanderingAI	Enemy	(1) 持续匀速向前(forward)移动 (2) 距离障碍物到阈值内,随机旋转角度移动,避开障碍物 (3) 添加 alive 状态,初始为 true (4) 球体碰撞检测 (5) 碰撞检测到玩家,实例化火球,放置到敌人前方(与敌人方向一致)
4	SceneController	Controller	(1) 实例化预制敌人 (2) 设置实例化敌人的位置和角度(y 轴随机角度)
5	Fireball	Fireball	(1) 持续向前移动 forward (2) 触发碰撞 (3) 如果碰撞对象是玩家,调用脚本 PlayerCharacter 的 Hurt()方法 (4) 碰撞对象无论是否是玩家,立刻销毁
6	PlayerCharacter	Player	(1) 初始化玩家的血量值 (2) Hurt()方法实现减少玩家血量

3. 游戏结构

射击游戏整体结构,包含场景所有模型及挂载脚本、脚本功能,如图 11-2 所示。

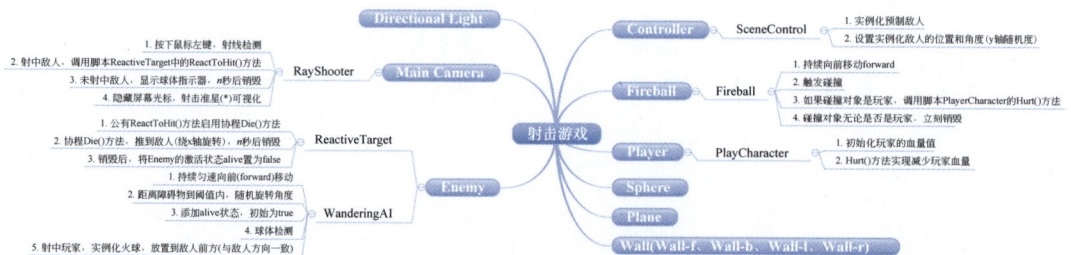

图 11-2　游戏结构、功能思维导图

4. 脚本代码

6 个脚本的完整代码分别如下。

(1) RayShooter.cs 脚本代码如下。

```csharp
using UnityEngine;
using System.Collections;
public class RayShooter : MonoBehaviour
{
    Camera _camera;
    public GUIStyle style;
    void Start()
    {
        _camera = GetComponent<Camera>();              //获取摄像机组件
```

```
                Cursor.lockState = CursorLockMode.Locked;          //锁定光标
                Cursor.visible = false;                            //隐藏光标
        }
        //绘制＊型光标,便于玩家瞄准,当＊与敌人重合,按鼠标左键射击
        void OnGUI()
        {
                int size = 12;                                     //设置光标的大小
                float posX = _camera.pixelWidth / 2 - 3;
                float posY = _camera.pixelHeight / 2 - 8;          //设置光标的位置
                style.fontSize = 25;
                style.normal.textColor = Color.red;                //设置光标＊的样式(大小和颜色)
                GUI.Label(new Rect(posX, posY, size, size), "*", style);    //绘制光标
        }
        void Update()
        {
                RaycastHit hit;
                if (Input.GetMouseButtonDown(0))
                {   //按下鼠标左键
                        //获取屏幕中心点,x、y坐标分别是屏幕宽高的一半
                        Vector3 point = new Vector3(_camera.pixelWidth / 2, _camera.pixelHeight / 2, 0);
                        //通过 ScreenPointToRay()方法,获取一条从摄像机视角到 point 的射线
                        Ray ray = _camera.ScreenPointToRay(point);
                        //射线碰撞检测
                        if (Physics.Raycast(ray, out hit))
                        {
                                //获取射线扫描到对象 hit 的 ReactiveTarget 脚本,赋值给 ReactiveTarget
                                ReactiveTarget target = hit.collider.gameObject.GetComponent<ReactiveTarget>();
                                if (target != null)
                                {
                                        //击中敌人,调用 ReactiveTarget 脚本中的 ReactToHit()方法
                                        target.ReactToHit();
                                }
                                else
                                {
                                        //未击中敌人,启动协程 SphereIndicator
                                        //实现在射击点显示球体,2s 后消失
                                        StartCoroutine(SphereIndicator(hit.point));
                                }
                        }
                }
        }
        //协程 SphereIndicator,实现功能:生成球体 sphere,放置在形参 pos 位置
        //等待 2s 后,销毁球体
        private IEnumerator SphereIndicator(Vector3 pos)
        {
                GameObject sphere = GameObject.CreatePrimitive(PrimitiveType.Sphere);
                sphere.transform.position = pos;
                yield return new WaitForSeconds(2);
                Destroy(sphere);
        }
}
```

(2) ReactiveTarget.cs 脚本代码如下。

```
public class ReactiveTarget : MonoBehaviour
{
        void Start()
        { }
        void Update()
        { }
        //定义敌人被击中的 ReactToHit()方法
        public void ReactToHit()
        {
                //获取 WanderingAI 脚本
                WanderingAI behavior = GetComponent<WanderingAI>();
                if (behavior != null)
```

```
        {
            behavior.setAlive(false);          //调用 setAlive(),修改敌人处非存活状态
        }
        StartCoroutine(Die());                 //调用协程 Die(),推倒并销毁敌人
    }
    //定义敌人死亡的 Die()方法,推倒敌人,1s 后销毁敌人
    private IEnumerator Die()
    {
        transform.Rotate(0, 0, 45);
        yield return new WaitForSeconds(1);
        Destroy(gameObject);
    }
}
```

（3）WanderingAI.cs 脚本代码如下。

```
public class WanderingAI : MonoBehaviour
{
    public GameObject fireballPrefab;                   //定义火球预制对象
    GameObject fireball;                                //定义火球对象
    float speed = 5f;
    float obstacleRange = 2f;
    bool _alive = true;
    void Start()
    {  }
    void Update()
    {
        if (_alive)
        {//敌人如果存活,则持续向前移动
            transform.Translate(0, 0, speed * Time.deltaTime);
        }
        //Debug.DrawRay (transform.position, transform.forward * 10, Color.red, 1f);
        RaycastHit hit;
        //球形碰撞检测
        if (Physics.SphereCast(transform.position, 0.75f, transform.forward, out hit, 10f))
        {
            GameObject hitObj = hit.collider.gameObject;

            if (hitObj.GetComponent<PlayerCharacter>())//如果碰撞到的是玩家
            {   //生成一个火球,放置到敌人 z 轴正方向前 1m 位置处,角度与敌人一致
                if (fireball == null)
                {
                    fireball = Instantiate(fireballPrefab);
                    fireball.transform.position = new Vector3(transform.position.x, transform.
position.y, transform.position.z + 1);
                    //fireball.transform.position=transform.TransformPoint(Vector3.forward * 1.5f);
                    fireball.transform.rotation = transform.rotation;
                }
            }
            else
            {   //如果碰撞到的是其他物体(障碍物),且与障碍物间距小于 obstacleRange
                if (hit.distance < obstacleRange)
                {   //旋转-110~110 的一个随机角度值,继续移动,使敌人有自动避障功能
                    float angle = Random.Range(-110, 110);
                    transform.Rotate(0, angle, 0);
                }
            }
        }
    }
    public void setAlive(bool alive)                     //设置敌人存活状态
    {
        _alive = alive;
    }
}
```

（4）SceneController.cs 脚本代码如下。

```
public class SceneController : MonoBehaviour
{
    [SerializeField] private GameObject enemyPrefab;        //序列化私有变量 enemyPrefab
    GameObject enemy;
    void Start()
    {
    }
    void Update()
    {
        if (enemy == null)
        {
            //通过预制对象实例化敌人 enemy,放置在 (0,1,0) 位置
            //并设置一个随机 y 轴角度值,以使每次实例化的敌人往不同方向移动
            enemy = Instantiate(enemyPrefab);
            enemy.transform.position = new Vector3(0, 1, 0);
            float angleY = Random.Range(0, 360);
            enemy.transform.Rotate(0, angleY, 0);
        }
    }
}
```

（5）Fireball.cs 脚本代码如下。

```
public class FireBall : MonoBehaviour
{
    float speed = 20f;
    public int damage = -1;
    void Start()
    {   }
    void Update()
    {

        transform.Translate(0, 0, speed * Time.deltaTime);        //火球发射出去后沿 z 轴移动
    }
    //触发碰撞检测
    void OnTriggerEnter(Collider hit)
    {
        PlayerCharacter player = hit.GetComponent<PlayerCharacter>();
        //如果触发碰撞到的是玩家,打印提示信息,调用玩家的 Hurt() 方法,减少玩家血量
        if (player != null)
        {
            print("hit Player");
            player.Hurt(damage);
        }
        Destroy(gameObject);                                     //无论碰撞到玩家还是其他障碍物,销毁火球
    }
}
```

（6）PlayerCharacter.cs 脚本代码如下。

```
public class PlayerCharacter : MonoBehaviour
{
    private int health = 5;                          //设置血量
    void Start()
    {   }
    void Update()
    {   }
    public void Hurt(int damage)
    {
        if (health > 0)
        {
            health += damage;                        //血量大于 0,将血量减少 (加 damage 值)
            Debug.Log("health:" + health);
        }
        else
```

```
        {
            Destroy(gameObject);            //当血量小于或等于 0,销毁玩家
        }
    }
}
```

5. 测试和运行效果

运行游戏进行测试,敌人在场景中漫游的效果如图 11-3 所示,玩家发射炮弹击中敌人外其他对象效果如图 11-4 所示,玩家发射炮弹击中敌人效果如图 11-5 所示,敌人发射火球攻击玩家效果如图 11-6 所示。

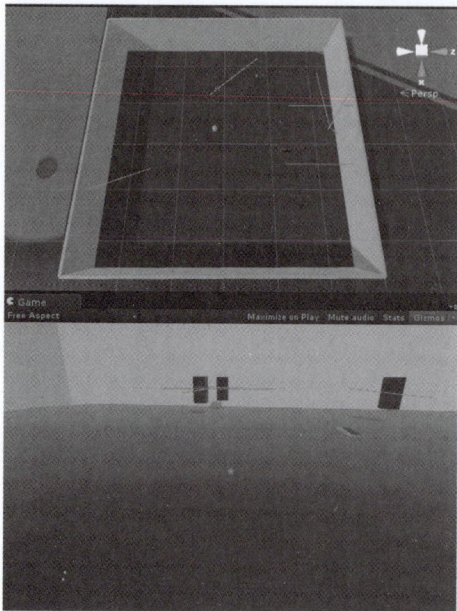

图 11-3　运行状态

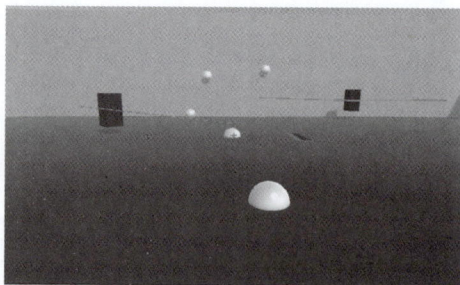

图 11-4　炮弹击中敌人外其他对象

图 11-5　敌人被击中

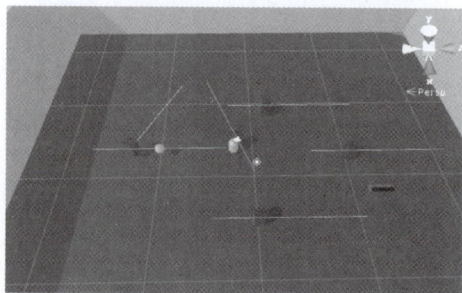

图 11-6　敌人发射火球

11.4　导航寻路技术

导航寻路技术是游戏开发中重要的核心技术之一,大量地应用在玩家控制的主角或者计算机控制的敌人的自动寻找目标等场景中。

Unity 提供了一套 Navigation 导航寻路系统,通过调用 Navigation 系统,可以快速开发项目所需的寻路模块。该系统支持在包括规则和不规则地形上寻路,绕过障碍物到达目的地,还可

以自定义更加复杂的寻路路线,通过添加组件、设置参数、编写代码等对寻路地形进行扩展,以实现接近真实的上楼梯、攀爬岩石、通过桥梁、跨越河流沟渠、动态设置或解除障碍等复杂地形的智能导航寻路。

下面简单介绍一下 Navigation 系统工作原理。寻路系统需要知道游戏场景中的可行走区域,可行走区域定义了代理(作为组件挂载到玩家)可在场景中站立和自由移动的空间位置集合。在 Unity 中,代理被描述为圆柱体,因此可行走区域是通过测试代理可站立的位置从场景中的几何体自动构建出来的,然后,这些位置被连接到场景几何体之上覆盖的表面(导航网格 NavMesh)。导航网格将组成可行走区域的各个表面存储为凸多边形,凸多边形是一种有用的表示,因为多边形内的任意两点之间没有障碍物。导航系统除了要存储多边形边界,还要存储哪些多边形彼此相邻的信息,这使系统能够推断整个可行走区域。要寻找场景中两个位置之间的路径,首先需要将起始位置和目标位置映射到各自最近的多边形。然后,从起始位置开始搜索,访问所有邻居,直到到达目标多边形。通过跟踪被访问的多边形,可以找出从起点到目标的多边形序列。寻路的常用算法是 A * 算法,这也是 Unity 使用的算法。

Navigation 系统主要包括导航网格(Navigation Mesh,缩写为 NavMesh)、导航网格代理(NavMesh Agent)、网格外链接(OffMesh Link)、导航网格障碍物(NavMesh Obstacle)等组件,下面通过实例介绍 Navigation 系统具体的实现方法和步骤。

11.5 实例:自动导航寻路

【例 11-2】 自动导航寻路

该实例模拟游戏开发过程中玩家通过自动寻路靠近目标的过程,可以实现绕过障碍,攀爬上高处,从高处跳下,按 Cost 寻找最适合自己的道路,动态设置道路障碍等。

1. 绕过障碍物

(1) 新建项目,在场景中创建如图 11-7 所示的场景。

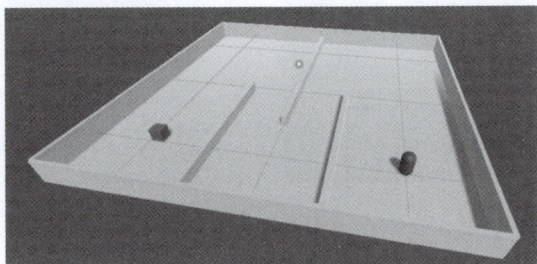

图 11-7 创建场景

自动导航寻路 1

自动导航寻路 2

自动导航寻路 3

自动导航寻路 4

(2) 把场景中所有不动的游戏对象标记为"寻路静态"(Navigation Static)。方法一:在 Inspector 面板中标记。为方便管理,把不动的静态游戏对象放在空游戏对象 Navigation Static 下,如图 11-8(a)所示,在 Inspector 面板中标记空游戏对象 Navigation Static 的 static 属性为 Navigation Static,如图 11-8(b)所示,在弹出的 Change Static Flags 对话框中,单击第一个按钮,把标记应用给所有子对象,如图 11-8(c)所示。方法二:在 Navigation 面板中设置,参见第(3)步。

(3) 执行菜单 Windows | AI | Navigation,打开导航寻路(Navigation)面板,包括 Agent、Areas、Bake、Object 4 个面板,在 Object 面板中可以将场景选中的静态游戏对象标记为 Navigation Static,如图 11-9 所示。

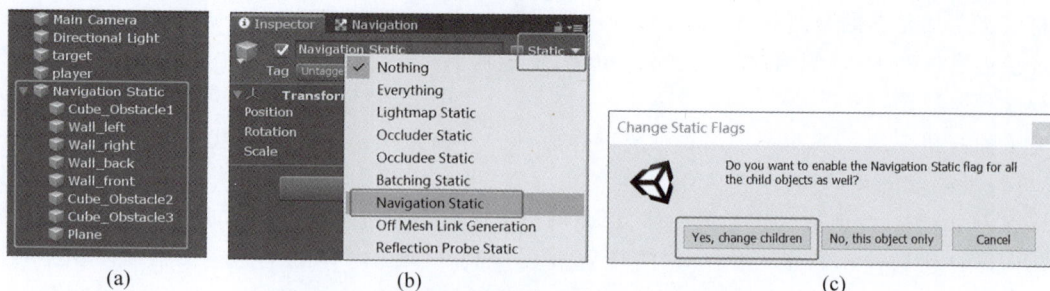

图 11-8　所有不动的游戏对象标记为 Navigation Static

Navigation Static：设置选中游戏对象的 Navigation Static 标记。

Generate OffMeshLinks：处于勾选状态的话，基于选中对象的网格导航可以 Jump 和 Drop。

Navigation Area：设置导航网格层。

（4）Bake 面板如图 11-10 所示。

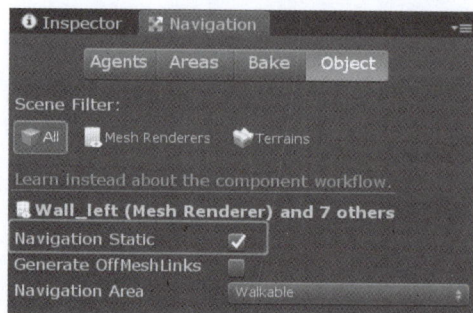

图 11-9　Navigation|Object 面板

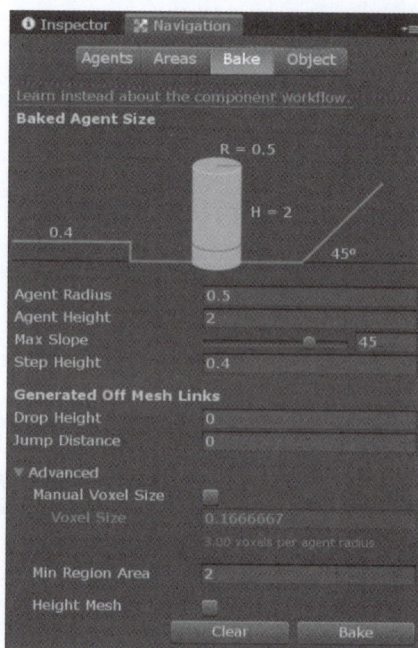

图 11-10　Navigation|Bake 面板

Agent Radius：烘焙半径，值越小越好。

Agent Height：角色所要通过的高度。

Max Slope：最大坡度。当大于这个坡度时，该网格会被丢弃。

StepHeight：台阶高度。低于这个高度时，导航网格地区会连接。

Drop Height：跳跃高度。当该值为正数，相邻的导航网格表面高度差低于此值时，将进行网格连接。

Jump Distance：攀爬距离。如果这个属性的值是正数，相邻导航网格表面的水平距离低于此值时，将进行网格连接。

（5）Areas 面板如图 11-11 所示。

在游戏运行寻路计算中，每个连通点都有代价属性（Cost），在实施 A * 算法时，根据 Cost 估算决定这个点是否进入路径队列中。在 Navigation|Areas 面板中，给导航区域分类（相当于分层

设置），以及为每个分类设置不同的代价 Cost，其意义在于，A＊导航算法中计算出的是累加起来代价消耗最低的路径（不一定是视觉上最短可行的路径）。例如，假定地面上有一摊沼泽，为该沼泽地形新建一个分类，并设置为一个很高的代价 Cost，那么在正常情况下，寻路将会绕过该区域，走其他代价更低的路径。但若此时游戏中动态生成的物体阻挡了其他代价低的路径，只有该路径可以走，那么角色就会选择穿过该沼泽地进行导航。所以 Areas 面板的作用是，为每种地形自定义分类，并可自定义地形的难易程度，来影响导航网格的选择。

（6）Agents 面板如图 11-12 所示。

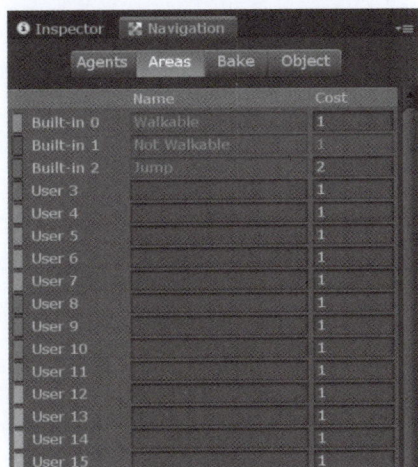

图 11-11　Navigation｜Areas 面板

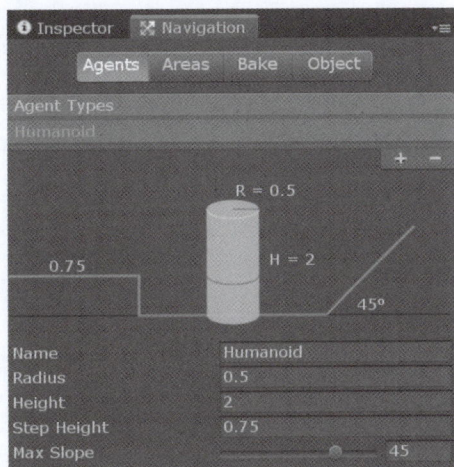

图 11-12　Navigation｜Agent 面板

当给角色添加 NavMeshAgent 组件时，角色上会有一个橙色线框，这不是 Collider，它是用来计算 Agent 寻路避开障碍物的。它的相关参数可通过 Agent 面板进行设置。Radius 设置代理的半径，Height 设置代理的高度，Step Height 设置台阶高度，Max Slope 设置斜坡最大角度。

（7）从场景创建导航网格的过程称为导航网格烘焙（NavMesh Baking），该过程收集所有标记为 Navigation Static 的游戏对象的渲染网格和地形，然后处理它们以创建可行走表面的导航网格 NavMesh。在 Bake 面板中单击 Bake 按钮，进行烘焙，烘焙效果如图 11-13 所示，烘焙后会在场景文件所在的 Assets/Scenes 文件夹下自动创建文件夹"nav"，烘焙出来的导航网格就保存在 NavMesh.asset 文件中，如图 11-14 所示。

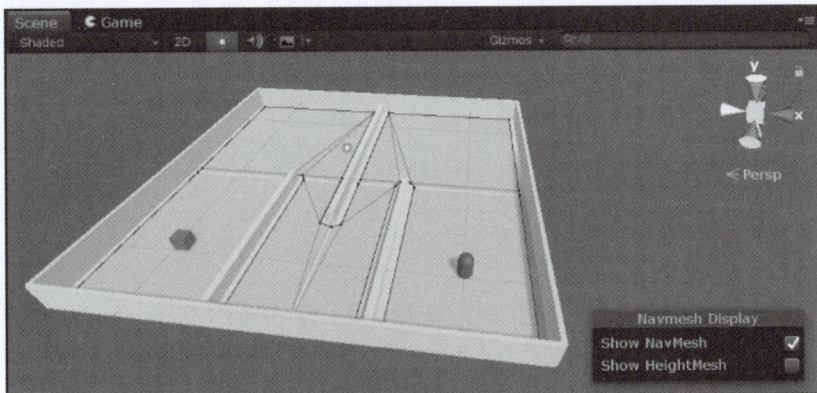

图 11-13　场景烘焙效果

（8）编写脚本 nav.cs，挂载到玩家 player（红色胶囊体），将脚本中的变量 FindDestination 赋值为目标对象 target(绿色立方体),并给 player 添加 NavMeshAgent 组件,如图 11-15 所示。

```
using System.Collections;
using System.Collections.Generic;
using UnityEngine;
using UnityEngine.AI;
public class nav: MonoBehaviour
{
    public Transform FindDestination;          //寻找的目标
    private NavMeshAgent _agent;               //寻路的组件
    void Awake()
    {
        _agent = this.GetComponent<NavMeshAgent>();
    }
    void Update()
    {
        //设置寻路
        if (_agent && FindDestination)
        {
            //设置目标
            _agent.SetDestination(FindDestination.transform.position);
        }
    }
}
```

图 11-14　烘焙网格保存在 NavMesh.asset 中

图 11-15　给 player 添加 NavMeshAgent
组件和 nav 脚本

(9) 为目标 target 添加脚本 SPFInput.cs,实现对 target 的移动控制。

```
public class SPFInput : MonoBehaviour
{
    public float speed = 10f;
    void Update()
    {
        float deltaX = Input.GetAxis("Horizontal") * speed;      //获取 x 轴的位移
        float deltaZ = Input.GetAxis("Vertical") * speed;        //获取 z 轴的位移
                                                                 //实现目标 target 的移动
        transform.Translate(deltaX * Time.deltaTime, 0, deltaZ * Time.deltaTime);
    }
}
```

(10) 运行场景,可以看到 player 沿着烘焙出来的路径慢慢向 target 移动,直至与 target 位置重合,如图 11-16 所示。在 player 向 target 移动的过程中,移动 target 的位置,则 Navigation 寻路系统会重新计算寻路路径,向 target 移动,如图 11-17 所示。

2. 攀爬上高处,从高处下来

(1) 要让玩家上楼梯或攀爬上陡峭高处,可以通过 OffMeshLink 组件来实现。修改场景增

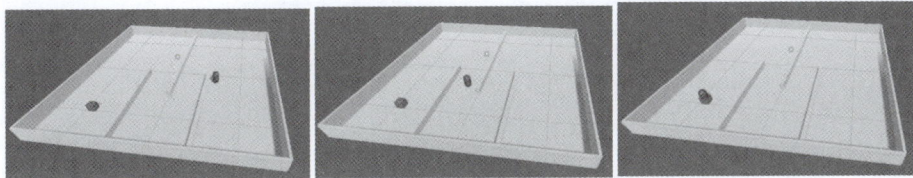

图 11-16 运行效果

图 11-17 移动目标的运行效果

加一个高台和梯子,仍然对静态游戏对象标记为 Navigation Static,然后做烘焙处理,会发现烘焙出了两块独立的区域,如图 11-18 所示。

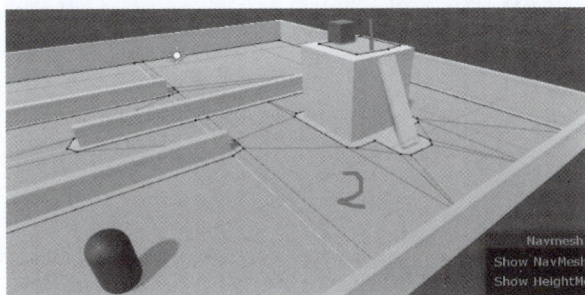

图 11-18 不同高度烘焙出了两块独立区域

（2）为"梯子"添加 OffMeshLink 组件,再创建两个 plane 对象 Start 和 End,放置在合适位置,设置 OffMeshLink 组件的属性 Start 与 End。Start 与 End 属性用 OffMeshLink 连接两个原本不相同的区域,如图 11-19 所示。

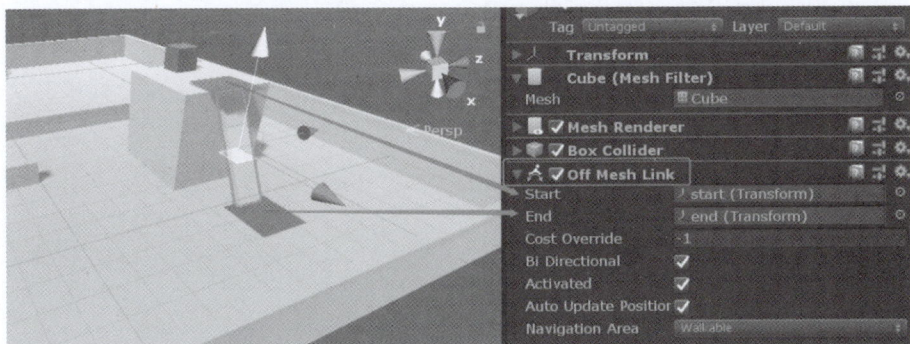

图 11-19 为"梯子"增加 OffMeshLink 组件

（3）然后运行场景,玩家 player 就可以通过"梯子"从地面爬到高台上的目标 target 位置了,如图 11-20 所示。把玩家 player 和目标 target 的位置互换,再次运行,可以看到玩家可以通过"梯子"从高台上下来,移动到目标 target 位置处。

3. 根据距离长短和 Cost 综合考虑,选择最佳路径

（1）修改场景,两块地面由两座桥梁连接,有两个玩家要移动到目标处。进行烘焙处理,烘焙结果与桥梁的位置高度相关,如图 11-21 所示,左侧地面被划分为 1 个区域,右侧地面被划分

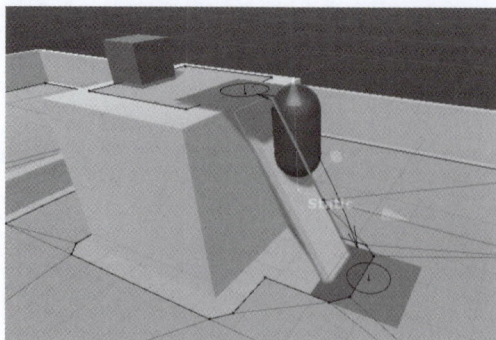

图 11-20　运行效果

为 5 个区域,目标 target 在 4 号区域。如果移动桥梁位置,烘焙后的区域划分会有所不同。

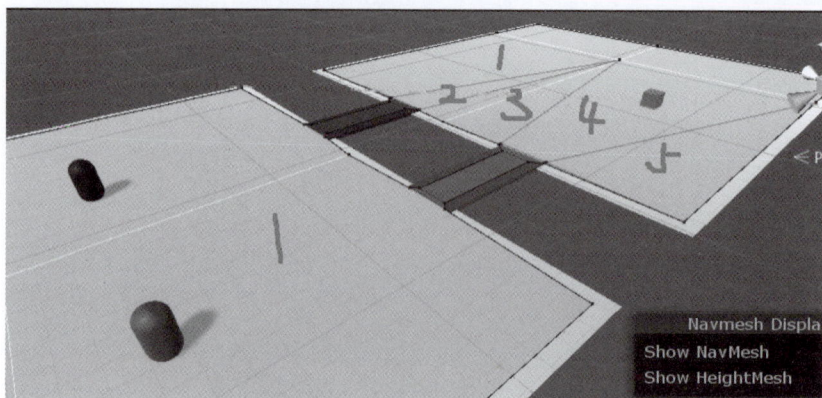

图 11-21　新场景烘焙效果

（2）默认各区域的 Cost 为 1,A*算法以路径中所有区域的加权值总和最小为最优路径,所以两个玩家都从红色桥梁通过到达目的地,如图 11-22(a)所示。如果把 target 从区域 4 移动到区域 3,蓝色玩家从蓝色桥梁和红色桥梁通过到达目的地的代价一样,但是从蓝色桥梁通过距离更短,所以蓝色玩家选择从蓝色桥梁通过,如图 11-22(b)所示。

（3）在 Areas 目标中增加两个区域 bridge_blue 和 bridge_red,并将 bridge_red 的 Cost 设置为 4,如图 11-23(a)所示。在 Object 面板中,将 bridge_blue 对象和 bridge_blue 区域关联起来,将 bridge_red 对象和 bridge_red 区域关联起来,如图 11-23(b)所示。

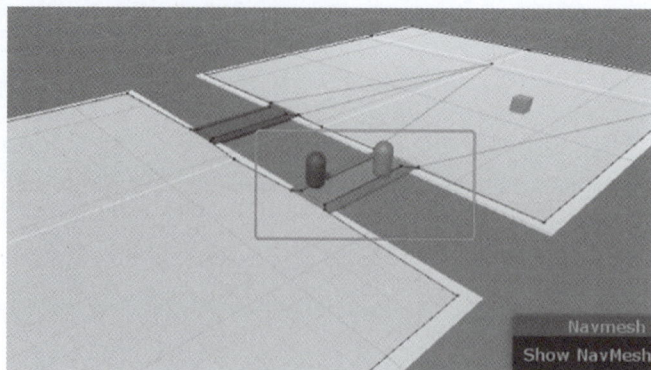

(a)

图 11-22　蓝色玩家选择最优路径对比

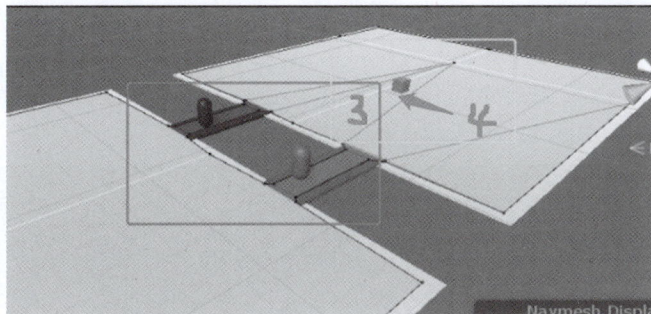

(b)

图 11-22 （续）

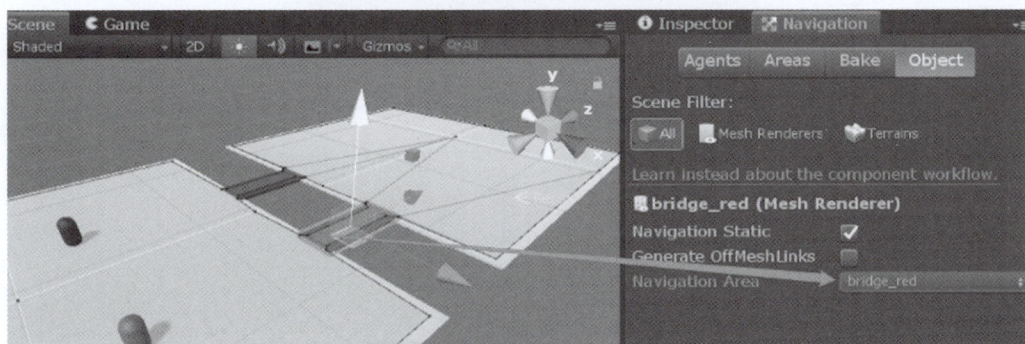

(a)

(b)

图 11-23 为区域设置 Cost

（4）运行场景，会发现红色玩家通过蓝色桥梁到达目的地，这是因为虽然目测通过红色桥梁的路径短些，但是代价高，所以红色玩家选择了距离更远但是代价低的从蓝色桥梁通过的路径，如图 11-24 所示。

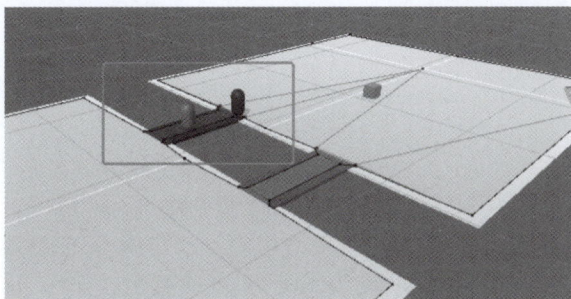

图 11-24 Cost 对最优路径选择的影响

4. 动态障碍物

（1）要使路径中的障碍物实现动态可控，可以通过 NavMeshObstacle 组件来实现。修改场景，两块地面由一座红色桥梁连接，玩家要移动到目标处。将红色桥梁设置为障碍物，添加 NavMeshObstacle 组件，如图 11-25 所示。然后烘焙场景。

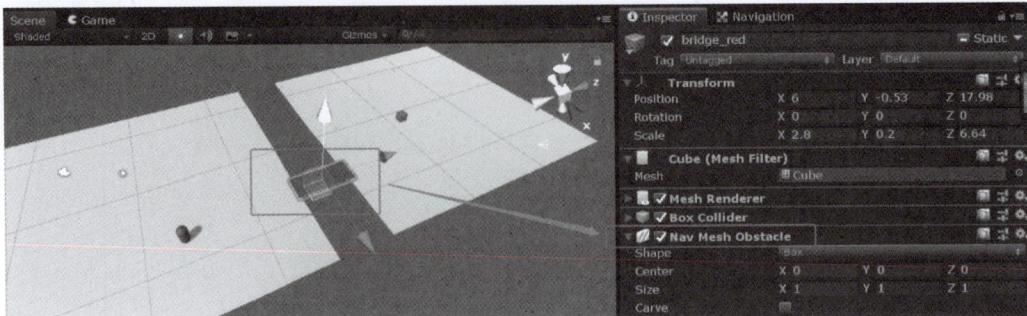

图 11-25　桥梁添加 NavMeshObstacle 组件

（2）为红色桥梁 bridge_red 添加脚本 NavMeshObs.cs，实现当按下鼠标左键，组件 NavMeshObstacle 变为不可用（取消桥梁的障碍物阻挡作用），桥梁变为绿色，当鼠标左键弹起，组件 NavMeshObstacle 变为可用（桥梁障碍物发挥阻挡作用），桥梁变为红色。

```csharp
using UnityEngine;
using UnityEngine.AI;
public class NavMeshObs : MonoBehaviour
{
    //"障碍物"组件
    private NavMeshObstacle _navMeshObstacle;
    void Awake()
    {
        _navMeshObstacle = this.GetComponent<NavMeshObstacle>();
    }
    void Update()
    {
        //检测鼠标左键的按下
        if (Input.GetButtonDown("Fire1"))
        {
            if (_navMeshObstacle)
            {
                //允许通过
                _navMeshObstacle.enabled = false;
                this.GetComponent<Renderer>().material.color = Color.green;
            }
        }
        //检测鼠标左键的弹起
        if (Input.GetButtonUp("Fire1"))
        {
            if (_navMeshObstacle)
            {
                //允许通过
                _navMeshObstacle.enabled = true;
                this.GetComponent<Renderer>().material.color = Color.red;
            }
        }
    }
}
```

（3）运行测试，玩家移动到桥梁边，因为障碍物的阻挡作用，不能继续前进，如图 11-26（a）所示，此时一直按住鼠标左键，桥梁障碍物变为不可用，解除其阻挡作用，玩家顺利从桥梁通过，到达目的地，如图 11-26（b）所示。

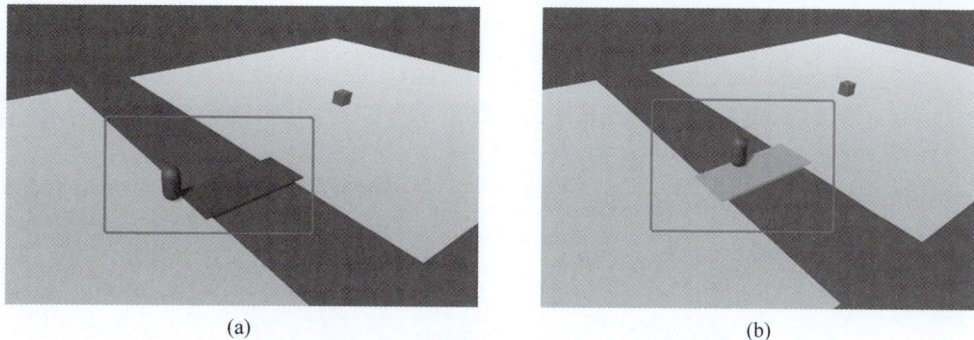

(a)   (b)

图 11-26 动态控制障碍物是否发挥阻挡作用

习题

一、选择题

1. 计算机控制的角色在场景中漫游，当条件触发时会在不同的状态间切换，这使用了_____ AI技术。

    A. 决策树   B. 有限状态机   C. A * 算法   D. 集群

2. Navigation 导航寻路系统查找到达目的地的最优路径使用了_____算法。

    A. 八叉树   B. A *   C. 贪心   D. 回溯法

3. Navigation 系统中要把烘焙后的两个区域网格连接起来，通过_____组件实现。

    A. NavMeshObstacle   B. NavMesh Agent

    C. OffMeshLink   D. NavMesh

二、简答题

1. 概述你对游戏中的 AI 的理解。

2. 概述 Navigation 导航寻路系统的实现机制。

三、操作题

1. 参考例 11-1，设计一个射击游戏，使用实际模型替换实例中的简单模型，并添加音效和 UI。

2. 参考例 11-2，将自动导航寻路应用到自己设计的项目中。

数据库应用

Unity 项目中,随着处理数据量不断增大,需要专门的数据管理工具来处理和管理大量的数据。MySQL 由瑞典 MySQL AB 公司开发,后被 Oracle 收购,由于其开源和简单易用性,成为最流行的关系数据库管理系统,被越来越多的中小企业和数据中心使用。本章来学习 Unity 连接 MySQL 数据库的技术和流程。

本章学习要点:

- 数据库插件的安装获取。
- Unity 中引入数据库插件。
- 数据库框架类的编写。
- 数据库应用。

12.1 环境准备

Unity 要访问 MySQL 数据库,需要做一些准备工作,包括安装插件将插件引入项目中等。

12.1.1 数据库插件的安装获取

Unity 访问 MySQL 数据库,需要做以下准备工作。

(1) 安装 MySQL 5.7 数据库(或者 MySQL 8.0)。

(2) 安装 Navica for MySQL 数据库管理工具。(这一步不是必需,但是使用 Navica 进行 MySQL 数据库的管理和表的创建编辑,更加简单方便快捷。)

(3) 安装 MySQL-Connector-Net。

从地址 https://dev.mysql.com/downloads 下载 mysql-connector-net-8.0.18.msi,如图 12-1 所示。MySQL Connector Net 的安装步骤如图 12-2 所示。

安装完成,在 C:\Program Files (x86)\MySQL\下查看已安装的 MySQL Connector Net,可看到多了一个 MySQL Connector Net 8.0.18 文件夹,在路径 MySQL Connector Net 8.0.18\Assemblies\v4.5.2 下有一个重要的插件 MySql.Data.dll 支持.NET 4.5,是连接 MySQL 数据库必需的.dll 文件,如图 12-3 所示。

高版本的 MySql.Data.dll 使用时,兼容性并不好,通常会安装一个较低版本的 MySQL Connector Net。

安装的 MySQL Connector Net 版本不同,文件目录结构也有所不同,如果要与较旧版本 Unity 兼容,可以网络搜索下载安装 MySQL Connector Net 6.7.4,它同时支持.NET 2.0、4.0、4.5

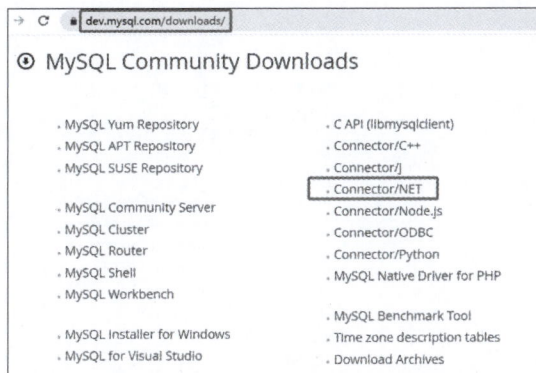

图 12-1 mysql-connector-net 下载

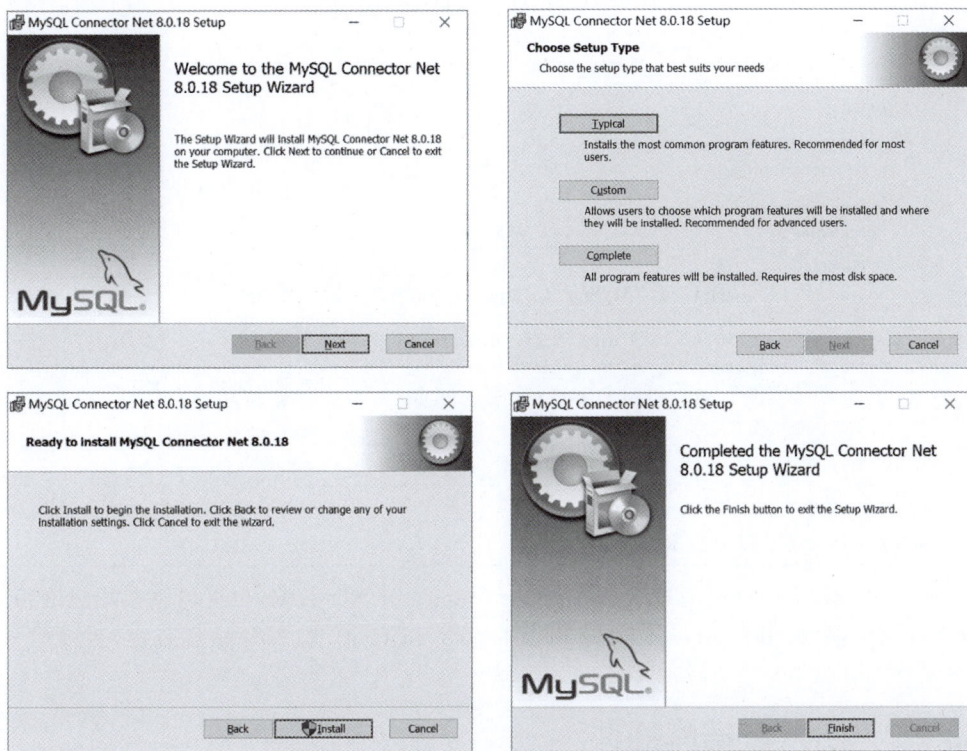

图 12-2 MySQL Connector Net 安装步骤

版本,如图 12-4 所示。文件夹"v2.0""v4.0""v4.5"分别对应不同.NET 版本。

文件夹"v2.0""v4.0""v4.5"下都有一个 MySql.Data.dll 文件。各版本 Unity 可以使用的 MySql.Data.dll 版本对应关系如表 12-1 所示。

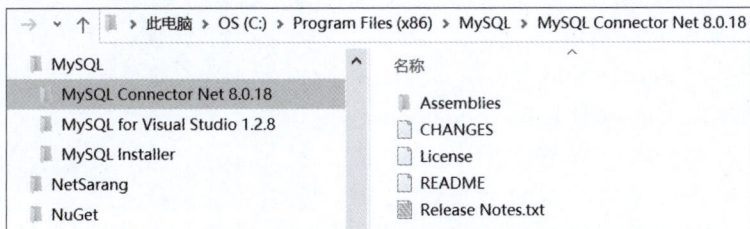

图 12-3 查看已安装的 MySQL Connector Net

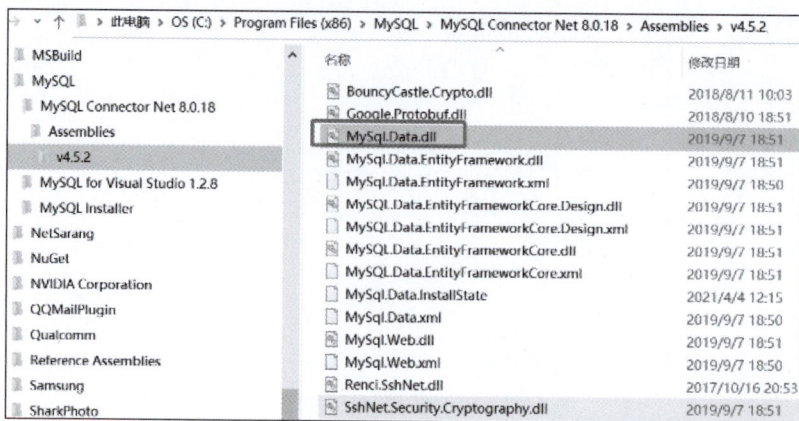

图 12-3 （续）

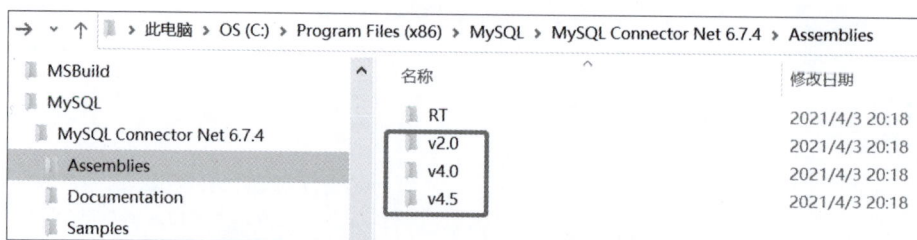

图 12-4　MySQL Connector Net 6.7.4 目录结构

表 12-1　Unity 与 MySql.Data.dll 版本对应关系

Unity 版本	MySql.Data.dll 版本
Unity 5.x	v2.0
Unity 2017.1.x	v2.0
Unity 2018.4.x	v2.0、v4.0、v4.5
Unity 2019.4.x 及以上版本	v2.0、v4.0、v4.5

　　MySql.Data.dll 文件可以通过安装 MySQL Connector Net 获取，也可以直接通过网络下载、文件分享等渠道获取，但是 MySql.Data.dll 文件版本和 Unity 版本要相互兼容，否则引入后会报错。

12.1.2　引入数据库插件

　　（1）v4.0 以上版本 MySql.Data.dll 文件引入方法。

　　Unity 项目需要连接并访问 MySQL 数据库，需要将 MySql.Data.dll 文件引入 Unity 中。方法如下，在项目的 Assets 文件夹下创建一个 Plugin 文件夹，然后把 MySql.Data.dll 文件复制至该 Plugin 文件夹下，如图 12-5 所示。

　　（2）v2.0 版本 MySql.Data.dll 文件引入方法。

　　对于较早版本的 Unity，如 Unity 5.x 和 Unity 2017 等，只能引入 MySql.Data.dll 文件的 v2.0 版本，这时只引入 MySql.Data.dll 文件会报错，还需要引入 System.Data.dll 和 System.Drawing.dll 这

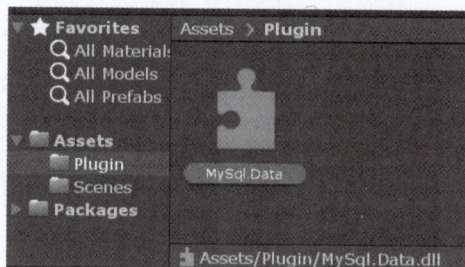

图 12-5　v4.0 以上版本 MySql.Data.dll
文件引入

两个文件到 Plugin 文件夹。这两个文件可以在"Unity 安装根目录\Editor\Data\Mono\lib\mono
\2.0"下找到,如图 12-6 所示。该目录下还有三个文件 I18N.CJK.dll、I18N.dll、I18N.West.dll,很多
资料中说也要引入,但在 Unity 5.x 中不用引入,可能是 Unity 更早版本需要。注意如果是 Unity
2018,只需另外引入 System.Data.dll 即可,System.Drawing.dll 不用引入。

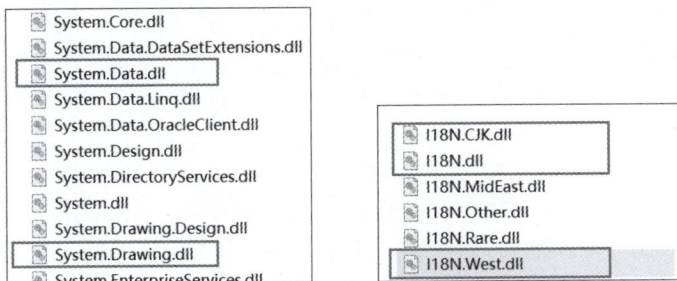

图 12-6 几个重要的 .dll 文件

（3）Unity 2018 引入不同版本 MySql.Data.dll 的 .NET 版本设置。

Unity 2018 同时支持上面（1）和（2）中两种不同版本 MySql.Data.dll 的引入,引入方法一样,
但是还需要保持 MySql.Data.dll 与 .NET 版本的兼容。

设置方法如下,在 Unity 中选择菜单 Edit|Project Settings,在打开的对话框中左侧选择
Player,在右侧 Other Settings 选项组中的 Configuration 的 Scripting Runtime Version 中选择运
行时 .NET 的版本,当引入 v2.0 版本 MySql.Data.dll 时,选择 .NET 3.5 Equivalent,当引入 v4.0 以
上版本 MySql.Data.dll 时,选择 .NET 4.x Equivalent,如图 12-7 所示。

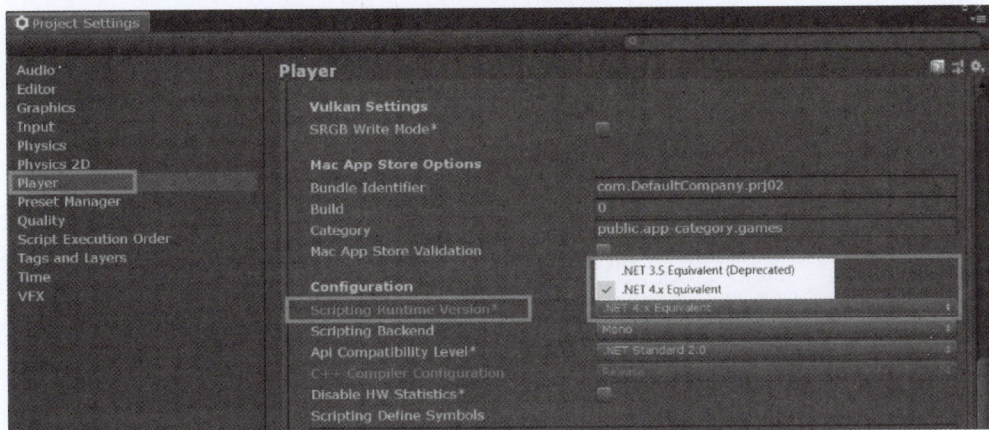

图 12-7 Unity 2018 引入不同版本 MySql.Data.dll 的 .NET 版本设置

v2.0 版本 MySql.Data.dll 主要是为了兼容旧版本的项目和代码,所以建议使用 v4.0 以上版
本 MySql.Data.dll,它包含更多新的功能和特性。

12.2 登录和注册

本节完成一个实例,实现用户的注册登录、密码的更新删除等。

【例 12-1】 数据库应用——登录和注册

1. 数据库框架类的编写

创建 C#脚本文件 MySqlAccess.cs,实现数据库的连接、打开、关闭等,为了方便使用和管

理,直接封装一些 SQL 语句。

（1）首先声明了 6 个变量 mySqlConnection、host、port、userName、password、databaseName，及有 5 个参数的构造方法。

（2）定义打开数据库的方法 OpenSql()，数据库连接字符串 mySqlString 有三种表示方式，第三种是将 IP 地址、端口号等信息写进代码中，测试用。然后通过数据库连接对象 mySqlConnection 实现数据库连接，连接成功后，通过 open()方法打开数据库。

（3）关闭数据库，数据库的关闭有三种方法：Close()、Dispose()、mySqlConnection ＝ null，清空的数据库资源有所不同。

（4）定义两个 Select()方法和两个 SelectAll()方法，分别通过两种方法实现数据查询。第①种方法，通过 MySqlCommand()执行查询语句，结果保存在 MySqlDataReader 类中。第②种方法，通过 QuerySet()执行查询语句，结果保存在 DataSet 类中，QuerySet()是定义的查询语句的方法，通过 MySqlDataAdapter 执行查询语句，并将查询结果填充到 DataSet 类中。

（5）定义 Insert()方法，实现插入一行中的多列数据。

（6）定义 Delete()方法，实现删除满足条件的数据。

（7）定义 Update()方法，实现更新满足条件的行的指定列的数据。

（8）定义 Update1()方法，简化 Update()方法，直接修改指定列的数据。

以上 4 个方法全部使用 MySqlCommand＋MySqlDataReader 方式实现。

完整代码如下。

```
using System;
using System.Data;
using System.Diagnostics;
using MySql.Data;
using MySql.Data.MySqlClient;
using Unity.VisualScripting.FullSerializer;
using UnityEditor.Search;

public class MySqlAccess
{
    //连接类对象
    private static MySqlConnection mySqlConnection;
    //IP 地址
    private static string host;
    //端口号
    private static string port;
    //用户名
    private static string userName;
    //密码
    private static string password;
    //数据库名称
    private static string databaseName;

    ///<summary>
    ///①构造方法
    ///</summary>
    ///<param name="_host">ip 地址</param>
    ///<param name="_userName">用户名</param>
    ///<param name="_password">密码</param>
    ///<param name="_databaseName">数据库名称</param>
    public MySqlAccess (string _host, string _port, string _userName, string _password,
string _databaseName)
    {
        host = _host;
        port = _port;
        userName = _userName;
        password = _password;
```

```
                databaseName = _databaseName;
                OpenSql();
        }

        ///<summary>
        ///②打开数据库
        ///</summary>
        public void OpenSql()
        {
            try
            {
                //string mySqlString = string.Format("Database={0};Data Source={1};User Id=
{2};Password={3};port={4};charset = utf8mb4", databaseName, host, userName, password,
port);
                string mySqlString = "Data Source=" + host + ";" + "DATABASE=" + databaseName
+ ";" + "User ID=" + userName + ";" + "PASSWORD=" + password + ";";
                //string mySqlString = "Server = localhost; port = 3306; Database = ww; Uid =
root; Pwd = 123456";
                mySqlConnection = new MySqlConnection(mySqlString);
                //if(mySqlConnection.State == ConnectionState.Closed)
                mySqlConnection.Open();

            }
            catch (Exception e)
            {
                throw new Exception("服务器连接失败,请重新检查 MySql 服务是否打开。" + e.Message.
ToString());
            }

        }

        ///<summary>
        ///③关闭数据库
        ///</summary>
        public void CloseSql()
        {
            if (mySqlConnection != null)
            {
                mySqlConnection.Close();                    //关闭数据库,可以重新 Open,不清空数据库连接
                                                            //对象 mySqlConnection
                mySqlConnection.Dispose();                  //清空连接字符串:mySqlString,需要重新初始
//化 mySqlString 后,才能 Open,不清空数据库连接对象 mySqlConnection
                mySqlConnection = null;                     //清空数据库连接对象 mySqlConnection
            }
        }

        ///<summary>
        ///①Select:查询数据 MySqlCommand+MySqlDataReader
        ///</summary>
        ///<param name="tableName">表名</param>
        ///<param name="items">要查询返回的列</param>
        ///<param name="whereColumnName">查询的条件列</param>
        ///<param name="operation">条件操作符</param>
        ///<param name="value">条件的值</param>
        ///<returns></returns>
        public MySqlDataReader Select (string tableName, string [] items, string []
whereColumnName,string[] operation, string[] value)
        {
            OpenSql();
            if (whereColumnName. Length != operation. Length || operation. Length != value.
Length)
            {
                throw new Exception("输入不正确:" + "要查询的条件、条件操作符、条件值的数量不一致!");
            }
            string query = "Select " + items[0];
            for (int i = 1; i < items.Length; i++)
```

```
            {
                query += "," + items[i];
            }
        query += " FROM " + tableName + " WHERE " + whereColumnName[0] + " " + operation[0]
+ " '" + value[0] + "'";
        for (int i = 1; i < whereColumnName.Length; i++)
            {
                query += " and " + whereColumnName[i] + " " + operation[i] + " '" + value[i] + "'";
            }
        UnityEngine.Debug.Log(query);
        MySqlCommand command = new MySqlCommand(query, mySqlConnection);
        MySqlDataReader reader = command.ExecuteReader();
        return reader;
    }

    ///<summary>
    ///①Select:查询数据 MySqlDataAdapter + DataSet
    ///</summary>
    ///<param name="tableName">表名</param>
    ///<param name="items">要查询返回的列</param>
    ///<param name="whereColumnName">查询的条件列</param>
    ///<param name="operation">条件操作符</param>
    ///<param name="value">条件的值</param>
    ///<returns></returns>

    public DataSet Select57(string tableName, string[] items, string[] whereColumnName,
        string[] operation, string[] value)
        {

            if (whereColumnName.Length != operation.Length || operation.Length != value.
Length)
            {
                throw new Exception("输入不正确:" + "要查询的条件、条件操作符、条件值的数量不一致!");
            }
        string query = "Select " + items[0];
        for (int i = 1; i < items.Length; i++)
            {
                query += "," + items[i];
            }

        query += " FROM " + tableName + " WHERE " + whereColumnName[0] + " " + operation[0]
+ " '" + value[0] + "'";
        for (int i = 1; i < whereColumnName.Length; i++)
            {
                query += " and " + whereColumnName[i] + " " + operation[i] + " '" + value[i] + "'";
            }
        return QuerySet(query);
    }


    ///<summary>
    //执行 SQL 语句
    ///</summary>
    ///<param name="sqlString">sql 语句</param>
    ///<returns></returns>
    private DataSet QuerySet(string sqlString)
    {
        if (mySqlConnection.State == ConnectionState.Open)
        {
            DataSet ds = new DataSet();                 //声明 DataSet 数据集 ds,并初始化
            try
            {
                MySqlDataAdapter mySqlAdapter = new MySqlDataAdapter(sqlString,
mySqlConnection);
                                                        //执行 SQL 语句
                mySqlAdapter.Fill(ds);                  //查询的结果数据存入 ds
            }
```

```
                catch (Exception e)
                {
                    throw new Exception("SQL:" + sqlString + "/n" + e.Message.ToString());
                }
                finally
                {
                }
                return ds;
        }
        return null;
}

///<summary>
///②SelectAll:查询表中所有数据 MySqlCommand+MySqlDataReader
///</summary>
///<param name="tableName">表名</param>
///<returns></returns>
public MySqlDataReader SelectAll80(string tableName)
{
    Console.WriteLine("aaa");
    OpenSql();
    string query = "Select * " + " FROM " + tableName;

    MySqlCommand command = new MySqlCommand(query, mySqlConnection);

    MySqlDataReader reader = command.ExecuteReader();
    return reader;
    //MySqlDataReader, 8.0不支持
}

///<summary>
///②SelectAll:查询表中所有数据 MySqlDataAdapter+DataSet
///</summary>
///<param name="tableName">表名</param>
///<returns></returns>
public DataSet SelectAll(string tableName)
{
    string query = "Select * " + " FROM " + tableName;
    return QuerySet(query);
}

///<summary>
///③Insert:插入一行数据
///</summary>
///<param name="tableName">表名</param>
///<param name="ColumnName">插入的列名</param>
///<param name="value">列的值</param>
///<returns></returns>
public string Insert(string tableName, string[] ColumnName, string[] value)
{
    OpenSql();        //预防数据库连接在某个脚本中关闭,执行查询操作时,先把数据库连接池打开一下
    string query = "Insert into " + tableName + " set " + ColumnName[0] + "=@value";
    for (int i = 1; i < ColumnName.Length; i++)
    {
        query += "," + ColumnName[i] + "=@value" + i;
    }
    UnityEngine.Debug.Log(query);
    MySqlCommand command = new MySqlCommand(query, mySqlConnection);
    command.Parameters.AddWithValue("value", value[0]);
    for (int i = 1; i < ColumnName.Length; i++)
    {
        command.Parameters.AddWithValue("value" + i, value[i]);
    }
    if (command.ExecuteNonQuery() > 0)
    {
        return "插入成功!";
    }
```

```
            else
            {
                return "插入失败!";
            }
    }


    ///<summary>
    ///④Delete:删除数据
    ///</summary>
    ///<param name="tableName">表名</param>
    ///<param name="whereColumnName">查询的条件列</param>
    ///<param name="operation">条件操作符</param>
    ///<param name="value">条件的值</param>
    ///<returns></returns>
    public String Delete(string tableName, string[] whereColumnName, string[] operation,
string[] value)
    {
        OpenSql();
        string query = " Delete FROM " + tableName + " WHERE " + whereColumnName[0] + " " +
operation[0] + "@value";
        for (int i = 1; i < whereColumnName.Length; i++)
        {
            query += " and " + whereColumnName[i] + " " + operation[i] + "@value" + i;
        }
        UnityEngine.Debug.Log(query);
        MySqlCommand command = new MySqlCommand(query, mySqlConnection);
        command.Parameters.AddWithValue("value", value[0]);
        for (int i = 1; i < whereColumnName.Length; i++)
        {
            command.Parameters.AddWithValue("value" + i, value[i]);
        }
        if (command.ExecuteNonQuery() > 0)
        {
            return "删除成功!";
        }
        else
        {
            return "条件不匹配,删除失败!";
        }
    }


    ///<summary>
    ///⑤Update:更新数据,通用方法
    ///</summary>
    ///<param name="tableName">表名</param>
    ///<param name="whereColumnName">查询的条件列</param>
    ///<param name="operation">条件操作符</param>
    ///<param name="value">条件的值</param>
    ///<returns></returns>
    public String Update(string tableName, string[] ColumnName, string[] values, string[]
whereColumnName, string[] operation, string[] value)
    {
        OpenSql();
        string query = "Update " + tableName + " set " + ColumnName[0] + "=@values";
        for (int i = 1; i < ColumnName.Length; i++)
        {
            query += "," + ColumnName[i] + "=@values" + i;
        }
        query += " WHERE " + whereColumnName[0] + " " + operation[0] + "@value";
        for (int i = 1; i < whereColumnName.Length; i++)
        {
            query += " and " + whereColumnName[i] + " " + operation[i] + "@value" + i;
        }
        UnityEngine.Debug.Log(query);
        MySqlCommand command = new MySqlCommand(query, mySqlConnection);
        command.Parameters.AddWithValue("values", values[0]);
        for (int i = 1; i < ColumnName.Length; i++)
```

```
        command.Parameters.AddWithValue("values" + i, values[i]);
    }
    command.Parameters.AddWithValue("value", value[0]);
    for (int i = 1; i < whereColumnName.Length; i++)
    {
        command.Parameters.AddWithValue("value" + i, value[i]);
    }
    if(command.ExecuteNonQuery()>0)
    {
        return "修改成功!";
    }
    else
    {
        return "条件不匹配,修改失败!";
    }
}

///<summary>
///⑥Update1:更新数据,修改指定用户的密码
///</summary>
///<param name="tableName">表名</param>
///<param name="username">用户名</param>
///<param name="password">密码</param>
///<returns></returns>
public void Update1(string tableName, string username, string password)
{
    OpenSql();
     string query = "Update " + tableName + " set password = @pwd where user = '" +
username +"'";

    MySqlCommand command = new MySqlCommand(query, mySqlConnection);
    command.Parameters.AddWithValue("pwd", password);
    command.ExecuteNonQuery();
}
}
```

2. 登录、注册界面的设计

(1) 创建 Unity 项目,使用 UGUI 搭建所需要的登录界面,登录界面设计效果如图 12-8 所示。在左侧的第一个 Panel01 中,左上角显示一个坦克图片,右侧有两个文本输入框,分别输入用户名和密码,接着是一个登录提示框,最下面是"登录"按钮和"注册"按钮。在右侧的第二个 Panel02 中,上方是一个"删除用户"按钮,中间是文本输入框,输入新密码,下方是一个"更新密码"按钮。

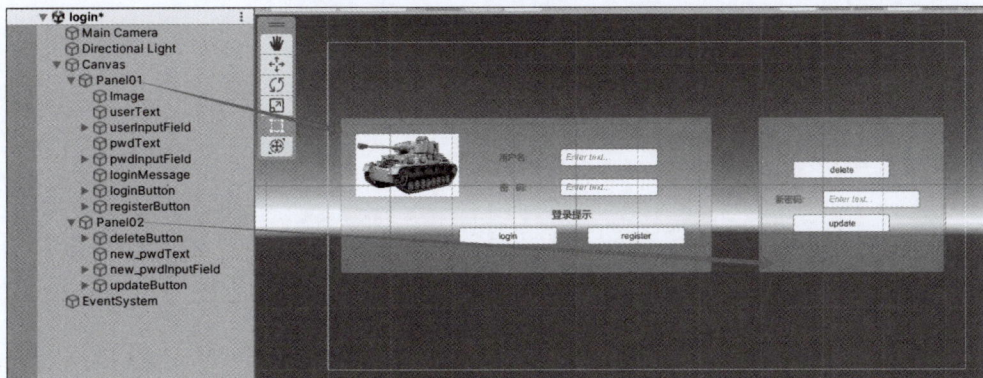

图 12-8　登录界面设计效果

(2) 引入 MySql.Data.dll,将 MySql.Data.dll 文件放入 Plugin 文件夹中,并做好文件夹的管理,如图 12-9 所示。

(3) 创建脚本 UserLogin.cs,通过实现接口来监听各个按钮的单击事件。首先声明用户名和

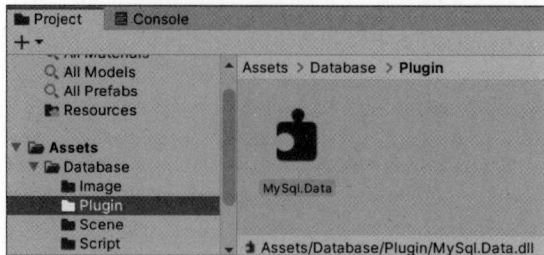

图 12-9　引入 MySql.Data.dll

密码输入框、数据库配置参数等变量,在编辑器中开放接口,用于配置数据库和为 UI 控件对象赋值。然后在 Start()方法中,初始化用于显示登录信息提示的文本框,数据库实例化并打开数据库连接。在 OnDestroy()方法中,关闭数据库。实现 IPointerClickHandler 接口中的 OnPointerClick()抽象方法,定义响应"登录""注册""删除用户""更新密码"4 个按钮的单击事件对应的方法。最后定义单击 4 个按钮响应的 OnClickedLoginButton( )方法、OnClickedRegisterButton( )方法、OnClickedDeleteButton()方法、OnClickedUpdateButton()方法。

```csharp
using UnityEngine;
using UnityEngine.EventSystems;
using UnityEngine.UI;
using UnityEngine.SceneManagement;
using MySql.Data.MySqlClient;

public class UserLogin : MonoBehaviour, IPointerClickHandler
//IPointerClickHandler 接口,包含 OnPointerClick()
{
    //用户名和密码输入框
    public InputField userNameInput;
    public InputField passwordInput;
    //提示用户登录信息
    private Text loginMessage;
    //主机名/IP 地址
    public string host;
    //端口号
    public string port;
    //用户名
    public string userName;
    //密码
    public string password;
    //数据库名称
    public string databaseName;
    //封装好的数据库类
    MySqlAccess mysql;

    ///<summary>
    ///初始化
    ///</summary>
    private void Start()
    {
        loginMessage = GameObject.FindGameObjectWithTag("LoginMessage").GetComponent
<Text>();
        mysql = new MySqlAccess(host, port, userName, password, databaseName);
                                                    //mysql 实例化
        mysql.OpenSql();
    }
    ///<summary>
    ///脚本销毁时,关闭数据库
    ///</summary>
    private void OnDestroy()
    {
        mysql.CloseSql();
    }
```

```
///<summary>
///响应按钮单击事件
///</summary>
public void OnPointerClick(PointerEventData eventData)
{
    if (eventData.pointerPress.name == "loginButton")
    {   //如果当前单击的按钮是"登录"按钮
        Debug.Log("login...");
        OnClickedLoginButton();
    }
    if (eventData.pointerPress.name == "registerButton")
    {   //如果当前单击的按钮是"注册"按钮
        Debug.Log("register...");
        OnClickedRegisterButton();
    }
    if (eventData.pointerPress.name == "deleteButton")
    {   //如果当前单击的按钮是"删除用户"按钮
        Debug.Log("delete...");
        OnClickedDeleteButton();
    }
    if (eventData.pointerPress.name == "updateButton")
    {   //如果当前单击的按钮是"更新密码"按钮
        Debug.Log("update...");
        OnClickedUpdateButton();
    }
}
///<summary>
///单击"登录"按钮
///</summary>
private void OnClickedLoginButton()
{
    string loginMsg = "";
    MySqlDataReader reader = mysql.Select("user", new string[] { "user",  "password" },
        new string[] { "user" , "password" }, new string[] { "=", "=" }, new string[] {
userNameInput.text, passwordInput.text });
    if (reader.Read())
    {
        loginMsg = reader.GetString("user") + " 登录成功!";
        loginMessage.color = Color.green;
        Debug.Log("用户权限等级:"  + reader.GetString("user"));
    } else
    {
        loginMsg = "用户名或密码错误!";
        loginMessage.color = Color.red;
    }
    loginMessage.text = loginMsg;
    reader.Close();
}
///<summary>
///单击"注册"按钮
///</summary>
private void OnClickedRegisterButton()
{   ////①注册通过场景实现
    /* MySqlDataReader reader = mysql.SelectAll80("user");
                                        //将 user 表中所有用户打印输出到 Console 面板
    int index = 0;
    while (reader.Read())
    {
        Debug.Log(reader.GetInt16("ID") + "       " + reader["user"]);
        int id = reader.GetInt16("ID") + 1;
        Debug.Log(id + "   ");
        index++;
    } * /
    //Application.LoadLevel("register");       //过时的加载场景语句
    SceneManager.LoadScene("register");       //加载注册场景

    ////②注册通过 Panel 实现
```

```
        /* if (GameObject.FindGameObjectWithTag("register_Panel") != null)
        {
            registerPanel.gameObject.SetActive(true);
        }
        //将 user 表中所有用户打印输出到 Console 面板
        DataSet ds = mysql.SelectAll("user");
        if (ds != null)
        {
            DataTable table = ds.Tables[0];        //从 DataSet 中取出第一个 DataTable
            int i = 0;
            while (i < table.Rows.Count - 1)       //DataTable 不为空,即有符合查询条件的数据记录
            {
                Debug.Log("ID:" + table.Rows[i][0] + "user:" + table.Rows[i][1]);
                print((int)table.Rows[i][0] + 1);
                i++;
            }
        } */
    }
    ///<summary>
    ///单击"删除用户"按钮
    ///</summary>
    private void OnClickedDeleteButton()
    {
        string ss = mysql.Delete("user", new string[] {"user" , "password"},
            new string[] { "=", "=" }, new string[] { userNameInput.text, passwordInput.
text });
        loginMessage.text = "用户:" + userNameInput.text + ss;
    }
    ///<summary>
    ///单击"更新密码"按钮
    ///</summary>
    private void OnClickedUpdateButton()
    {
        //mysql.Update1("user", userNameInput.text, passwordInput.text);

        InputField new_userPWDInput = GameObject.Find("new_pwdInputField").GetComponent
<InputField>();
        string ss = mysql.Update("user", new string[] { "password" }, new string[] { new_
userPWDInput.text },
            new string[] {"user" , "password"}, new string[] {"=","="},
            new string[] {userNameInput.text, passwordInput.text});

        loginMessage.text = "用户:" + userNameInput.text + "的密码" + ss;
    }
}
```

（4）将脚本 UserLogin.cs 挂载到按钮 loginButton 上，为两个输入框变量 userNameInput 和 passwordInput 赋值，配置好主机名（IP 地址）、端口号、数据库登录用户名及密码和数据库名称等，如图 12-10 所示。然后将脚本 UserLogin.cs 挂载到按钮 registerButton 上，将脚本组件 UserLogin 的值直接复制过来（在脚本组件的右键菜单中选择 Copy Component 和 Paste Component Value），这样就不用把各个变量再依次赋值一遍了。使用类似的方法，为 deleteButton 按钮和 updateButton 按钮添加脚本 UserLogin.cs。

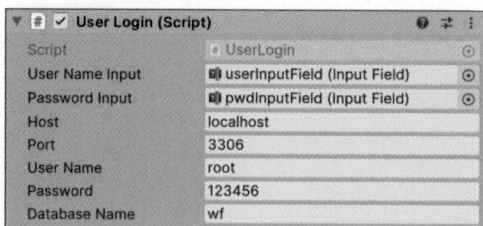

▼	#	✓ **User Login (Script)**		❓ ⇄ ⋮
	Script		⊕ UserLogin	⊙
	User Name Input		🔲 userInputField (Input Field)	⊙
	Password Input		🔲 pwdInputField (Input Field)	⊙
	Host		localhost	
	Port		3306	
	User Name		root	
	Password		123456	
	Database Name		wf	

图 12-10 将脚本 UserLogin.cs 挂载到按钮 loginButton 上

如果数据库在本机，Host 可以配置为 localhost、127.0.0.1 或者本机的私有 IP 地址，MySQL 的默认端口号为 3306。

注意这里用 InputFiled 获取密码，在 InputField 组件中有一个 Content Type 选项，如果选择为 Password 类型，可以将输入的文本显示为"***"。为了安全，将密码输入框 pwdInputField 的 Content Type 选项设置为 Password 类型，在获取的时候从 InputFiled.text 中获取到真正的值，如图 12-11(a) 所示。Content Type 还有一些其他选项，如图 12-11(b) 所示，可以对数据进行输入校验。

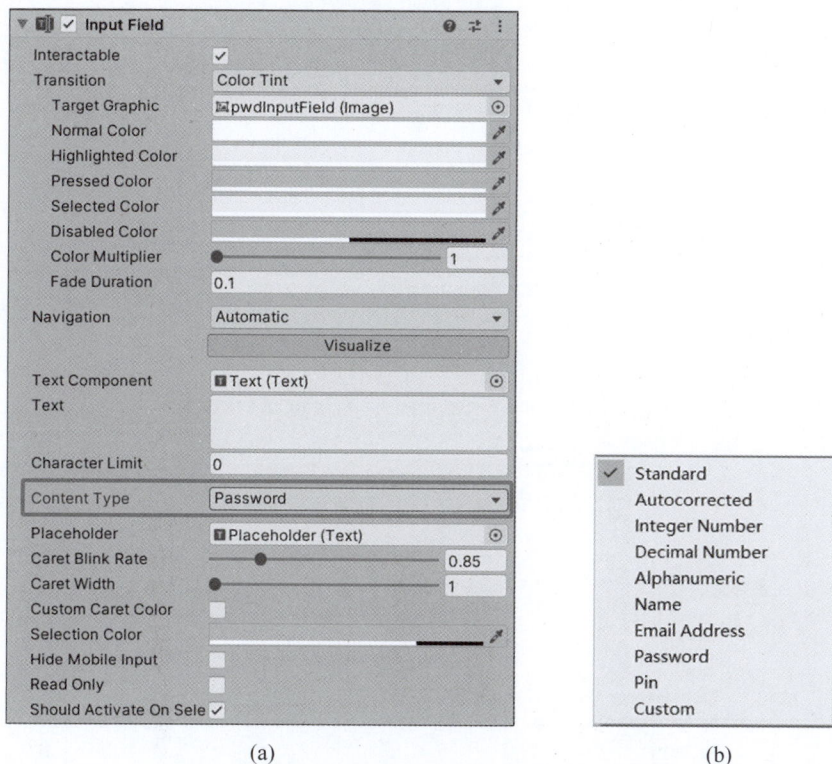

(a)   (b)

图 12-11　输入框 InputField 的 ContentType 选项

（5）注意如图 12-12 所示代码中 4 个按钮的名称，一定要与场景中对应的 4 个按钮的 name 属性一致，将要显示登录信息的 LoginMessage 文本框对象的 tag 属性设置为 LoginMessage，如图 12-13 所示。

（6）在 MySQL 的 wf 数据库中创建表 user，并输入两行数据，创建两个账号，如图 12-14 所示。

（7）接下来，就可以使用 user 表中的用户名和密码进行测试了，如图 12-15 所示。图 12-15(a)～图 12-15(b) 为 wf 用户登录测试，图 12-15(a) 为用户名密码正确登录成功，图 12-15(b) 为登录失败。图 12-15(c)～图 12-15(e) 为删除 wf 用户测试，注意删除用户时，前提条件为该用户的用户名密码信息正确，图 12-15(c) 为删除失败效果，图 12-15(d) 为删除成功效果，图 12-15(e) 为删除成功后，wf 用户就不能再成功登录了。图 12-15(f)～图 12-15(h) 为更新 admin 用户密码测试，注意更新用户密码时，前提条件为该用户的用户名密码信息正确，图 12-15(f) 为更新失败效果，图 12-15(g) 为更新成功效果，图 12-15(h) 为更新成功后，admin 用户可以使用新密码登录了。

```
public void OnPointerClick(PointerEventData eventData)
{
    if (eventData.pointerPress.name == "loginButton")
    {   //如果当前单击的按钮是"登录"按钮
        Debug.Log("login....");
        OnClickedLoginButton();
    }
    if (eventData.pointerPress.name == "registerButton")
    {    //如果当前单击的按钮是"注册"按钮
        Debug.Log("register....");
        OnClickedRegisterButton();
    }
    if (eventData.pointerPress.name == "deleteButton")
    {    //如果当前单击的按钮是"删除用户"按钮
        Debug.Log("delete....");
        OnClickedDeleteButton();
    }
    if (eventData.pointerPress.name == "updateButton")
    {    //如果当前单击的按钮是"更新密码"按钮
        Debug.Log("update....");
        OnClickedUpdateButton();
    }
}
```

```
private void Start()
{
    loginMessage = GameObject.FindGameObjectWithTag("LoginMessage").GetComponent<Text>();
    mysql = new MySqlAccess(host, port, userName, password, databaseName);    //mysql实例化
    mysql.OpenSql();
}
```

图 12-12   局部代码

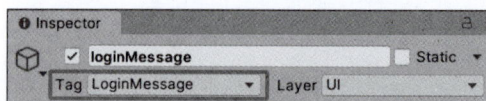

图 12-13   LoginMessage 对象的 tag 属性

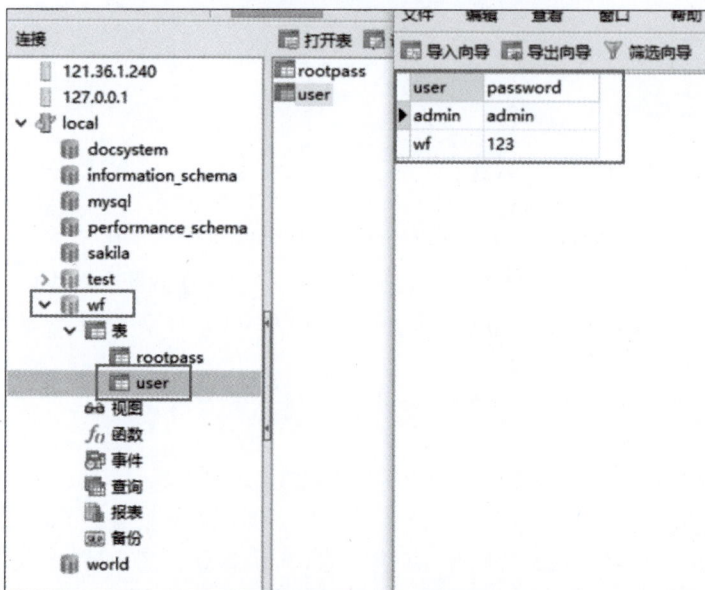

图 12-14   在 MySQL 中创建 user 表

（8）设计一个注册场景 register。注册界面设计效果如图 12-16 所示。上方是"用户注册"提示，中间是三个输入框，分别输入用户名和密码，下面是一个注册提示信息，最下面是"注册"按钮。

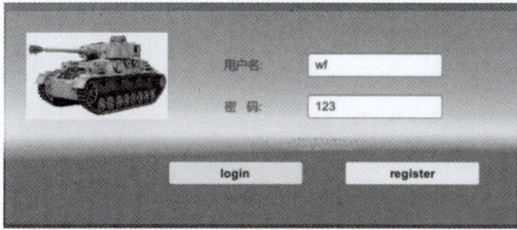

(a) wf用户登录成功   (b) wf用户登录失败

(c) 删除wf用户失败

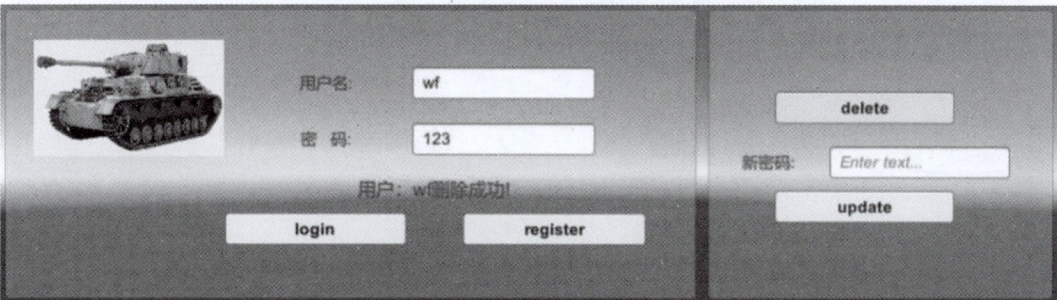

(d) 删除wf用户成功

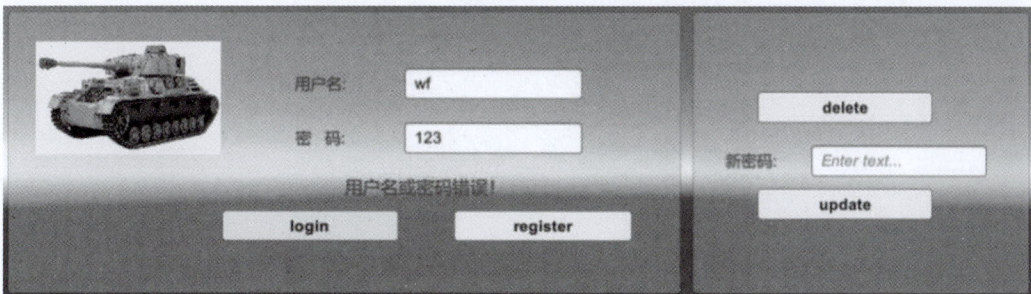

(e) 删除wf用户测试，wf用户不能再登录

图 12-15 数据库测试

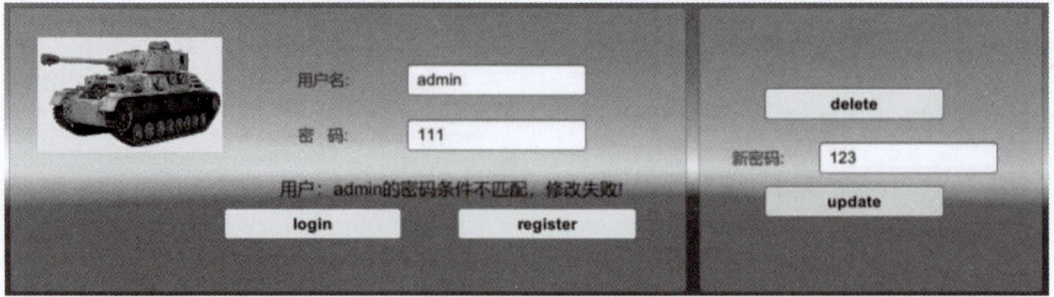

(f) 更新admin用户密码失败

(g) 更新admin用户密码成功

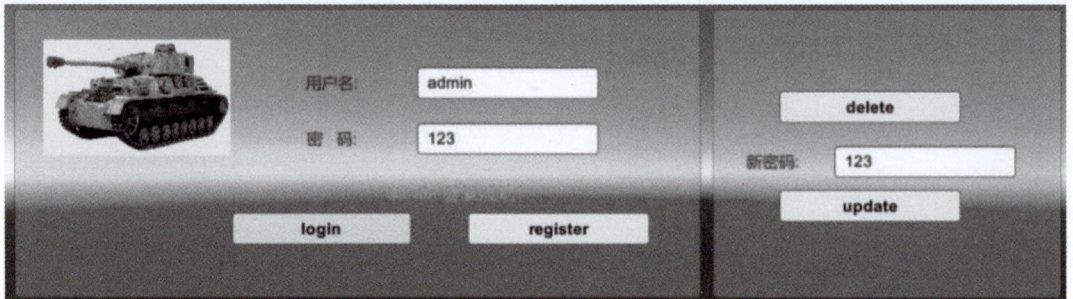

(h) 更新admin用户密码测试，使用新密码登录成功

图 12-15 （续）

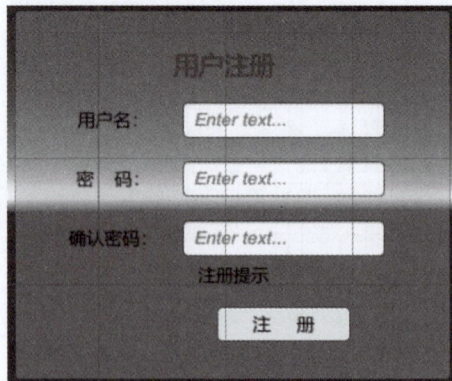

图 12-16 注册界面设计效果

（9）创建脚本 UserRegister.cs,实现注册新的用户。首先声明"用户名"和"密码"输入框、数据库配置参数等变量,在编辑器中开放接口,用于配置数据库和为 UI 控件对象赋值。然后在 Start()方法中,创建数据库实例并打开数据库连接,为"用户"输入框 userInput、"确认密码"输入框 pswcheckInput、"注册"按钮 registerButton 添加事件监听器。定义 Change()方法,响应 pswcheckInput"密码确认"输入框输入的事件。定义 UserEnd()方法,响应 userInput 用户名输入完毕事件,判断用户名是否有效。定义 End()方法,响应 pswcheckInput 密码输入完毕事件,判断两次密码输入是否一致。定义 OnClickedRegisterButton()方法,响应"注册"按钮单击事件,将新用户插入 user 表,并跳转到登录场景。

```
using UnityEngine;
using UnityEngine.UI;
using System.Data;
using UnityEngine.SceneManagement;

public class UserRegister : MonoBehaviour
{
    public InputField userInput;                        //"用户名"输入框
    public InputField pswInput;                         //"密码"输入框
    public InputField pswcheckInput;                    //"确认密码"输入框
    public Text registerMessage;                        //注册信息提示文本框
    public Button registerButton;                       //"注册"按钮

    bool user_end = false;
    bool pwd_end = false;

    //IP 地址
    public string host;
    //端口号
    public string port;
    //用户名
    public string userName;
    //密码
    public string password;
    //数据库名称
    public string databaseName;
    //封装好的数据库类
    MySqlAccess mysql;

    ///<summary>
    ///初始化
    ///</summary>
    private void Start()
    {
        mysql = new MySqlAccess(host, port, userName, password, databaseName);
                                    //MySQL 实例化

        //pswcheckInput.GetComponent<InputField>().onValueChanged.AddListener(Change);
                                    //pswcheckInput 注册正在输入(输入框值变化)监听事件
        userInput.GetComponent<InputField>().onEndEdit.AddListener(UserEnd);
                                    //userInput 注册输入完毕监听事件
        pswcheckInput.GetComponent<InputField>().onEndEdit.AddListener(End);
                                    //pswcheckInput 注册输入完毕监听事件
        registerButton.GetComponent<Button>().onClick.AddListener(OnClickedRegisterButton);
                                    //registerButton 注册单击监听事件
    }

    ///<summary>
    ///定义 Change()方法,响应 pswcheckInput"确认密码"框的输入事件
    ///</summary>
    void Change(string str)
    {
        Debug.Log("input...");
```

```
            }
        ///<summary>
        ///定义 UserEnd()方法,响应 userInput 用户名输入完毕事件,判断用户名是否有效
        ///</summary>
        void UserEnd(string str)
        {
            Debug.Log("user input end...");
            registerMessage.text = "";
            /* MySqlDataReader reader = mysql.SelectAll("user");      //查询 user 用户表中所有数据
                if (reader.Read())
                {
                int index = 0;
                while (reader.Read())
                    {
                        if (userInput.text.Equals(reader["user"]))
                                                    //userInput 中输入用户名和 user 表中有相同
                        {
                            registerMessage.color = Color.red;
                            registerMessage.text = "用户名已存在!!!";
                            return;
                        }
                        index++;
                    }
                reader=null;
    //注意:要把 reader 关闭释放掉,否则当调用数据库的其他查询方法时,会出现
    //"There is already an open DataReader associated with this Connection which must be closed"
    //错误。

            DataSet ds = mysql.SelectAll("user");
            if (ds != null)
            {
                DataTable table = ds.Tables[0]; //从 DataSet 中取出第一个 DataTable
                int i = 0;
                while (i < table.Rows.Count - 1) //DataTable 不为空,即有符合查询条件的数据记录
                {
                    if (userInput.text.Equals(table.Rows[i][1]))
                                                    //userInput 中输入用户名和 user 表中有相同
                    {
                        registerMessage.color = Color.red;
                        registerMessage.text = "用户名已存在!!!";
                        return;
                    }
                    i++;
                }
            }

            mysql.CloseSql();
            registerMessage.color = Color.blue;
            registerMessage.text = "有效的用户名,请继续注册!";
            user_end = true;
        }

        ///<summary>
        ///定义 End()方法,响应 pswcheckInput 密码输入完毕事件,判断两次密码输入是否一致
        ///</summary>
        void End(string str)
        {
            Debug.Log("input end...");
            if (pswInput.text != pswcheckInput.text)
            {
                registerMessage.text="两次输入的密码不一致,请重新输入...";
                pwd_end = false;
            }
            else
            {
                registerMessage.text="两次输入的密码一致,register...";
```

```
            pwd_end = true;
        }
    }

    ///<summary>
    ///定义 OnClickedRegisterButton()方法,响应"注册"按钮单击事件,将新用户插入 user 表
    ///</summary>
    private void OnClickedRegisterButton()
    {
        if(user_end && pwd_end)
        {
            //将新用户插入 user 表
            string ss = mysql.Insert("user", new string[] { "user","password" }, new
string[] { userInput.text, pswInput.text });
            registerMessage.color = Color.black;
            registerMessage.text = ss + "注册成功!";
            Debug.Log(ss + "注册成功!!!");
            //Application.LoadLevel("login_new");
            SceneManager.LoadScene("login");                    //跳转到登录场景
        }
    }
}
```

（10）将登录场景 login 和注册场景 register 依次添加到 Build Settings 窗口中的 Scene In Build 中,如图 12-17 所示。

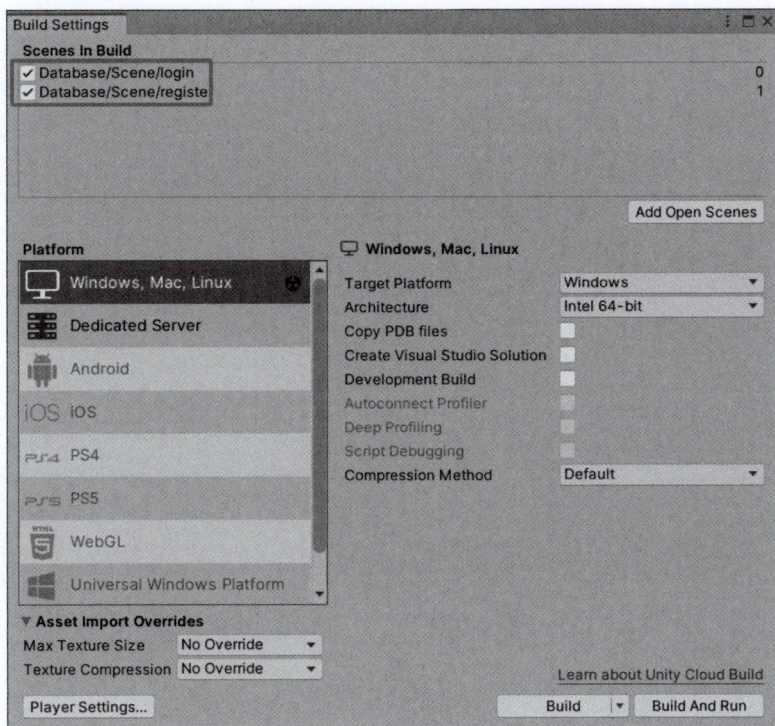

图 12-17 将 login 和 register 场景添加到 Scene In Build 中

（11）运行注册场景,输入新的用户名和密码,单击"注册"按钮,添加新用户到数据库后,跳转到登录场景,如图 12-18 所示。然后在登录场景测试新用户是否注册成功,如图 12-19 所示。在登录场景中跳转到注册场景,可自行测试,不再赘述。

目前很多用户和项目仍然在使用 MySQL 5.x,但是 MySQL 8 的更多功能和优异的性能,也使很多用户开始使用 MySQL 8,下面介绍在 Unity 项目中使用 MySQL 8 要注意的一些事项。

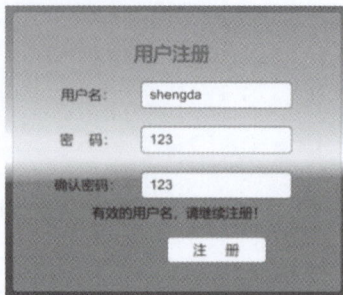

图 12-18   注册场景测试

图 12-19   注册的新用户登录测试

（1）安装 MySQL 8。

直接安装 MySQL 8,本书就不再介绍。

① 如果已经安装有 MySQL 5.7,需要再安装 MySQL 8,安装步骤可以参考网址 https://www.jianshu.com/p/1927cf17063b。

② 在 cmd 命令行,安装 MySQL 8 服务,启动 MySQL 8 服务,会生成临时密码 v7rIfs;k<o.e,如图 12-20 所示。

图 12-20   注册的新用户测试（1）

③ 在命令行 MySQL 8 服务启动成功,在 Navicat 中测试连接出错,解决方法:在命令行中修改密码,"SET PASSWORD = '123456';",如图 12-21 所示。注意语法,5.7 和 8.0 版本中修改密码的命令不一样。

④ 打开 Navicat 测试,连接成功,如图 12-22 所示。注意端口 3306 被 MySQL 5.7 占用,这里 MySQL 8 使用的端口是 3307。

（2）MySQL 8 字符集编码设置。

注意 MySQL 8 和 MySQL 5.7 使用的字符集是不一样的,如图 12-23 所示。

① 创建数据库时,字符集设置为 utf8mb4 -- UTF-8 Unicode。

② 排序规则,设置为 utf8mb4_unicode_ci。

图 12-21　注册的新用户测试(2)

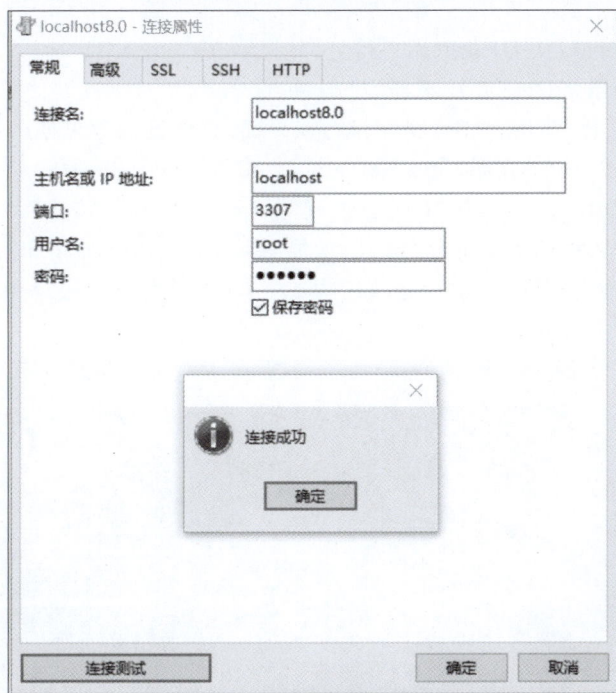

图 12-22　注册的新用户测试(3)

（3）实例中代码的修改。

例 12-1 的脚本 UserLogin 和 UserRegister 中的数据库连接字符串，做如下修改：添加字符编码 charset＝utf8mb4。

```
String mySqlString = string.Format("Database={0}; Data Source={1}; User Id={2}; Password=
{3}; port={4}; charset=utf8mb4", databaseName, host, userName, password, port);
```

（4）测试。

进行测试，验证例 12-1 中的数据库连接和各项功能成功实现。注册新用户测试如图 12-24 所示。

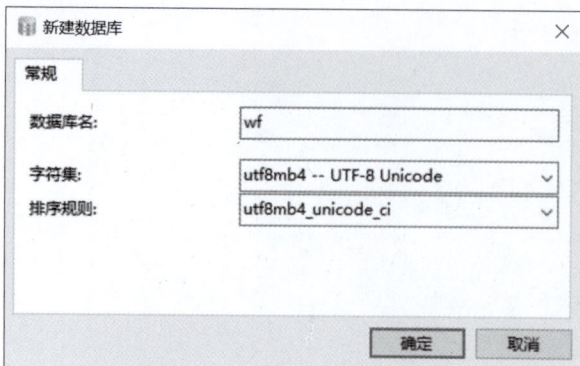

图 12-23　注册的新用户测试（4）

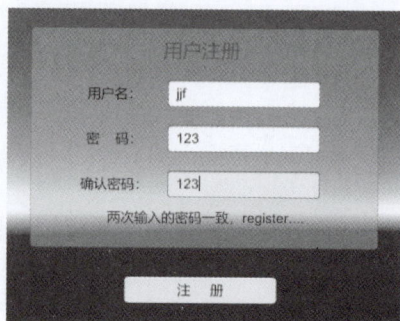

图 12-24　注册新用户测试

12.3　实例：游戏数据的获取及更新"排行榜"

本节设计一个排行榜，从 UI 获取用户得分，并显示在排行榜中。

【例 12-2】　游戏数据的获取及更新"排行榜"

（1）创建 Unity 项目，使用 UGUI 搭建排行榜界面，总体设计效果如图 12-25 所示。整个界面分为两部分。左侧 Panel01 容器，包括 nameInputField 和 scoreInputField 两个文本框，实现用户名和分数的输入，addButton 按钮实现分数的递增。insertButton 按钮将用户及分数添加入数据库，deleterButton 按钮将低于某个分数的记录删除，ranklistButton 按钮打开排行榜显示用户得分信息。这部分功能在实际项目中，可以在 2D 或 3D 场景中通过用户操作游戏对象，进行运动交互等获取得分。

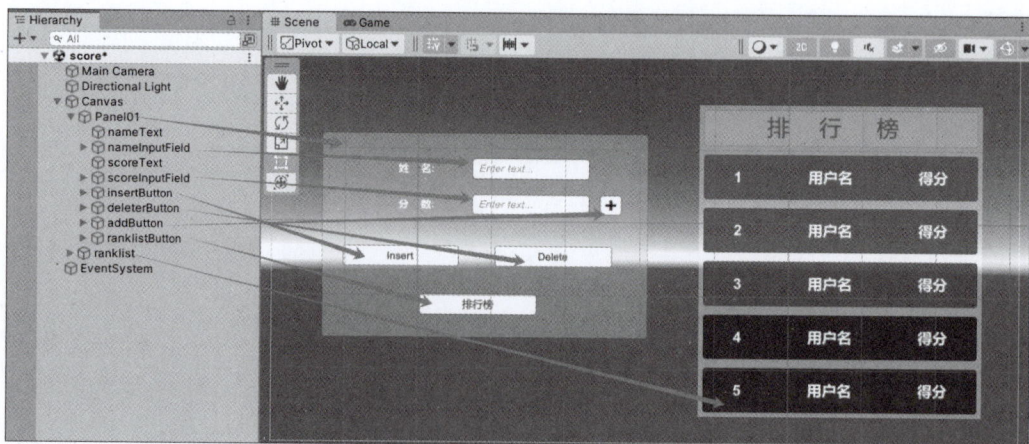

图 12-25　总体设计效果

（2）右侧容器 ranklist，设计的排行榜效果如图 12-26 所示。Ranklist 添加 Vertical Layout Group 组件，使排行榜标识 Panel0 和每行用户信息 Panel01～Panel05 垂直整齐排列。Panel0 中只有一个 Text，显示文字"排行榜"。Panel01～Panel05 的 Image 组件背景设置为不同颜色，添加 Horizontal Layout Group 组件。Panel01～Panel05 中都有三个文本框对象，分别显示序号、用户名和得分，在水平方向上整齐排列。Ranklist 初始为非激活状态。

（3）创建脚本 scoreRankList.cs，实现获取分数及显示排行榜。首先声明数据库连接变量 conn，输入框变量 name 和 score，排行榜对象 ranklist_obj。Start()方法中，初始化变量 score 和

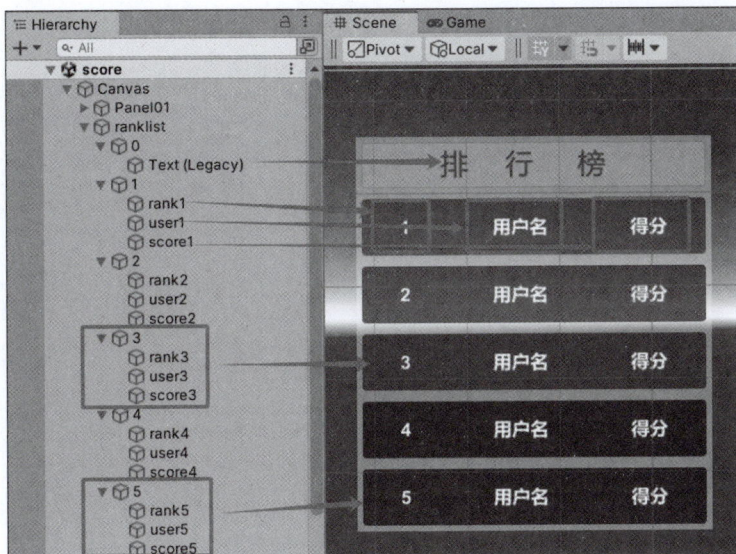

图 12-26　排行榜设计效果

name，为按钮 addButton、insertButton、deleterButton、ranklistButton 添加单击事件监听器，创建数据库连接并打开。然后分别定义了 5 个方法：定义 Add()方法，使分数自增 1；定义 Insert()方法，插入用户得分数据；定义 Delete()方法，删除得分小于指定值的记录；定义 Select()方法，查询数据；定义 ranklist()方法，激活排行榜，往排行榜中添加数据。

```csharp
using MySql.Data.MySqlClient;
using UnityEngine;
using UnityEngine.UI;

public class scoreRankList : MonoBehaviour
{
    //声明变量
    MySqlConnection conn;
    InputField name;
    InputField score;
    public GameObject ranklist_obj;

    //初始化变量 score 和 name,为按钮 addButton、insertButton、deleterButton、ranklistButton 添
    //加单击事件监听器
    //数据库连接及打开
    void Start()
    {
        score = GameObject.Find("scoreInputField").GetComponent<InputField>();
        name =GameObject.Find("nameInputField").GetComponent<InputField>();
        GameObject.Find("addButton").GetComponent<Button>().onClick.AddListener(Add);
        GameObject.Find("insertButton").GetComponent<Button>().onClick.AddListener
(Insert);
        GameObject.Find("deleterButton").GetComponent<Button>().onClick.AddListener
(Delete);
        GameObject.Find("ranklistButton").GetComponent<Button>().onClick.AddListener
(ranklist);

        //连接到 MySQL 数据库
        string connStr = "Server=localhost;port=3306;Database=wf;Uid=root;Pwd=123456;";
        conn = new MySqlConnection(connStr);
        try
        {
            conn.Open();                          //打开连接
            Debug.Log("数据库已连接");
        }
```

```
        catch (MySqlException ex)
        {
            Debug.Log("连接错误: " + ex.ToString());
        }
        //conn.Close();                                         //关闭连接
    }
    //定义 Add()方法,使分数自增 1
    public void Add()
    {
        int num=0;
        num = int.Parse(score.text) +1;
        score.text =num.ToString();
    }
    //定义 Insert()方法,插入用户得分数据
    public void Insert()
    {
        //添加数据
        string sql = "INSERT INTO score (name, score) VALUES (@name, @score)";
        MySqlCommand cmd = new MySqlCommand(sql, conn);
        cmd.Parameters.AddWithValue("@name", name.text);
        cmd.Parameters.AddWithValue("@score", score.text);
        try
        {
            cmd.ExecuteNonQuery();                              //执行 SQL 命令
            Debug.Log("数据已添加");
        }
        catch (MySqlException ex)
        {
            Debug.Log("添加错误: " + ex.ToString());
        }
    }
    //定义 Delete()方法,删除得分小于 200 的记录
    public void Delete()
    {
        //删除数据
        string sql = "DELETE FROM score WHERE score < 200";
        MySqlCommand cmd = new MySqlCommand(sql, conn);
        try
        {
            cmd.ExecuteNonQuery();                              //执行 SQL 命令
            Debug.Log("数据已删除");
        }
        catch (MySqlException ex)
        {
            Debug.Log("删除错误: " + ex.ToString());
        }
    }

    //定义 Select()方法,查询数据
    public void Select()
    {
        //检索数据
        string sql = "SELECT * FROM score";
        MySqlCommand cmd = new MySqlCommand(sql, conn);
        MySqlDataReader rdr = cmd.ExecuteReader();              //查询数据
        while (rdr.Read())
        {
            Debug.Log("Name: " + rdr["name"] + ", Score: " + rdr["score"]);
        }
        rdr.Close();
        //MySqlDataReader, 8.0不支持
    }
    //定义 ranklist()方法,激活排行榜,往排行榜中添加数据
    public void ranklist()
    {
        ranklist_obj.SetActive(true);
        string sql = "SELECT * FROM score";
```

```
        MySqlCommand cmd = new MySqlCommand(sql, conn);
        MySqlDataReader rdr = cmd.ExecuteReader();              //查询数据
        int i = 1;
        while (rdr.Read())
        {
            GameObject.Find("user" + i).GetComponent<Text>().text = rdr["name"].ToString();
            GameObject.Find("score" + i).GetComponent<Text>().text = rdr["score"].
ToString();
            i++;
            if (i > 5)
            {
                break;
            }
        }
        rdr.Close();
        if (i < 5)
        {
            do
            {
                GameObject.Find("user" + i).GetComponent<Text>().text = "用户名";
                GameObject.Find("score" + i).GetComponent<Text>().text ="得分";
                i++;
            }while(i <= 5);
        }
    }
}
```

（4）将脚本 scoreRankList.cs 赋给 Canvas 画布。

（5）在 MySQL 数据库 wf 中创建一个 score 表,包含 name(varchar 类型)和 score(int 类型)两个字段。输入一条记录 name：jiao,score：500。

（6）回到 Unity,运行场景测试。在文本框中分别输入姓名 wang 和分数 350,然后单击分数后面的加号按钮多次,使分数增加,再单击 Insert 按钮,可以看到 Console 面板中的"数据已添加"提示文字,到 Navicat 中查看表中添加的数据,如图 12-27 所示。

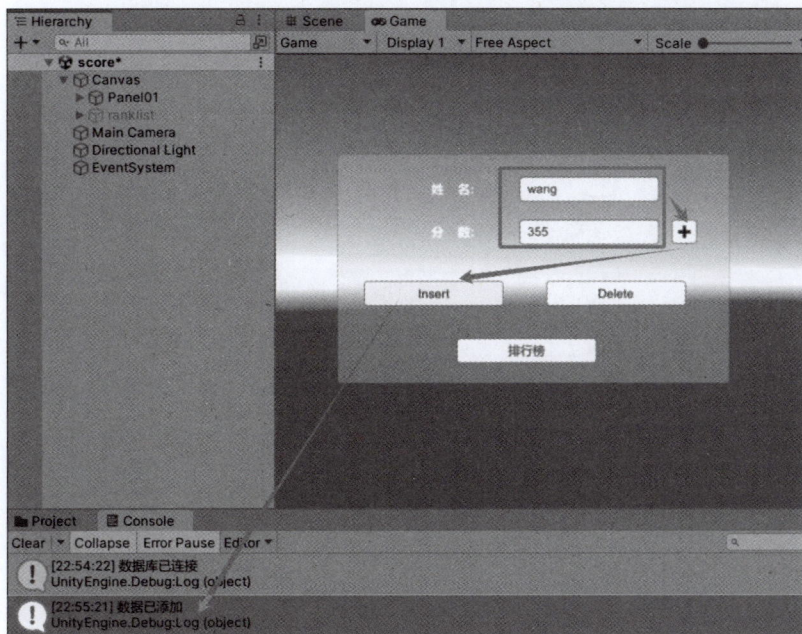

图 12-27　获得得分并插入数据库

（7）单击"排行榜"按钮,查看排行榜显示两行数据信息,如图 12-28 所示。再输入几条数据,查看排行榜结果,如图 12-29 所示。

图 12-28　排行榜显示信息

图 12-29　又输入几条信息后的排行榜

（8）将分数小于 200 的数据删除后的排行榜如图 12-30 所示。

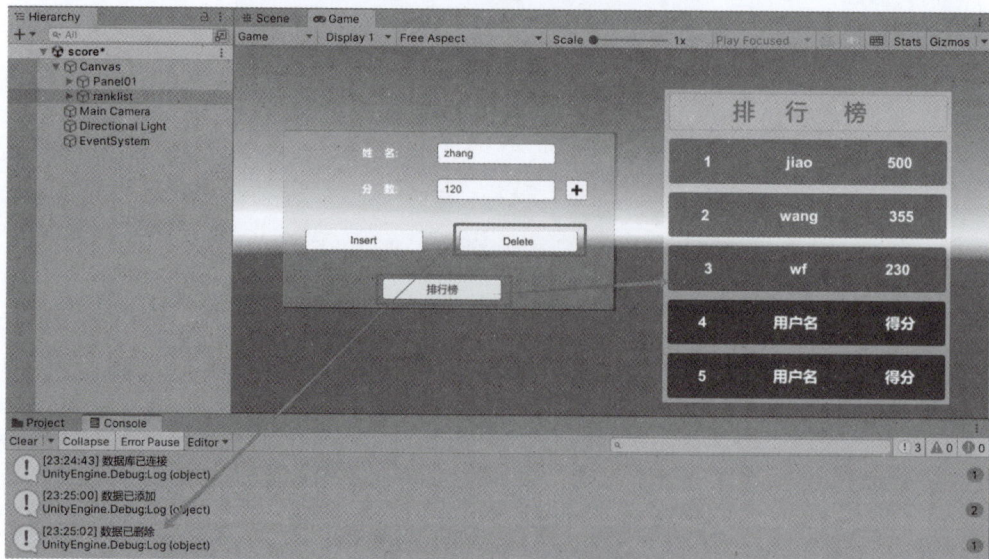

图 12-30　分数小于 200 的数据删除后的排行榜

习题

一、选择题

Unity中，实现 MySQL 数据库连接，需要导入＿＿＿＿＿＿插件。

A. MySql.Data.dll　　　　　　　　　　B. System.Data.dll

C. UnityEngine.UI　　　　　　　　　　D. UnityEngine.SceneManagement

二、简答题

1. 概述设计 Unity 数据库项目的基本流程。

2. 画出例 12-1 的思维导图。

三、操作题

1. 参考例 12-1，设计一个注册登录应用程序。

2. 改进例 12-2，将输入数据库 score 表中的数据按分数倒序排列，然后显示在排行榜中。

第 13 章

综 合 案 例

本章将设计制作两个综合案例：单机版坦克大战游戏和 3D 版贪吃蛇游戏，实现对 Unity 技术的综合应用。

13.1　单机版坦克大战游戏

13.1.1　创建地形

新建场景，创建 Terrain 地形，地形四周是隆起的山峰，形成一个相对封闭的空间，防止坦克开出地形，掉落下去。左下角是相对平坦地区，这里也是坦克主要活动区域，如图 13-1 所示。

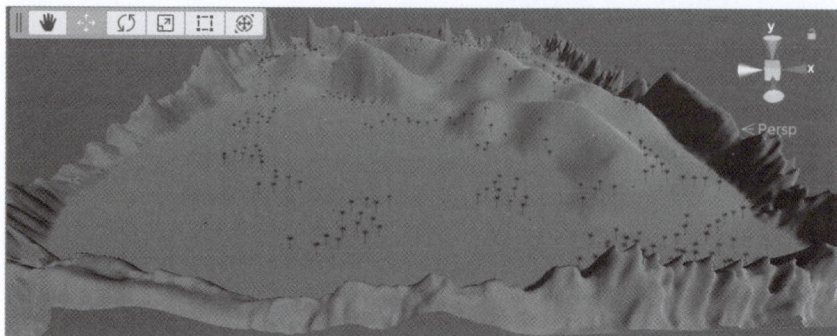

图 13-1　创建地形

13.1.2　场景搭建

（1）地形创建好后，新建文件夹 Audios、Images、Materials、Models、Resources、Scenes、Scripts 等，在 Resources 文件夹中再创建 Prefabs 文件夹。然后按照下面的步骤，导入素材资源，创建各种资源的预制对象，创建场景初始化脚本，实现场景的自动搭建。

（2）导入 tank.fbx、pao.fbx 等模型文件，放置到 Models 文件夹中，如图 13-2 所示。

（3）类似地，导入 micai.jpg、micai02.jpg 等图像文件，放置到 Images 文件夹中。导入 MouseLook.cs、SPFInput.cs 等脚本文件，放置到 Scripts 文件夹中。

（4）将坦克模型 tank.fbx 拖动到场景中，创建玩家坦克游戏对象，重命名为"Player"。为 Player 添加 BoxCollider 碰撞器，单击碰撞器编辑按钮，调整碰撞器外框，使之刚好包裹住坦克模型，如图 13-3 所示。调整碰撞器外框时，可以将视图切换为二维投影视图，方便查看模型边界，以方便编辑。为 Player 添加刚体 Rigidbody 组件，保持默认参数。

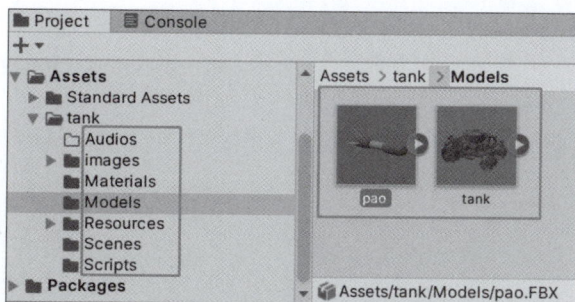

图 13-2 导入模型等素材

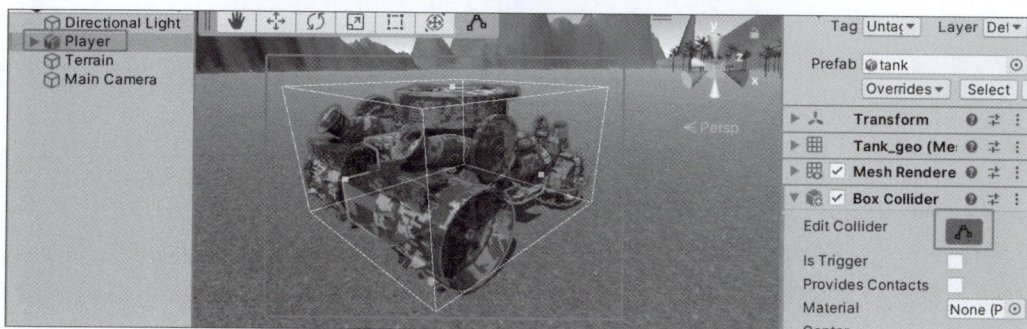

图 13-3 编辑 BoxCollider 碰撞器外框，包裹住 tank 模型

（5）选中 Player 对象，按快捷键 Ctrl＋D，将复制的坦克对象命名为"enemy"，创建敌方坦克。

（6）在 Inspector 面板 tag 属性后的下拉列表中，选择 Add tag，创建新的 tag 值"ememy"。选中敌方坦克 enemy，将 tag 属性设置为"enemy"。

（7）在 Materials 文件夹中创建新材质 blue_mat，设置主贴图为 micai02.jpg。在 Hierarchy 面板中将敌方坦克 enemy 的所有子对象展开，将材质 blue_mat 赋给 enemy 的所有子对象，如图 13-4 所示。方法为按住 Shift 键，将 enemy 的所有子对象选中，将材质 blue_mat 拖动到 Inspector 面板空白处。这样就实现了通过材质区分敌我双方坦克。

图 13-4 创建敌方坦克 enemy

（8）将 enemy 敌方坦克对象拖动到 Resources 文件夹下的 Prefabs 文件夹中，创建 enemy 预制对象，enemy 将作为敌方坦克对象的预制对象，游戏运行后创建出的敌方坦克散布在场景中。将场景中的 enemy 敌方坦克对象删除。

（9）选中坦克 Player，创建一个空游戏对象 paokou，作为 Player 的子对象，调整 paokou 的 y 轴和 z 轴坐标位置到 Player 对象的炮弹发射口正前方（稍微偏下一点儿，且距离炮口有一定距离，这样实例化出来的炮弹才不会与坦克发生碰撞），如图 13-5 所示。

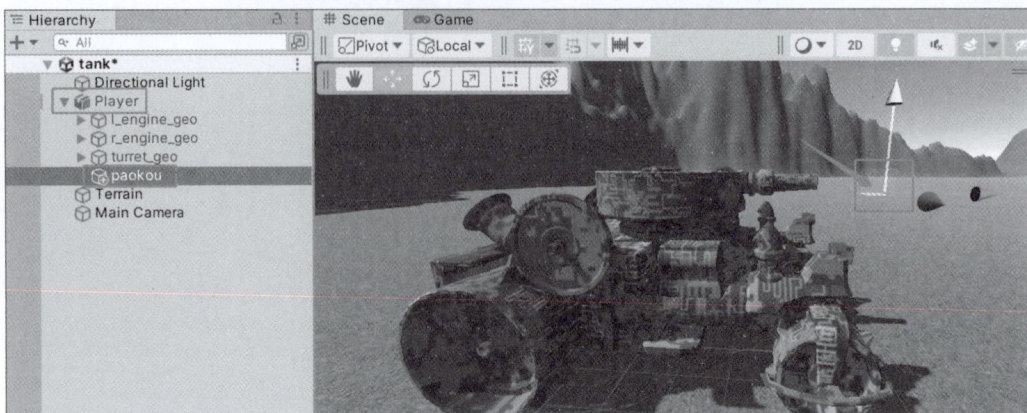

图 13-5　调整 paokou 对象的位置

（10）将 Player 对象的 tag 属性设置为"Player"，添加脚本 MouseLook.cs 和 SPFInput.cs。然后，将坦克对象 Player 拖动到 Resources 文件夹下的 Prefabs 文件夹中，创建 Player 预制对象，Player 将作为玩家坦克对象的预制对象。将场景中的 Player 坦克对象删除。

（11）将炮弹模型 pao.fbx 拖动到场景中，创建炮弹对象 pao。为 pao 添加 CapsuleCollider 胶囊碰撞器，调整碰撞器参数，使碰撞器刚好包裹住炮弹模型，勾选 Is Trigger 复选框，使碰撞器转换为触发器，如图 13-6 所示。将炮弹对象 pao 的 tag 属性设置为"pao"。将 pao 对象拖动到 Resources 文件夹下的 Prefabs 文件夹中，创建 pao 预制对象。pao 将作为炮弹资源的预制对象，游戏运行后创建出的炮弹资源散布在场景中，可以被玩家坦克获取后装载到坦克上。

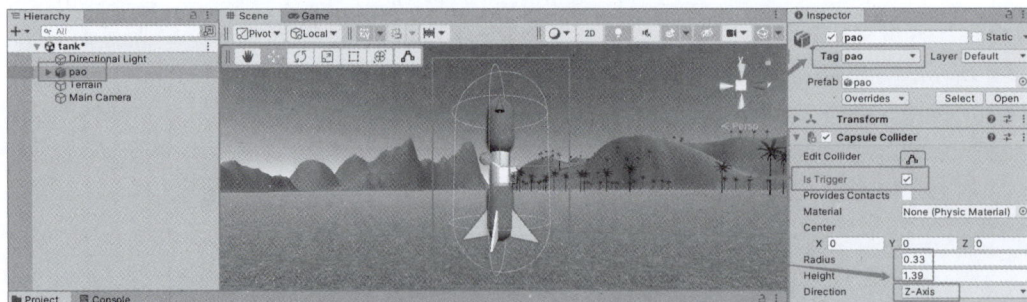

图 13-6　创建编辑炮弹对象 pao

（12）将 pao 对象复制出来一个，命名为 pao_shoot。为 pao_shoot 添加刚体 Rigidbody 组件，取消勾选 Use Gravity 复选框，使炮弹不受重力影响，但能够给炮弹施加力，在 CapsuleCollider 碰撞器中取消勾选 Is Trigger 复选框，将 tag 属性设置为"pao_shoot"，将 pao_shoot 对象拖动到 Resources 文件夹下的 Prefabs 文件夹中，创建 pao_shoot 预制对象，pao_shoot 将作为玩家坦克开火后发射炮弹的预制对象。

（13）创建 cube 对象，重命名为"power"，勾选 BoxCollider 碰撞器中的 Is Trigger 复选框，使碰撞器转换为触发器。创建玫红色材质，赋给 power 对象，将 tag 属性设置为"power"，如图 13-7 所示。拖动 power 对象到 Resources 文件夹下的 Prefabs 文件夹中，创建 power 能量立方体预置文件。power 将作为能量资源的预制对象，游戏运行后创建出的能量资源散布在场景中，可以被玩家坦克获取后加快坦克移动速度。

图 13-7　创建编辑能量对象 power

（14）创建的所有预制对象如图 13-8 所示。

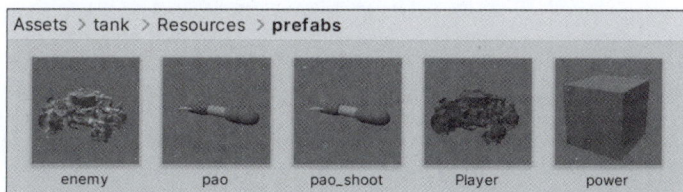

图 13-8　Resources/Prefabs 文件夹中创建的所有预制对象

（15）编写脚本 start.cs，实现运行游戏后，动态创建场景。

```csharp
public class start : MonoBehaviour
{
    public int num= 40;
    void Start()
    {
        //加载资源 enemy、power、pao
        GameObject enemy_pre = Resources.Load<GameObject>("prefabs/enemy");
        GameObject power_pre = Resources.Load<GameObject>("prefabs/power");
        GameObject pao_pre = Resources.Load<GameObject>("prefabs/pao");

        //实例化玩家 tank--Player，位置、角度随机
        GameObject Player = GameObject.Instantiate(Resources.Load<GameObject>("prefabs/
Player"));
        Player.transform.position = new Vector3(Random.Range(100, 300), 2, Random.Range
(100, 300));
        Player.transform.localEulerAngles = new Vector3(0, Random.Range(0, 360), 0);

        //主摄像机跟随玩家坦克 Player，位于玩家坦克 Player 的后上方
        Camera.main.transform.parent = Player.transform;
        Camera.main.transform.localEulerAngles = new Vector3(0, 0, 0);
        Camera.main.transform.localPosition = new Vector3(0, 7, -8);

        //生成(num/2)个敌方 tank，num 个 power 和 pao，位置角度随机
        GameObject enemy_parent = new GameObject("enemy_parent");
        GameObject power_parent = new GameObject("power_parent");
        GameObject pao_parent = new GameObject("pao_parent");
        for (int i = 0; i < num; i++)
        {
            if (i % 2 == 0)
            {
                GameObject enemy = GameObject.Instantiate(enemy_pre);
                enemy.transform.position = new Vector3(Random.Range(100, 500), 2, Random.
Range(100, 500));
                enemy.transform.localEulerAngles = new Vector3(0, Random.Range(0, 360), 0);
                enemy.transform.parent = enemy_parent.transform;
            }
            GameObject power = GameObject.Instantiate(power_pre);
```

```
                    power.transform.position = new Vector3(Random.Range(80, 500), 2, Random.Range
(80, 500));
                    power.transform.localEulerAngles = new Vector3(0, Random.Range(0, 360), 0);
                    power.transform.parent = power_parent.transform;

                    GameObject pao = GameObject.Instantiate(pao_pre);
                     pao.transform.position = new Vector3(Random.Range(80, 500), 2, Random.Range
(80, 500));
                    pao.transform.parent = pao_parent.transform;
        }
    }
    void Update()
    {    }
}
```

（16）创建一个空游戏对象 GameObject_SceneLoad，将脚本 start.cs 赋给该空游戏对象。运行游戏，查看随机生成的玩家坦克、敌方坦克、炮弹资源、能量资源等，效果如图 13-9 所示。每次运行，场景中创建的对象效果随机，每次都会不一样。

图 13-9　运行后场景效果

13.1.3　游戏逻辑

实现坦克大战游戏逻辑，需要 4 个脚本。

1. getpower.cs

getpower.cs 是获取能量脚本，实现功能：玩家坦克 Player 触发碰撞上能量立方体后，坦克移动速度 speed 增加，并在控制台打印输出移动速度 speed，能量立方体在 n 秒后销毁。

（1）因为涉及坦克移动速度的修改，所以需要修改玩家坦克 Player 挂载的脚本 SPFInput.cs，增加两个方法，分别获取和修改速度变量 speed 的值。

```
public class SPFInput : MonoBehaviour
{
    private float speed = 10f;
    void Update ()
    {
        float deltaX = Input.GetAxis ("Horizontal") * speed;
        float deltaZ = Input.GetAxis ("Vertical") * speed;
        transform.Translate (deltaX * Time.deltaTime, 0, deltaZ * Time.deltaTime);
    }
    //增加两个方法，获取和修改变量 speed 的值
    public void setSpeed()
    {
        speed += 1;
    }
```

```
    public float getSpeed()
    {
        return speed;
    }
}
```

（2）然后编写 getPower.cs 脚本，实现触发碰撞。当碰撞上玩家坦克 Player，移动速度增加，控制台打印输出速度值，能量立方体 0.5s 后销毁。

```
public class getPower : MonoBehaviour
{
    //触发碰撞检测
    private void OnTriggerEnter(Collider other)
    {
        if (other.tag == "Player")
        {
            //调用 SPFInput 的 setSpeed()方法,实现速度增加 1
            other.GetComponent<SPFInput>().setSpeed();
            print("速度为:" + GameObject.FindWithTag("Player").GetComponent<SPFInput>().
getSpeed());
            Destroy(gameObject, 0.5f);
        }
    }
}
```

（3）将脚本 getPower.cs 挂载到能量立方体预制件 power 上，运行游戏，获取能量立方体 power，观察 Console 控制台输出，如图 13-10 所示。

2. getPao.cs

getPao.cs 是获取炮弹脚本，实现功能：玩家坦克碰撞上炮弹后，炮弹数 num_pao 增加 1，并在控制台打印输出炮弹数 num_pao。

（1）编写 getPao.cs 脚本，定义一个静态变量 num_pao，初始值为 5，即玩家坦克初始装载有 5 枚炮弹。定义三个静态方法 addPao()、minusPao()和 getNumPao()，分别实现增加 1 枚炮弹，减少 1 枚炮弹，获取炮弹数量。实

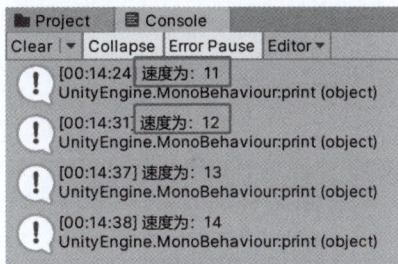

图 13-10 获取能量立方体 power
后 Console 面板的输出

现触发碰撞检测，当碰撞上玩家坦克，玩家坦克装载炮弹数量增加 1，控制台打印输出，炮弹资源在 0.5s 后销毁。

```
public class getPao : MonoBehaviour
{
    private static int num_pao = 5;            //炮弹数量,初值为 5
    //增加 1 枚炮弹
    public static void addPao()
    {
        num_pao++;
    }
    //减少 1 枚炮弹
    public static void minusPao()
    {
        num_pao--;
    }
    //获取炮弹数量
    public static int getNumPao()
    {
        return num_pao;
    }
    //触发碰撞检测
    private void OnTriggerEnter(Collider other)
```

```
    {
        if (other.tag == "Player")
        {
            addPao();
            print("炮弹数为:" + num_pao);
            Destroy(gameObject, 0.5f);
        }
    }
}
```

（2）将脚本 getpao.cs 挂载到炮弹预制对象 pao 上，运行游戏，获取炮弹资源 pao，观察 Console 控制台输出，如图 13-11 所示。

3. shoot.cs

shoot.cs 脚本是射线检测敌人并射击脚本，实现功能：按下鼠标右键实例化并装载炮弹，按下开火键，通过射线检测到敌人后，实例化炮弹，发射炮弹。

（1）编写 shoot.cs 脚本。定义三个变量 paokou、hit 和 pao，在 Start()方法中初始化变量 paokou 到玩家坦克 Player 的子对象 paokou 位置处。

（2）每帧检测，当按下鼠标右键，实例化 pao_shoot 资源赋值给变量 pao，将 pao 设置为 paokou 的子对象，并将其位置角度与 paokou 重合。

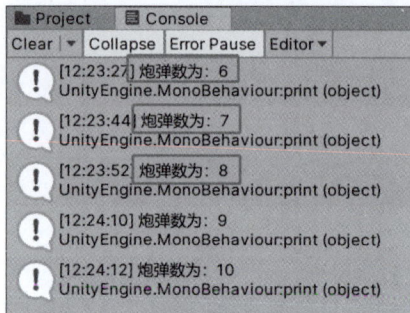

图 13-11　获取炮弹资源 pao 后 Console 面板的输出

（3）当按下开火键（鼠标左键或左侧的 Ctrl 键），当扫描上敌方坦克，如果 pao 没有实例化赋值，实例化 pao_shoot 资源给 pao 赋值，向瞄准的敌方坦克发射炮弹，炮弹数减少 1。

```
public class shoot : MonoBehaviour
{
    GameObject paokou;              //定义变量 paokou,指定炮弹发射位置
    RaycastHit hit;                 //定义变量 hit,保存射线碰撞检测的检测信息
    GameObject pao;                 //定义变量 pao,保存用来发射的实例化出来的 pao_shoot 资源
    void Start()
    {
        //初始化 paokou 位置
        paokou = GameObject.Find("paokou");
    }

    void Update()
    {
        //按下鼠标右键,实例化炮弹 pao_shoot,装载炮弹
        if (Input.GetMouseButtonDown(1))
        {
            if (pao == null && getPao.getNumPao() > 0)
            {
                //实例化 pao_shoot
                pao = GameObject.Instantiate(Resources.Load<GameObject>("prefabs/pao_shoot"));
                //将 pao 设置为 paokou 的子对象,并将位置角度与 paokou 重合
                pao.transform.parent = paokou.transform;
                pao.transform.localPosition = Vector3.zero;
                pao.transform.localEulerAngles = Vector3.zero;

            }
        }
        //按下开火键(鼠标左键或左侧的 Ctrl 键),实例化炮弹 pao_shoot,发射炮弹,炮弹数减 1
        if (Input.GetButtonDown("Fire1"))
        {
            //射线碰撞检测
            if (Physics.Raycast(paokou.transform.position,paokou.transform.forward,out
hit, 30f))
```

```
                  {
                     if (hit.collider.tag == "enemy" && getPao.getNumPao()>0 && pao==null)
                     { //实例化炮弹条件,扫描到的是enemy,装载的炮弹数量大于0,pao变量为空
                         pao = GameObject.Instantiate(Resources.Load<GameObject>("prefabs/pao_
shoot"));

                         pao.transform.position = paokou.transform.position;
                         pao.transform.rotation = paokou.transform.rotation;
                     }
                     //发射炮弹方法一:Rigidbody的AddForce()方法
pao.GetComponent<Rigidbody>().AddForce(transform.forward * 1500);
                     //解除pao与paokou的父子关系,这样pao发射后的运行与tank的运动就无关了
                     paokou.transform.DetachChildren();
                     //发射炮弹方法二:transform的LookAt()方法
                     //pao.transform.LookAt(hit.collider.transform);
                     getPao.minusPao();
                     print("炮弹数为:" + getPao.getNumPao());
                     //发射炮弹方法三:Vector3的MoveTowards()方法
                     //pao.transform.position = Vector3.MoveTowards(pao.transform.position,
hit.transform.position, 1f);
                  }
              }
        }
```

（4）将脚本shoot.cs挂载到玩家坦克Player上,运行游戏,按下鼠标右键,玩家坦克Player挂载炮弹效果如图13-12所示。

图 13-12　按下鼠标右键,玩家坦克 Player 挂载炮弹

（5）按下开火键,发射炮弹效果如图13-13所示。

图 13-13　按下开火键,玩家坦克 Player 发射炮弹

（6）发射炮弹后的控制台输出效果如图 13-14 所示。

4. paoDestroy.cs

paoDestroy.cs 是炮弹和敌方坦克销毁脚本，实现功能：当炮弹碰撞上敌方坦克 enemy 后，敌人和炮弹都销毁。当碰撞上地形时，炮弹销毁。

（1）编写 paoDestroy.cs 脚本。实现玩家坦克 Player 发射出的炮弹 pao 的实体碰撞检测。有两种情况，当碰撞上敌方坦克 enemy，则敌方坦克和炮弹都销毁；当碰撞上 Terrain 地形对象，则炮弹销毁。

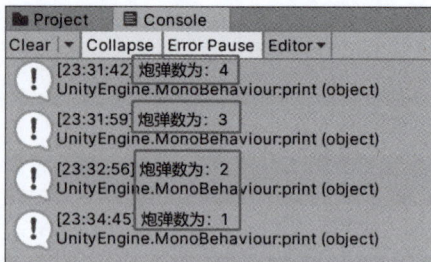

图 13-14　开火后，炮弹数减少的控制台输出效果

```
public class paoDestroy : MonoBehaviour
{
    //实体碰撞检测
    private void OnCollisionEnter(Collision collision)
    {
        //碰撞上敌方坦克
        if (collision.collider.tag == "enemy")
        {
            Destroy(gameObject, 0.5f);
            Destroy(collision.gameObject, 0.5f);
        }
        //碰撞上 Terrain 地形
        if (collision.collider.name == "Terrain")
        {
            Destroy(gameObject, 0.5f);
        }
    }
}
```

（2）将脚本 paoDestroy.cs 挂载到炮弹预制对象 pao_shoot 上，这样发射出的 pao 通过实例化 pao_shoot 创建，都携带脚本 paoDestroy.cs，实现碰撞检测。

（3）运行游戏，发射炮弹，观察敌方坦克和炮弹的销毁效果如图 13-15 所示。

(a) 开火前

图 13-15　开火后，敌方坦克和炮弹的销毁效果

(b) 开火后

图 13-15 （续）

3D 版
贪吃蛇游戏

13.2 3D 版贪吃蛇游戏

13.2.1 总体设计

贪吃蛇(也叫作贪食蛇)游戏是一款休闲益智类游戏,有 PC 端和移动端等多平台版本,简单耐玩。贪吃蛇游戏通过控制蛇头方向捕获食物,使得蛇的身体变得越来越长。贪吃蛇游戏最初为单机模式,后续陆续推出团战模式、赏金模式、挑战模式等多种玩法。现在流行的贪吃蛇游戏以 2D 游戏为主,本实例将设计一个 3D 贪吃蛇游戏。

贪吃蛇游戏的开发过程包括 3D 模型的导入编辑、游戏场景的搭建、游戏 UI 设计、游戏逻辑设计及代码实现、关卡设计等几个部分,如图 13-16 所示。

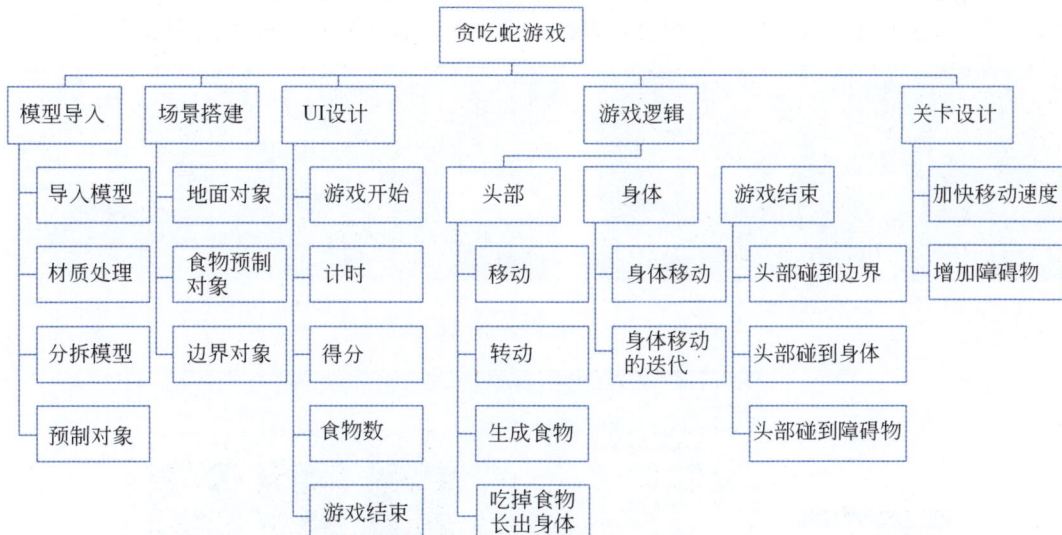

图 13-16 贪吃蛇游戏开发过程

13.2.2 模型导入

(1) 在 3ds Max 或其他建模软件中创建好贪吃蛇 3D 模型。

（2）将模型文件 snake.fbx 和纹理图片 Snake Skin.tga 导入 Unity 中，模型包括头部、身体、尾巴三部分。

（3）将模型拖到场景中，会发现模型的材质的贴图坐标有些问题，导致贴图显示问题。选中导入的 snake.fbx 模型文件，在 Inspector 面板选择 Model 选项卡，勾选 Swap UVs 复选框，修改模型的贴图坐标，单击 Apply 按钮，如图 13-17 所示。

（4）再观察场景中的贪吃蛇模型的贴图坐标就正确了，贴图坐标修改前后贪吃蛇模型材质对比如图 13-18 所示。

（5）因为在游戏过程中，贪吃蛇的身体会不断增长，对贪吃蛇的头部、身体、尾巴的操作是不一样的，需要把它们分开，所以分别创建头部、身体、尾巴预制对象，并放到 Resources 文件夹中。

（6）导入的 3D 模型对象包含 head、body、tail 三个子对象，下面把它们分开。拖动 snake 模型到场景中，再复制出来两个，分别命名为 head、body、tail，然后 head 对象只保留 head 子对象，其他的两个子对象 body、tail 删除，注意 head 子对象的 Position 的 x、y、z 的值设置为 0，与父对象坐标对齐一下。类似地，body、tail 对象分别保留 body 子对象和 tail 子对象。然后把创建好的 head、body、tail 三个对象拖到 Resources 文件夹中，如图 13-19 所示。

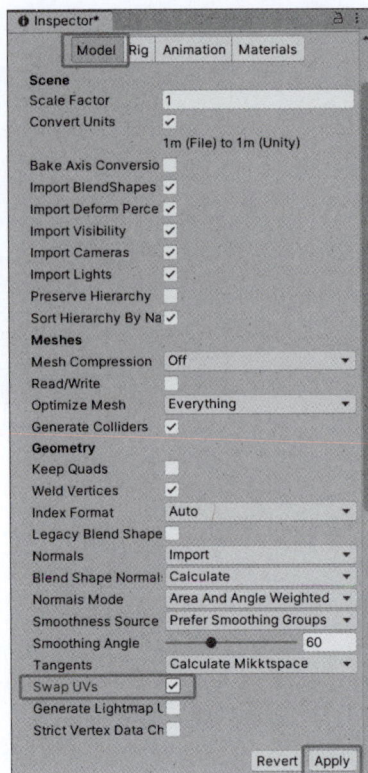

图 13-17　Model 选项卡的 Swap UVs 复选框设置

（7）贪吃蛇头部 head 在移动的过程中，要进行触发碰撞检测，所以要给 head 资源添加 Box Collider，并勾选 Is Trigger 选项，设置为触发器。最后再添加一个 Rigidbody 刚体组件。

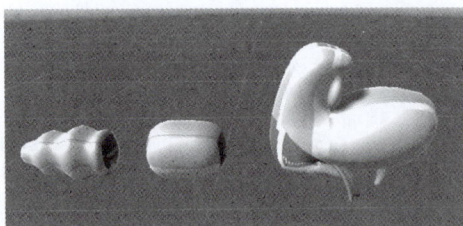

(a) 修改前

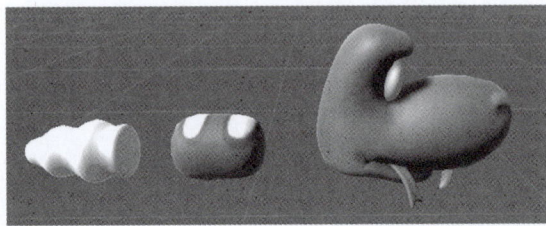

(b) 修改后

图 13-18　贪吃蛇贴图坐标修改前后对比

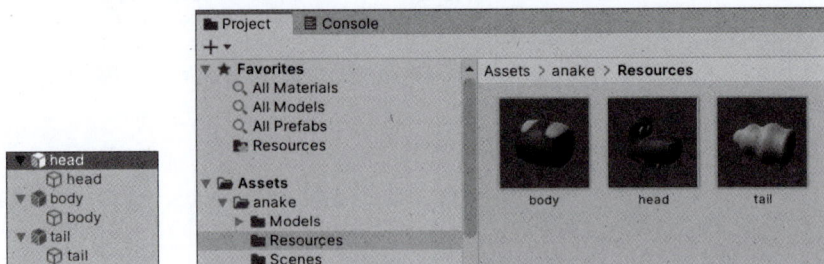

图 13-19　创建 head、body、tail 预制对象

13.2.3 场景搭建

（1）新建场景，创建地面 Plane，放大 4 倍。

（2）创建 Sphere 球体，赋给玫红色材质，tag 属性设置为 food，拖到 Resources 文件夹中，作为食物预制对象 food。

（3）使用 Cube 对象创建 4 个边界对象 leftwall、rightwall、forwardwall、backwall。把 4 个边界对象的 tag 属性设置为 wall。

（4）创建三个文本框 Text_food、Text_time、Text_score，放到屏幕上方，实时更新生成的食物数量、游戏计时、游戏得分。

（5）再创建一个 Canvas_end 游戏结束画布，游戏开始时不显示，在一局游戏结束时显示出来，给用户提示和进行交互。画布包含两个按钮，单击 btn_next 按钮，重新开始一局游戏；单击 btn_exit 按钮，退出游戏。

游戏场景及 UI 设计最终效果如图 13-20 所示。

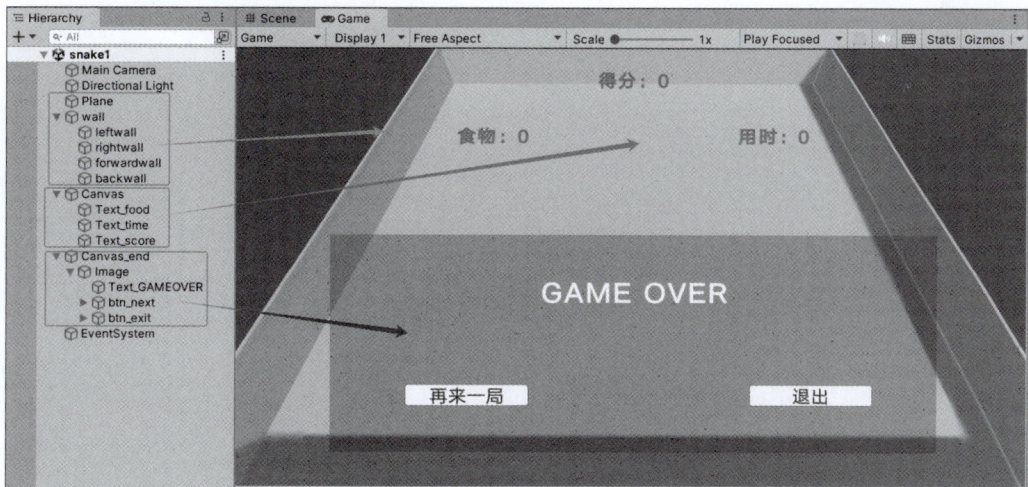

图 13-20 游戏场景及 UI 设计最终效果

13.2.4 游戏逻辑

贪吃蛇游戏的运行时间线如图 13-21 所示，下面分别介绍。贪吃蛇游戏的游戏逻辑实现通过三个脚本实现，分别为 snakestart.cs、head.cs、body.cs，脚本 snakestart.cs 赋给主摄像机，脚本 head.cs 赋给 head 预制对象，脚本 body.cs 赋给 body 预制对象和 tail 预制对象。脚本 snakestart.cs 实现游戏的初始化。脚本 head.cs 实现主要的游戏逻辑及功能。脚本 body.cs 实现贪吃蛇身体的递归实现。

1. snakestart.cs 脚本

将 snakestart.cs 脚本挂载给主摄像机，该脚本实现初始化场景，动态实例化贪吃蛇的头部和尾巴。首先声明两个变量 headObj 和 tailObj，然后在 Start() 方法中，实例化蛇头 headObj，并放置在 x、z 轴构成的矩形范围（(−15,15)，(−15,15)）的随机位置处。然后实例化蛇尾 tailObj，放置在蛇头后面，即 z 轴负方向 0.5 的位置处，这是因为蛇头是沿着 z 轴正方向移动。并将 tailObj 的 name 属性设置为 tail，这是因为在 head.cs 脚本中初始化蛇尾变量 tailObj 时，要用到该属性。

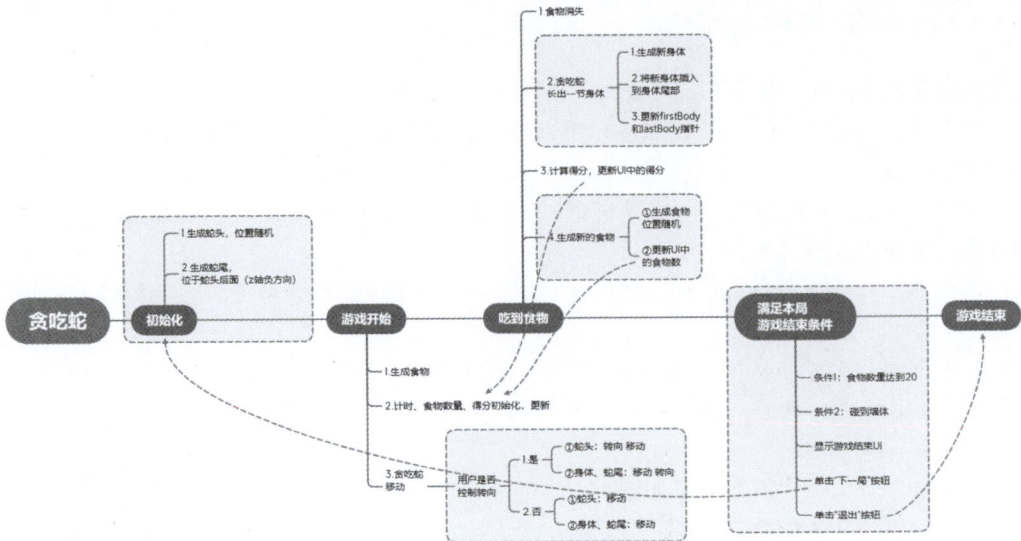

图 13-21   贪吃蛇游戏的运行时间线

```
GameObject headObj;
GameObject tailObj;
void Start()
{
    //实例化蛇头 headObj,在矩形范围((-15,15),(-15,15))的随机位置
    headObj = GameObject.Instantiate(Resources.Load<GameObject>("head"));
    headObj.transform.position = new Vector3(Random.Range(-15, 15), 0, Random.Range(-15, 15));
    //实例化蛇尾 tailObj,在蛇头 z 轴负方向 0.5 的位置处
    tailObj = GameObject.Instantiate(Resources.Load<GameObject>("tail"));
    tailObj.transform.localPosition = new Vector3(headObj.transform.position.x, 0,
headObj.transform. position.z-0.5f);
    tailObj.name = "tail";                           //head 脚本中初始化蛇尾变量 tailObj 时,调用该属性
}
```

2. head.cs 脚本

脚本 head.cs 实现了贪吃蛇游戏的主要游戏功能,该脚本赋给预制对象 head。游戏运行,snakestart.cs 脚本执行,实例化预制对象 head 为游戏对象 headObj,执行其上绑定的 head.cs 脚本。实现的主要功能分别介绍如下。

1) 生成食物 CreatFood()方法

贪吃蛇游戏食物的生成,通过 CreatFood()方法实现。一局游戏最多吃掉 20 个食物,当吃掉的食物数量达到 20,游戏结束。这通过 if 判断语句和一个 bool 型开关变量 game_end 来实现。

通过 GameObject food = GameObject.Instantiate(foodObj);语句实例化食物,foodObj 在 Start()方法中已经进行了食物 food 预制对象资源的动态加载。实例化出来的食物 food 放到矩形范围((−5,5),(−5,5))的随机位置处,吃掉食物数量 food_num 自增 1,在 Update()方法中更新 UI 中的食物数量。

```
private void CreatFood()
{
    //一局吃掉的最大食物数量为 20
    if (food_num >= 20)
    {
        game_end = true;
    }
```

```
//生成食物,放置在指定的矩形范围((-5,5),(-5,5))的随机位置
GameObject food = GameObject.Instantiate(foodObj);
food.transform.position = new Vector3(Mathf.Round(Random.Range(-5, 5)), 0.3f, Mathf.
Round(Random.Range(-5, 5)));
food_num++;                              //吃掉食物数量加1
}
```

2）头部转动 Turn()方法

贪吃蛇头部的转动,通过 Turn()方法实现。当玩家按下 A、D 键或左右箭头键,贪吃蛇头部随之旋转。通过设置两个变量 rotate_direct 和 isTurn,实现当玩家按下转向键,头部对象先转动再移动。rotate_direct 存储旋转的方向,左转绕 y 轴旋转−90°,右转绕 y 轴旋转 90°。isTurn 是 bool 型开关变量,记录玩家是否交互控制旋转贪吃蛇头部,当有旋转时将 isTurn 设置为 true。在下一帧,蛇头部就会先向左或向右旋转 90°,然后再向前移动。

```
private void Turn()
{
    if (Input.GetKeyDown(KeyCode.A) || Input.GetKeyDown(KeyCode.LeftArrow))    //1.左转
    {
        rotate_direct = new Vector3(0, -90, 0);
        isTurn = true;
    }
    if (Input.GetKeyDown(KeyCode.D) || Input.GetKeyDown(KeyCode.RightArrow))   //2.右转
    {
        rotate_direct = new Vector3(0, 90, 0);
        isTurn = true;
    }
}
```

3）贪吃蛇移动 startMove()和 Move()方法

贪吃蛇的移动,使头部、尾巴达到一定的时间间隔移动一次,当有身子时,带动身子一节一节跟随移动(同时需要判断身体移动后,是否需要转向)。所以,贪吃蛇移动分为没有身体和有身体两种情况,分别通过 startMove()和 Move()两个方法实现。

startMove()方法是初始状态,贪吃蛇还没有吃到食物,没有长出身体,只需要移动头部和尾巴。贪吃蛇每超过 3/speed 秒,移动一次。_time 是移动计时器,Speed 初值设置为 6,则贪吃蛇每隔 3/6＝0.5s 移动一次。

蛇头首先移动,移动前先判断 isTurn 的值,如果为真,需要先进行转向,通过语句 transform.Rotate(rotate_direct);来实现,这里的 rotate_direct 是 Turn()方法中记录的旋转方向。转向后,或者不需要转向,都是接着往下执行,实现头部沿着自身 z 轴正方向继续移动 1 个单位,语句 transform.Translate(Vector3.forward);中的 Translate()方法默认的坐标系是自身坐标系 Space.Self,即以贪吃蛇头部的自身坐标系为参考。头部在移动之前要把自己的位置保存下来 Vector3 headPos = transform.position;,以使其移动后,尾巴移动到头部移动前的位置。

蛇尾移动时,首先移动到头部移动前的位置,然后要判断是否需要旋转,这是通过判断蛇头是否旋转来实现的。蛇头旋转,蛇尾也要跟着旋转。判断方法为,比较蛇头移动后位置的 x 和 z 坐标与蛇尾当前位置的 x 和 z 坐标 transform.position.x ！= tailObj.transform.position.x && transform.position.z ！= tailObj.transform.position.z：①True,x 和 z 坐标都不相同,转向;②False,x 和 z 坐标有一个相同,未转向。对应第①种情况,蛇尾移动到蛇头位置 tailObj.transform.position = headPos;然后转向 tailObj.transform.rotation = transform.rotation;;对应第②种情况,蛇尾移动到蛇头位置即可,不需要转向。

最后要把移动时间间隔计时器_time 清零。

```
private void startMove()
{
    //每超过 3/speed 秒,移动一次
    if (_time >= (3 / speed))
    {
        //1.蛇头:①无转向:沿着自身 z 轴正方向继续移动 1 个单位
        //       ②有转向:沿着转向后自身 z 轴正方向移动 1 个单位
        if (isTurn)
        {   //①蛇头转向(有转向,先转向再移动)
            transform.Rotate(rotate_direct);
            isTurn = false;
        }
        //②蛇头移动
        Vector3 headPos = transform.position;                    //保留蛇头移动前位置
        transform.Translate(Vector3.forward);                    //蛇头移动,自身坐标 Space.Self
        //2.蛇尾:移动到蛇头位置(如有转向,进行转向)
        if (transform.position.x != tailObj.transform.position.x && transform.position.z !
= tailObj.transform.position.z)
        {   //1.判断蛇头转向:①蛇尾移动到蛇头位置;②转向
            tailObj.transform.position = headPos;
            tailObj.transform.rotation = transform.rotation;
        }
        else
        {   //2.判断蛇头未转向:①蛇尾移动到蛇头位置
            tailObj.transform.position = headPos;
        }
        _time = 0;                                               //移动时间间隔计时器清零
    }
}
```

Move()方法是贪吃蛇吃到食物后长出身体,需要移动头部、身体和尾巴。身体的移动是整个游戏的难点,这里通过面向对象的特性,实现了移动的递归调用,从而实现身体一节节地向前移动。所有的身体插入身体和尾巴之间,所以尾巴跟随最后一节身体移动。

蛇头的移动和旋转与 startMove()方法一样,不再赘述。

身体的移动从第一节身体 firstBody 开始,进行递归调用,移动及是否需要旋转,实现的方法与 startMove()方法中的蛇尾的方法类似,只是这里的移动是调用了 firstBody 的 move()方法 firstBody.Move(headPos);,firstBody 是 body 脚本类的一个实例,body.cs 脚本后面再介绍。

最后,使最后一节身体 lastBody 可见。在下面即将介绍的 Grow()方法中,新生成的身体 obj 设置为不可见,这里要把它设置为可见,实现了新生成的身体的插入并显示。

```
private void Move()
{
    if (_time >= (3 / speed))
    {
        if (isTurn)
        { //蛇头转向
            transform.Rotate(rotate_direct);
            isTurn = false;
        }
        //蛇头移动,计数器清零(不等待所有身体移动完)
        Vector3 headPos = transform.position;
        transform.Translate(Vector3.forward);
        _time = 0;
        //判断蛇头是否转向:①True:x 和 z 坐标都不相同,转向;②False:x 和 z 坐标有一个相同,未转向
        if (transform.position.x != firstBody.transform.position.x && transform.position.
z != firstBody.transform.position.z)
        { //1.蛇头转向:①移动;②转向(先移动再转向,与蛇头不一样)
            //从第一节身体开始,递归调用 Move()方法,使身体可以一节一节地顺次向前移动
            firstBody.Move(headPos);
            firstBody.transform.rotation = transform.rotation;
        }
```

```
        else
        {   //2.蛇头未转向:①移动
            firstBody.Move(headPos);
        }
        //使最后一节身体 lastBody 可见
        lastBody.gameObject.SetActive(true);
    }
}
```

4)长出身体 grow()方法

当贪吃蛇吃到食物,会长出一节新的身体,通过 grow()方法实现。为了实现身体的移动,设置了 firstBody 指针,为了实现新身体的插入,设置了 lastBody 指针。

首先生成新的身体 GameObject obj = GameObject.Instantiate(bodyObj);,新身体 obj 放在了蛇尾位置处 obj.transform.position = tailObj.transform.position;,角度坐标与蛇尾保持一致 obj.transform.rotation = tailObj.transform.rotation;。语句 obj.SetActive(false);实现新身体刚生成时不可见,在下一次移动时,使之可见,真正长出来。

当还没有第一节身体时,firstBody 指针和 lastBody 指针都指向新生成的这节身体。firstBody 指针始终指向第一节身体,是身体一节节向前移动的递归调用入口:firstBody.Move(headPos)。lastBody 指针,实现新身体 obj/b 的插入,b 插入最后一节身体 lastBody 和蛇尾 tailObj 之间,先通过语句 lastBody.next = b;把 lastBody 的 next 指针指向新身体 b,b 已经插入身体尾部了,即最后一节身体,然后通过语句 lastBody = b;把 lastBody 指针指向身体的最后一节 b,不要忘了身体后面还有一个尾巴 tailObj,所以还要把最后一节身体 lastBody(指向 b)的 next 指针指向尾巴 tailObj,通过语句 lastBody.next = tailObj. GetComponent<body>();实现。

```
private void Grow()
{   //1.生成新身体 obj,放在 tailObj 蛇尾位置
    GameObject obj = GameObject.Instantiate(bodyObj);
    obj.transform.position = tailObj.transform.position;
    obj.transform.rotation = tailObj.transform.rotation;
    //新身体刚生成时,不可见,在下一次移动时,使之可见,真正长出来
    obj.SetActive(false);
    body b = obj.GetComponent<body>();
    //2.firstBody 指针和 lastBody 指针
    //①firstBody 指针指向第一节身体,递归调用的入口:firstBody.Move(headPos);
    //②lastBody 指针,实现新身体 obj/b 的插入,b 插入最后一节身体 lastBody 和蛇尾 tailObj 之间
    if (firstBody == null)
    {
        firstBody = b;
    }
    if (lastBody != null)
    {
        lastBody.next = b;
    }
    lastBody = b;
    //将 lastBody 的 next 指向蛇尾
    lastBody.next = tailObj.GetComponent<body>();
}
```

5)触发碰撞检测 OnTriggerEnter()方法

贪吃蛇头部在移动的过程中,会吃掉食物或者碰撞上墙体,要执行一些操作,触发碰撞检测通过 OnTriggerEnter()方法实现。注意食物和墙体的 tag 属性要分别设置为 food 和 wall。食物和墙体是碰撞器,头部 head 是刚体碰撞器,并设置为触发器。

当碰撞上食物:①吃掉食物,即销毁食物 Destroy(other.gameObject);。②调用 Grow()方法,长出一节身体。③计算得分,每吃掉一个食物,会得到一定的分数,计分规则为 50/score_time, score_time 是得分计时器,记录的是自吃掉上一个食物后累计的时间,计时器时间越短,得分就越高。这样的设置,使得每次得分是不一样的,越短时间内吃到食物,得分越高,增加游戏的趣味性。④得分计时器清零。⑤调用 CreateFood()方法,生成新的食物。

当碰撞上墙体,游戏结束变量 game_end 为 true,本局游戏结束。

```csharp
private void OnTriggerEnter(Collider other)
{
    //①碰到食物
    if (other.tag == "food")
    {
        Destroy(other.gameObject);                  //销毁食物
        Grow();                                     //长出一节身体
        score = score + (int)Mathf.Round(50 / score_time);   //计算得分
        score_time = 0;                             //得分计时器清零
        CreatFood();                                //生成新的食物
    }
    //②碰到墙体,本局游戏结束
    if (other.tag == "wall")
    {
        game_end = true;
    }
}
```

6)"下一局"按钮 next()方法

游戏结束时,按钮 btn_next 的单击事件响应方法 next(),SceneManager. LoadScene("snake1");实现重新加载场景,注意要把 snake1 场景添加到发布窗口。将食物数变量 food_num 清零。

```csharp
void next()
{
    SceneManager.LoadScene("snake1");
    food_num = 0;
}
```

7)"退出"按钮 exit()

游戏结束时,按钮 btn_exit 的单击事件响应方法 exit(),实现退出游戏应用程序。

```csharp
void exit()
{
    Application.Quit();
}
```

8) head.cs 脚本的完整代码

```csharp
using TMPro;
using UnityEngine;
using UnityEngine.SceneManagement;
using UnityEngine.UI;

public class head : MonoBehaviour
{
    //声明各个变量
    GameObject bodyObj;                  //身体对象
    GameObject foodObj;                  //食物对象
    GameObject tailObj;                  //尾巴对象
    body firstBody = null;              //第一节身体
    body lastBody = null;               //最后一节身体
    //声明各种计算、价值不断变化的变量
    float speed = 6;                    //移动速度:每隔 3/speed =0.5 秒,移动一次
    float _time = 0;                    //移动时间间隔计时器
    float score_time = 0;               //得分计时器
```

```
int score = 0;                              //得分
public static int food_num = 0;             //食物数量
//声明 bool 类型变量等
static bool isTurn = false;                 //蛇头转向判断变量
public static Vector3 rotate_direct;        //蛇头旋转方向
bool game_end = false;                      //游戏结束判断变量
//声明 UI 相关变量
TextMeshProUGUI txt_time;                   //计时文本框
TextMeshProUGUI txt_food;                   //吃掉食物数文本框
TextMeshProUGUI txt_score;                  //得分文本框
public Canvas Canvas_end;                   //游戏结束 UI 画布
Button btn_next;                            //"下一局"按钮
Button btn_exit;                            //"退出"按钮
///<summary>
///Start()方法,初始化各个变量,调用 CreatFood()生成食物
///</summary>
void Start()
{
    //bodyObj、foodObj、tailObj 初始化,生成食物
    bodyObj = Resources.Load<GameObject>("body");
    foodObj = Resources.Load<GameObject>("food");
    CreatFood();
    tailObj = GameObject.Find("tail");
    //Canvas 中的三个文本框初始化
    txt_time = GameObject.Find("Text_time").GetComponent<TextMeshProUGUI>();
    txt_food = GameObject.Find("Text_food").GetComponent<TextMeshProUGUI>();
    txt_score = GameObject.Find("Text_score").GetComponent<TextMeshProUGUI>();
    //游戏结束 Canvas_end 画布不显示,其中的两个按钮 btn_next 和 btn_exit 初始化并添加单击事
    //件监听器
    Canvas_end = GameObject.Find("Canvas_end").GetComponent<Canvas>();
    Canvas_end.enabled = false;             //enabled 属性是设置 Canvas 组件是否可见
                                            //Canvas_UI.gameObject.SetActive(false);
                                            //是使 Canvas 游戏对象不可见
    btn_next = GameObject.Find("btn_next").GetComponent<Button>();
    btn_next.GetComponent<Button>().onClick.AddListener(next);
    btn_exit = GameObject.Find("btn_exit").GetComponent<Button>();
    btn_exit.GetComponent<Button>().onClick.AddListener(exit);
}
///<summary>
///Update()方法,每帧需要更新的内容:贪吃蛇移动、转向,计时,UI 信息更新等
///</summary>
void Update()
{
    _time += Time.deltaTime;                //移动时间间隔计时器,计时:_time >= (3 / speed),
                                            //每超过 3/speed 秒,移动一次
    score_time += Time.deltaTime;           //得分计时器,计时:score += (int)Mathf.Round(50/
                                            //score_time);

    if (!game_end)
    {
        Turn();
        //贪吃蛇的移动分为两种情况:①一节身体都没有;②有第一节身体后。分别调用对应的移动
        //方法
        if(firstBody == null)
        {
            start_Move();                   //1.无身体的移动:尾巴跟随头部移动
        }
        else
        {
            Move();                         //2.有身体的移动:身体一节节随头部移动
        }
        //这里的 timeSinceLevelLoad,是从单击"下一步"按钮后开始计时,将计时文本框 Text_time
        //清零后重新计时
        //不能用 time、realtimeSinceStartup 代替,它们都是从游戏开始场景加载就开始计时,不会
        //将计时文本框 Text_time 清零
        txt_time.text = "用时:" + Mathf.Round(Time.timeSinceLevelLoad);
        //每帧更新:生成的食物数量 txt_food,玩家得分 txt_score
        txt_food.text = "食物:" + food_num;
```

```
                    txt_score.text = "得分:" + score;
                }
                else
                {
                    //游戏结束,显示 Canvas_end 画布
                    Canvas_end.enabled = true;
                }
        }
        ///<summary>
        ///CreatFood()方法,生成食物
        ///</summary>
        private void CreatFood()
        {
            //一局生成的最大食物数量为 20
            if (food_num >= 20)
            {
                game_end = true;
            }
            //生成食物,放置在指定的矩形范围((-5,5),(-5,5))的随机位置
            GameObject food = GameObject.Instantiate(foodObj);
             food.transform.position = new Vector3(Mathf.Round(Random.Range(-5, 5)), 0.3f,
Mathf.Round(Random.Range(-5, 5)));
            food_num++;
        }
        ///<summary>
        ///控制贪吃蛇绕 y 轴(自身坐标系)左转、右转
        ///</summary>
        private void Turn()
        {
            if (Input.GetKeyDown(KeyCode.A) || Input.GetKeyDown(KeyCode.LeftArrow))    //1.左转
            {
                rotate_direct = new Vector3(0, -90, 0);
                isTurn = true;
            }
            if (Input.GetKeyDown(KeyCode.D) || Input.GetKeyDown(KeyCode.RightArrow))  //2.右转
            {
                rotate_direct = new Vector3(0, 90, 0);
                isTurn = true;
            }
        }
        ///<summary>
        ///start_Move()方法,只有头部、尾巴的移动
        ///</summary>
        private void start_Move()
        {
            //每超过 3/speed 秒,移动一次
            if (_time >= (3 / speed))
            {
                //1.蛇头:①无转向:沿着自身 z 轴正方向继续移动 1 个单位
                //      ②有转向:沿着转向后自身 z 轴正方向移动 1 个单位
                if (isTurn)
                { //①蛇头转向(有转向,先转向再移动)
                    transform.Rotate(rotate_direct);
                    isTurn = false;
                }
                //②蛇头移动
                Vector3 headPos = transform.position;           //保留蛇头移动前位置
                transform.Translate(Vector3.forward);           //蛇头移动,自身坐标 Space.Self
                //2.蛇尾:移动到蛇头位置(如有转向,进行转向)
                  if (transform.position.x != tailObj.transform.position.x && transform.
position.z != tailObj.transform.position.z)
                  { //1.判断蛇头转向:①蛇尾移动到蛇头位置;②转向
                    tailObj.transform.position = headPos;
                    tailObj.transform.rotation = transform.rotation;
                  }
                else
                  { //2.判断蛇头未转向:①蛇尾移动到蛇头位置
```

```
                    tailObj.transform.position = headPos;
                }
                _time = 0;                                              //移动时间间隔计时器清零
            }
        }
        ///<summary>
        ///Move()方法,头部、身体、尾巴的移动
        ///</summary>
        private void Move()
        {
            if (_time >= (3 / speed))
            {
                if (isTurn)
                {   //蛇头转向
                    transform.Rotate(rotate_direct);
                    isTurn = false;
                }
                //蛇头移动,计数器清零(不等待所有身体移动完)
                Vector3 headPos = transform.position;
                transform.Translate(Vector3.forward);
                _time = 0;
                //判断蛇头是否转向,身体是否需要转向:①True:x 和 z 坐标都不相同,转向;②False:x 和 z 坐
                //标有一个相同,不转向
                 if (transform.position.x != firstBody.transform.position.x && transform.
position.z != firstBody.transform.position.z)
                {   //1.蛇头转向,身体需要转向:①移动 ②转向(先移动再转向,与蛇头不一样)
                    //从第一节身体开始,递归调用 Move()方法,使身体可以一节一节地顺次向前移动
                    firstBody.Move(headPos);
                    firstBody.transform.rotation = transform.rotation;
                }
                else
                {   //2.蛇头未转向,身体不需要转向:①移动
                    firstBody.Move(headPos);
                }
                //使最后一节身体 lastBody 可见
                lastBody.gameObject.SetActive(true);
            }
        }
        ///<summary>
        ///Grow()方法,长出一节新身体
        ///</summary>
        private void Grow()
        {   //1.生成新身体 obj,放在 tailObj 蛇尾位置
            GameObject obj = GameObject.Instantiate(bodyObj);
            obj.transform.position = tailObj.transform.position;
            obj.transform.rotation = tailObj.transform.rotation;
            //新身体刚生成时,不可见,在下一次移动时,使之可见
            obj.SetActive(false);

            body b = obj.GetComponent<body>();
            //2.firstBody 指针和 lastBody 指针
            //①firstBody 指针指向第一节身体,递归调用的入口:firstBody.Move(headPos);
            //②lastBody 指针,实现新身体 obj/b 的插入,b 插入最后一节身体 lastBody 和蛇尾 tailObj
            //之间
            if (firstBody == null)
            {
                firstBody = b;
            }
            if (lastBody != null)
            {
                lastBody.next = b;
            }
            lastBody = b;
            //将 lastBody 的 next 指向蛇尾
            lastBody.next = tailObj.GetComponent<body>();
        }
        ///<summary>
```

```
///OnTriggerEnter()方法,触发碰撞检测:①碰到食物;②碰到墙体
///</summary>
///<param name="other"></param>
private void OnTriggerEnter(Collider other)
{
    //①碰到食物
    if (other.tag == "food")
    {
        Destroy(other.gameObject);                    //销毁食物
        Grow();                                        //长出一截身体
        score = score + (int)Mathf.Round(50 / score_time);  //计算得分
        score_time = 0;                                //得分计时器清零
        CreatFood();                                   //生成新的食物
    }
    //②碰到墙体,本局游戏结束
    if (other.tag == "wall")
    {
        game_end = true;
    }
}
///<summary>
///next()方法,按钮 btn_next 的单击事件响应方法:重新加载场景,食物数清零
///</summary>
void next()
{
    SceneManager.LoadScene("snake1");
    food_num = 0;
}
///<summary>
///exit()方法,按钮 btn_exit 的单击事件响应方法:退出游戏
///</summary>
void exit()
{
    Application.Quit();
}
}
```

3. body.cs 脚本

脚本 body.cs 实现了贪吃蛇身体的递归运动和新身体的插入,该脚本赋给预制对象 body 和 tail。该脚本要实现的功能有以下几个。

(1) 身体的串联。定义变量 next,也是 body 类型,通过把 next 指向新生成的身体,就可以实现将新身体挂接在身体的最后面,把身体一节节串联起来。

(2) 身体的迭代移动。定义 move()方法,语句 transform.position = pos;移动当前身体到参数 pos 位置处,移动前的位置保存下来 Vector3 nextPos = transform.position;。当前身体后面还有身体时,递归调用 Move()方法 next.Move(nextPos);。同时需要判断移动后是否需要转向,方法和 Move()方法中的实现原理一样。从而实现了一节节身体向前移动,注意身体的最后面是蛇尾,它也是 body 类型的,所以 body 的递归调用,最后也会使蛇尾跟随身体顺次进行移动。

```
public body next;                                //实现单向链表的指针,把身体一节节串联起来
///<summary>
///Move()方法,递归调用,实现一节节身体的移动和旋转
///</summary>
///<param name="pos"></param>
public void Move(Vector3 pos)
{
    Vector3 nextPos = transform.position;        //保存身体当前位置
    transform.position = pos;                     //移动当前身体到 pos 处
    //当前身体后面还有身体,递归调用 Move()方法
    if (next != null)
    {   //通过当前身体和下一个身体的 x 和 z 坐标,判断是否转向
```

```
        if (transform.position.x != next.transform.position.x && transform.position.z !=
next.transform.position.z)
        {   //1.转向:移动 旋转
            next.Move(nextPos);
            next.transform.rotation = transform.rotation;
        }
        else
        {   //2.未转向:移动
            next.Move(nextPos);
        }
    }
}
```

13.2.5　游戏测试

运行场景,初始状态如图 13-22 所示,蛇头与蛇尾已经生成,并自动移动。

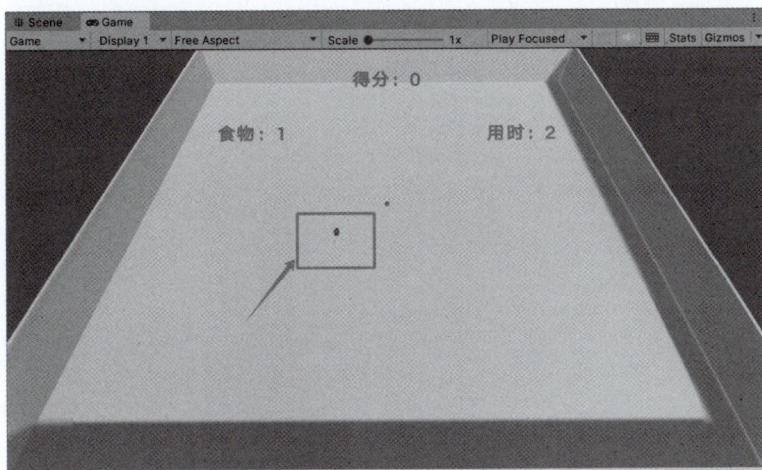

图 13-22　游戏初始状态

贪吃蛇吃到几个食物后,身体增长,食物数量和得分更新,效果如图 13-23 所示。

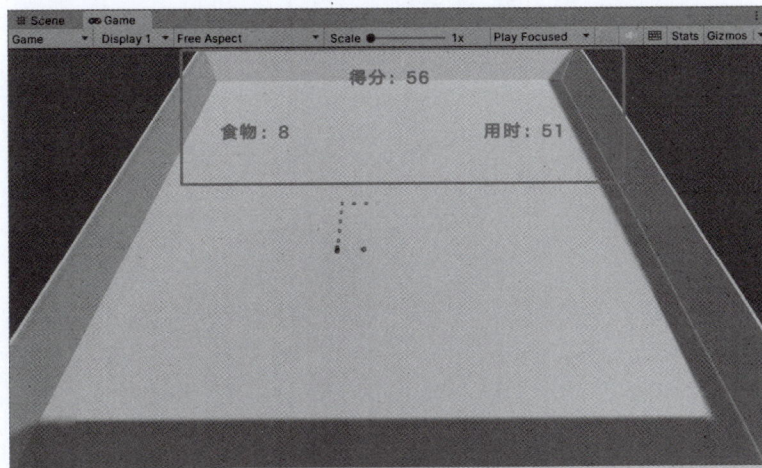

图 13-23　吃到几种食物后的效果

贪吃蛇碰触到墙体,游戏结束,效果如图 13-24 所示。

贪吃蛇吃到 20 个食物后,游戏结束,效果如图 13-25 所示。

图 13-24　碰触到墙体，游戏结束

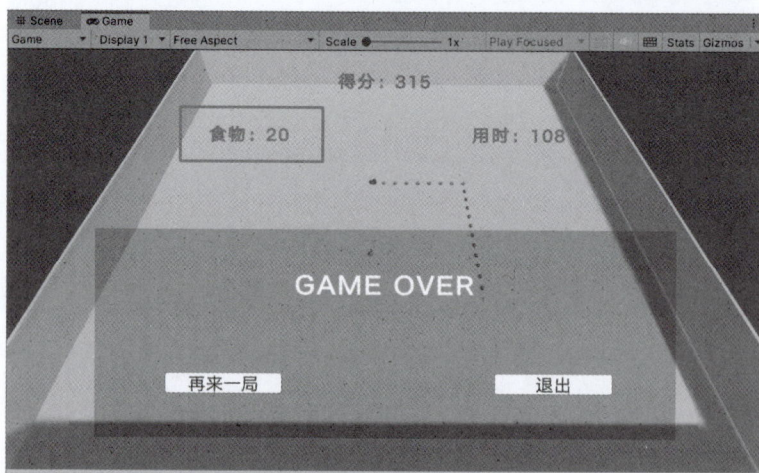

图 13-25　吃够 20 个食物，游戏结束

本局游戏结束后，单击"下一局"按钮，重新开始游戏，效果如图 13-26 所示。

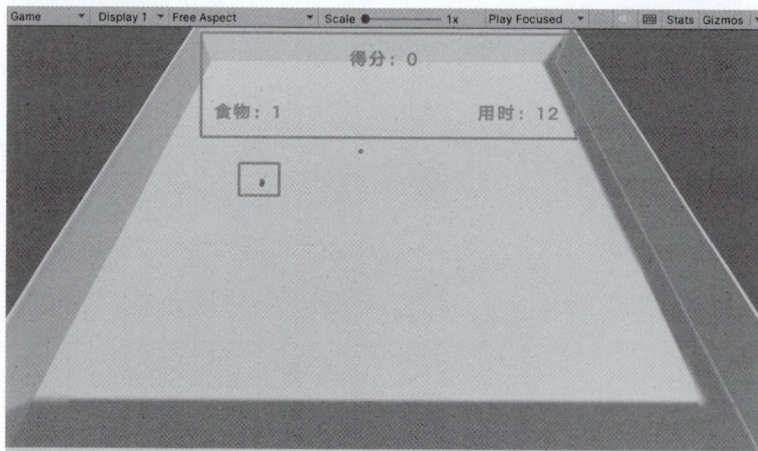

图 13-26　单击"下一局"按钮，重新开始游戏

习题

1. 运用所学知识,设计一个射击游戏。

2. 运用所学知识,参考 13.1 节设计一个坦克大战游戏,并设计实现音效和 UI 效果。

3. 运用所学知识,参考 13.2 节设计一个贪吃蛇游戏,尝试将每局得分记录到数据库中。

4. 将题目 3 中的贪吃蛇游戏,再设计一个关卡,提升游戏难度,如提高贪吃蛇移动速度、增加障碍物等。